普通高等学校“十三五”规划教材

工程图学基础

主　编　胡延平
副主编　何秀娟　孟冠军
主　审　刘　炀

中国铁道出版社有限公司
CHINA RAILWAY PUBLISHING HOUSE CO., LTD.

内容简介

本书是根据我国当前对高素质人才的需求，在总结和吸取多年教学改革经验的基础上并参考国内外同类教材编写而成的。本书共分为10章，第1章点、线、面的投影和第2章立体，是绘图和看图的理论基础，内容以图示为主，配合少量的图解知识；第3章制图基本知识和技能、第6章机件的常用表达方法部分，全部采用新标准，力求贯彻《技术制图》及《机械制图》的最新国家标准。第4章组合体，以介绍形体分析法和线面分析法为主线，强化绘图与看图的练习，着重培养学生的空间构思能力；第5章轴测图，主要介绍正等测和斜二测的画法，教学中可安排与第4章内容相结合进行；第7章标准件、第8章零件图和第9章装配图为机械制图部分，图例均来自生产实践，凡涉及新修订的国家标准的内容，均尽量作了更新，这部分内容以培养学生的读图能力为重点；第10章计算机绘图部分，主要介绍AutoCAD二维绘图的基本内容。

本书适合普通高等学校机械类专业、近机类专业和非机械类专业学生使用，也可供其他工程技术人员参考。

图书在版编目(CIP)数据

工程图学基础/胡延平主编. —北京：中国铁道出版社，2017.8(2022.7重印)
普通高等学校"十三五"规划教材
ISBN 978-7-113-23444-7

Ⅰ.①工… Ⅱ.①胡… Ⅲ.①工程制图-高等学校-教材 Ⅳ.①TB23

中国版本图书馆CIP数据核字(2017)第179576号

书　　名：工程图学基础
作　　者：胡延平

策　　划：曾露平
责任编辑：曾露平
编辑助理：钱　鹏
封面设计：刘　颖
责任校对：张玉华
责任印制：樊启鹏

出版发行：中国铁道出版社有限公司(100054，北京市西城区右安门西街8号)
网　　址：http://www.tdpress.com/51eds/
印　　刷：三河市兴博印务有限公司
版　　次：2017年8月第1版　　2022年7月第6次印刷
开　　本：787 mm×1 092 mm　1/16　**印张：**15　**字数：**366千
书　　号：ISBN 978-7-113-23444-7
定　　价：39.80元

前　言

本教材根据《高等工业学校画法几何及机械制图课程教学基本要求》的精神编写。编者注意吸收多所院校编写的“工程图学”教材中的精华,总结多年来“工程图学”课程的教学经验和教改成果,参照高等工业学校《工程制图基础课程教学基本要求(电子、应用理科类专业适用,24~56学时)》适合近机类,非机类少学时的电子、通信、信息、资源与环境、管理等专业使用。

本书是省级工程图学精品课程推荐的系列教材之一。

编写过程中,力求做到以下两点:

1.明确编写目的,确定编写体系

本课程在大学课程中属较难的一类,从引导学生空间思维出发,尽力做到:一步一图,投影图配直观图,由浅入深,由详到略,图文并茂,循序渐进,突出重点,融化难点。

2.紧扣课程任务,合理选排内容

在编写本书时,我们贯彻了“精选内容,打好基础,加强实践,培养能力”的原则。内容的选排尽可能适应教学的要求,在保持理论性和系统性的同时,力求简明、实用。

本书由合肥工业大学胡延平任主编,合肥工业大学何秀娟、孟冠军任副主编,刘炀主审。参加编写的有:胡延平(绪论、第3章、第8章),孟冠军(第1章、第10章、附录),赵小兰(第2章、第4章),葛亮(第5章、第6章),何秀娟(第7章、第9章),最后由主编统稿定稿。

在编写及出版过程中,合肥工业大学工程图学系、合肥工业大学教材科和中国铁道出版社给予了大力支持,在此谨致谢忱。特别对潘陆桃、吕堃老师的支持和帮助表示衷心感谢。

限于编者水平有限,书中难免存在疏漏及不足之处,恳请读者批评指正。

编　者

2017年4月

前言

目　录

绪论 …… 1

第1章　点、直线、平面的投影 …… 3

1.1　投影法的基本知识 …… 3
1.2　点、直线、平面的投影 …… 4
1.3　直线的投影 …… 8
1.4　平面的投影 …… 13
1.5　直线与平面、平面与平面的相对位置 …… 19

第2章　立体 …… 23

2.1　平面立体 …… 23
2.2　回转体 …… 25
2.3　平面截切平面立体 …… 29
2.4　平面与回转体相交 …… 31
2.5　回转体表面相交 …… 38

第3章　制图的基本知识和技能 …… 45

3.1　制图的一般规定 …… 45
3.2　几何作图 …… 51
3.3　平面图形的尺寸分析及画图步骤 …… 53

第4章　组合体 …… 55

4.1　组合体的三视图 …… 55
4.2　组合体的组合形式及其分析方法 …… 56
4.3　组合体三视图的画法 …… 58
4.4　组合体的尺寸标注 …… 62
4.5　读组合体视图的方法和步骤 …… 66

第5章　轴测图 …… 76

5.1　轴测图的基本知识 …… 76
5.2　正等测的画法 …… 77
5.3　斜二测图的画法 …… 84

第6章　机件的常用表达方法 …… 86

6.1　视图 …… 86
6.2　剖视图 …… 89
6.3　断面图 …… 101
6.4　其他表达方法 …… 104
6.5　表达方法综合运用举例 …… 109
6.6　第三角画法简介 …… 111

第7章　标准件和常用件 …… 113

7.1　螺纹及螺纹紧固件 …… 113
7.2　键、销和滚动轴承 …… 122
7.3　齿轮和弹簧 …… 127

第8章　零件图 …… 133

8.1　零件图的内容 …… 133
8.2　零件图的视图选择和尺寸标注 …… 134
8.3　零件上常见的工艺结构 …… 140
8.4　零件图的技术要求 …… 144
8.5　零件测绘 …… 158
8.6　读零件图 …… 161

第9章　装配图 …… 163

9.1　装配图的作用及内容 …… 163
9.2　装配图的表达方法 …… 163
9.3　装配图的尺寸标注、技术要求、零件编号和明细栏 …… 167
9.4　画装配图的方法和步骤 …… 170
9.5　常见装配结构 …… 174
9.6　读装配图和拆画零件工作图 …… 176

第10章　计算机绘图 …… 186

10.1　AutoCAD 绘图基础 …… 186
10.2　二维图形的绘制与编辑 …… 193

附录 …… 205

参考文献 …… 233

1. 本课程的研究对象和任务

本课程是研究绘制工程图样的理论、方法和技术的一门技术基础课。图样是二维的,机器和工程结构是三维的,解决三维与二维转换,绘制和阅读图样是本课程研究的对象。

工程图样是工程技术界的语言。

在工业生产中,从产品的设计到制造,都离不开工程图样。在使用各类工程设备以及维护保养时,也必须通过阅读图样来了解产品的结构和性能,工程图样是极其重要的产品信息载体。

本课程的内容主要包括画法几何、工程制图、计算机绘图三个部分。画法几何研究用投影法图示和图解空间几何问题的基本原理,它是工程图学课程的理论基础。工程制图部分主要介绍制图的基本规则,贯彻有关制图的国家标准,培养绘制和阅读工程图样的能力。工程制图包括机械、土木等专业内容,其中机械制图是一项重点,也是本书介绍的主要内容。计算机绘图是伴随计算机技术的飞速进步而诞生和发展起来的新技术领域,它代表了工程图学的发展方向,未来产品信息的数字化将引领工程图学进入一个全新的层次。作为工程图学基础课程,本书仅对这部分内容作简要介绍,让读者对计算机绘图有初步认识。

2. 工程图学的学习任务

本课程是一门既有系统理论,又有较强实践性的技术基础课,学习的关键在于能力培养,具体有以下几项内容:

(1)学习正投影法的基本原理,正确运用正投影法进行图示及图解。培养空间构思和想象的初步能力,掌握平面图样(二维)与空间形体(三维)之间的相互转换方法。

(2)学习有关制图的国家标准,初步培养绘制和阅读机械图样的能力。

(3)对计算机绘图有初步了解,为进一步学习计算机绘图技术打下基础。

(4)培养遵守国家标准,认真细致的学风及严谨尽责的工作态度。

3. 本课程的学习方法

在明确了本课程的研究对象、内容和学习任务之后,学习中应该做到以下几点:

(1)学好投影理论,反复练习三维空间形体和二维平面图样之间的转化,把培养和提高空间构思及分析能力放在首要位置。

(2)实践性强是本课程的一个重要特点,因此学习中应重视实践环节的训练,通过作业及绘图训练,培养和提高绘图与看图的能力。在绘图实践中,学会查阅并严格遵守和运用相关国家标准。

(3)由于工程图样是重要的技术文件,任何细小的差错都可能导致生产中的重大损失,所以学习中一定要培养一丝不苟的严谨作风,作业要认真完成,绘制图样要做到投影正确,图线规范,尺寸齐全,字体工整,图面整洁。应该认识到,无论计算机绘图技术多么先进,机器仍要根据人的指令完成作图,因此坚实的手工作图能力仍然是工程制图的重要基础。

本课程只能为培养学生的绘图与看图能力打下初步基础,通过后继课程的学习,以及在今后长期的学习和工作实践中,还要不断拓展空间构思及创新能力,提高绘图与读图的水平。

点、直线、平面的投影

在工程图样中，广泛采用投影方法在平面上表达空间物体的形状。本章主要介绍投影法的基本概念以及空间几何要素（点、直线和平面）的投影规律和作图方法。

1.1 投影法的基本知识

物体在光的照射下，会在地面或墙壁上产生一个影子。人们根据光的投射成影这一自然物理现象，创造了用投影来表达物体形状的方法，即：光线通过物体向选定的面投射，并在该面上得到图形，这种现象就叫投影。这种确定空间几何元素和物体投影的方法，称为投影法。

投影法通常分为中心投影法和平行投影法两种。

1.1.1 中心投影法

如图1-1所示，设一平面P（投影面）与光源S（投影中心）之间，有一个$\triangle ABC$（被投影物）。经投影中心S分别向$\triangle ABC$顶点A、B、C各引一直线SA、SB、SC（称为投射线），并与投影面P交于a、b、c三点。则a、b、c三点就是空间A、B、C三点在P平面上的投影，$\triangle abc$就是空间$\triangle ABC$在P平面上的投影。

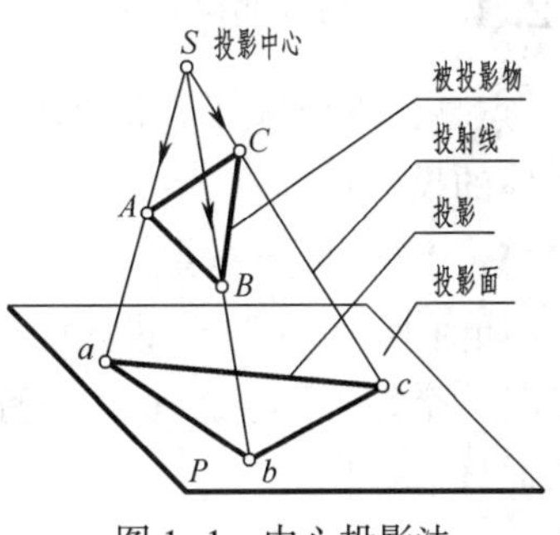

图1-1 中心投影法

这种投射线汇交于一点的投影方法称为中心投影法。中心投影法的投影中心位于有限远处，该投影法得到的投影图形称为中心投影。

由于中心投影法得到的物体投影的大小与物体的位置有关，如果改变物体（$\triangle ABC$）与投影中心（S）的距离，投影（$\triangle abc$）的大小也随之改变，即不能反映空间物体的实际大小。因此，中心投影法通常不用于绘制机械图样，而用于绘制建筑物的外观透视图等。

1.1.2 平行投影法

如图1-2所示，若将投影中心S沿一不平行于投影面的方向移到无穷远处，则所有投射线将趋于相互平行。这种投射线相互平行的投影方法，称为平行投影法。平行投影法的投影中心位于无穷远处，该投影法得到的投影图形称为平行投影。投射线的方向称为投射方向。

由于平行投影法中，平行移动空间物体，即改变物体与投影面的距离时，它的投影的形状和大小都不会改变。因此，机械图样通常采用平行投影法绘制。

平行投影法按照投射线与投影面倾角的不同又分为正投影法和斜投影法两种：当投射方

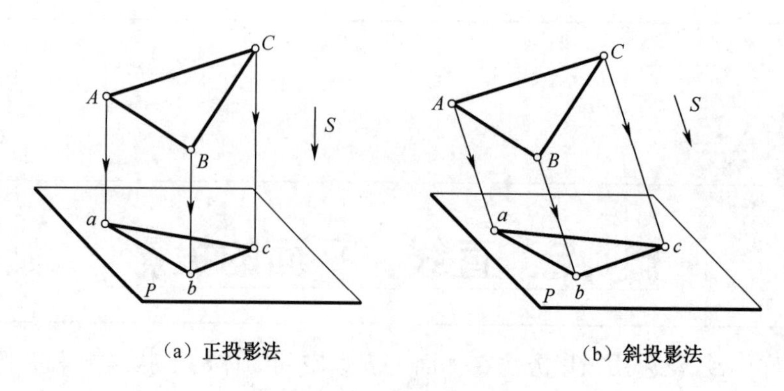

(a) 正投影法　　(b) 斜投影法

图 1-2　平行投影法

向(即投射线的方向)垂直于投影面时称为正投影法,如图 1-2(a)所示;当投射方向倾斜于投影面时称为斜投影法,如图 1-2(b)所示。正投影法得到的投影称为正投影,斜投影法得到的投影称为斜投影。

正投影法在工程图上应用广泛,机械图样主要采用正投影法绘制。本教材后续章节中提及的投影,若无特殊说明均指正投影。

1.2　点、直线、平面的投影

1.2.1　点的两面投影和三面投影

点是构成形体最基本的几何元素,一切几何形体都可看作是点的集合。点的投影是线、面、体的投影基础。

1. 点的两面投影

如图 1-3(a)所示,设置两个互相垂直的平面为投影面,其中一个是正立投影面 V,简称正面,另一个是水平投影面 H,简称水平面,组成两面投影体系。两投影面的交线 OX 称为投影轴,简称 OX 轴。

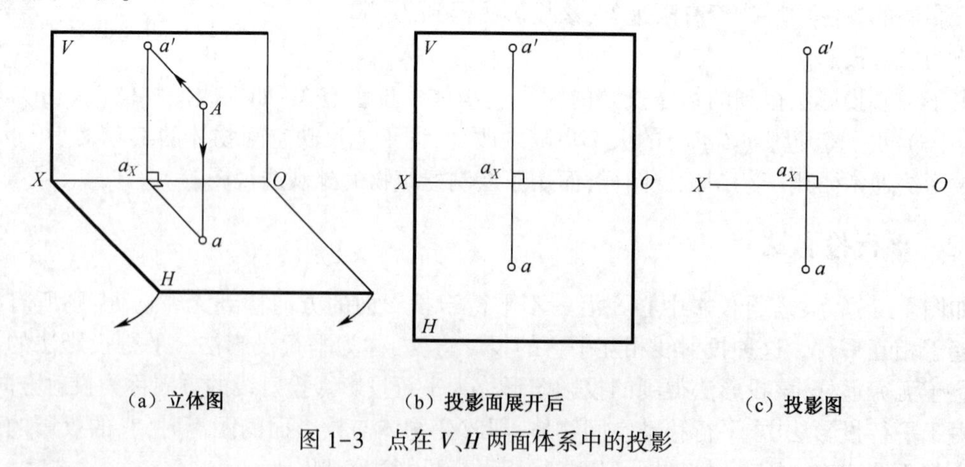

(a) 立体图　　(b) 投影面展开后　　(c) 投影图

图 1-3　点在 V、H 两面体系中的投影

在两面投影体系中,设存在一空间点 A,从 A 点分别向 H 面、V 面作垂线(投射线),其垂足

就是点 A 的水平投影 a 和正面投影 a'。由于 $Aa' \perp V$、$Aa \perp H$，故投射面 $Aaa' \perp OX$ 轴并交于点 a_X，因此，$a'a_X \perp OX$、$aa_X \perp OX$。

如图 1-3(a)中 A 点投影 a、a'分别在 H 面、V 面上，要把两个投影表示在一个平面上，按照国家标准规定：V 面不动，将 H 面绕 OX 轴，按图 1-3(a)中所示箭头的方向，自前向下旋转 90°与 V 面重合，如图 1-3(b)所示，称为点的两面投影图。由于投影面是无限的，故在投影图上通常不画出它的边框线，这样便得到图 1-3(c)所示的点的两面投影图。

从图 1-3(a)和图 1-3(c)，根据立体几何知识，可以知道平面 Aaa_Xa'为一矩形，展开后 aa'形成一条投影连线并与 OX 轴交于点 a_X，且 $aa' \perp OX$ 轴。同时，$a'a_X=Aa$，反映点 A 到 H 面的距离；$aa_X=Aa'$，反映点 A 到 V 面的距离。

这里需要说明的是：规定空间点用大写字母表示(如 A)，点的水平投影用相应的小写字母表示(如 a)，点的正面投影用相应的小写字母并在右上角加一撇表示(如 a')。

从上面可以概括出点的两面投影特性：

(1)点的水平投影与正面投影的连线垂直于 OX 轴，即：$aa' \perp OX$；

(2)点的正面投影到 OX 轴的距离等于点到 H 面的距离，点的水平投影到 OX 轴的距离等于点到 V 面的距离，即：$a'a_X=Aa$，$aa_X=Aa'$。

2. 点的三面投影

为了更清楚地展示几何形体，国家标准规定，采用三投影面体系图示几何形体。如图 1-4(a)所示，设置三个互相垂直的平面为投影面，即在两投影面体系的基础上，再增加一个与 V 面、H 面都垂直的侧立投影面，用 W 表示。三个投影面之间两两相交产生三条交线，即三条投影轴，分别用 OX、OY、OZ 表示，它们相互垂直并交于 O 点，形成三投影面体系。

在三面投影体系中，设一空间点 A，从 A 点分别向 H 面、V 面和 W 面作垂线(投射线)，其垂足分别是点 A 的水平投影 a、正面投影 a'和侧面投影 a''。由于 $Aa' \perp V$、$Aa \perp H$、$Aa'' \perp W$，且投射面 Aaa'、Aaa''、$Aa'a''$分别与三投影轴 OX、OY、OZ 交于点 a_X、a_Y、a_Z，故投射面 $Aaa' \perp OX$ 轴并交于点 a_X，$Aaa'' \perp OY$ 轴并交于点 a_Y，$Aa'a'' \perp OZ$ 轴并交于点 a_Z，因此，$a'a_X \perp OX$、$aa_X \perp OX$、$aa_Y \perp OY$、$a''a_Y \perp OY$、$a'a_Z \perp OZ$、$a''a_Z \perp OZ$。

同样需要说明的是：点的侧面投影用相应的小写字母并在右上角加两撇表示(如 a'')。

如图 1-4(a)所示，A 点的三面投影 a、a'、a''分别在 H 面、V 面和 W 面上，要把三个投影表示在一个平面上，按照国家标准规定：V 面不动，将 H 面、W 面按图 1-4(a)中箭头所示方向分别绕 OX 轴自前向下旋转 90°、绕 OZ 轴自前向右旋转 90°。这样，H 面、W 面与 V 面就重合成一个平面。这里投影轴 OY 被分成 OY_H、OY_W两支，随 H 面旋转的 OY 轴用 OY_H表示，随 W 面旋转的 OY 轴用 OY_W表示，且 OY 轴上的 a_Y点也相应地用 a_{Y_H}、a_{Y_W}表示，如图 1-4(b)所示。由于投影面是无限的，故在投影图上通常不画出它的边框线，这样得到空间点 A 在三投影面体系中的投影图，如图 1-4(c)所示。在投影图中，OY 轴上的点 a_Y因展开而分成 a_{Y_H}、a_{Y_W}。为了方便作图，可以过 O 点作一条 45°的辅助线，aa_{Y_H}、$a''a_{Y_W}$的延长线必与该辅助线相交于一点。

从图 1-4(a)和图 1-4(c)，根据立体几何知识，可知：H 面和 W 面展开后 aa'形成一条投影连线并与 OX 轴交于点 a_X，且 $aa' \perp OX$ 轴；$a'a''$形成一条投影连线并与 OZ 轴交于点 a_Z，且 $a'a'' \perp OZ$ 轴。同时，$a'a_X=a''a_{YW}=Aa$，反映点 A 到 H 面的距离；$a'a_Z=aa_{Y_H}=Aa''$，反映点 A 到 W 面的距离；$a''a_Z=aa_X=Aa'$ ，反映点 A 到 V 面的距离。

从上面可以概括出点的三面投影特性：

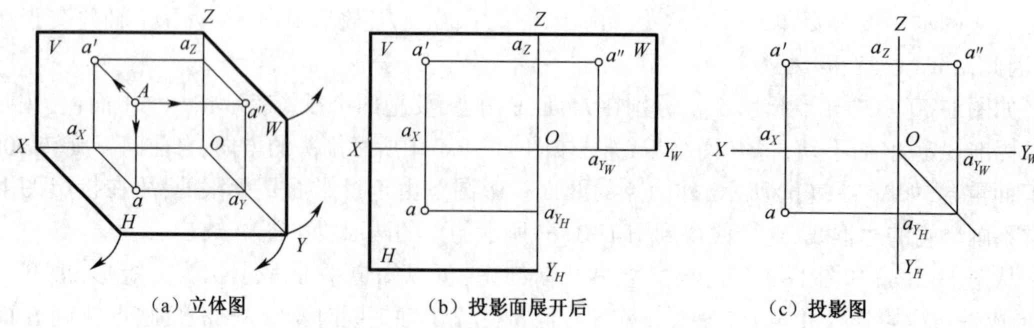

图 1-4　点在 V、H、W 三面体系中的投影

(1)点的投影连线垂直于相应的投影轴,即:$aa' \perp OX$,$a'a'' \perp OZ$;

(2)点的投影到相应投影轴的距离等于点到相应投影面的距离,即:$a'a_X = a''a_{Y_W} = Aa$,$a'a_Z = aa_{Y_H} = Aa''$,$a''a_Z = aa_X = Aa'$。

利用点在三投影面体系中的投影特性,只要知道空间一点的任意两个投影,就能求出该点的第三面投影(简称为二求三)。

1.2.2　点的投影与该点的平面直角坐标的关系

如图 1-5(a)所示,若将三投影面当作三个坐标平面,三投影轴当作三坐标轴,三轴的交点 O 作为坐标原点,则三投影面体系便是一个笛卡儿空间直角坐标系。因此,空间点 A 到三个投影面的距离,也就是 A 点的三个直角坐标 X、Y、Z。即,点的投影与坐标有如下关系:

点 A 到 W 面的距离 $Aa'' = a'a_Z = aa_{Y_H} = Oa_X = X_A$;

点 A 到 V 面的距离 $Aa' = a''a_Z = aa_X = Oa_Y = Y_A$;

点 A 到 H 面的距离 $Aa = a'a_X = a''a_{Y_W} = Oa_Z = Z_A$。

由此可见,若已知 A 点的投影(a、a'、a''),即可确定该点的坐标,也就是确定了该点的空间位置,反之亦然。由图 1-5(b)可知,点的每个投影包含点的两个坐标,点的任意两个投影包含了点的三个坐标,所以,根据点的任意两个投影,也可确定点的空间位置。

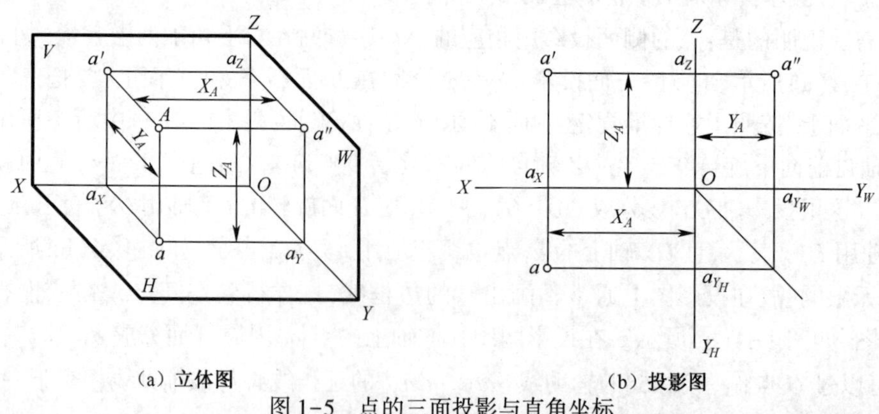

图 1-5　点的三面投影与直角坐标

【例 1-1】　已知 A 点的直角坐标为(15,10,20),求点 A 的三面投影(图样中的尺寸单位为 mm 时,不需要标注计量单位)。

【解】　步骤如下:

(1)作相互垂直的两条细直线为投影轴,并且过原点 O 作一条 45°辅助线平分 $\angle Y_HOY_W$。

依据 $X_A = Oa_X$,沿 OX 轴取 $Oa_X = 15$ mm,得到点 a_X,如图 1-6(a)所示;

(2)过点 a_X 作 OX 轴的垂线,在此垂线上,依据 $Y_A = Oa_Y$,从 a_X 向上取 $a_Xa' = 20$ mm,得到点 A 的正面投影 a';依据 $Z_A = Oa_X$,从 a_X 向下取 $a_Xa = 10$ mm,得到点 A 的水平投影 a,如图 1-6(b)所示;

(3)现已知点 A 的两面投影 a'、a,可求第三面投影。即:过 a 作直线垂直于 OY_H 并与 45°辅助线交于一点,过此点作垂直于 OY_W 的直线,并与过 a' 所作 OZ 轴的垂线 $a'a_Z$ 的延长线交于 a'',a'' 即为点 A 侧面投影,如图 1-6(c)所示(也可不作辅助角平分线,而在 $a'a_Z$ 的延长线上直接量取 $a_Za'' = aa_X$ 而确定 a'')。

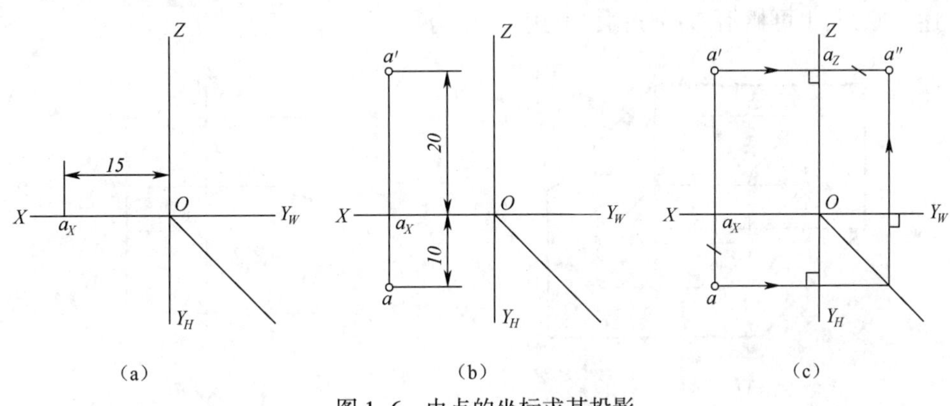

图 1-6　由点的坐标求其投影

1.2.3　两点的相对位置及重影点

1. 两点的相对位置

空间两点的相对位置,是指它们之间的左右、前后、上下的位置关系,可以根据两点的各同面投影之间的坐标关系来判别。其左右关系由两点的 X 坐标差来确定,X 值大者在左方;其前后关系由两点的 Y 坐标差来确定,Y 值大者在前方;其上下关系由两点的 Z 坐标差来确定,Z 值大者在上方。

如图 1-7(a)所示,可以直观地看出 A 点在 B 点的左方、后方、下方。如图 1-7(b)所示,也可从坐标值的大小判别出同样的结论。

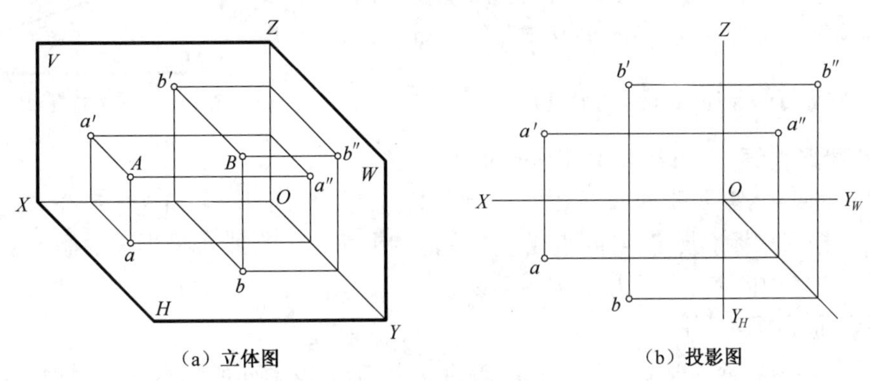

图 1-7　两点的相对位置

2. 重影点

若空间的两点位于某一个投影面的同一条投射线上,则它们在该投影面上的投影必重合,这两点称为对该投影面的重影点。两个重影点在投影重合的投影面上其中一个点的投影可见,而另一个不可见。如图 1-8(a)所示,A、B 两点的水平投影重合,沿水平投影方向从上往下看,先看见 A 点,B 点被 A 点遮住,则 B 点不可见。在投影图上若需判断可见性,应将不可见点的投影加圆括号以示区别,如图 1-8(b)所示。需要指出的是空间两点只能有一个投影面的投影重合,重影点的可见性判断方法如下:

若两点的水平投影重合,称为对 H 面的重影点,且 Z 坐标值大者可见;

若两点的正面投影重合,称为对 V 面的重影点,且 Y 坐标值大者可见;

若两点的侧面投影重合,称为对 W 面的重影点,且 X 坐标值大者可见。

上述三原则,也可概括为:前遮后,上遮下,左遮右。

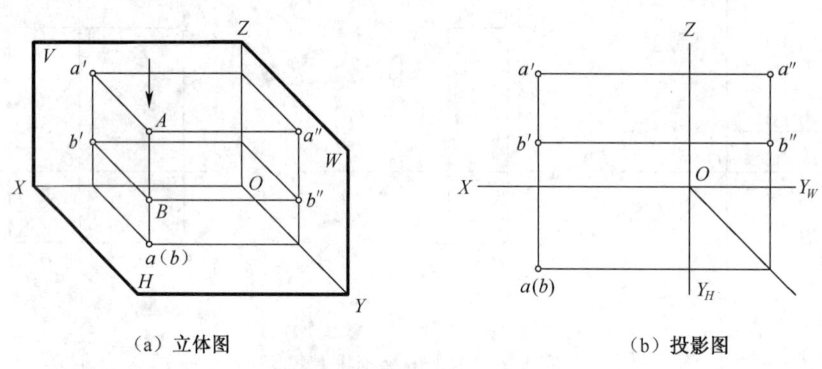

(a) 立体图　　(b) 投影图

图 1-8　重影点及可见性

1.3　直线的投影

空间任意两点确定一条直线,因此,直线的投影就是直线上两点的同面投影(同一投影面上的投影)的连线。需要注意的是直线的投影线(空间直线在某个投影面上的投影)规定用粗实线画。

如图 1-9 所示,直线的投影一般仍为直线(见图 1-9 中直线 CE),但在特殊情况下,当直线垂直于投影面时,其投影积聚为一点(如图 1-9 中直线 AB)。

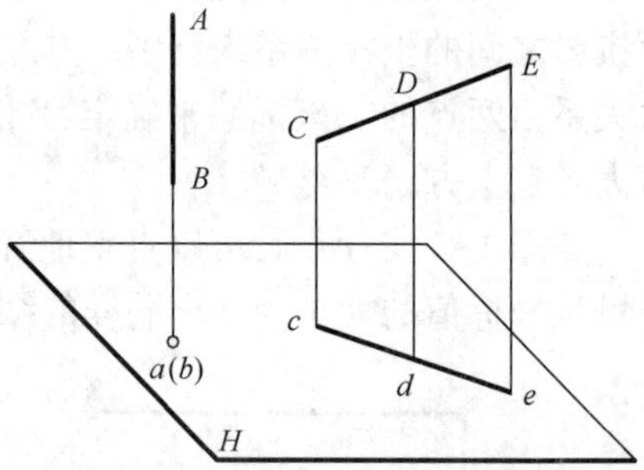

图 1-9　直线的投影

1.3.1　直线对投影面的相对位置

在三面投影体系中,直线相对于投影面的位置有三种:投影面的平行线、投影面的垂直线、一般位置直线。前两种又统称为特殊位置直线。

另外,根据国家标准规定:空间直线与投影面的夹角称为直线对投影面的倾角,且直线与 H、V、W 三个投影面的夹角依次用 α、β、γ 表示。

1. 投影面的平行线

平行于某一投影面而倾斜于另两投影面的直线,称为投影面的平行线。根据直线所平行的投影面的不同,又可分为:

水平线——平行于 H 面,倾斜于 V、W 面的直线;

正平线——平行于 V 面,倾斜于 H、W 面的直线;

侧平线——平行于 W 面，倾斜于 V、H 面的直线。

表 1-1 列出了这三种平行线的立体图、投影图及其投影特性。

表 1-1　投影面的平行线

直线的位置	立　体　图	投　影　图	投　影　特　性
水平线	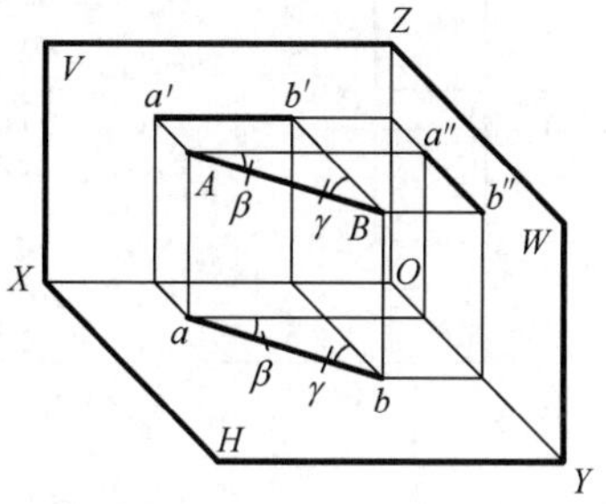	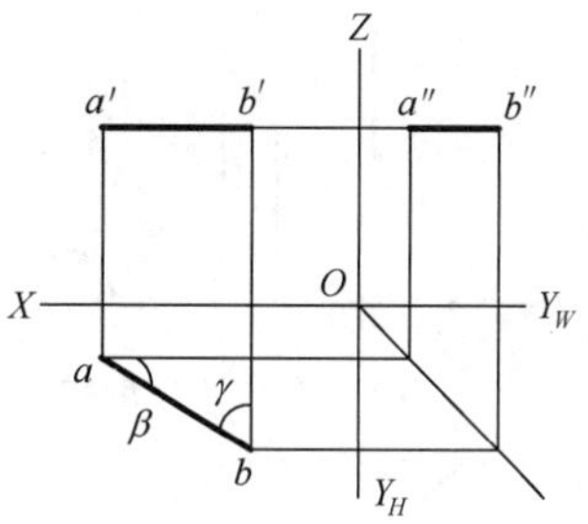	1. $a'b' // OX$ $a''b'' // OY_W$ 2. $ab = AB$ 3. 反映 β、γ 角大小
正平线	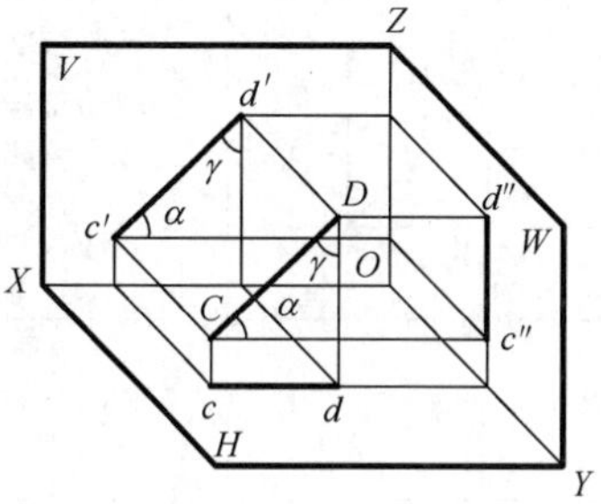	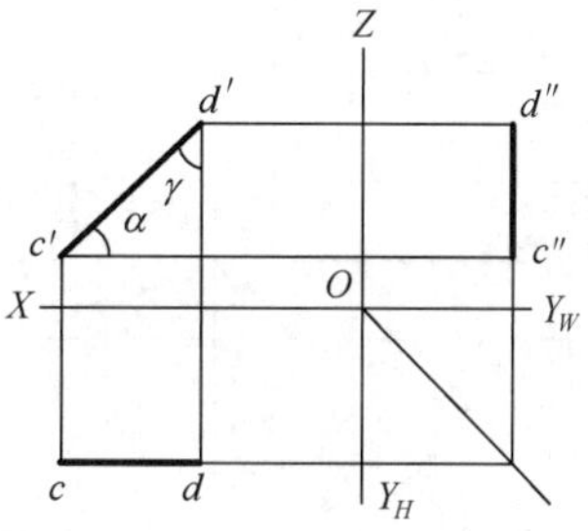	1. $cd // OX$ $c''d'' // OZ$ 2. $c'd' = CD$ 3. 反映 α、γ 角大小
侧平线	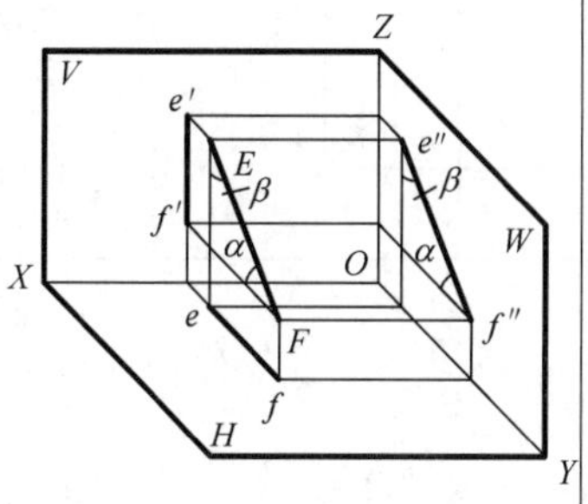	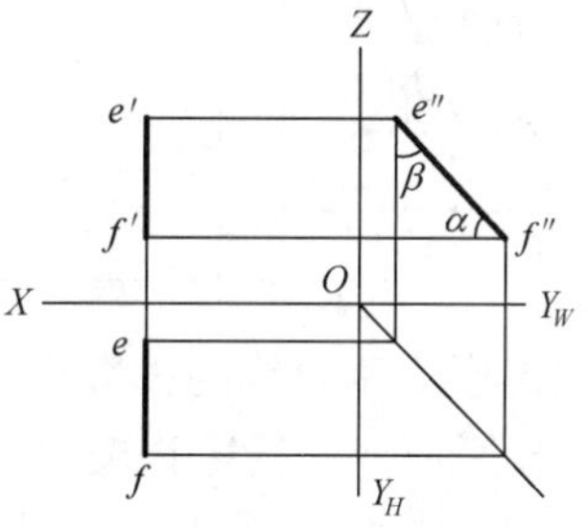	1. $e'f' // OZ$ $ef // OY_H$ 2. $e''f'' = EF$ 3. 反映 α、β 角大小

从表 1-1 可以概括出投影面平行线的投影特性：

①直线平行于某投影面，则直线在该投影面的投影反映实长，且该投影与投影轴的夹角，分别反映直线对另外两投影面的真实倾角。

②直线另两个投影面的投影平行于相应的投影轴，且不反映实长，比实长短。

2. 投影面的垂直线

垂直于某一投影面（必与另外两个投影面平行）的直线，称为投影面的垂直线。根据直线所垂直的投影面的不同，又可分为：

铅垂线——垂直于 H 面，平行于 V、W 面的直线；

正垂线——垂直于 V 面，平行于 H、W 面的直线；

侧垂线——垂直于 W 面，平行于 V、H 面的直线。

表 1-2 列出了这三种垂直线的立体图、投影图及其投影特性。

表 1-2 投影面的垂直线

直线的位置	立体图	投影图	投影特性
铅垂线	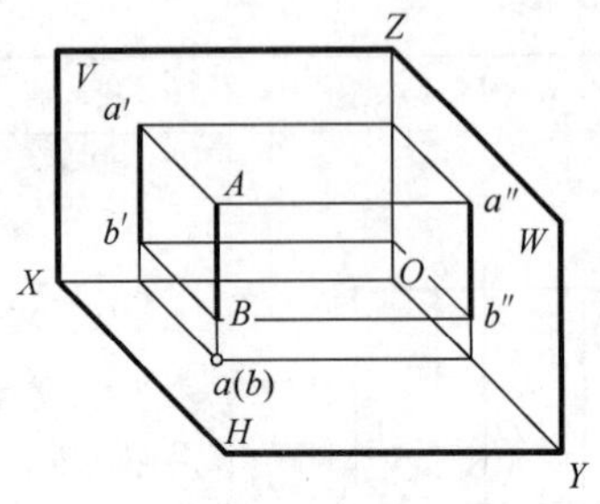	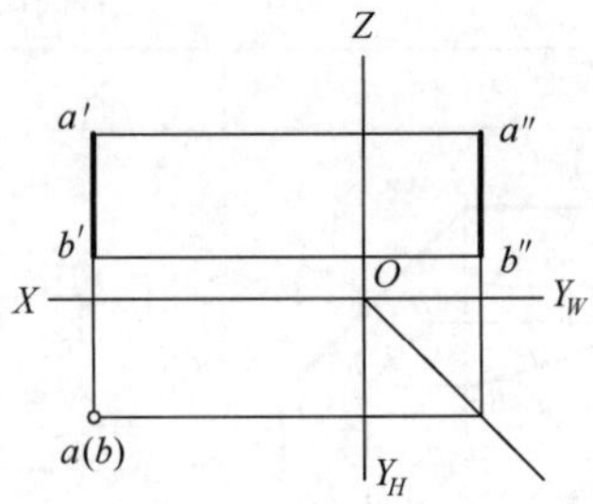	1. $a'b'$积聚为一点 2. $a'b' \perp OX$ $a''b'' \perp OY_W$ 3. $a'b' = a''b'' = AB$
正垂线	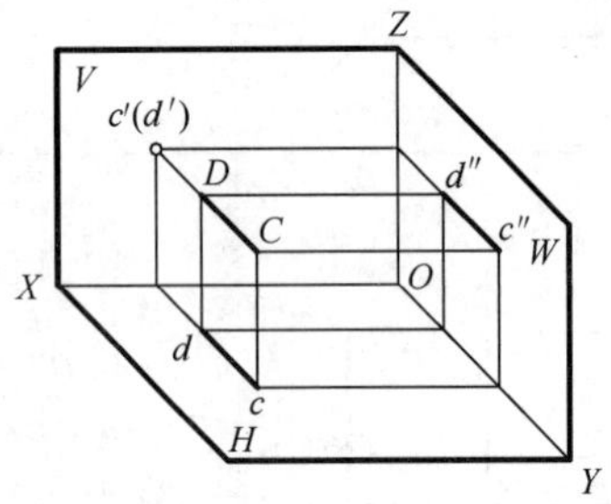	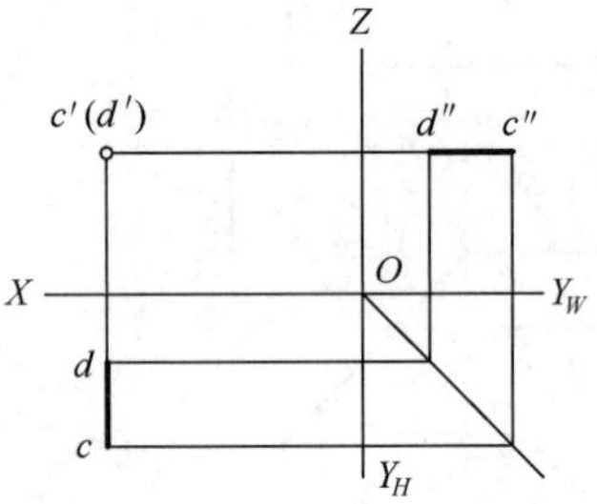	1. $c'd'$积聚为一点 2. $cd \perp OX$ $c''d'' \perp OZ$ 3. $cd = c''d'' = CD$
侧垂线	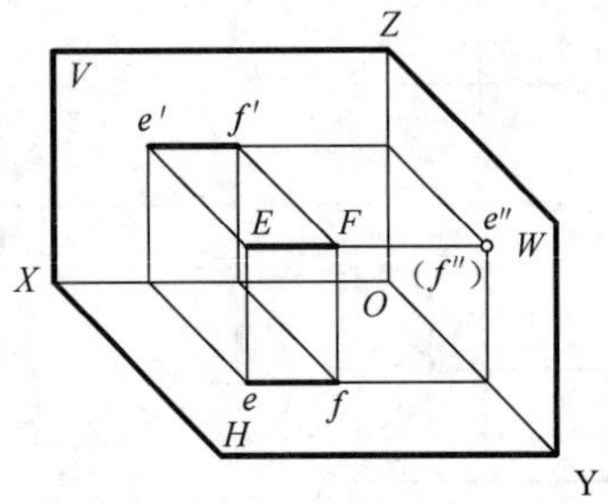	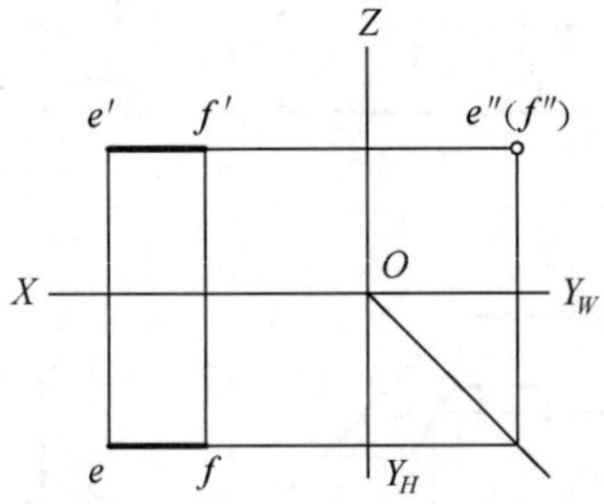	1. $e''f''$积聚为一点 2. $ef \perp OY_H$ $e'f' \perp OZ$ 3. $ef = e'f' = EF$

从表 1-2 可以概括出投影面垂直线的投影特性：

①直线在它所垂直的投影面上的投影积聚为一点。

②直线另两个投影面的投影垂直于相应的投影轴，并反映实长。

3. 一般位置直线

倾斜于各投影面的直线，称为一般位置直线。如图 1-10(a)所示，空间直线 AB 对三个投影面都是倾斜关系，则直线的三面投影分别为 $ab = AB\cos\alpha$，$a'b' = AB\cos\beta$，$a''b'' = AB\cos\gamma$，均小于实长 AB。

图 1-10(b)为直线 AB 的三面投影图，其投影特性是：

①三面投影都倾斜于投影轴，且投影长度小于空间直线的实长。

②投影与投影轴的夹角，不反映空间直线对投影面的倾角。

1.3.2 直线上的点

直线上点的投影特性有：

(1)从属性

点在直线上，其投影在直线的同面投影上，且符合点的投影规律。如图 1-9 中所示 D 点

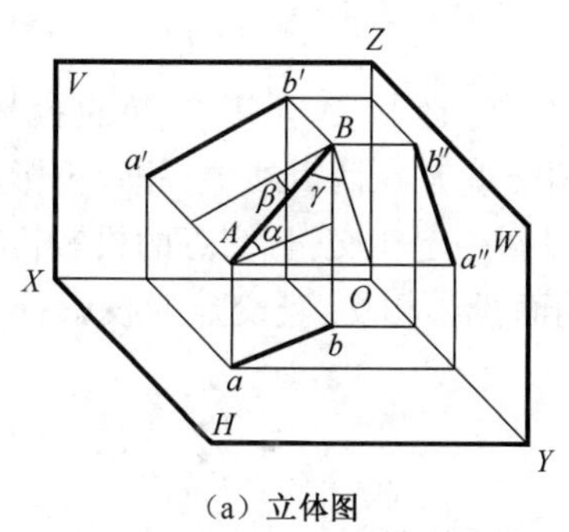

（a）立体图

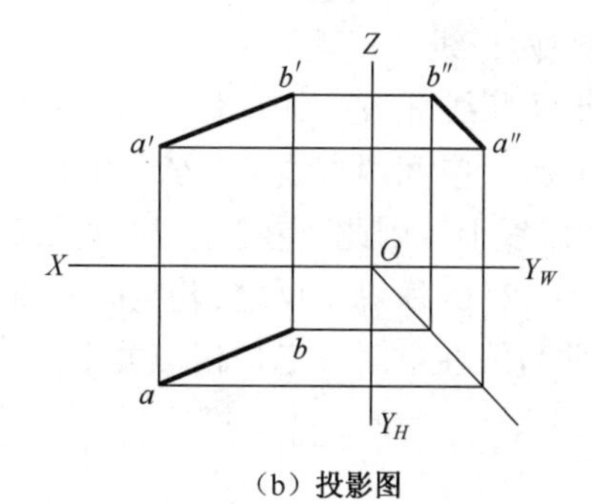

（b）投影图

图 1-10　一般位置直线的投影

属于直线 CE，则同面投影中，d 属于 ce。

(2)定比性

点分直线之比，在投影后比例保持不变。如图 1-9 所示 $CD : DE = cd : de$。

【例 1-2】 把直线 AB 分成 $AC : CB = 2 : 3$，求出分点 C 的两面投影 c、c'(见图 1-11)。

【解】 根据直线上点的投影特性，可先把 AB 的任一投影分为 2 : 3，得 C 的一个投影，再作出另一投影。

(1)由 a 任作一直线，在其上量取 5 个单位长度，再取 2 : 3 的分点；

(2)过该分点作任意直线右端点与 b 连线的平行线，交 ab 于 c；

(3)由 c 作投影连线交 $a'b'$ 于 c'，即可求解。

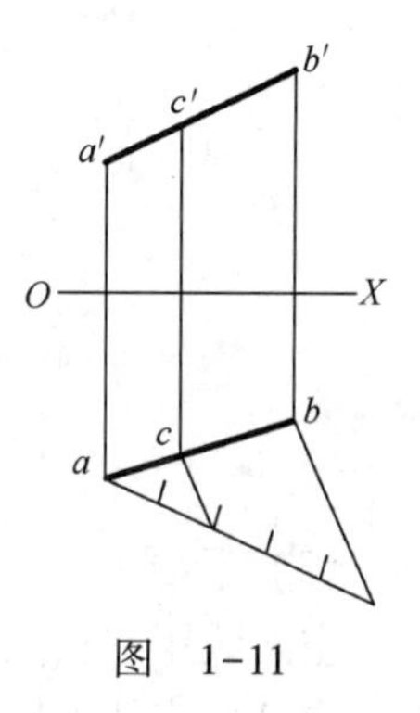

图　1-11

1.3.3　两直线的相对位置

空间两直线的相对位置关系有三种：平行、相交和交叉。其中平行和相交属于共面直线，交叉是异面直线。

(1)平行两直线

若空间两直线相互平行，则它们的同面投影必相互平行。如图 1-12(a)所示，空间两直线 $AB /\!/ CD$，因为两投射平面 $ABba /\!/ CDdc$，所以在 H 面上的投影 $ab /\!/ cd$。同理，可以得到 $a'b' /\!/ c'd'$，$a''b'' /\!/ c''d''$，如图 1-12(b)所示。反之，若两空间直线的同面投影是相互平行的，则该两直线在空间是平行关系。

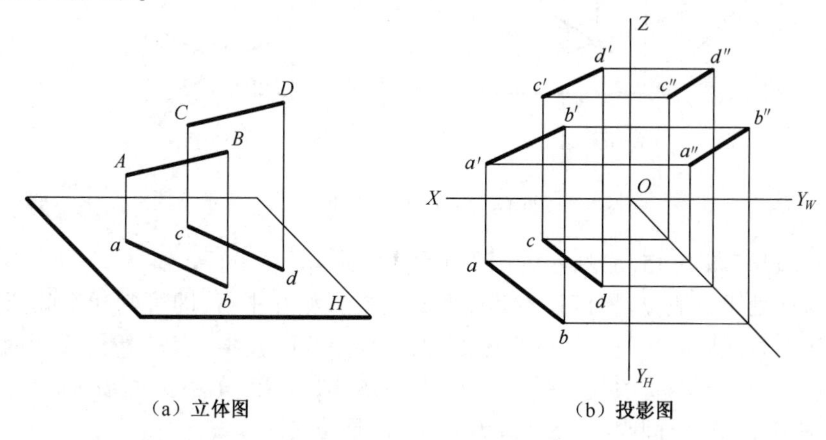

（a）立体图　　（b）投影图

图 1-12　平行两直线

(2)相交两直线

若空间两直线相交,则它们的同面投影必相交,且其交点符合点的投影规律。如图 1-13(a)所示,空间两直线 AB、CD 相交于点 K,因交点 K 在两直线上,故其投影也应在两直线的同面投影线上。因此,空间相交两直线的同面投影一定相交,且交点的投影符合点的投影规律,如图 1-13(b)所示。反之,若空间两直线的同面投影相交,且交点的投影符合点的投影规律,则这两直线在空间必定是相交关系。

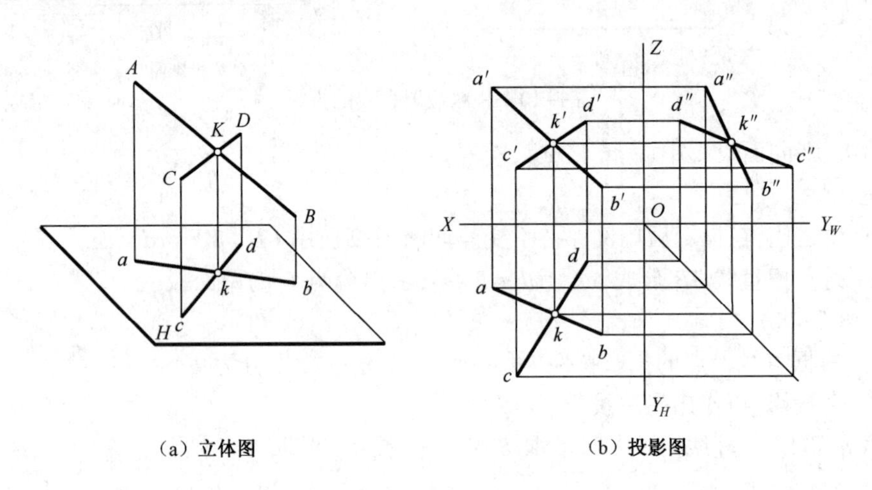

(a) 立体图 (b) 投影图

图 1-13 相交两直线

(3)交叉两直线

空间既不平行又不相交的两直线是交叉直线。

交叉两直线的同面投影可能相交,如图 1-14(a)所示,但投影交点是两直线对该投影面的一对重影点,图 1-14 所示 ab 与 cd 的交点,分别对应 AB 上的Ⅰ点和 CD 上的Ⅱ点,按重影点可见性的判别规定,对于不可见点的投影加括号表示。交叉两直线同面投影的交点不符合点的投影规律,如图 1-14(b)所示。

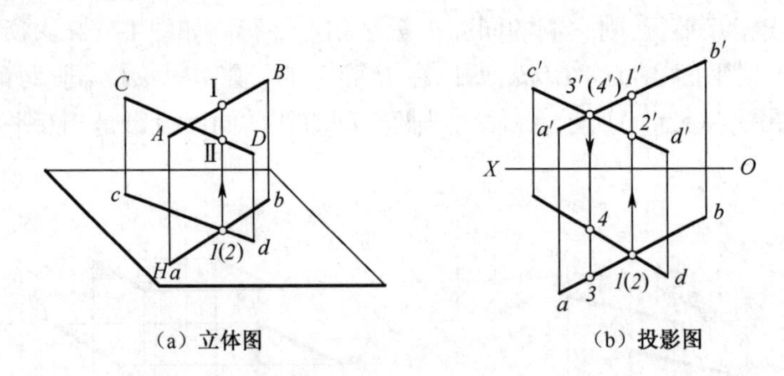

(a) 立体图 (b) 投影图

图 1-14 交叉两直线

【例 1-3】 已知图 1-15(a)所示为两侧平线,判断其是否平行。

分析:两直线处于一般位置时,只要其任意两面投影相互平行,即可判断空间两直线相互平行。但是,当两直线同时平行于某一投影面时,则要检验两直线在所平行的投影面上的投影是否平行,才可判断空间两直线是否平行。如图 1-15(b)所示,虽然 $ab /\!/ cd$、$a'b' /\!/ c'd'$,但是,$a''b''$不平行于 $c''d''$,因此,空间直线 AB 与 CD 不平行,是交叉两直线。

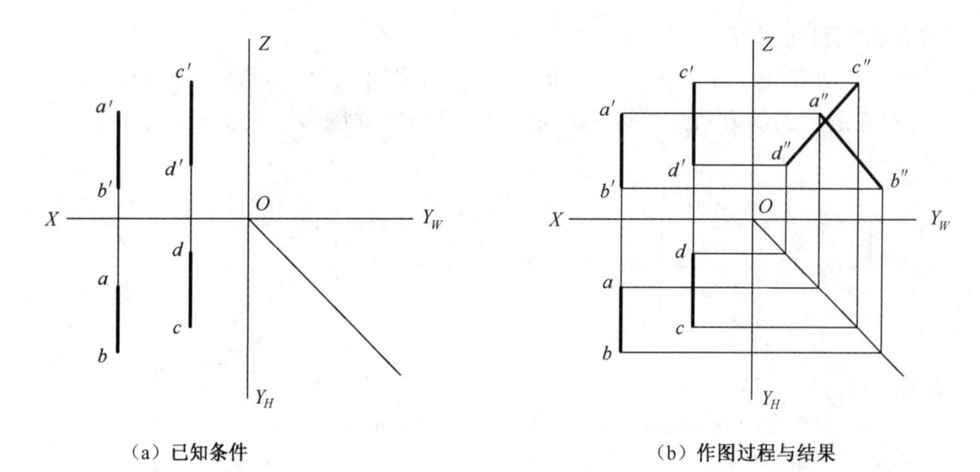

(a) 已知条件　　(b) 作图过程与结果

图 1-15　判断两直线是否平行

【例 1-4】 已知图 1-16(a)所示一般位置直线 AB 与侧平线 CD,判断其是否相交。

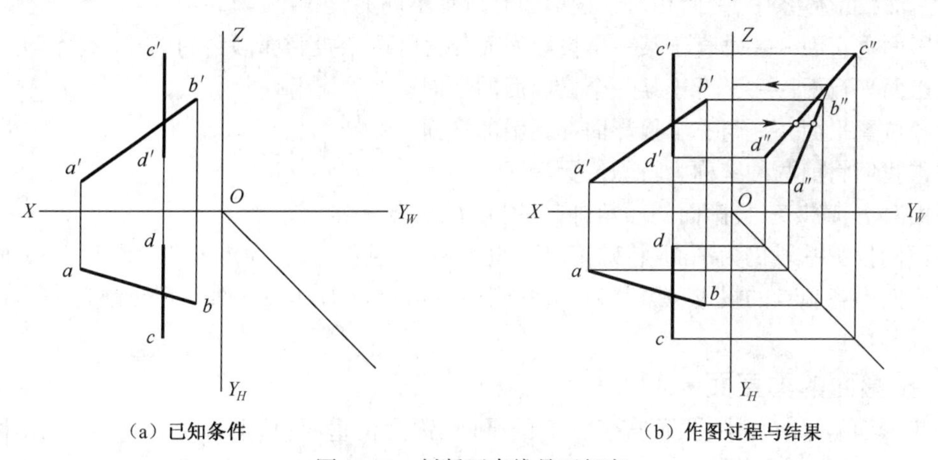

(a) 已知条件　　(b) 作图过程与结果

图 1-16　判断两直线是否相交

分析:对于两条一般位置直线,通常只要其任意两面投影分别相交,且交点符合点的投影规律,则可判断空间两直线相交。但是,当两直线中有投影面平行线时,则要检验它所平行的那个投影面上的投影,才能判断是否相交。如图 1-16(b)所示,$a''b''$与 $c''d''$虽然相交,但这个交点与两直线正面投影交点的连线与 Z 轴不垂直,即:交点不符合点的投影规律,因此,两直线不相交,为交叉两直线。

1.4　平面的投影

1.4.1　平面的几何元素表示法

在投影图上表示空间平面可以用下列几种方法来确定:

(1)不在同一直线的三点,如图 1-17(a)所示;

(2)一直线和该直线外一点,如图 1-17(b)所示;

(3)两条平行直线,如图 1-17(c)所示;

(4)两条相交直线,如图 1-17(d)所示;

(5)任意的平面图形(如三角形、四边形、圆等),如图 1-17(e)所示。

以上几种确定平面的方法是可以相互转化的,且以平面图形来表示最为常见。

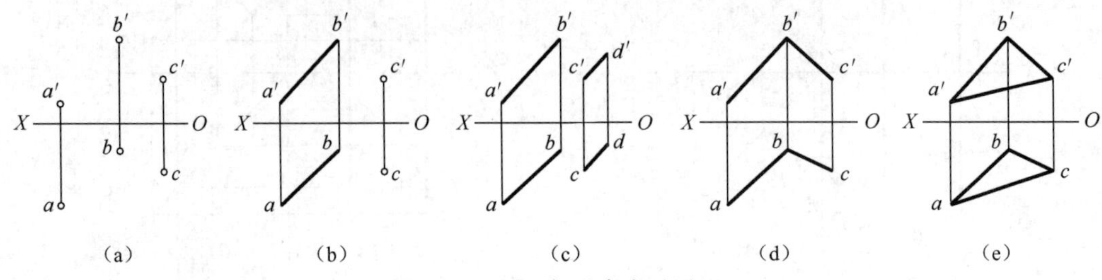

图 1-17　用几何元素表示平面

1.4.2. 平面对投影面的相对位置

在三面投影体系中,平面相对于投影面有三种不同的位置:

投影面垂直面——垂直于某一个投影面而与另外两个投影面倾斜的平面;

投影面平行面——平行于某一个投影面的平面;

一般位置平面——与三个投影面都倾斜的平面。

通常我们将前两种统称为特殊位置平面。

平面对 H、V、W 三投影面的倾角,依次用 α、β、γ 表示。

平面的投影一般仍为平面,特殊情况下积聚为一直线。画平面图形的投影时,一般先画出组成平面图形各顶点的投影,然后将它们的同面投影相连即可。下面分别介绍各种位置平面的投影及其特性。

1. 投影面的垂直面

在投影面的垂直面中,只垂直于 V 面的平面,称为正垂面;只垂直于 H 面的平面,称为铅垂面;只垂直于 W 面的平面,称为侧垂面。

表 1-3 列出了三种垂直面的立体图、投影图及其投影特性。

由表 1-3 可以概括出投影面垂直面的投影特性:

①平面在它所垂直的投影面上的投影积聚为一条直线,该直线与投影轴的夹角反映该平面对另外两个投影面的真实倾角;

②另外两个投影面上的投影,均为小于空间平面图形的类似形。

表 1-3　投影面垂直面

平面的位置	立 体 图	投 影 图	投 影 特 性
铅垂面	Z V X W p′ P O p″ β p γ H Y	Z p′ p″ X O Y_W β p γ Y_H	1. 水平投影积聚成一直线,并反映真实倾角 β、γ; 2. 正面投影、侧面投影不反映实形,为空间平面的类似形

续表

平面的位置	立　体　图	投　影　图	投　影　特　性
正垂面	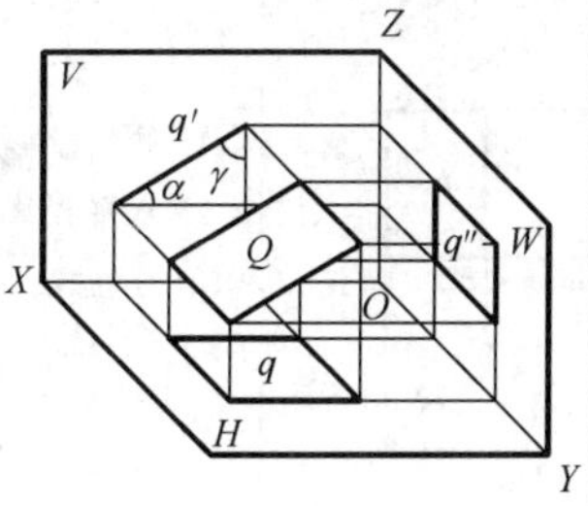 Z V q' α γ Q q'' W X O q H Y	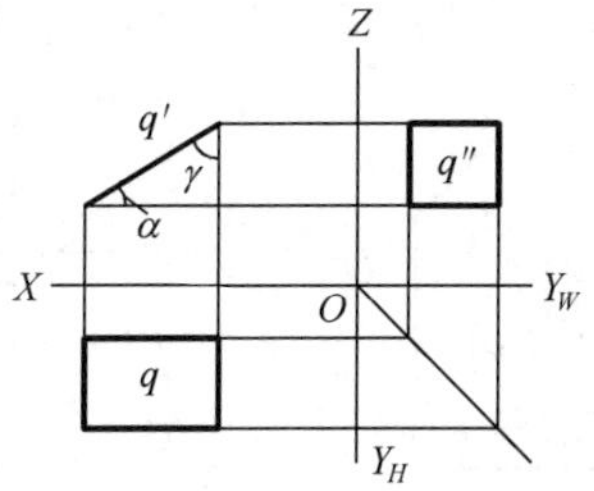 Z q' γ α q'' X O Y_W q Y_H	1. 正面投影积聚成一直线，并反映真实倾角 α、γ； 2. 水平投影、侧面投影不反映实形，为空间平面的类似形
侧垂面	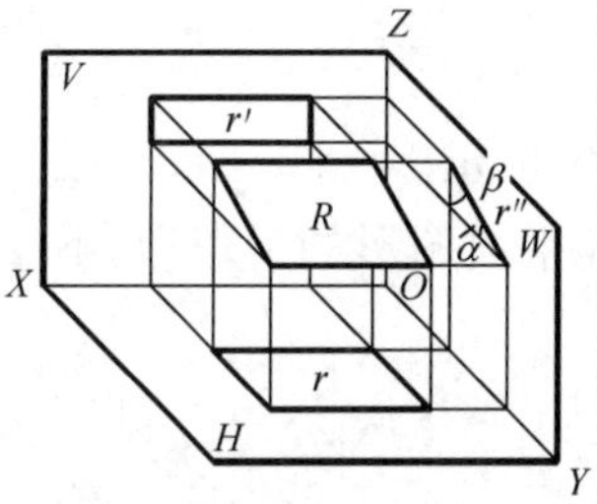 Z V r' β R r'' α W X O r H Y	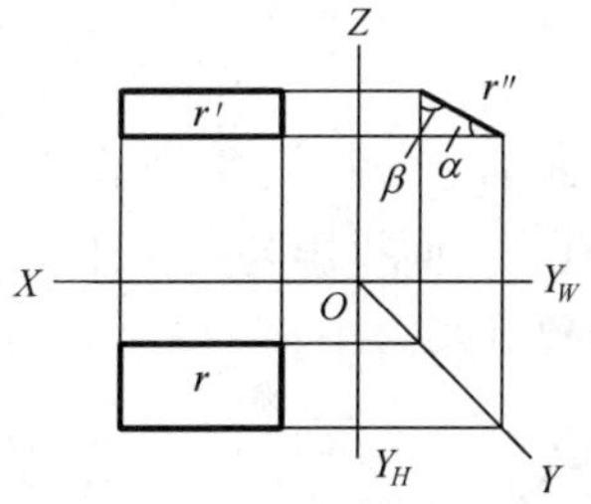 Z r' r'' β α X O Y_W r Y_H Y	1. 侧面投影积聚成一直线，并反映真实侧角 α、β； 2. 水平投影、正面投影不反映实形，为空间平面的类似形

2. 投影面的平行面

在投影面的平行面中，平行于 H 面的平面，称为水平面；平行于 V 面的平面，称为正平面；平行于 W 面的平面，称为侧平面。

表 1-4 列出了三种平行面的立体图、投影图及其投影特性。

由表 1-4 可以概括出投影面平行面的投影特性：

①在所平行的投影面上的投影，反映实形；

②另两个投影面上的投影，均积聚为平行于相应投影轴的直线。

表 1-4　投影面平行面

平面的位置	立　体　图	投　影　图	投　影　特　性
水平面	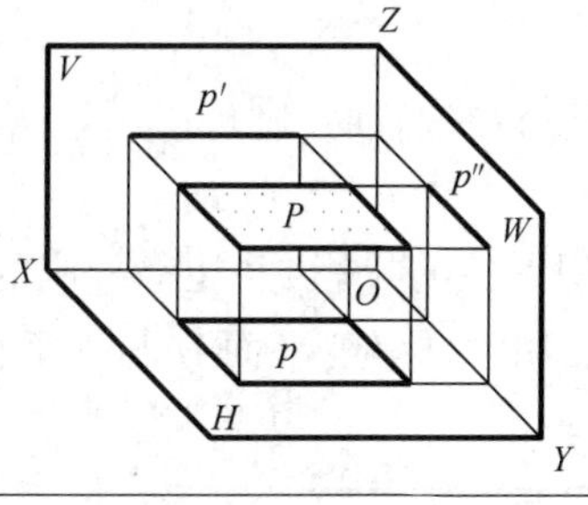 Z V p' p'' P W X O p H Y	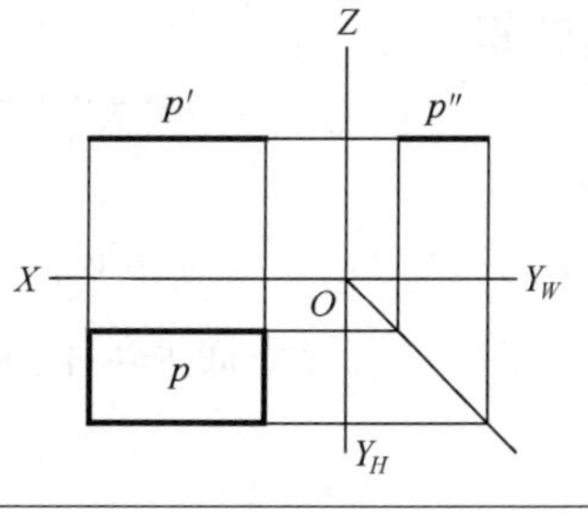 Z p' p'' X O Y_W p Y_H	1. 水平投影反映实形； 2. 正面投影、侧面投影均积聚为直线，且分别平行于 OX、OY_W 轴
正平面	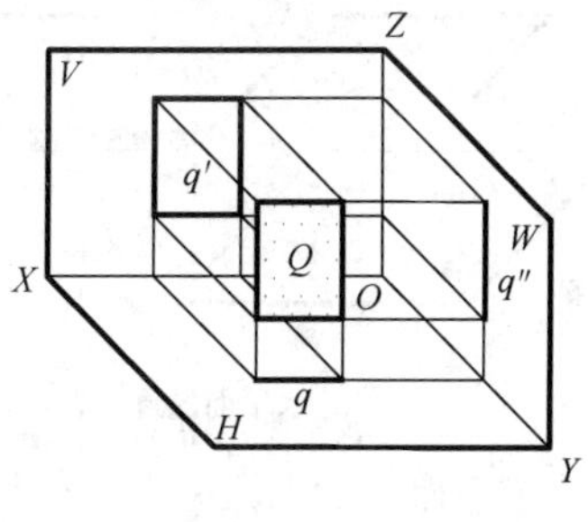 Z V q' W Q q'' X O q H Y	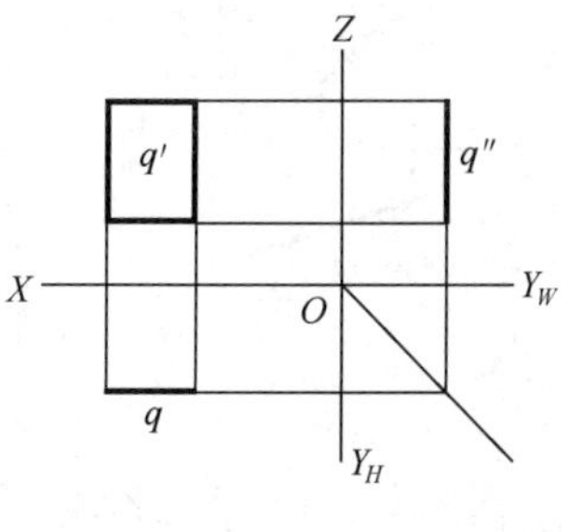 Z q' q'' X O Y_W q Y_H	1. 正面投影反映实形 2. 水平投影、侧面投影均积聚为直线，且分别平行于 OX、OZ 轴

续表

平面的位置	立　体　图	投　影　图	投　影　特　性
侧平面	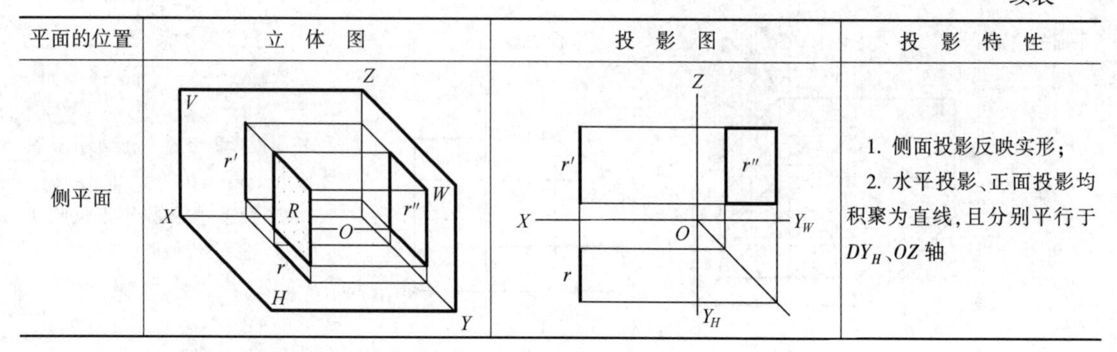		1. 侧面投影反映实形； 2. 水平投影、正面投影均积聚为直线，且分别平行于 DY_H、OZ 轴

3. 一般位置平面

一般位置平面与三个投影面都是倾斜关系，如图 1-18 所示。

一般位置平面的投影特性是：三面投影均是小于空间平面图形的类似形，不反映实形，也不反映空间平面对投影面的倾角真实大小。

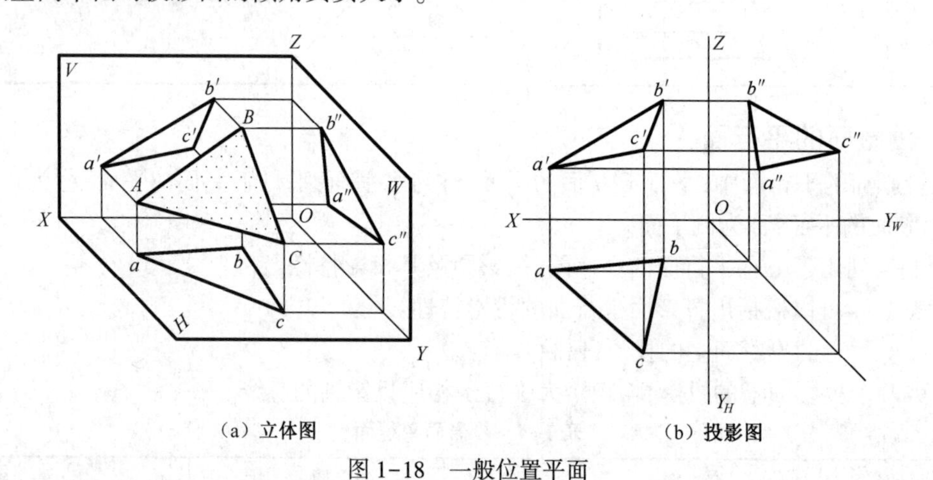

（a）立体图　　（b）投影图

图 1-18　一般位置平面

4. 特殊位置平面的迹线表示法

当平面垂直于投影面，而在投影图上只需要表明其所在位置时，则可以用平面与该投影面的交线——迹线来表示。

用迹线表示垂直平面时，是用粗实线画出平面有积聚性的投影，并注上相应的标记即可，如图 1-19 所示。平面 P 与 H 面的交线称为水平迹线，用 P_H 标记；平面 Q 与 V 面的交线称为正面迹线，用 Q_V 标记。

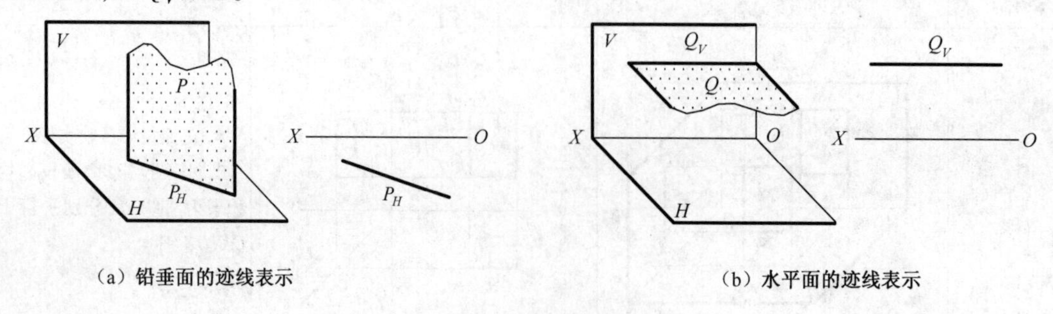

（a）铅垂面的迹线表示　　（b）水平面的迹线表示

图 1-19　用迹线表示特殊位置平面

1.4.3　平面上的点和直线

点和直线在平面上的几何条件是：

①平面上的点，必定在该平面的某条直线上。由此可见，在平面内取点，必须先在平面内取直线，然后在此直线上取点。

②平面上的直线，必定通过平面上的两点；或者通过平面内一点，且平行于平面内任一条直线。

图 1-20 所示为上述几何条件的立体图，图 1-21 是其投影图。

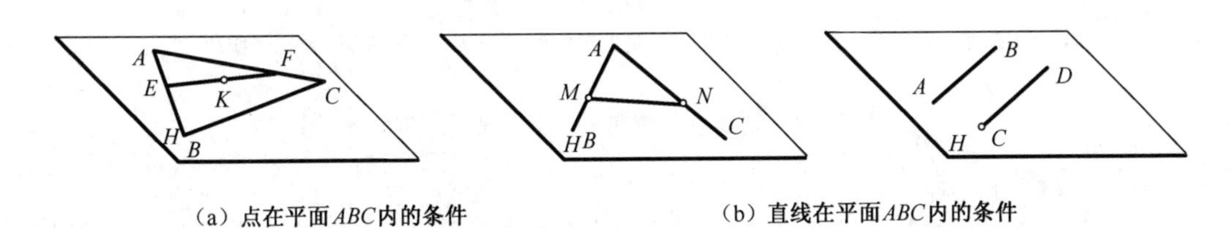

（a）点在平面 ABC 内的条件　（b）直线在平面 ABC 内的条件

图 1-20　平面上的点和直线立体图

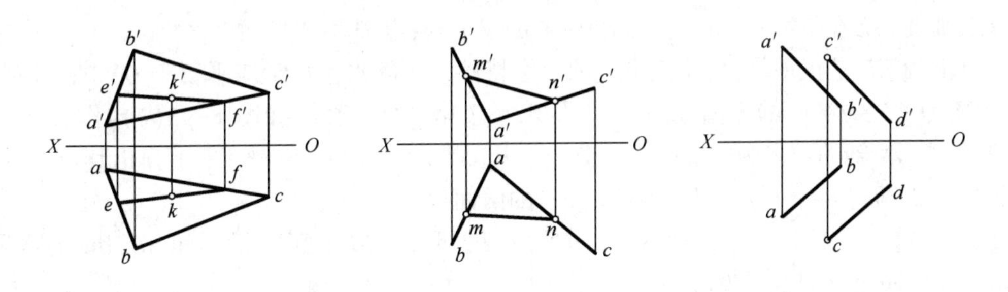

（a）点在平面 ABC 内　（b）直线在平面 ABC 内

图 1-21　一般位置平面内取点、线投影图

特殊位置平面由于在其所垂直的投影面上的投影积聚成直线，因此，这类平面上的点和直线，在该平面所垂直的投影面上的投影，位于平面有积聚性的投影或迹线上，如图 1-22 所示。

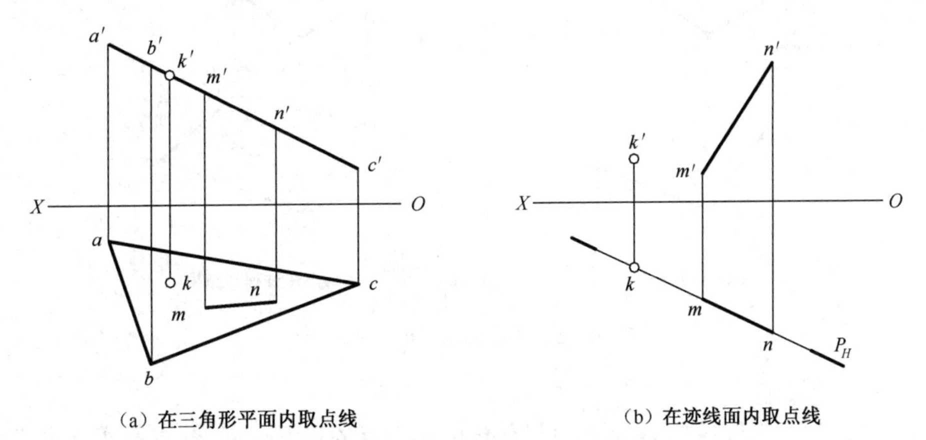

（a）在三角形平面内取点线　（b）在迹线面内取点线

图 1-22　特殊位置平面内取点、线投影图

【例 1-5】　如图 1-23(a)所示，已知平面△ABC 以及点 D 的两面投影，要求：

(1)判断点 D 是否在平面上；

(2)在平面上作一条正平线 EF,使 EF 到 V 面距离为 20 mm。

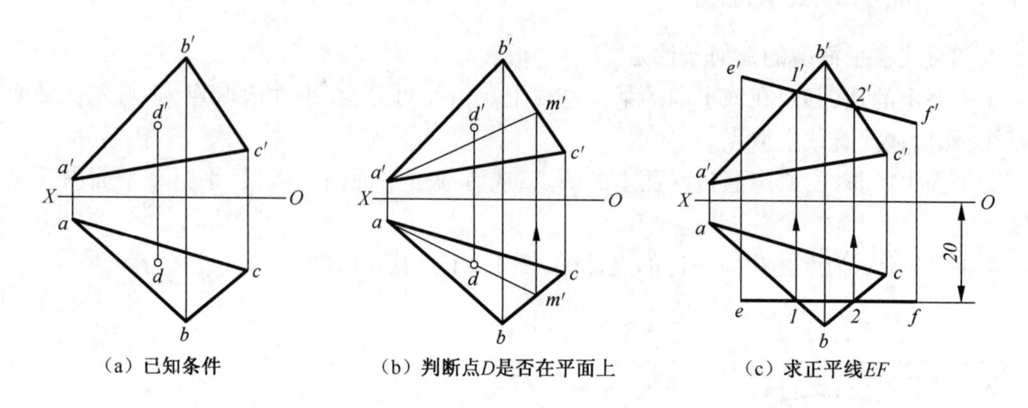

图 1-23　判断点是否在平面上及平面上取线

【解】　分析与作图

(1)D 点若在△ABC 平面内的某条直线上,则点 D 在平面上,否则就不在平面上。判断方法如图 1-23(b)所示:连接 ad 并延长交 bc 于点 m,在 $b'c'$ 上作出 m 对应的正面投影点 m',连接 $a'm'$,则 AM 必在平面△ABC 上,但 d'不在 $a'm'$ 上,故点 D 不在平面上。

(2)因为 EF 是正平线,根据正平线的投影特性,EF 的水平投影应平行于 OX 轴,且到 OX 轴的距离为 EF 到 V 面的距离。因此,先从水平投影开始作图。如图 1-23(c),作 ef 平行于 OX 轴,且到 OX 轴的距离为 20 mm。ef 交 ab、bc 于点 1、2,分别在 $a'b'$、$b'c'$ 上作出其对应点 1′、2′,连接 1′、2′即得 $e'f'$。ef、$e'f'$即为直线 EF 的两面投影。

【例 1-6】　如图 1-24(a)所示,已知平面四边形 $ABCD$ 的正面投影和 AB、BC 的水平投影,试完成该四边形的水平投影。

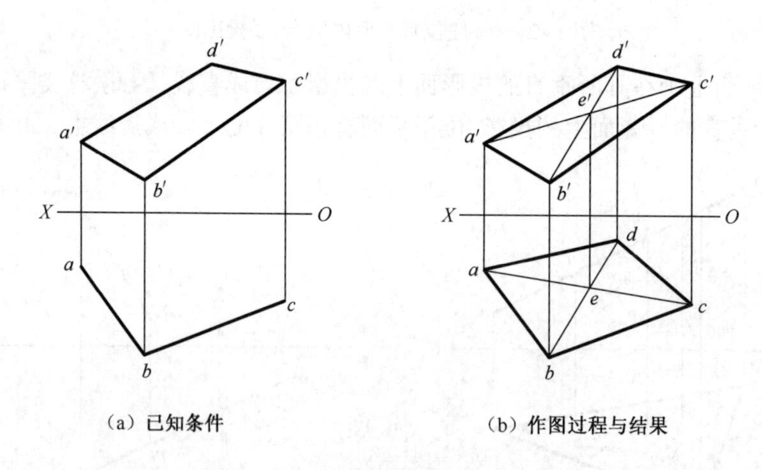

图 1-24　完成四边形的水平投影

【解】　分析与作图

四边形的四个顶点在同一平面内,已知 A、B、C 三点的投影。因此,本题实际上是已知平面 ABC 上一点 D 的正面投影 d',求其水平投影 d。如图 1-24(b)所示,可以先连接 ac 和 $a'c'$,再连接 $b'd'$交 $a'c'$于 e',在 ac 上作出 e'的对应点 e,连接 be 并在其延长线上作出 d'的对应点 d。最后,连接 ad 和 cd 即完成四边形的水平投影。

1.5　直线与平面、平面与平面的相对位置

直线与平面、平面与平面的相对位置分为平行和相交两种。其中直线位于平面上或两平面共面是平行的特例,而垂直是相交的特殊情况。

下面只讨论直线与平面、平面与平面的相对位置中有特殊位置直线或者特殊位置平面的情况。

1.5.1　平行

1. 直线与平面平行

(1)一般位置线面平行

一般位置直线与平面平行的几何条件是:空间直线平行于平面上的任意一条直线,则该直线与平面平行。这样,将直线与平面平行的问题,转化成直线与直线平行的问题。

如图 1-25 所示,空间直线 *AB* 平行于平面 *P* 内的一条直线 *CD*,则 *AB* 平行于平面 *P*。当平面为投影面的垂直面时,只要平面有积聚性的投影和直线的同面投影线平行,或直线为该投影面的垂线,则直线与平面也必定平行。

(2)特殊位置线面平行

特殊位置直线与平面平行的几何条件是:当平面为投影面的垂直面时,只要平面有积聚性的投影和直线的同面投影线平行,或直线为该投影面的垂线,则直线与平面也必定平行。

如图 1-26 所示,直线 *AB* 垂直于平面 *H*,平面 *EFGH* 垂直于平面 *H*,则直线 *AB* 与平面 *EFGH* 平行;直线 *CD* 倾斜于平面 *H*,在 *H* 面的投影为 *cd*,如图 1-26 所示 *cd* 平行于 *EFGH* 在 *H* 面的积聚性投影 *efgh*,则 *CD* 也平行于 *EFGH*。

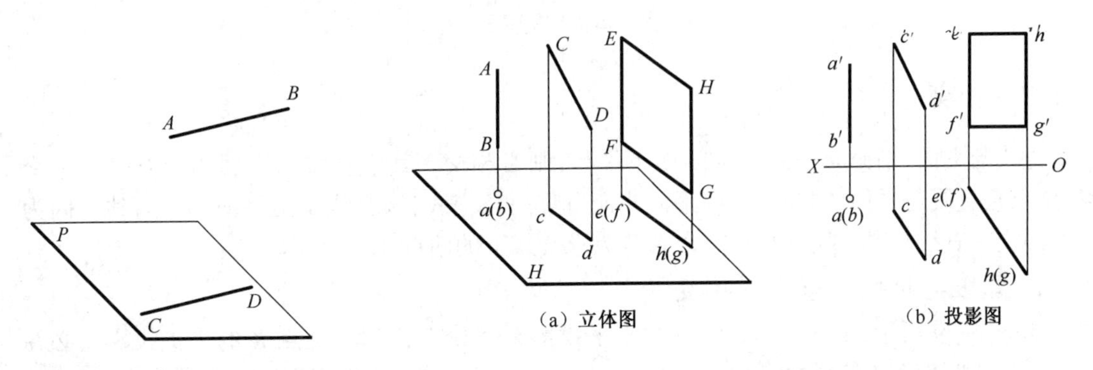

图 1-25　一般位置线面平行　　图 1-26　特殊位置线面平行

2. 平面与平面平行

(1)一般位置平面与平面平行

两一般位置平面平行的几何条件是:一平面内的两相交直线分别平行于另一平面内的两相交直线,则这两个平面相互平行。

如图 1-27 所示,空间平面 *P* 有两条相交直线 *AB* 和 *BC*,平面 *Q* 内有两条相交直线 *DE* 和 *EF*,如果 $AB /\!/ DE$,$BC /\!/ EF$,则 $P /\!/ Q$。

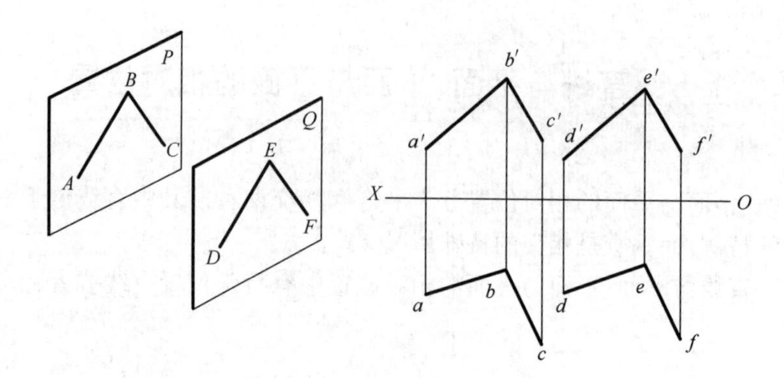

图 1-27　两一般位置平面平行

(2)特殊位置平面与平面平行

如图 1-28 所示,当两平面同为某一投影面的垂直面时,只要它们所垂直的投影面上的投影平行,则两平面必定平行。

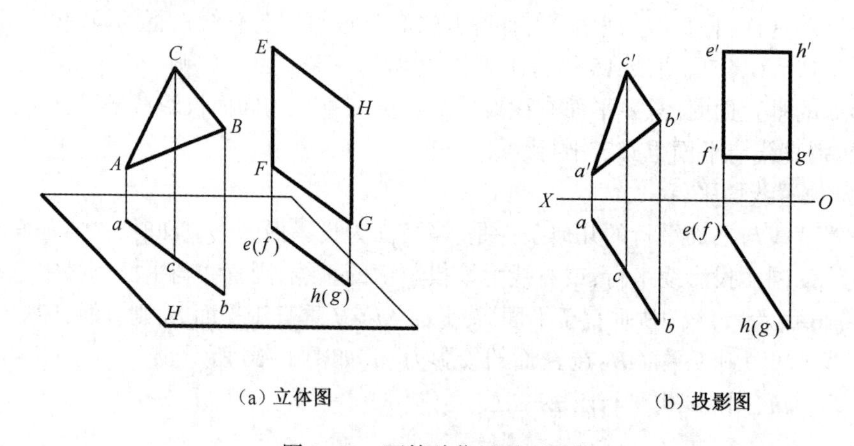

(a) 立体图　　(b) 投影图

图 1-28　两特殊位置平面平行

1.5.2　相交

直线与平面、平面与平面在空间如不平行,则必相交。其中直线与平面相交有唯一个交点,该点是直线与平面的共有点;两平面相交有唯一条交线,该交线是两平面的共有线。因为两点确定一直线,所以求交线时,可以转化为求交线上的两点。

1. 直线与特殊位置平面相交

如图 1-29 所示,由于平面△*DEF* 的水平投影有积聚性,因此,交点 *K* 的水平投影 *k* 必在 *ab* 上,这样直接确定直线 *AB* 和△*DEF* 的交点 *K* 的水平投影,然后根据 *K* 点在 *AB* 直线上,作出 *K* 点的正面投影 *k'*。

直线与平面图形重影的部分有可见和不可见之分,判别可见性的方法通常是利用交叉直线的重影点。由图 1-29 可见,交点 *K* 把直线 *AB* 分成两部分,在投影图上直线未被平面遮住部分的投影为可见,画成粗实线;被平面遮住部分的投影为不可见,画成虚线;所以交点是可见与不可见的分界点。如图 1-29(b)所示,取交叉直线 *DE*、*AB* 对 *V* 面的重影点Ⅰ、Ⅱ,由 1'、2'作出 1、2,由于Ⅰ点的 *Y* 坐标较大,故 1'可见,2'不可见,则 *k'*2'也为不可见,用虚线画出,*k'*为 *a' b'*的可见性分界点,*k'b'*段可见,用粗实线画出。也可以用“上遮下、前挡后”的直观法进行

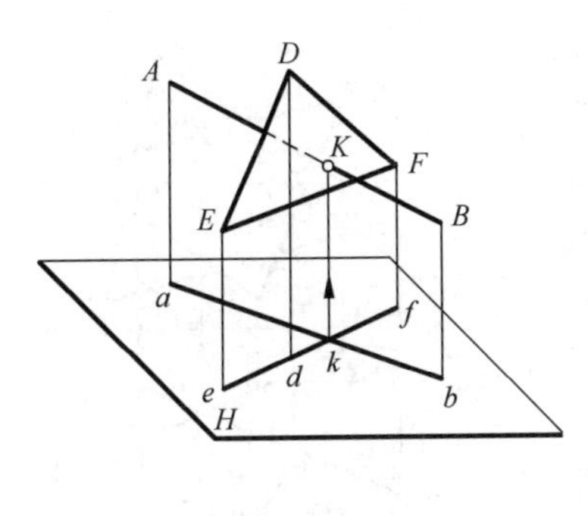

（a）立体图

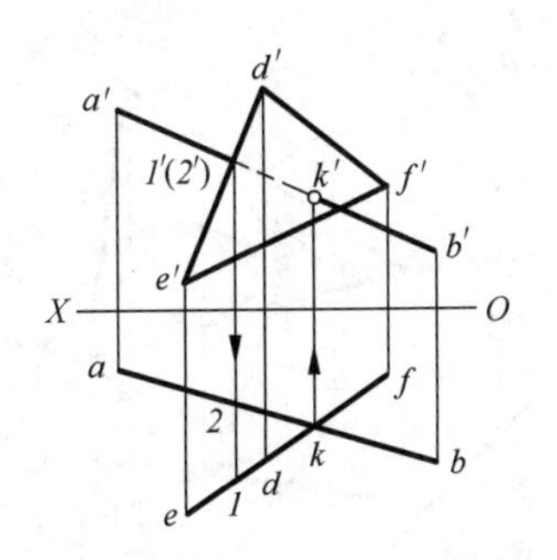

（b）投影图

图1-29　直线和铅垂面相交

判别：由水平投影可以看出，直线 AB 的 KB 段，位于平面△DEF 的前面，因而 KB 段正面投影可见，用粗实线画出；可类似判断出 KA 段正面投影不可见。

2. 特殊位置直线与平面相交

当相交在一起的直线为特殊位置，平面为一般位置时，可利用直线的积聚性投影直接确定交点的一个投影。如图1-30所示，铅垂线 EF 和△ABC 平面相交，交点 K 的水平投影 k 必定与 ef 重合；同时，K 点属于△ABC 平面，利用面上取点的方法，在△ABC 平面内添加通过 K 点的辅助线 AD，在 $a'd'$ 上确定 k'，$K(k,k')$ 即为所求的交点。$e'f'$ 和△$a'b'c'$ 重影部分线段可见性可借助重影点 $1'(2')$ 判别。

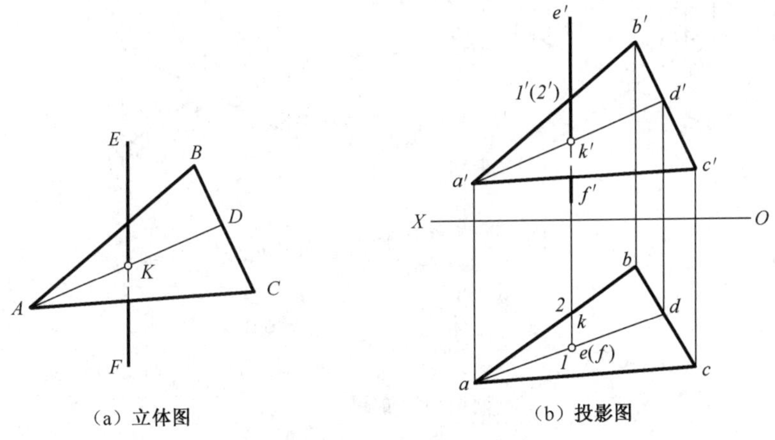

（a）立体图　　（b）投影图

图1-30　铅垂线和平面相交

3. 一般位置平面和特殊位置平面相交

求两平面交线的问题，可以看作是求两个共有点的问题。如图1-31(a)所示，欲求一般位置平面△ABC 与铅垂面△DEF 的交线，只要求出属于交线的任意两点（如 M、N）就可以了。显然，M、N 是 AC、BC 两边与铅垂面△DEF 的交点，利用一般线与特殊面交点的求法即可求得。

交线求出后，需要判断两平面重影部分的可见性。方法同线、面相交时的可见性判别，通常运用重影点来判断，但要注意，两平面的交线总是可见的，应用粗线画出，其他如图1-31(b)所示。

4. 两特殊位置平面相交

当两平面均为投影面的垂直面时，交线必为该投影面的垂直线，两平面具有积聚性的投影

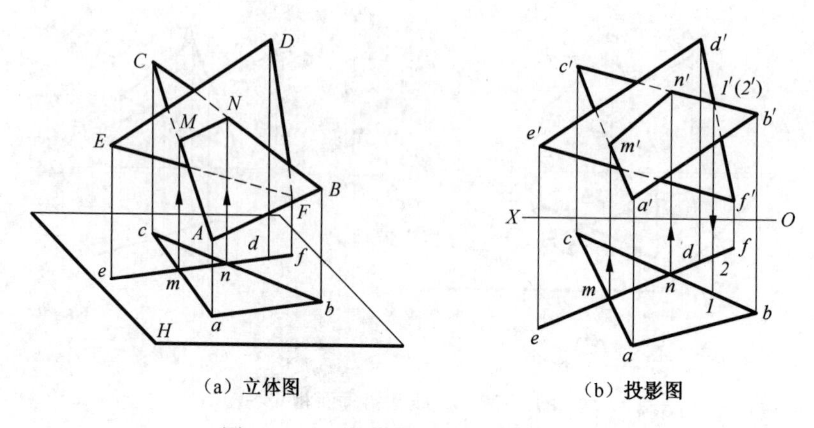

（a）立体图　　（b）投影图

图 1-31　一般位置平面与铅垂面相交

交于一点，该点即为交线的积聚投影，交线的另一投影可在两平面投影的重合部分作出（此时将两平面限定在一个有限区域），如图 1-32 所示。

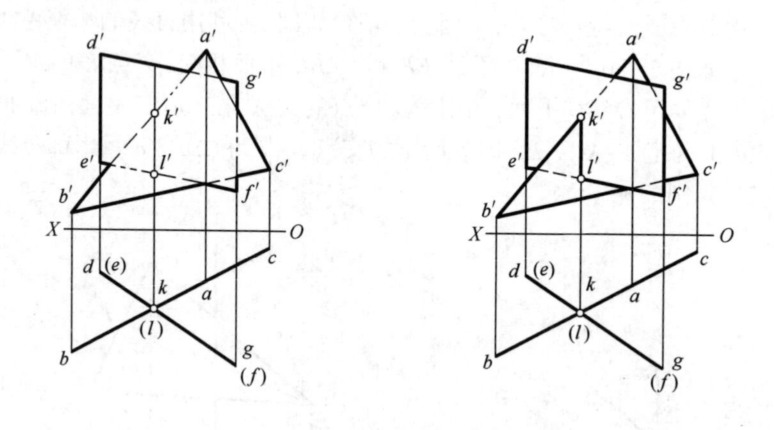

图 1-32　两特殊位置平面相交

第2章 立 体

根据立体表面几何性质的不同,立体可分为平面立体和曲面立体两大类。表面都是由平面围成的立体,称为平面立体;表面由平面和曲面或者曲面围成的立体,称为曲面立体。本章主要介绍各种基本立体、基本立体与平面相交及两回转立体相交的投影情况。

2.1 平面立体

平面立体是由若干平面多边形围成,所以平面立体的投影,可以看作组成平面立体的所有多边形顶点和边的投影。并且规定投影可见的线画成粗实线,不可见的线画成虚线,粗实线和虚线重合时,画成粗实线。

平面立体中最常见的是棱柱和棱锥(包括棱锥台),下面主要讨论它们的投影及其表面取点、线的原理和方法。

2.1.1 棱柱体

棱柱是由两个底面和若干个棱面所组成的,棱面与棱面的交线叫棱线,各棱线相互平行。按照棱线的数目分,有三棱柱、四棱柱、五棱柱……。按照棱线是否垂直底面分为直棱柱(棱线垂直于底面的)和斜棱柱。其中,底面是正多边形的称为正棱柱。

1. 棱柱的投影

图 2-1(a)为一正六棱柱的立体图。它的顶面和底面都是正六边形,六个棱面都是矩形。图 2-1(b)为正六棱柱的投影图,图中省略了投影轴,作图时应特别注意严格保持所有几何元素在各面投影之间的对应关系,即

V 面与 *H* 面投影之间"长对正";

V 面与 *W* 面投影之间"高平齐";

H 面与 *W* 面投影之间"宽相等"。

在图 2-1(b)所示投影图中,正六棱柱的顶面和底面均为水平面,根据水平面投影特性,其水平投影重合并反映实形,为正六边形,正面投影和侧面投影都积聚成直线段,并分别平行于相应的 *OX*、*OY* 投影轴。前后两个棱面为正平面,其正面投影重合并反映实形,水平投影和侧面投影积聚为直线段,且分别平行于 *OX*、*OZ* 投影轴。其余四个棱面均为铅垂面,它们前后、左右分别对称,其水平投影积聚成直线段,并与正六边形边线重合,而正面投影和侧面投影分别为类似形(矩形),面积比实形小。六棱柱的六条棱线均为铅垂线,水平投影积聚成一点,正面投影和侧面投影互相平行且反映实长。

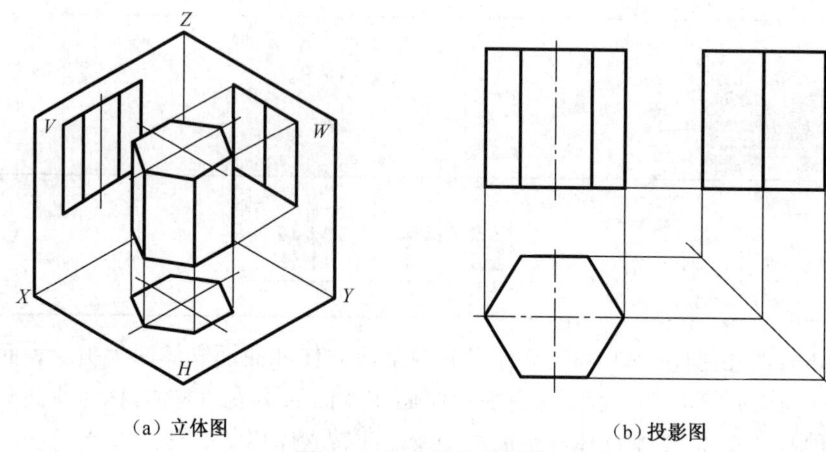

（a）立体图　　（b）投影图

图 2-1　正六棱柱的投影

2. 棱柱表面上的点

在平面立体表面上取点,其原理和方法与在平面上取点相同。如果平面立体表面为特殊位置平面,可利用积聚性求点的其他投影;如果平面立体表面是一般位置面,可利用表面上经过该点的直线来求点的投影。首先分析判断点在哪个棱面上,再根据棱面空间位置的投影特性来求出点的其他两投影。点的投影可见性依据点所在棱面投影的可见性来判断。点所在棱面的某投影面投影可见,则点的同面投影也可见,否则不可见。

注意:棱面投影有积聚性时,点的该面投影视为可见。

【例 2-1】 如图 2-2 所示,已知正六棱柱三面投影及表面上 M 、N 两点的正面投影 m'、(n'),求点的另外两投影。

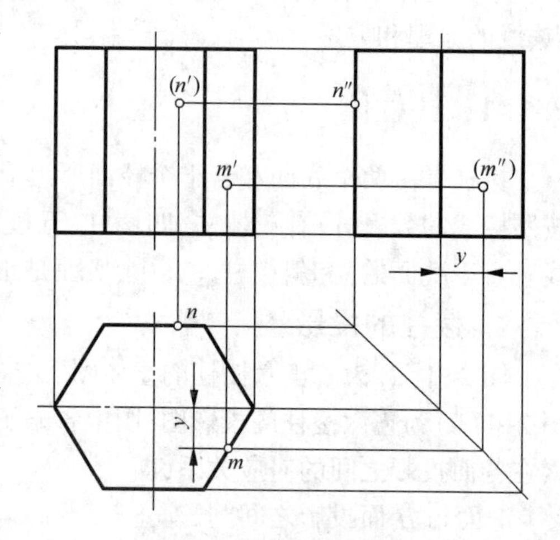

图 2-2　棱柱表面上的点

【分析】 由于投影 m'可见,故 M 点在右前方棱面上;投影(n')不可见,故 N 点位于正后方的棱面上,该棱面为一正平面,其水平及侧面投影均具有积聚性。所以自 m'作竖直投影连线,在右前方棱面有积聚性的水平投影上得点的水平投影 m,再由点的两投影 m'、m 求出侧投影 m'',由于 M 点所在棱面的侧面投影不可见,故投影(m'')不可见。由(n')分别作竖直和水平投影连线,在正后方棱面具有积聚性的水平投影和侧面投影上分别取对应的 n 及 n''。

2.1.2　棱锥体

棱锥是由一个锥底面和若干个相交于一点的棱面组成的。棱面的交线称为棱线,棱线均交于一点,称为锥顶。按照棱线的数目将棱锥分为三棱锥、四棱锥、五棱锥……。其中,底面是正多边形的称为正棱锥。

1. 棱锥的投影

图 2-3(a)为正三棱锥的立体图,图 2-3(b)为相应的三面投影图。正三棱锥底面$\triangle ABC$是水平面,其水平投影反映实形但不可见,正面及侧面投影均积聚为直线且分别平行于 OX、

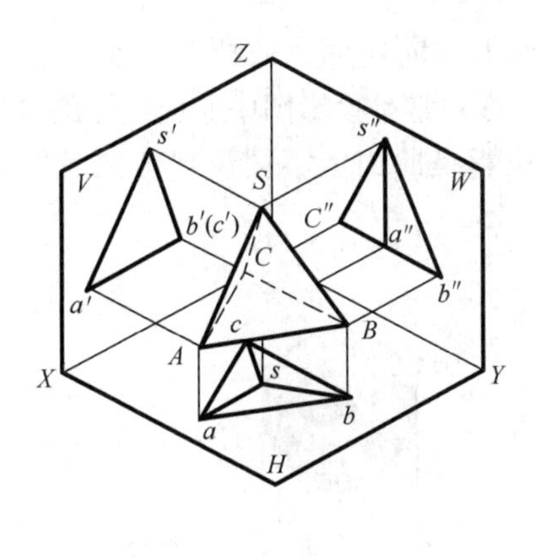

(a) 立体图

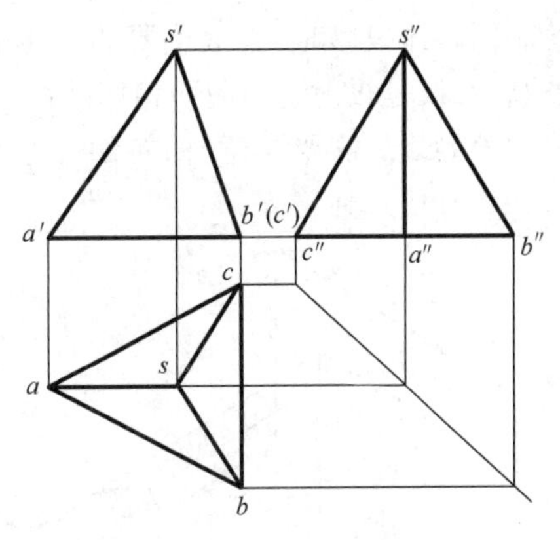

(b) 投影图

图 2-3　正三棱锥

OY 轴。右侧棱面△*SBC* 为一正垂面，正面投影 $s'b'(c')$ 积聚为直线，水平投影 *sbc* 及侧面投影 $s''b''c''$ 分别为比空间实形小的类似形，且水平投影可见，侧面投影不可见。前、后侧棱面均为一般位置面，它们的三面投影是比空间实形小的类似形。前、后侧棱面的正面投影重合，前侧棱面投影 $s'a'b'$ 可见，后侧棱面 $s'a'c'$ 不可见。作图时先画出底面△*ABC* 的各个投影，再作锥顶 *S* 的各个投影，然后连接各点的同面投影即可，如图 2-3(b) 所示。

2. 棱锥表面上取点

【例 2-2】　如图 2-4 所示，已知正三棱锥三面投影及表面上 *M* 点的正面投影 m'，求该点的其余两投影。

【分析】　因投影 m' 可见，故可知 *M* 点位于前棱面△*SAB* 上，而△*SAB* 为一般位置面，其上取点应作一条过 *M* 点且在△*SAB* 面上的辅助线。作图时过 *M* 作属于△*SAB* 棱面的任意辅助线 *DE*，在正面投影中，$d'e'$ 过 m'，分别交 $s'a'$ 于 d'，交 $s'b'$ 于 e'。因 *D*、*E* 分别在棱线 *SA*、*SB* 上，在水平投影中作出 *de*；在侧面投影中作出 $d''e''$。最后分别在 *de* 及 $d''e''$ 上取出 *M* 点相应的水平投影 *m* 及侧面投影 m''。显然 *m* 及 m'' 均可见。需要说明，这里辅助线 *DE* 是任意作的，比如过锥顶 s' 或平行于底边 $a'b'$ 的辅助线，只要过 m' 且在△*SAB* 上即可。

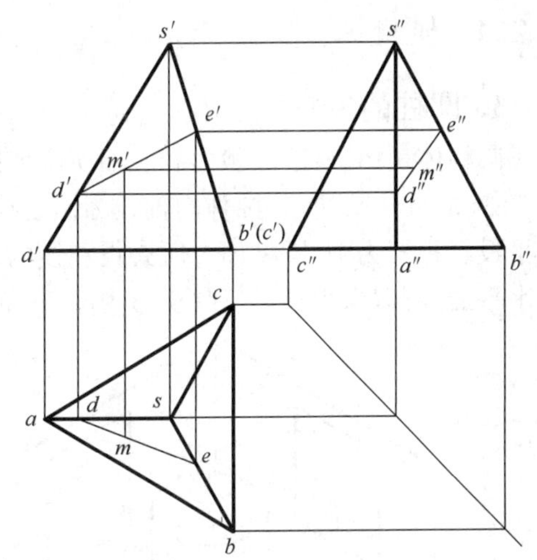

图 2-4　棱锥表面上的点

2.2　回　转　体

回转体中的回转面是由母线(直线或曲线)绕某一轴线回转而形成，回转面的形状取决于母线的形状及母线与轴线的相对位置。母线绕轴线回转时在曲面上任意位置的线称为素线。母线上任一点绕轴线回转一周所形成的轨迹称为纬圆，纬圆的半径是该点到轴线的距离，纬圆所在的平面垂直于轴线。

绘制回转体投影时,非常重要的一点是画出回转面上转向轮廓线的投影。如图 2-5 所示,转向轮廓线是投射线与曲面相切的切点的集合,其投影常常是投影图中曲面投影的可见与不可见的分界线。需要注意:回转面在三个视图中的投影是曲面上不同位置转向轮廓线的投影。

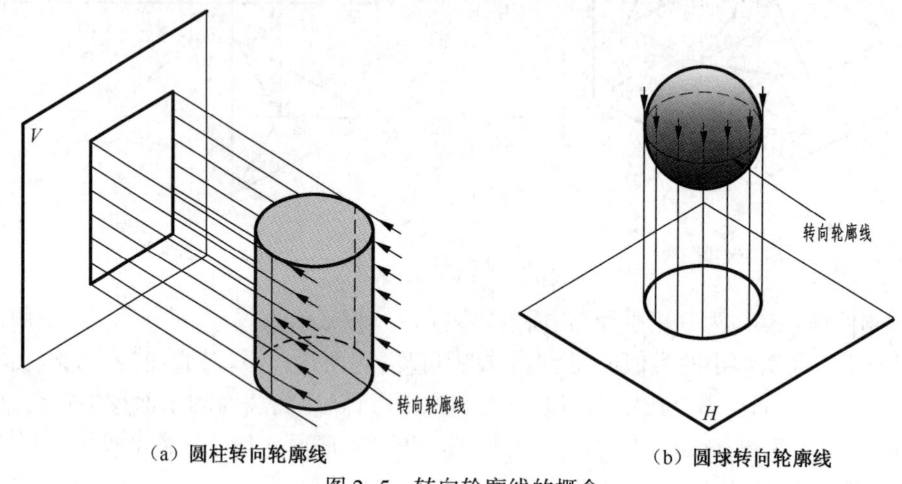

(a) 圆柱转向轮廓线　　(b) 圆球转向轮廓线

图 2-5　转向轮廓线的概念

2.2.1　圆柱体

1. 圆柱的投影

圆柱体是由圆柱面、顶面和底面所围成的。

如图 2-6(a)所示,圆柱的轴线为铅垂线,圆柱面上所有的素线都是铅垂线,所以圆柱面的水平投影积聚为圆,圆柱面上所有点和线的水平投影都积聚在这个圆上。圆柱的顶面、底面均为水平面,所以水平投影反映实形为圆,正面及侧面投影均积聚为直线。

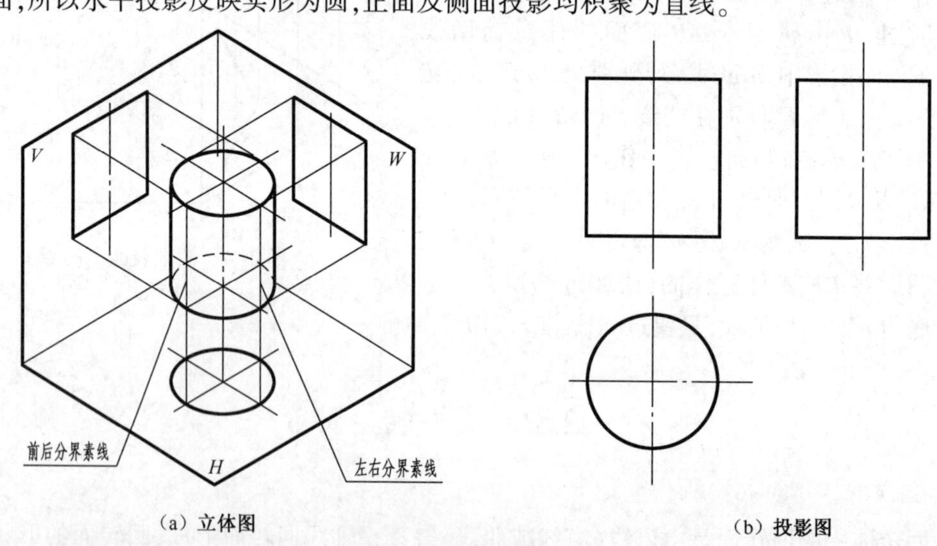

(a) 立体图　　(b) 投影图

图 2-6　圆柱的投影

圆柱的正面投影为矩形,矩形上、下两边分别为圆柱顶面、底面具有积聚性的投影,左、右两边分别为圆柱面上最左、最右素线的正面投影,这两条素线又称为正面投影的转向轮廓线,它们把圆柱面分为前、后两半,前半部可见,后半部不可见,前、后半部正面投影重合,它们的侧面投影与轴线重合。同理,圆柱的侧面投影也为矩形,矩形两侧轮廓线分别为圆柱面上最前、最后素线的侧面投影,它们是侧面投影的转向轮廓线,也是侧面投影的可见性分界线,把圆柱面分成可见的左半部与不可见的右半部,左、右半部侧面投影重合。它们的正面投影与轴线重合。图 2-6(b)为圆柱三面投影图。圆柱的轴线用点画线画出。

2. 圆柱表面上的点

【例 2-3】 如图 2-7 所示,已知圆柱面上 A、B 两点的正面投影(a')、b',求两点的水平投影及侧面投影。

【分析】 图中可看出两点在圆柱面上,由于圆柱的轴线是铅垂线,所以圆柱面的水平投影积聚为圆,故两点的水平投影 a、b 必在圆周上。由 a、a'及 b、b'可分别求出 a''、b''。

作图过程如下:由于(a')不可见,b'可见,故 A 点位于左、后圆柱面,B 点位于右、前圆柱面。分别自(a')、b'向水平投影作投影连线,与圆的交点即为 a、b,注意 a 在后半圆,b 在前半圆。作侧面投影 a''、(b'')时,注意由水平投影量取相对坐标 Y_a、Y_b,并且因(a')、b'分别在左半、右半圆柱面,所以 a''可见,(b'')不可见。

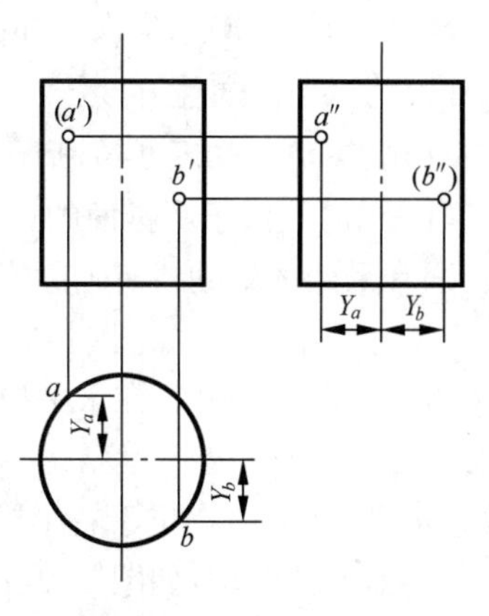

图 2-7　圆柱表面取点

2.2.2　圆锥体

1. 圆锥的投影

圆锥体是由圆锥面和底面围成的。圆锥面是由直母线绕和它相交的轴线旋转一周形成的。

如图 2-8 所示,圆锥的轴线为铅垂线,底面为一水平圆,故底面水平投影反映实形圆,正面及侧面投影分别积聚为直线,且分别平行于 X,Y 轴。

圆锥面的水平投影可见,与底面圆水平投影重合,圆心为锥顶水平投影位置。

圆锥正面投影为等腰三角形。等腰三角形底边是圆锥底面圆的正面投影,两腰是转向轮廓线的投影,又叫锥面上最左和最右素线的投影,它们的侧面投影与轴线重合。这两条素线把圆锥面的正面投影分为可见的前半部和不可见的后半部,前、后半部正面投影重合。

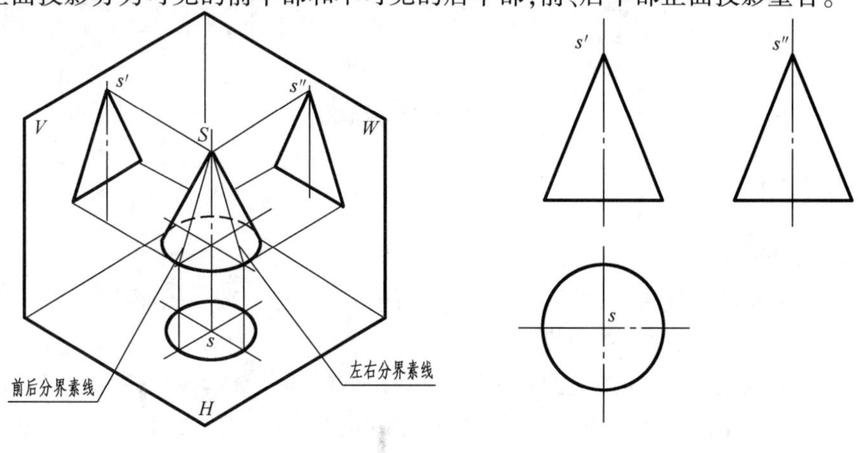

(a) 立体图　　(b) 投影图

图 2-8　圆锥的投影

圆锥侧面投影也为等腰三角形,且与正面投影大小相等。等腰三角形底边是圆锥底面圆的侧面投影,两腰是转向轮廓线的投影,又叫锥面上最前和最后素线的投影,它们的正面投影与轴线重合。这两条素线把圆锥面的侧面投影分为可见的左半部和不可见的右半部,左、右半部投影重合。图 2-8(b)为圆锥三面投影图。圆锥的轴线用点画线画出。

注意圆锥面的三个投影都不具有积聚性。

2. 圆锥表面上的点

【例 2-4】 如图 2-9 所示,已知圆锥面上 *A* 点的正面投影 a',求 *A* 点的水平及侧面投影。

【分析】 由于圆锥面的三个投影均没有积聚性,所以在锥面上取点,应在锥面上作辅助线,通常采用的辅助线有辅助素线和辅助纬圆两种形式。

①辅助素线法:如图 2-9(a)所示,在正面投影连接 $s'a'$,交底边于 b',sb 为过 *A* 点的素线 *SB* 的正面投影。由 b'在水平投影中作出位于前半圆的 b,再作出 b'',分别连 sb,$s''b''$,完成辅助素线 *SB* 的三面投影。因 *A* 在 *SB* 上,可在 sb 上作出 a,在 $s''b''$上作出 a'',因锥面水平投影可见,故 a 可见;又因 *A* 点位于右半锥面,故(a'')不可见。

②辅助纬圆法:如图 2-9(b)所示,在锥面上作过 *A* 点的辅助纬圆,该圆为一水平圆。其正面投影过 a'且垂直于圆锥轴线,它与圆锥轮廓素线相交得一线段,该线段即为纬圆的正面投影,其长度等于纬圆直径实长;水平投影中以 s 为中心作纬圆实形,然后自 a'作竖直投影连线,在前半纬圆上得 a,再由 a'、a 作出(a'')。

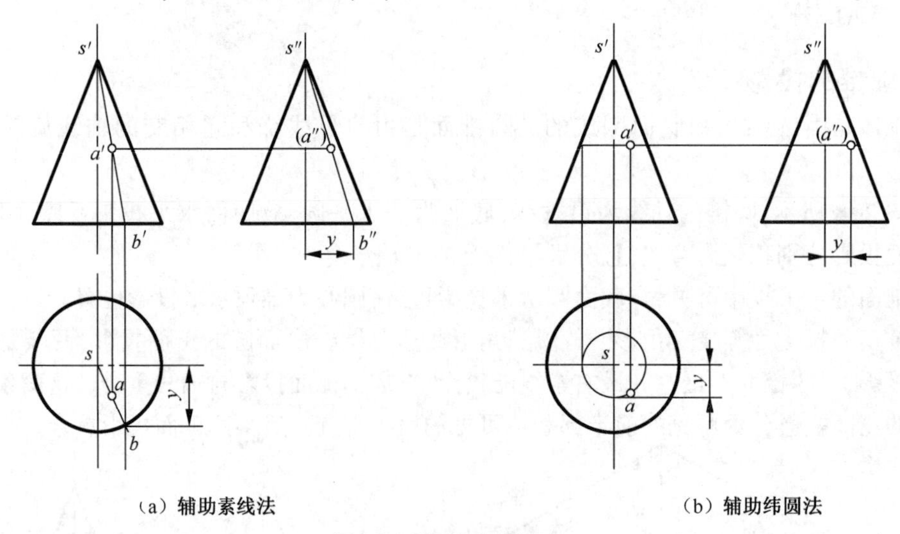

(a)辅助素线法　　(b)辅助纬圆法

图 2-9　圆锥表面取点

2.2.3 圆球体

1. 圆球的投影

圆球体是由圆球面围成的,球面是由圆母线绕自身直径旋转一周而成。

如图 2-10(a)所示,球的三面投影均为大小相等的圆,其直径等于球的直径,三个圆分别是球面上与 *V*、*H*、*W* 面平行的最大圆的投影,是投影的转向轮廓素线。例如球的正面投影是球面上平行于正面的轮廓素线的投影,它是前、后半球的分界线,前半球可见,后半球不可见。同理,球的水平投影是球面上水平轮廓素线的投影,它是可见的上半球及不可见的下半球的分界线;球的侧面投影是球面上侧平轮廓素线的投影,它是可见的左半球与不可见的右半球的分界线。显然,球的三个投影都不具有积聚性。

画球的投影图时,应先画各投影圆的中心线(用点画线),再用粗实线画等径圆。

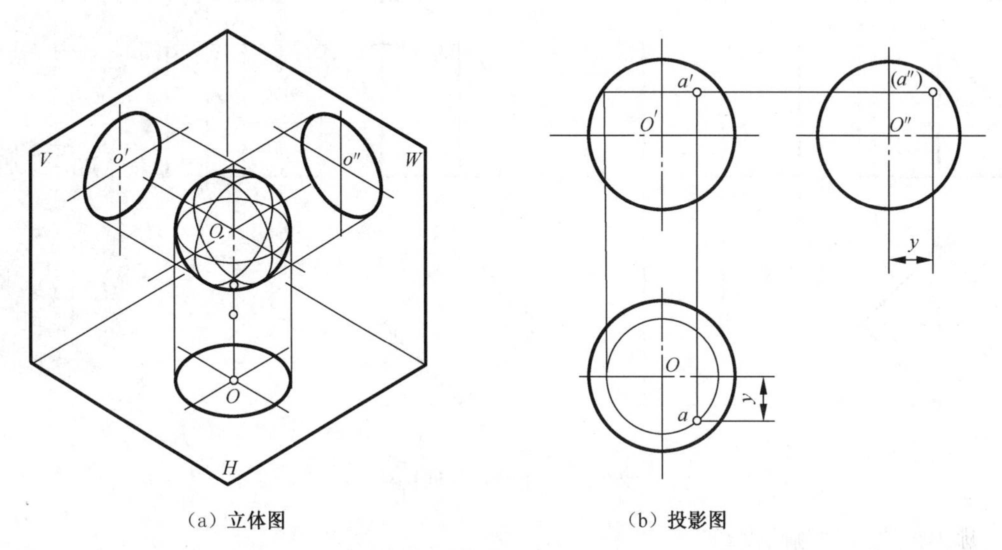

(a) 立体图　　(b) 投影图

图 2-10　球的投影及球面上取点

2. 球面上取点

球面的三个投影均不具有积聚性,球面上也不可能作出直线,故球面取点应该通过平行于投影面的辅助圆来作图求解。

【例 2-5】　如图 2-10(b)所示,已知球面上点 A 的正面投影 a',求 A 点的其余两投影。

【分析】　在球面上作通过 A 点的辅助水平纬圆,该圆的水平投影反映实形圆,正面及侧面投影积聚为直线。作图过程:过 a'作 X 轴的平行线,与球的轮廓素线相交,即为辅助圆的正面投影。根据图示圆直径,在水平投影中作出反映该圆实形的水平投影,a'可见,在前半球,故在前半水平纬圆上取 a。由 a'、a 作出 a'',从 a'看出,A 点在上、右半球,故 a 可见,(a'')不可见。

2.3　平面截切平面立体

平面截切平面立体,与立体表面产生的交线,称截交线,平面称为截平面。截交线是封闭的平面多边形,它的顶点是平面立体的棱线或底边与截平面的交点,它的边是平面立体的表面(包括棱面、顶面、底面)与截平面的交线。求平面立体的截交线问题实质上是求直线与平面的交点和两平面的交线问题。

1. 平面截切棱柱

【例 2-6】　如图 2-11(a)所示,已知正四棱柱被正垂面 P(用迹线 P_V表示)截切,补全棱柱截切后的水平及侧面投影。

【分析】　截平面 P(为正垂面)与四棱柱的四个侧面和上底面都相交,交线分别为 AB、BC、CD、AE 和正垂线 ED。截交线形状为平面五边形,其正面投影积聚为直线。由于四棱柱的侧棱面都是铅垂面,所以在截交线水平投影中除 de 边外,其余四边皆与棱面有积聚性的投影重合。为求截交线的侧面投影,可分别求出各棱(边)线和 P 平面交点的侧面投影,然后顺序

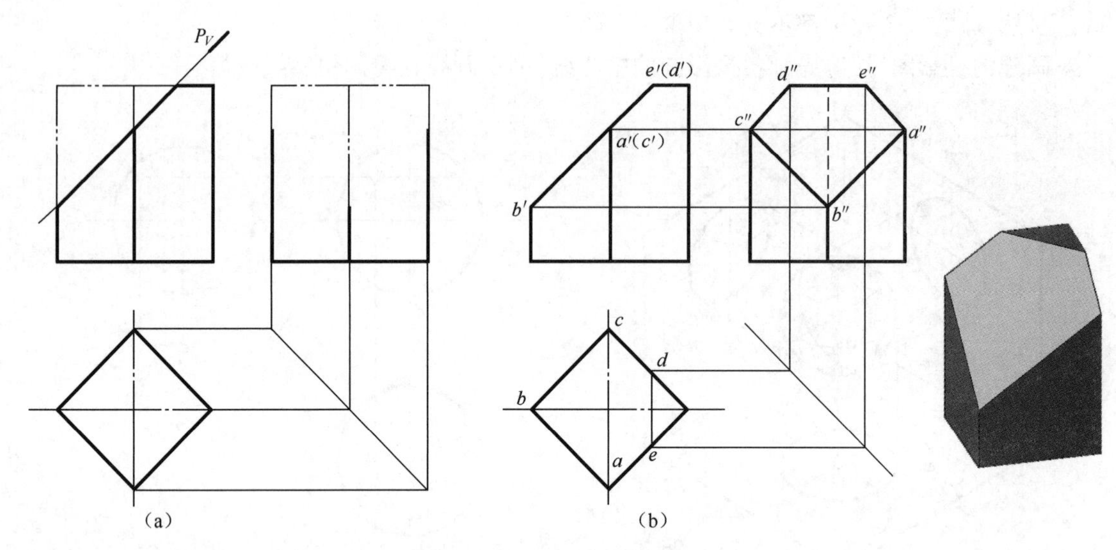

图 2-11　平面截切四棱柱

连接,即得出交线的侧面投影。

需要说明:连线时要注意可见性,可见的用粗实线连接,不可见的用虚线连接。

作图过程如下[见图 2-11(b)]:

(1)由截平面 P_V 与上底正面投影的交点 $e'(d')$,对应作出截交线一条边线 ED 的水平投影 ed 及侧面投影 $e''d''$,截交线的水平投影为 $abcde$。

(2)由前、左、后三条侧棱线与截平面 P_V 交点的正面投影 a'、b'、(c'),作出侧面投影 a''、b''、c''。

(3)顺序连接 $a''b''c''d''e''$ 即为截交线的侧面投影。这里要注意用虚线补全右侧棱线侧面投影的不可见部分。

2. 平面截切棱锥

【例 2-7】 如图 2-12(a)所示,已知三棱锥 $S\text{-}ABC$ 被正垂面 P(用迹线 P_V 表示)截切,补全截切后的水平及侧面投影。

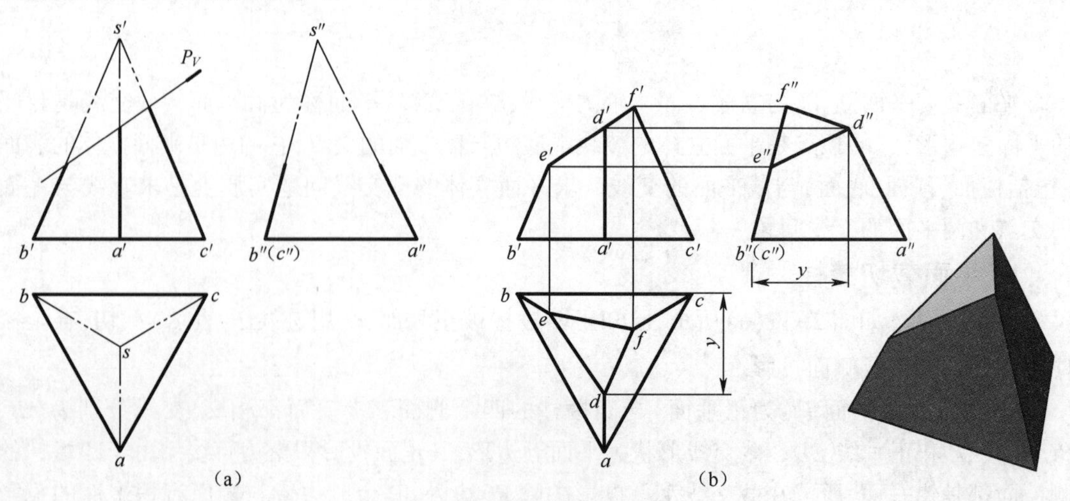

图 2-12　平面截切三棱锥

【分析】　截平面 P（为正垂面）与三棱锥的三个侧面均相交，交线分别为 DE、EF、FD，所以截交线是三角形，其正面投影积聚为直线（在 P_V 上）。三角形的顶点分别是三棱锥三条棱线与截平面 P 的交点 D、E、F，运用点属于直线的特性，求出截交线顶点的水平投影和侧面投影，然后依次连接交点的同面投影 def 及 $d''e''f''$ 即可。注意在顺次连接同面投影点时要判断投影的可见性。

作图过程如下[见图 2-12(b)]：

(1)由三条棱线的正面投影与迹线 P_V 的交点 d'、e'、f'，分别向水平投影面及侧投影面作投影连线，对应求出水平投影 d、e、f 及 d''、e''、f''。

(2)依次连接 def 及 $d''e''f''$。注意该截交线的水平及侧面投影均是可见的，所以应用粗实线连接。

2.4　平面与回转体相交

回转体被平面截切所得到截交线是截平面与回转体表面的共有线，它即在回转体表面上，又在截平面上，此共有线上的所有点是由截平面与回转体表面的共有点组成(见图 2-13)。因此，求截交线的方法实质上是求出共有点。

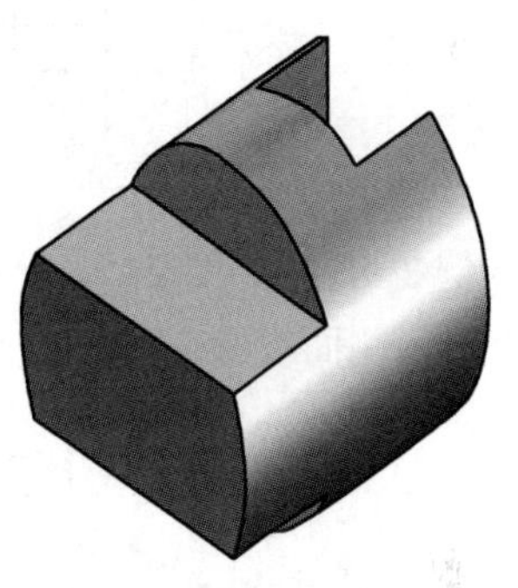

图 2-13　平面截切实例—联轴节

求平面与回转体的截交线的步骤如下：

(1)分析截交线的形状——通常是曲线或曲线与直线组成的封闭的平面图形，它的形状取决于回转体的表面性质和截平面的相对位置。

(2)分析截交线的投影特性——分析截平面与投影面的相对位置，明确截交线的投影特性，如积聚性、类似性等。

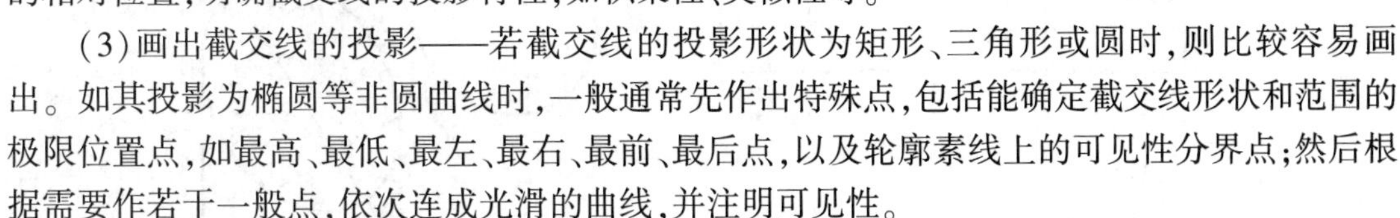

(3)画出截交线的投影——若截交线的投影形状为矩形、三角形或圆时，则比较容易画出。如其投影为椭圆等非圆曲线时，一般通常先作出特殊点，包括能确定截交线形状和范围的极限位置点，如最高、最低、最左、最右、最前、最后点，以及轮廓素线上的可见性分界点；然后根据需要作若干一般点，依次连成光滑的曲线，并注明可见性。

下面分别叙述截平面为常见的特殊位置平面，圆柱体、圆锥体、圆球体的截交线投影作图方法。

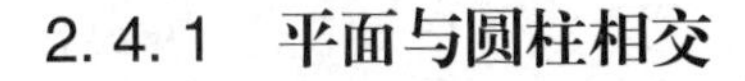

2.4.1　平面与圆柱相交

平面与圆柱面相交，由于平面相对圆柱的位置不同，截交线有三种情况，见表 2-1。

(1)截平面与圆柱轴线平行时，截平面与圆柱面的交线为平行于圆柱轴线的两条平行线，截平面与圆柱顶面、底面的交线为垂直于轴线的两条平行线，截交线为矩形。由于截平面为正平面，所以截交线的正面投影反映实形；水平投影和侧面投影分别积聚成直线。

(2)截平面与圆柱轴线垂直时，截交线为圆，其水平投影与圆柱面的水平投影重合，正面投影和侧面投影分别积聚为直线。

(3)截平面与圆柱轴线倾斜时，截交线为椭圆，其正面投影积聚为直线，水平投影为圆(与圆柱面的水平投影重合)，侧面投影为椭圆。

表 2-1　圆柱面的截交线

截平面位置	平行于轴线	垂直于轴线	倾斜于轴线
截交线形状	两条直素线	圆	椭圆
立体图			
投影图			

【**例 2-8**】　如图 2-14 所示，已知圆柱被正垂面（用 P_V 表示）截切后的正面投影和水平投影，求它的侧面投影。

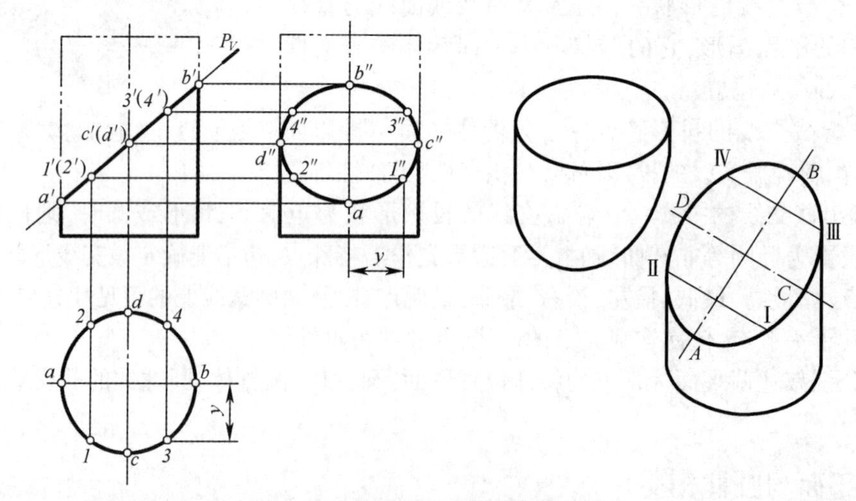

图 2-14　求圆柱截交线的侧面投影

【**分析**】　正垂面 P 倾斜于圆柱轴线，其截交线的空间实形是一个椭圆。截交线正面投影与正垂面 P 的正面投影重合，积聚为直线；截交线的水平投影与圆柱面有积聚性的水平投影重合，积聚为圆；截交线侧面投影一般为椭圆，可利用圆柱表面取点的方法，作出截交线中的特殊点和若干一般点的侧面投影，再依次把这些点连成光滑的曲线。

作图步骤如下：

(1) 画出完整圆柱的侧面投影。

(2) 求截交线的侧面投影。

①求截交线上特殊点的侧面投影：P_V与圆柱正面转向轮廓素线的交点 A、B，是截交线椭圆的长轴端点，也是截交线最低、最高点；P_V与圆柱侧面转向轮廓素线的交点 C、D，是截交线椭圆的短轴端点，也是截交线最前、最后点。利用积聚性求点的方法，在正面投影由 a'、b'、c'（d'），确定侧面投影 a''、b''、c''、d''的位置。

②求截交线上一般点的侧面投影：在截交线上取一般点Ⅰ、Ⅱ、Ⅲ、Ⅳ，为了作图方便，四个点分别前后、左右对称。运用圆柱面上取点的方法，由四个一般点的水平投影 1、2、3、4 及正面投影 1′、(2′)、3′、(4′)，作出相应侧面投影 1″、2″、3″、4″。

③用光滑曲线按照截交线水平投影的顺序，把上述所有点的侧面投影连接起来，即为所求截交线的侧面投影。注意截交线侧面投影的可见性，可见的用粗实线连接，不可见的用虚线连接。

(3)整理轮廓线侧面投影，判别可见性。圆柱侧面投影轮廓线应画到 c''、d''为止，其上部分应擦去或用双点画线绘出。

注意，当 P_V与圆柱轴线夹角为 45°时，截交线椭圆长、短轴的侧面投影长度相等，截交线投影为圆。

【例 2-9】 如图 2-15 所示，已知带切口圆柱筒的正面投影和水平投影，求其侧面投影。

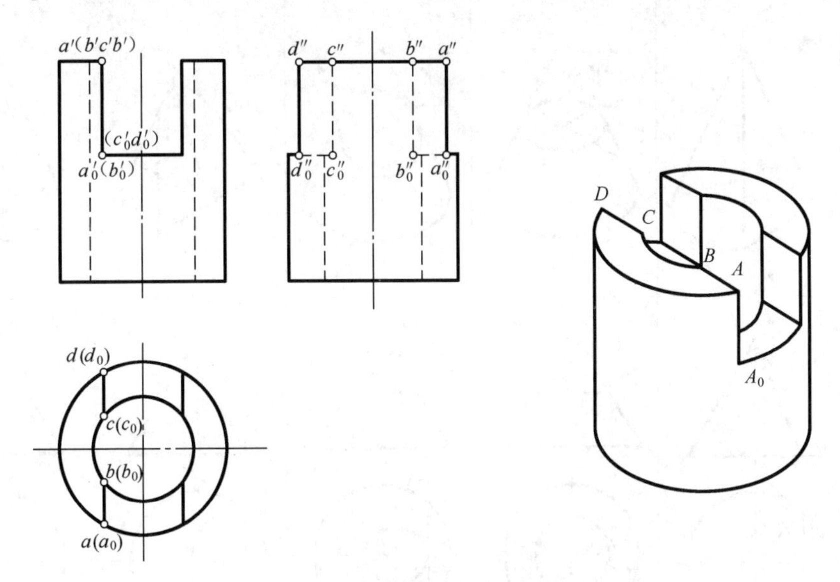

图 2-15　带切口的圆柱筒投影

【分析】 切口是由两个侧平面和一个水平面截切而成的，两个侧平截面相对圆柱轴线左右对称，它们与圆柱面的交线为直素线，侧面投影对应重合。水平截面与圆柱面的交线为一段圆弧，该圆弧与圆柱面具有积聚性的水平投影重合。

由于三个截平面的正面投影都具有积聚性，所以截交线的正面投影是已知的，为三段直线段。又因为圆柱面和两个侧平截面的水平投影也具有积聚性，故截交线的水平投影也是已知的，为两直线段和两圆弧段围成，分为前后相同的两部分。作图时要根据截交线的正面及水平投影求出相应的侧面投影。

作图步骤如下：

(1)作位于左边的侧平截面与外圆柱面的交线的侧面投影，根据前后交线水平投影中 aa_0 及 dd_0的 Y 坐标，在侧面投影中量取相同的 Y 坐标，确定 $a''a''_0$及 $d''d''_0$的位置。右边的侧平截面与外圆柱面的截交线与左边对称,侧面投影重合。

(2)同理,作位于左边的侧平截面与内圆柱面的交线的侧面投影 $b''b_0''$ 及 $c''c_0''$,这两段素线在圆柱筒内壁,侧面投影不可见,应画成虚线。

(3)作出水平截面与圆柱筒相交后的侧面投影,注意其中 $a_0''b_0''$ 及 $c_0''d_0''$ 是不可见的,应用虚线画出。

注意,圆柱筒内、外柱面的侧面转向轮廓素线上面部分被切侧面投影应无线。

2.4.2 平面与圆锥相交

平面截切圆锥,当截平面相对圆锥轴线处于不同位置时,截交线的形状可有五种情况:直线、圆、椭圆、抛物线、双曲线,见表 2-2。

表 2-2 圆锥面的截交线

截平面位置	过锥顶	垂直于圆锥轴线 $\theta=90°$	与圆锥所有素线相交 $\theta>\alpha$	平行于一条素线 $\theta=\alpha$	平行于两条素线 $\theta<\alpha$
截交线形状	两条素线	圆	椭圆	抛物线	双曲线
立体图	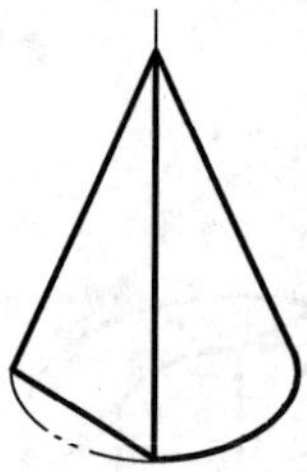	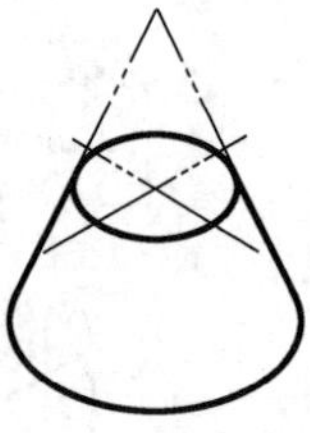	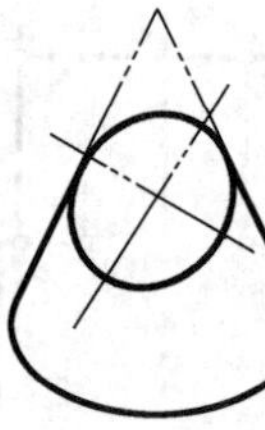	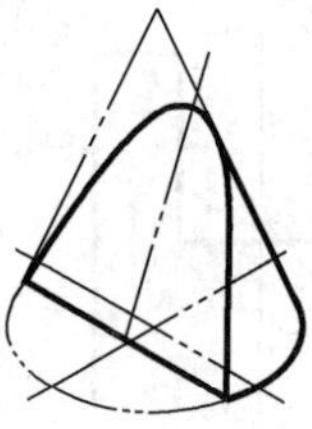	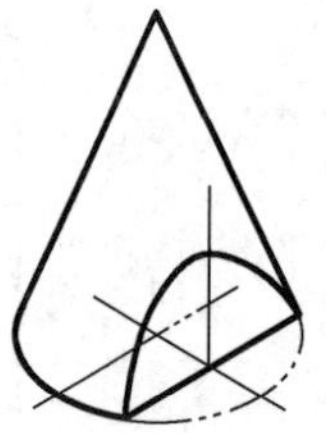
投影图	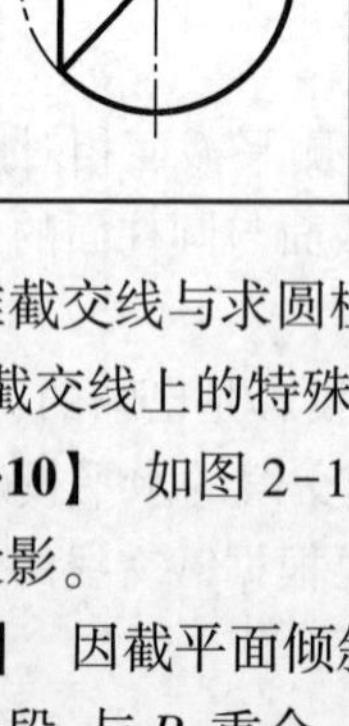	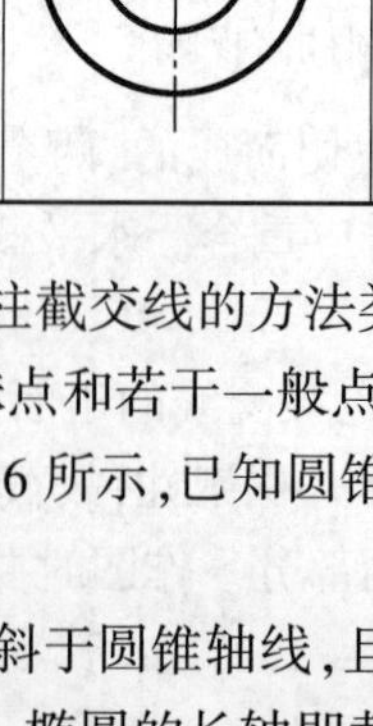	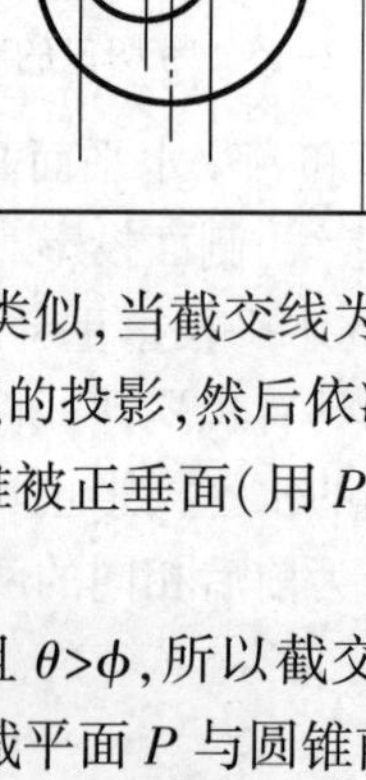	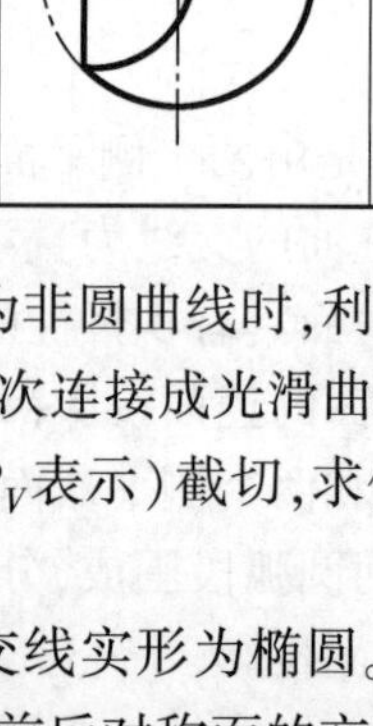	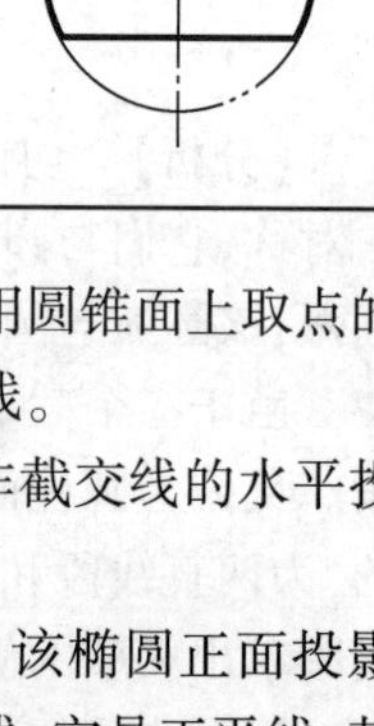

求圆锥截交线与求圆柱截交线的方法类似,当截交线为非圆曲线时,利用圆锥面上取点的方法,求出截交线上的特殊点和若干一般点的投影,然后依次连接成光滑曲线。

【例 2-10】 如图 2-16 所示,已知圆锥被正垂面(用 P_V 表示)截切,求作截交线的水平投影及侧面投影。

【分析】 因截平面倾斜于圆锥轴线,且 $\theta>\phi$,所以截交线实形为椭圆。该椭圆正面投影积聚为直线段,与 P_V 重合。椭圆的长轴即截平面 P 与圆锥前后对称面的交线,它是正平线,其端点在最左、最右素线上,如图 2-16 所示,$a'b'$ 即长轴的正面投影。短轴为通过长轴中点的正垂线,图 2-16 所示 $c'd'$ 为短轴的积聚性投影。

作图方法及步骤如下：

(1)求截交线上特殊点的投影，包括椭圆长轴端点 A、B，短轴端点 C、D，以及圆锥面上最前、最后素线上的 E、F 点。其中由 c'、d'求出 c、d 和 c''、d''时，可运用辅助纬圆法完成。

(2)选作若干一般点，在图2-16的正面投影 a'和 $c'(d')$之间取 $1'(2')$点，用辅助纬圆法求出对应的水平投影1、2，侧面投影 $1''$、$2''$。

(3)依次光滑连接各点的同面投影，完成截交线的水平投影和侧面投影。最后判别可见性，本例中截交线的水平投影及侧面投影均可见，用粗实线绘制。

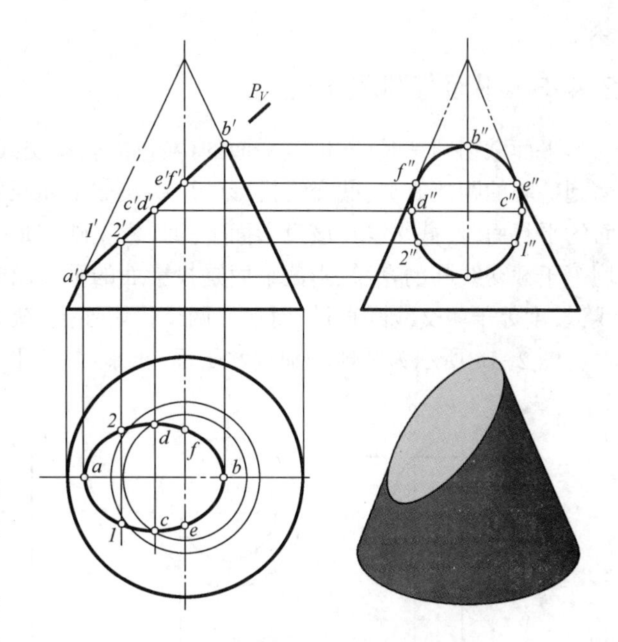

图2-16　正垂面与圆锥相交

【例2-11】 如图2-17(a)所示，圆锥被正平面 P(用 P_H表示)截切，求作截交线的正面投影。

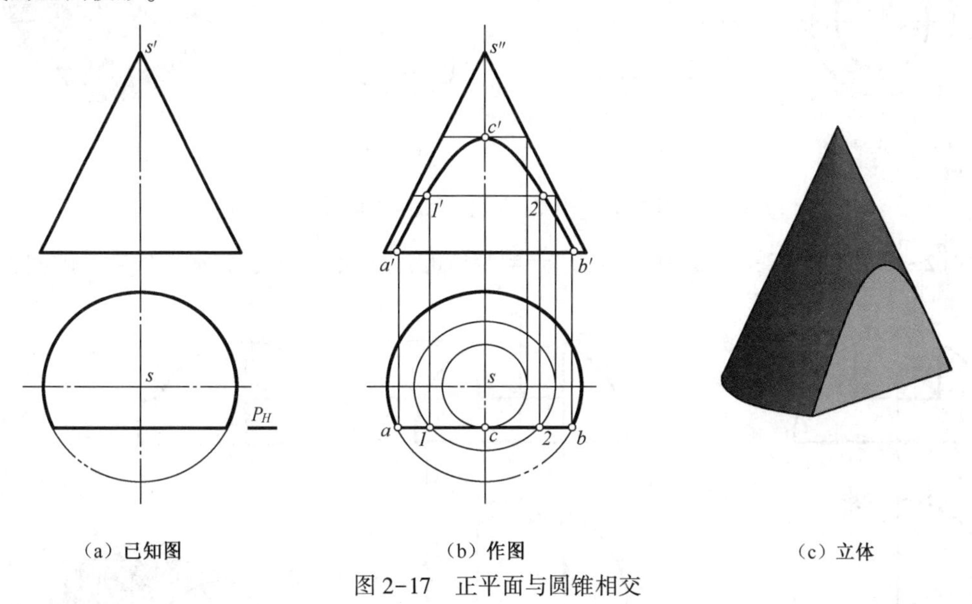

(a) 已知图　　(b) 作图　　(c) 立体

图2-17　正平面与圆锥相交

【分析】 因截平面平行于圆锥轴线，故截交线为双曲线一支，其水平投影积聚在截面水平投影积聚线 P_H上，正面投影反映实形。

作图方法及步骤如下[见图2-17(b)]：

(1)求截交线上特殊点投影，截交线最左、最右点 A、B，也是截交线最低点，位于圆锥底圆上，由 a、b 对应作出 a'、b'，最高点 C 的水平投影 c 在 ab 的中点处，利用辅助纬圆法求出 c'。

(2)选作若干一般点，在正面投影中最高、最低点之间适当位置处选取1、2点，用辅助纬圆法(或辅助素线法)作出正面投影 $1'$、$2'$。

(3)依次光滑连接 $a'1'c'2'b'$，即为截交线的正面投影。该正面投影是可见的，用粗实线绘制。

2.4.3 平面与圆球相交

平面截切圆球时,不论截平面的位置如何,截交线的形状总是圆,该圆的直径大小与截平面到球心的距离有关,截交线投影的形状与截平面相对投影面的位置有关。当截平面是投影面的平行面时,截交线在该投影面上的投影反映实形,另两个投影面上投影积聚为直线,长度均等于截交线圆的直径;当截平面是投影面的垂直面时,截交线在此投影面上的投影积聚为直线,长度等于截交线圆直径,而在另两个投影面上,截交线投影均为椭圆。

图 2-18 所示为圆球分别被水平面、正平面、侧平面截切后的投影图。

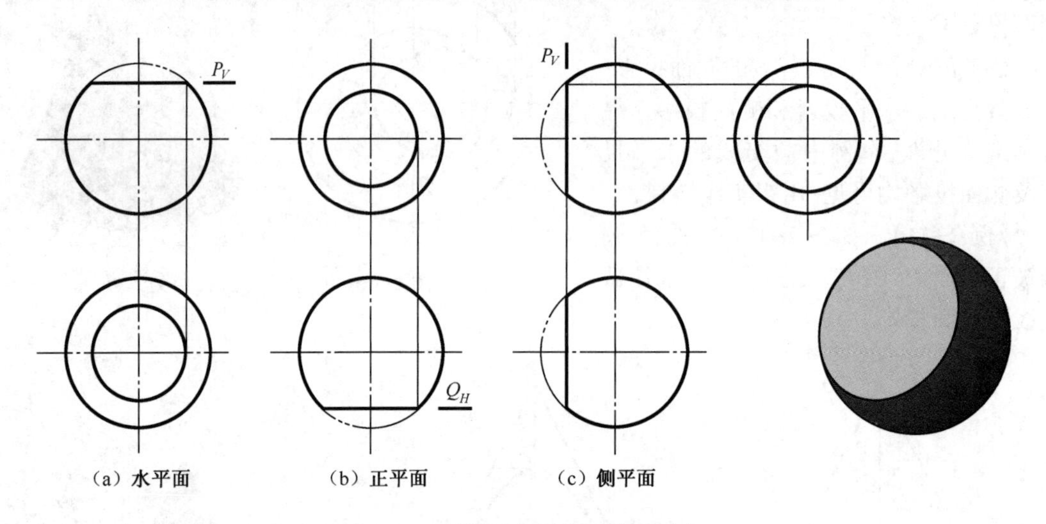

图 2-18　投影面的平行面截切圆球

【例 2-12】 如图 2-19(a)所示,已知开槽半球的正面投影,求它的水平投影及侧面投影。

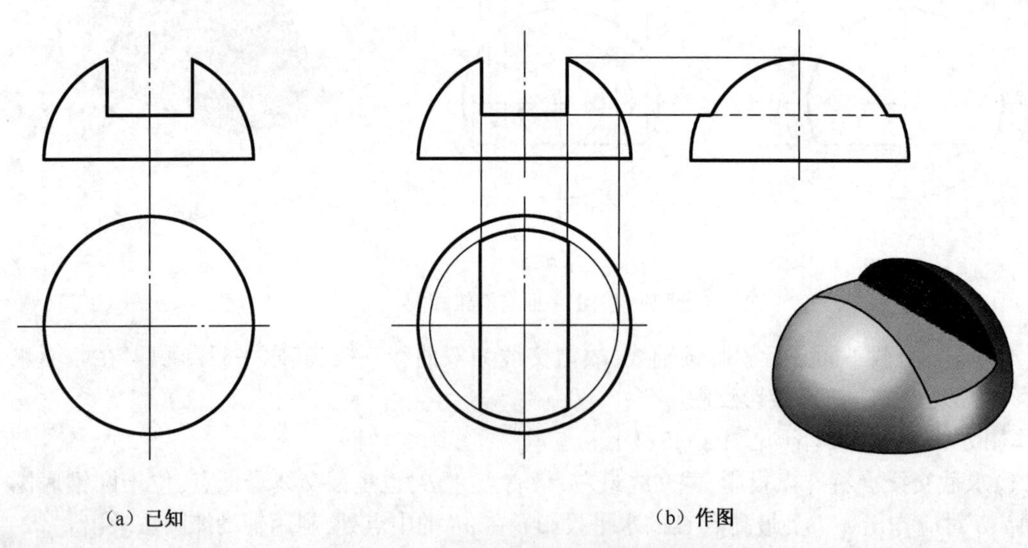

图 2-19　开槽半球的水平投影及侧面投影

【分析】 半球被两个对称的侧平面和一个水平面截切,截交线的正面投影积聚为三段直线段,如图 2-19(a)所示。两个侧平面截切半球,截交线的侧面投影反映实形,为重合的圆弧段，水平投影分别积聚为两条直线段，投影都是可见的，用粗实线绘制。一个水平面截切半球，截交线的水平投影为两段反映实形的圆弧，侧面投影积聚为直线段，投影均是可见的，用粗实线绘制。两侧平截面与水平截面的交线为正垂线，其水平投影与两侧平截面的水平投影积聚线重合，侧面投影反映实长，但不可见，应用虚线绘制。作图过程如图 2-19(b)，注意侧面投影中，水平截面以上的半球轮廓线不存在了。

2.4.4　平面与组合回转体相交

组合回转体通常是指由两个或两个以上具有公共轴线的基本回转体组合成的立体。求截平面与组合回转体的截交线投影时，应先分析组合回转体由哪些基本回转体组成及其连接关系，然后分别求出截平面与各基本回转体表面的交线，再依次连接，即为所求组合回转体的截交线投影。

【例 2-13】　图 2-20 所示为一顶尖的头部，已知正面投影和侧面投影，求其水平投影。

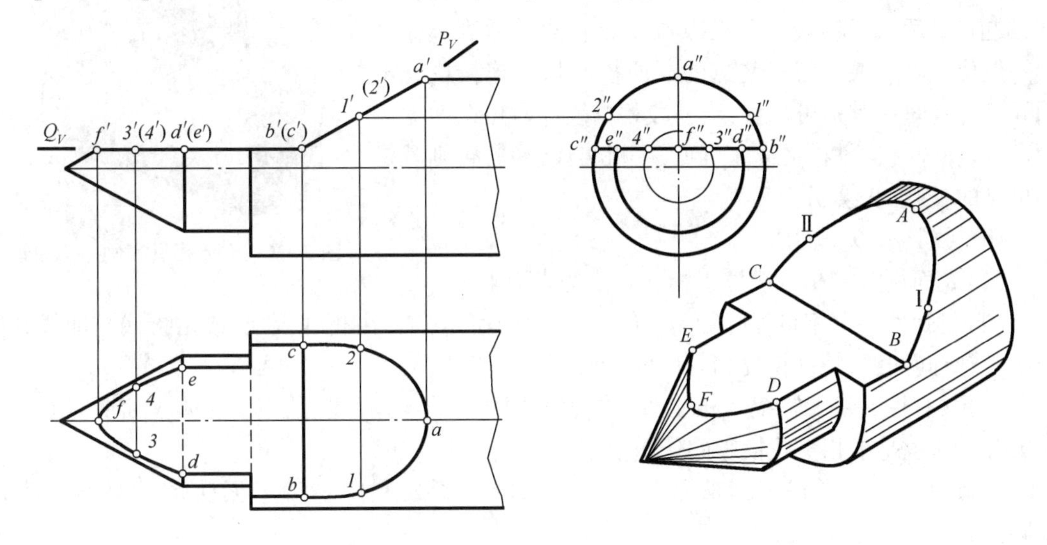

图 2-20　补全顶尖的水平投影

【分析】　顶尖头部是由圆锥和两个直径不等的圆柱构成的，被正垂面 P 及水平面 Q 切割而成。截交线的正面投影及侧面投影已知，分别积聚为直线和圆弧。平面 P 与大圆柱的截交线为椭圆的一段，平面 Q 与大、小圆柱的交线分别为两条直素线，与圆锥面交线为双曲线一支。

作图步骤如下(见图 2-20)：

(1)作 P 平面与大圆柱的截交线，根据平面斜截圆柱的截交线求法，截交线为椭圆弧，其最高点 A、最低点为 B、C 两点，Ⅰ、Ⅱ两点为一般位置点。

(2)作平面 Q 与大、小圆柱面的交线，它们分别为两条直素线。

(3)作平面 Q 与圆锥截交线，为双曲线一支，D、E 为最右点，也是与小圆柱截交线的分界点，F 为最左点(顶点)，Ⅲ、Ⅳ为一般位置点。

(4)P、Q 两截平面的交线的水平投影 bc 应用粗实线画出，由双曲线及两对素线组合成的截面图形同属截平面 Q，其水平投影内不要画粗实线，但是大、小圆柱以及小圆柱与圆锥之间的分界处的水平投影因部分在 Q 面下方，所以部分不可见，用虚线绘制。

2.5 回转体表面相交

相交的两立体称为相贯体,其表面交线称为相贯线(见图2-21)。相交包括立体的外表面与外表面相交、外表面与内表面相交以及内表面与内表面相交。

相贯线是相交两立体表面的共有线,一般是封闭的空间曲线,特殊情况下也可能是平面曲线或直线。相贯线的形状取决于两立体的表面性质、大小和它们的相对位置。在作图时首先要判断两相贯体的形状和投影特点,然后再分析相贯线的形状和投影,因为相贯线是两立体表面共有线,所以求相贯线的实质是求两立体表面共有点的投影。

先求特殊点,即反映相贯线投影范围和走向的关键点,如转向轮廓线上的点,可见性分界点,相贯线上的最高、最低、最前、最后、最左、最右等极限位置点。然后适当选作若干一般位置点。最后将这些点的同面投影依次连接成光滑曲线。连线时应判别可见性,当一段相贯线同时位于两立体的可见表面时,这段相贯线才可见,用粗实线绘制,否则就是不可见的,用虚线绘制。

图2-21 立体相贯实例—三通管

相贯线具有以下性质:

(1)表面性——相贯线位于相交立体的表面上;

(2)封闭性——相贯线一般是封闭的空间多段线(通常由折线围成,或由折线与曲线共同围成)或空间曲线,特殊情况为封闭的平面图形或直线;

(3)共有性——相贯线是相交两立体表面的共有线、分界线,是相交立体表面所有共有点的集合。这也是求相贯线投影的作图依据。

可利用表面投影积聚性法求相贯线上点的投影或利用辅助平面法求相贯线上点的投影。

本节主要介绍垂直相交的两回转体表面相贯线的画法。两平面立体的相贯线可由求平面立体截交线的方法分别求出,这里不再讨论。

2.5.1 圆柱与圆柱表面相交(表面取点法)

两回转体表面相交,如果其中有一个是轴线垂直于某投影面的圆柱体,则相贯线在该投影面上的投影就重合在圆柱面的积聚性投影上,这样,求相贯线的问题就转化为在曲面立体的表面上取点的问题。

【例2-14】 如图2-22所示,求两正交圆柱的相贯线投影。

【分析】 两圆柱正交,是指两圆柱的轴线垂直相交,此时相贯线为前后、左右均对称的封闭空间曲线。小圆柱的轴线是铅垂线,其水平投影积聚为圆,相贯线的水平投影重合在这个圆上;大圆柱的轴线是侧垂线,其侧面投影积聚为圆,则相贯线的侧面投影重合在该圆处于小圆柱轮廓线范围内的一段圆弧。于是只要求相贯线的正面投影,可用圆柱表面取点的方法作图。

作图步骤如下(见图2-22):

(1)求相贯线上特殊点的投影,相贯线上最左、最右点 A、B(也是最高点),最前、最后点 C、D(也是最低点),根据它们的水平投影及侧面投影,求出正面投影。

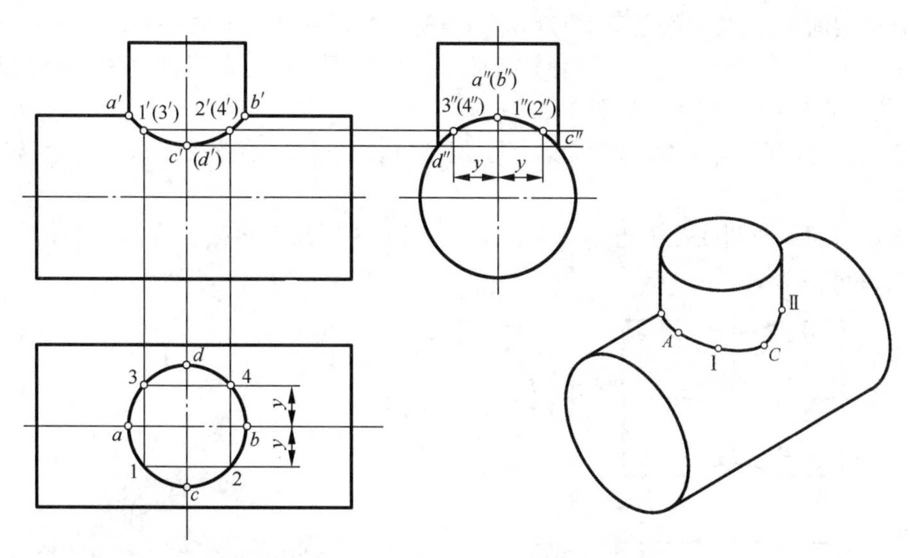

图 2-22　作正交两圆柱的相贯线投影

(2)求相贯线上一般点的投影,在特殊点之间的适当位置,取一般点Ⅰ、Ⅱ、Ⅲ、Ⅳ,先在水平投影中取 1、2、3、4,再按点的投影规律在侧面投影中确定 1″、2″、3″、4″,最后根据水平及侧面投影求出正面投影 1′、2′、3′、4′。

(3)在正面投影中,依次光滑连接各相贯点的投影,即为相贯线的正面投影。相贯线的正面投影前后对称重合,前半部可见,后半部不可见。

(4)整理两圆柱体轮廓线的投影,一个圆柱体贯穿在另一圆柱体内部的轮廓线已不存在,不能画线。

两圆柱垂直相交是最常见的现象,它们的相贯线有以下三种形式,如图 2-23 所示。

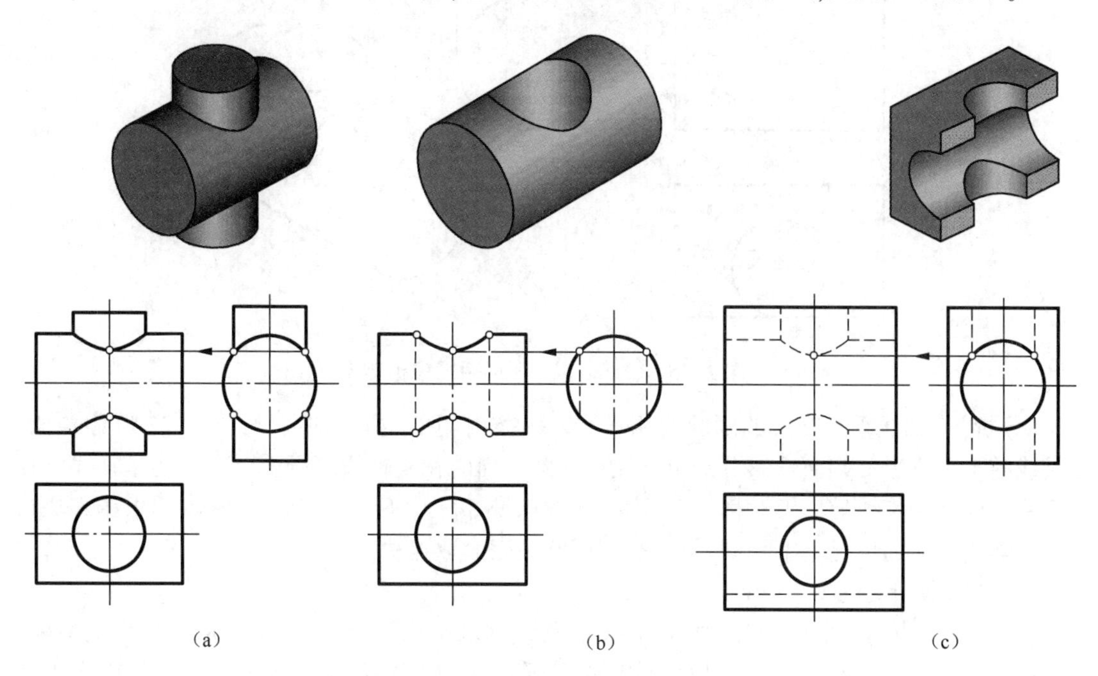

图 2-23　圆柱相贯线的形式

两圆柱外表面相交,相贯线是上下对称的两条闭合空间曲线,如图 2-23(a)所示。

内表面与外表面相交(孔与实心圆柱外表面相交),相贯线是上下对称的两条闭合空间曲线,也就是孔壁的上下空口曲线,如图 2-23(b)所示。

两内表面相交(圆柱孔相交),相贯线同上,但相贯线不可见,绘图时用虚线表示,如图 2-23(c)所示。

图 2-24(b)表示两圆柱孔垂直相交的情形,它们的相贯线有内内相交和内外相交两组,其作图方法相同。

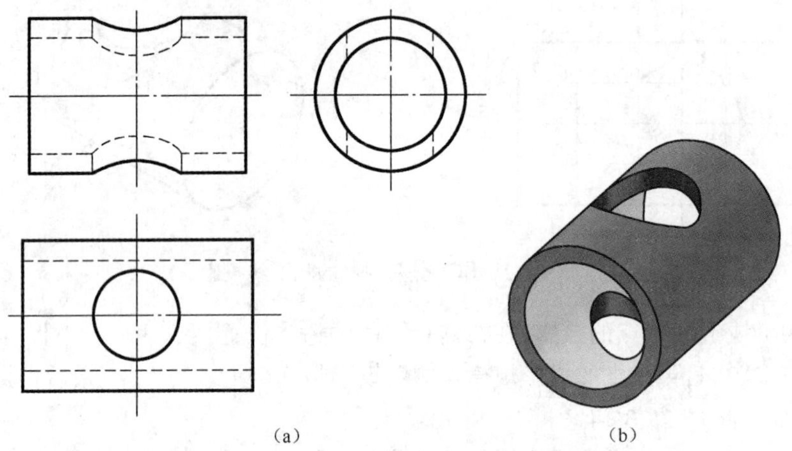

图 2-24 两圆柱孔垂直相贯的情况

【例 2-15】 图 2-25 是轴线垂直交叉的两圆柱相交,求它们的相贯线投影。

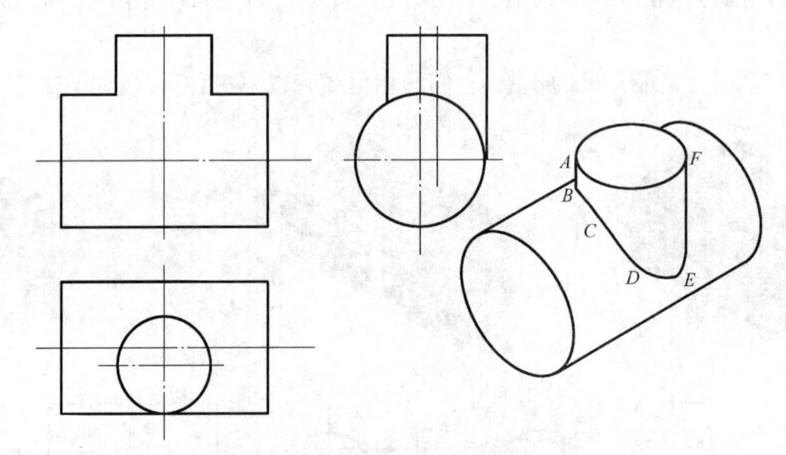

图 2-25 轴线垂直交叉的两圆柱相交

【分析】 轴线垂直交叉的两圆柱相贯线是一条封闭的空间曲线。与图 2-22 情形相似,相贯线的水平投影和侧面投影分别重合在相应圆柱面的积聚性投影圆上。不同的是轴线垂直交叉两圆柱的相贯线前后不对称,其正面投影的可见部分与不可见部分不重合,但求作方法与两圆柱轴线正交的情况基本相同,依然是利用圆柱表面取点法。

作图步骤如下(见图 2-26):

(1)求特殊点,如图 2-26(a)所示,已知相贯线的水平投影和侧面投影,取相贯线上最前、最后点 A、B,最左、最右点 C、D,最高点 E、F,最低点 A,按圆柱面上取点的对应关系确定正面投影 a'、b'、c'、d'、e'、f'。

（2）求若干一般点，在特殊点之间适当选作一般点，如图 2-26(b)所示，在点 A 和 C、D 之间取Ⅰ、Ⅱ两点，先确定水平投影 1、2，再按点的投影规律，求出侧面投影 1″、2″，然后确定正面投影 1′、2′。

（3）依次光滑连接各点的正面投影，并判别可见性。当一段相贯线同时位于两立体的可见表面时，该段相贯线方可见，因此相贯线的正面投影中 C、D 两点为可见性的分界点，C、Ⅰ、A、Ⅱ、D 点在前半小圆柱，曲线 $c'1'a'2'd'$ 可见，画成粗实线，D、F、B、E、C 点在后半小圆柱，曲线 $d'f'b'e'c'$ 不可见，画成虚线。注意正面投影中两圆柱轮廓线交点是重影点，不在相贯线上，图 2-26(b)右下方为相应的局部放大图。

（4）整理两圆柱体轮廓线的投影，小圆柱左右转向轮廓素线向下到 C、D 两点终止，为可见的，应画成粗实线，大圆柱最上转向轮廓素线左、右两端分别到 E、F 两点终止，其中处于小圆柱范围内的部分为不可见，应画成虚线。

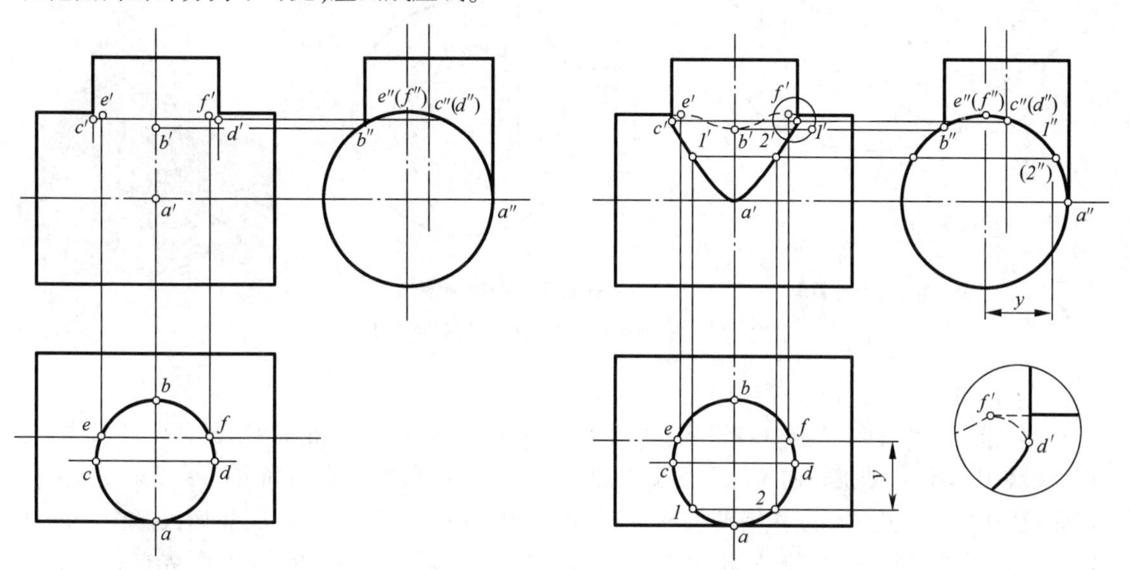

(a) 作特殊点　　(b) 作一般点并完成相贯线的正面投影

图 2-26　轴线垂直交叉两圆柱的相贯线

2.5.2　圆柱与其他回转体表面相交(辅助平面法)

辅助平面截切两相交的回转体时，辅助平面与两回转体表面都产生截交线，两截交线的交点既属于辅助平面，又属于两回转体表面，因此是三个面的共有点，即为相贯线上的点，这种通过共有点求相贯线的方法又称为三面共点法。为了方便作图，通常选用投影面的平行面作为辅助平面，这样产生的截交线通常是圆或直线等形状简单图形，便于作图。

【例 2-16】　如图 2-27(a)所示，圆柱与圆锥轴线正交，求相贯线的正面投影及水平投影。

【分析】　相贯线是圆柱与圆锥表面的共有点集合，相贯线为一条前后对称的封闭的空间曲线。以水平面 P_2 为辅助平面截切两立体，P_2 平面与圆柱面的截交线是两条平行的直素线，P_2 平面与圆锥面的截交线为一水平纬圆，两条直素线与水平纬圆在 P_2 平面内交于Ⅰ、Ⅱ两点，Ⅰ、Ⅱ同属圆柱和圆锥表面，因此是相贯线上的点。适当选用几个这样的辅助平面，就能作出相贯线上的一系列点。本例中圆柱轴线为侧垂线，所以相贯线的侧面投影重合在圆柱面积聚性的侧面投影上。两回转体有一个公共的前后对称平面，因此相贯线前后对称，在正面投影中,相贯线可见的前半部和不可见的后半部投影重合。与同求截交线的方法一样,取点作图时,仍应先取相贯线上的一些特殊点,确定相贯线投影的范围走向,再适当选作一般位置相贯线上的点,顺序连接各点,即得相贯线的投影。

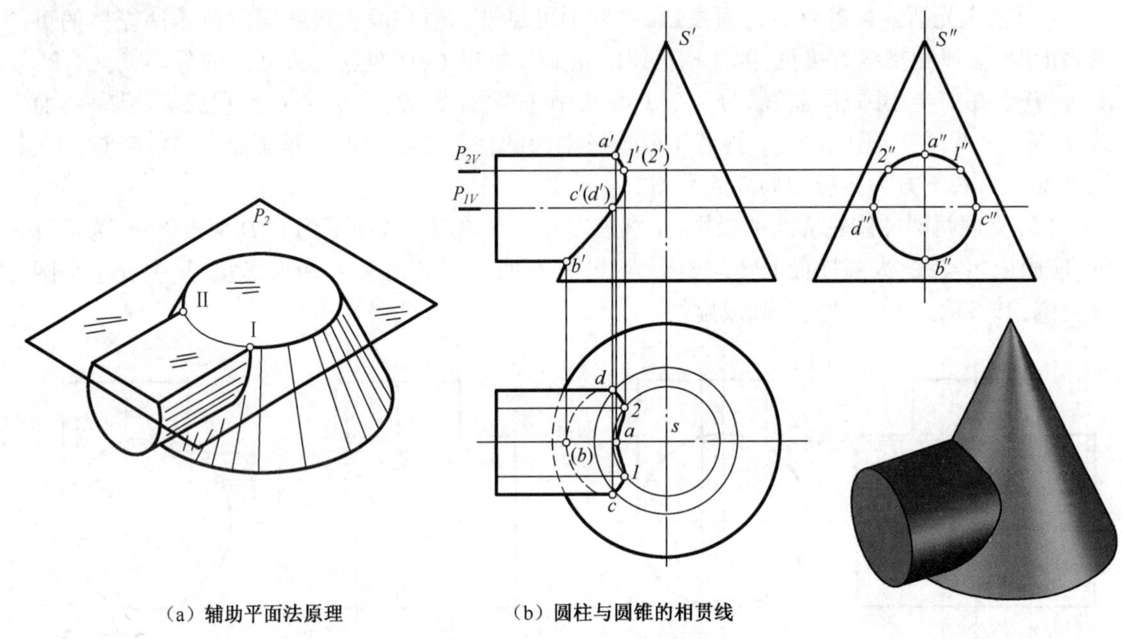

（a）辅助平面法原理　　（b）圆柱与圆锥的相贯线

图 2-27　辅助平面法求圆柱与圆锥的相贯线

作图步骤如下[见图 2-27(b)]:

(1)求相贯线上特殊点,相贯线最高、最低点 A、B 分别位于圆柱的最高、最低两条素线上,正面投影中圆柱和圆锥转向轮廓线的交点即为 a'、b',按投影关系直接确定水平投影 a、b。在正面投影中,过圆柱的轴线作辅助水平面 P_1,可求得最前点 C 和最后点 D,正面投影中 $c'(d')$ 重合,水平投影中 c、d 位于圆柱轮廓线上,是相贯线水平投影的可见和不可见分界点。

(2)求相贯线上一般点,在 A 与 C、D 点之间,选作辅助水平面 P_2,求出一般点Ⅰ、Ⅱ的投影。先确定侧面投影 1″、2″,再确定水平投影 1、2,最后确定正面投影 1′、2′。

(3)依次光滑连接各点的同面投影,并判别可见性。在水平投影中处于下半圆柱面的 cbd 段相贯线是不可见的,应用虚线画出。

(4)整理两回转体轮廓线的投影,在水平投影中,圆柱的前后轮廓素线分别画至 c、d 两点,且为粗实线,圆锥底面投影圆处在圆柱范围内的圆弧段应画成虚线。

【例 2-17】 如图 2-28(a)所示,已知圆锥台与半球相贯,完成其三面投影图。

【分析】 圆锥台的轴线不经过球心,但圆锥台与半球具有公共的前后对称平面,因此相贯线为前后对称的封闭的空间曲线,在正面投影中,相贯线不可见的后半段与可见的前半段重合。由于圆锥面和半球面的三面投影都没有积聚性,因此不能用表面取点法求相贯线的投影,只能用辅助平面法。为了在辅助平面上得到形状简单的截交线,对于圆锥台,辅助平面应通过圆锥台延伸后的锥顶或垂直于轴线;对于半球,辅助平面应选用水平面或包含圆锥台轴线的正平面或侧平面。

作图步骤如下(见图 2-28):

(1)求相贯线上特殊点,如图 2-28(b)所示,以圆锥台和半球的前后公共对称面作辅助正

平面 R，圆锥台和半球正面投影中轮廓线的交点 a'、b' 为相贯线上最高、最低点的相应投影，这两点也是相贯线的最右、最左点，由 a'、b' 可确定水平投影 a、b 及侧面投影 a''、b''。包含圆锥台轴线作辅助侧平面 P，P 平面与圆锥台的交线是最前、最后两条素线，P 平面与半球的交线是平行于侧面的半圆，它们的侧面投影相交于 c''、d''，按对应关系确定正面投影 c'、d' 及水平投影 c、d，C、D 两点分别为相贯线上最前、最后点。

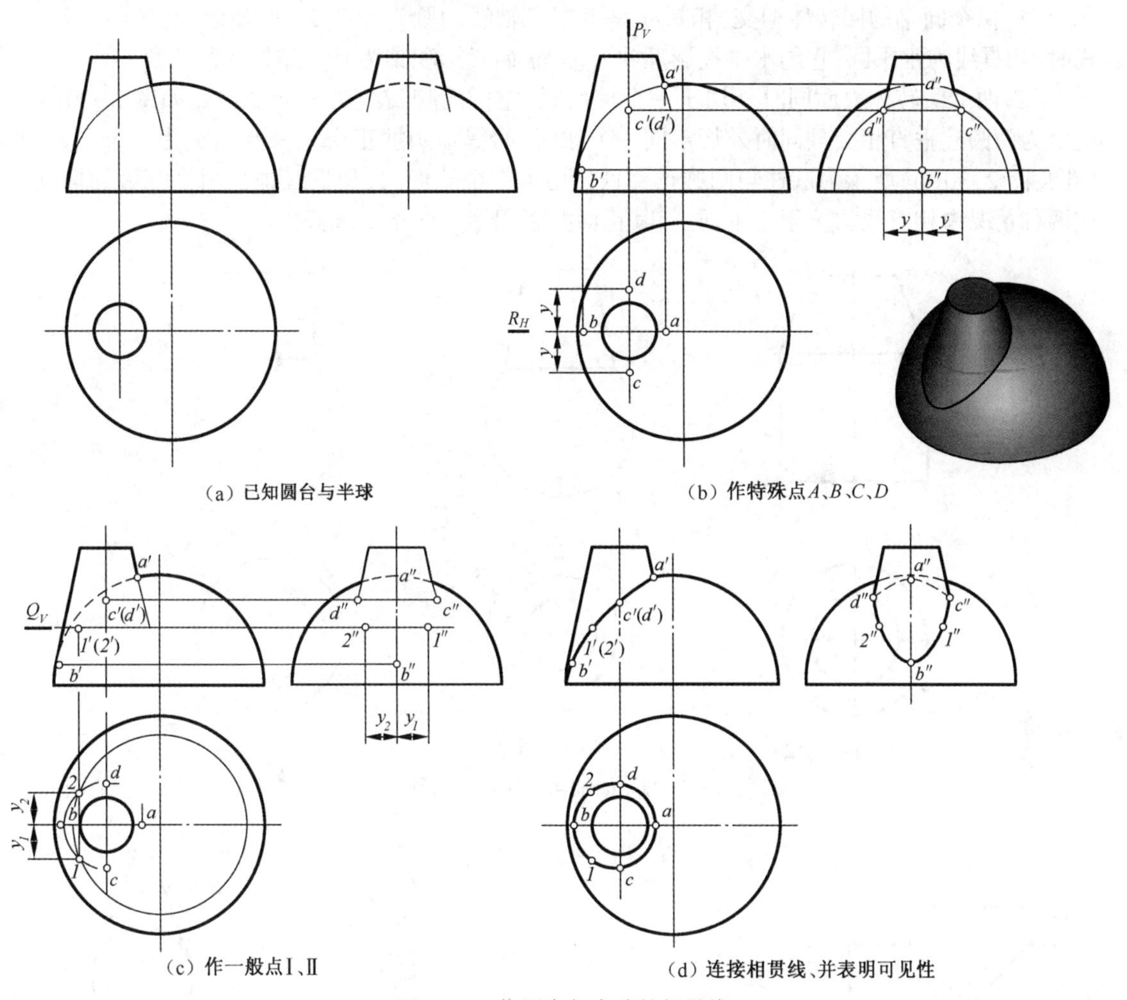

图 2-28　作圆台与半球的相贯线

（2）求相贯线上一般位置点，如图 2-26(c)所示，在 B 点和 C、D 点之间的适当位置，作一辅助水平面 Q，Q 平面与圆锥台、半球表面的交线都是水平圆，它们的水平投影相交于 1、2 两点，由 1、2 可以确定正面投影 $1'$、$2'$ 以及侧面投影 $1''$、$2''$。Ⅰ、Ⅱ两点为相贯线上一般点。同理可求出相贯线上另外一些一般点的投影。

（3）依次用光滑曲线连接各点的同面投影，即完成相贯线的三面投影。连线时注意判别可见性，在正面投影中，相贯线前、后半段的投影重合；在水平投影中，圆锥台和半球表面均是可见的，所以相贯线投影也是可见的；相贯线侧面投影以 c''、d'' 为可见性分界点，$c''1''b''2''d''$ 曲线段可见，$d''a''c''$ 曲线段不可见，用虚线画出。

（4）整理圆锥台和半球轮廓线的投影，在侧面投影中，圆锥台的两条轮廓素线应分别画到 c''、d'' 两点为止，圆锥台投影轮廓线之间的一段半球轮廓线是不可见的，应用虚线画出，作图结果如图 2-28(d)所示。

2.5.3 相贯线的特殊情况

两回转体的相贯线,一般情况下是封闭的空间曲线,但在特殊情况下,相贯线可能是平面曲线或者直线,以下是常见的两种情况:

(1)两个同轴的回转体相交,相贯线是垂直于轴线的圆。如图 2-29 所示,当轴线为铅垂线时,相贯线为水平圆,它的水平投影反映实形,正面投影积聚为垂直于轴线的线段。

(2)两个回转体表面同时外切于一个球面时,它们的相贯线为平面曲线。如图 2-30(a)所示为两圆柱垂直相交且同时外切于同一个球面(两等径圆柱正交),其相贯线为两个等大的椭圆;图 2-30(b)所示为圆柱与圆锥正交且公切于一个球面,其相贯线也是两个等大的椭圆。这两种情况中相贯线均位于正垂面上,其正面投影积聚为两条直线段。

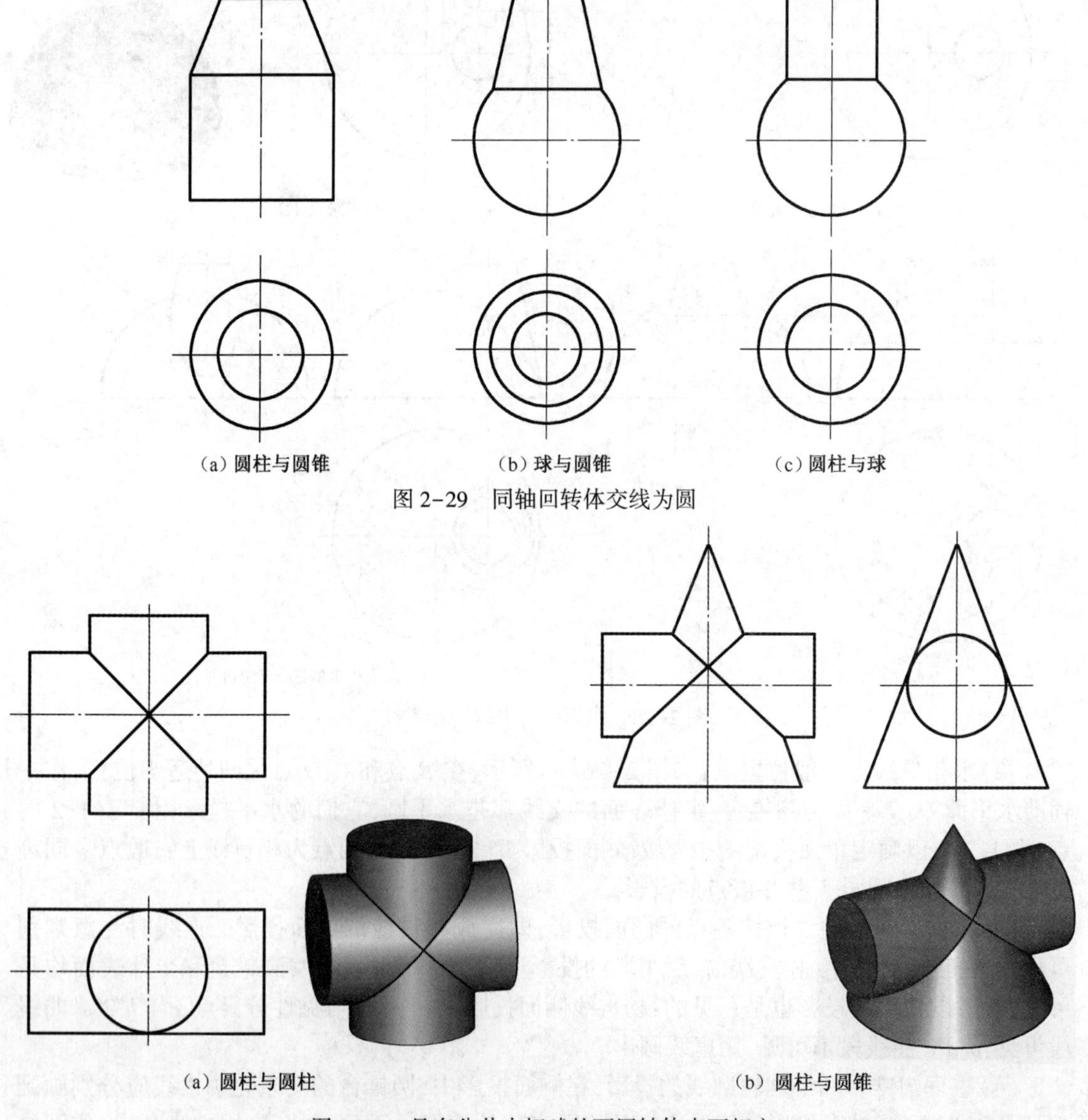

(a) 圆柱与圆锥　(b) 球与圆锥　(c) 圆柱与球

图 2-29　同轴回转体交线为圆

(a) 圆柱与圆柱　(b) 圆柱与圆锥

图 2-30　具有公共内切球的两回转体表面相交

第3章 制图的基本知识和技能

3.1 制图的一般规定

3.1.1 图纸幅面(GB/T 14689—2008)

标准的工程图纸幅面最大的为A0号,其有效面积为1平方米,长宽比为$\sqrt{2}$。A0号图纸沿长边对折即为两张A1号图纸,以此类推。

绘制图样时,应优先采用表3-1中规定的幅面尺寸。图纸四周应画出图框,需要装订的图样,其图框的周边尺寸分别用a和c表示,如图3-1(a)、(b)所示;不需要装订的图样,其周边尺寸用e表示,如图3-1(c)所示,图框线用粗实线绘制。

表3-1 基本幅面及图框尺寸

幅面代号	A0	A1	A2	A3	A4
$B \times L$	841×1189	594×841	420×594	297×420	210×297
a	25				
c	10			5	
e	20		10		

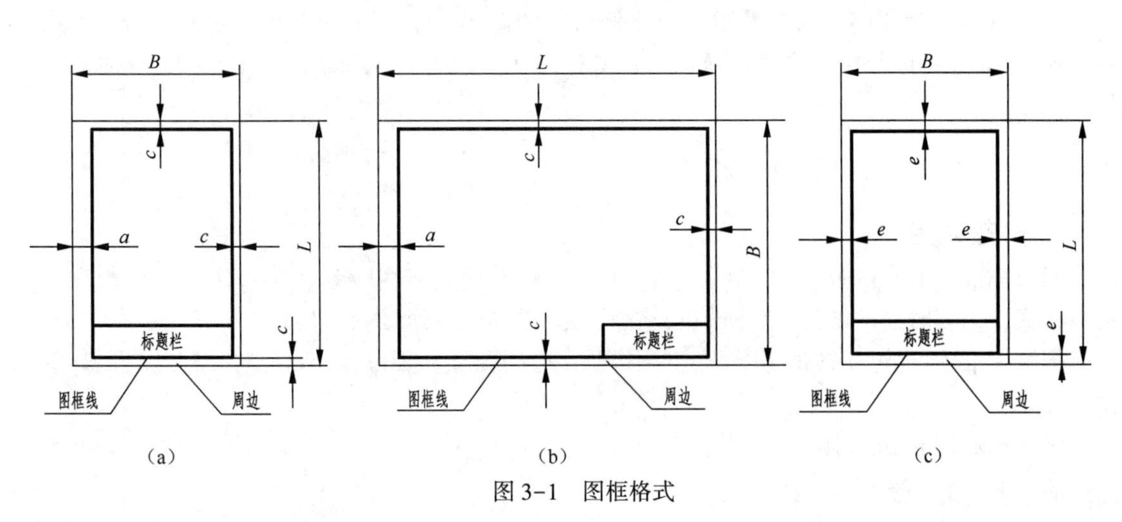

图3-1 图框格式

图纸上用来说明图样内容的标题栏(Title bar),其位置应按图3-1所示方式放置,标题栏的方向应与看图的方向一致。

学校制图作业所用的标题栏建议采用图 3-2 所示的格式。

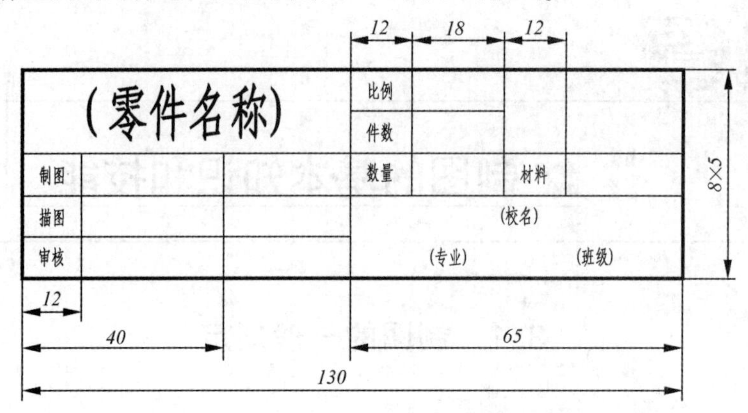

图 3-2　制图作业标题栏

3.1.2　比例(GB/T 14690—2008)

图样中机件要素的线性尺寸与实际机件相应要素的线性尺寸之比称为比例(Scale)。

国家标准(GB/T 14690—2008)规定绘制图样时一般应采用表 3-2 中规定的比例。

表 3-2　常用的比例

原值比例	1 : 1
缩小比例	(1 : 1.5) 1 : 2 (1 : 2.5) (1 : 3) (1 : 4) 1 : 5 (1 : 6) 1 : 1×10^n (1 : 1.5×10^n) 1 : 2×10^n (1 : 2.5×10^n) (1 : 3×10^n) (1 : 4×10^n) 1 : 5×10^n (1 : 6×10^n)
放大比例	2 : 1 (2.5 : 1) (4 : 1) 5 : 1 1×10^n : 1 2×10^n : 1 (2.5×10^n : 1) (4×10^n : 1) 5×10^n : 1

*不带括号的为优先选用的比例。

绘图时,应尽量选用 1 : 1 比例,以便能从图样上得到实物大小的真实概念。

当机件不宜用 1 : 1 比例画图时,也可选用缩小或放大的比例绘制。不论是采用缩小还是放大的比例,在标注尺寸时都必须标注机件的实际尺寸。

图 3-3 所示为用同一物体采用不同比例所画的图形。绘制同一机件的各个视图应采用相同的比例,并在标题栏中填写,例如 1 : 1 或 1 : 2 等。当某个视图须采用不同的比例时必须另行标注。

3.1.3　字体(GB/T 14691—2005)

1. 一般规定

国家标准 GB/T 14691—2005《技术制图　字体》具体规定了工程图中汉字、字母、数字的书写形式。书写时必须做到:字体端正,笔画清楚,排列整齐,间隔均匀。

国家标准中,通过字体的号数规定字体的高度 h 系列为:20,14,10,7,5,3.5,2.5,1.8,单位为 mm。

汉字规定用长仿宋体书写,并采用国家正式公布的简化汉字。汉字的高度应不小于 3.5 mm,其宽度一般为 $h/\sqrt{2}$ 。

数字和字母分 A、B 型,A 型字体笔画宽度为 $h/14$,B 型字体笔画宽度为 $h/10$。数字和字母可写成斜体或直体,常用斜体。斜体字的字头向右倾斜,与水平线成 75°。

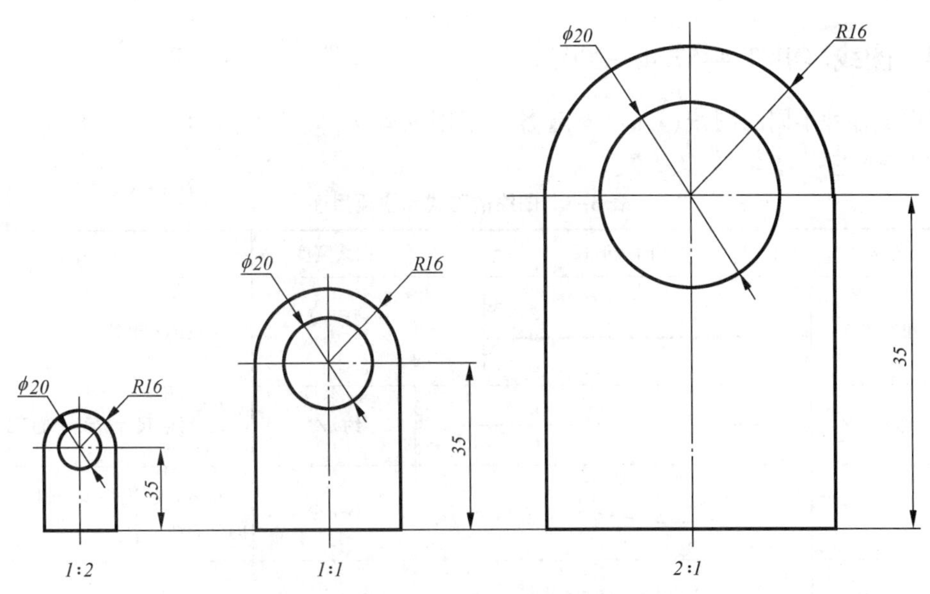

图 3-3　用不同比例画出的同一机件的图形

2. 字体示例

汉字示例如图 3-4 所示,大小写字母及数字示例如图 3-5 所示。

10号字

字体工整　笔画清楚　间隔均匀　排列整齐

7号字

横平竖直　注意起落　结构匀称　填满方格

汉字应写成长仿宋体字并采用国家正式公布的简化汉字

图 3-4　长仿宋体示例

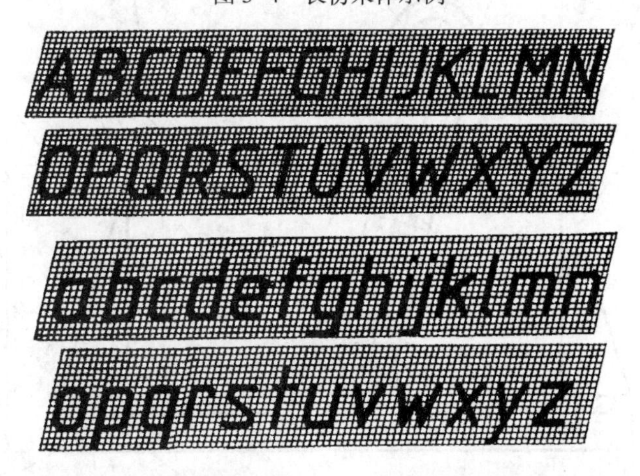

0123456789

图 3-5　大小写字母及数字示例

3.1.4 图线(GB/T 4457.4—2002)

图样中各种不同的图线(Line)有着各自不同的画法,代表不同的含义。详见表 3-3 和图 3-6。

表 3-3 图线的形式和主要用途

图线名称		图线形式	图线宽度	主要用途
实线	粗实线 A		d	可见的轮廓线
	细实线 B		约 $d/2$	尺寸线,尺寸界线,剖面线等
波浪线 C			约 $d/2$	断裂处的边界线,视图和剖视图的分界线
细虚线 F			约 $d/2$	不可见的轮廓线
细点画线 G			约 $d/2$	轴线,对称中心线
双点画线 J			约 $d/2$	假想投影轮廓线,中断线
双折线 D			约 $d/2$	断裂处的边界线

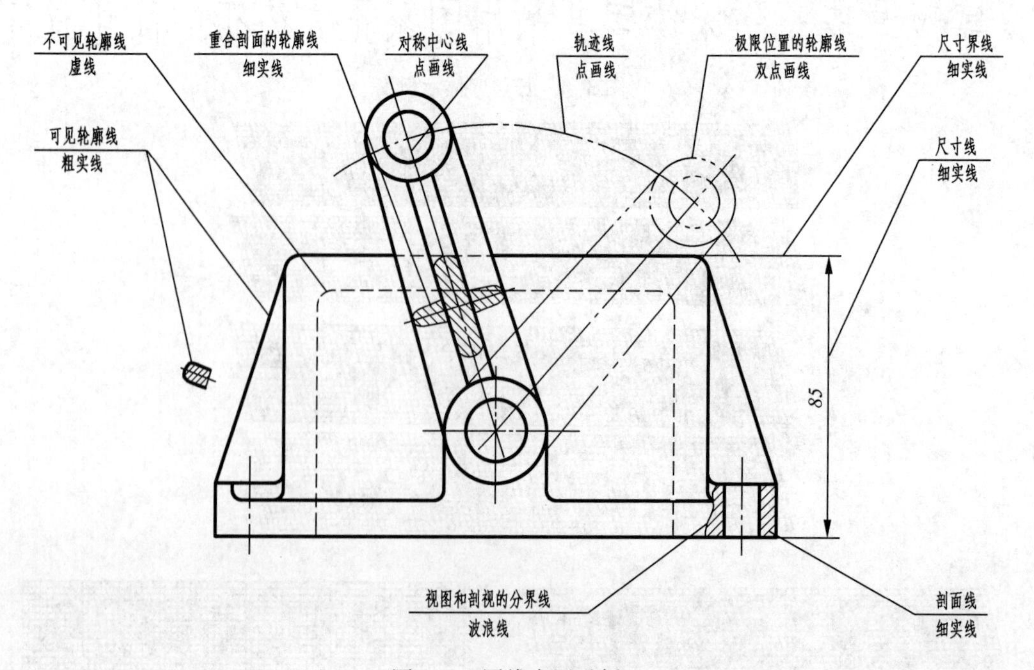

图 3-6 图线应用示例

机械制图中图线的宽度分为粗细两种,根据图样的大小和复杂程度,粗线宽度 d 在0.5~2 mm之间选用,细线宽度为 $d/2$,图线宽度的推荐系列为:0.13,0.18,0.25,0.35,0.5,0.7,1,1.4,2,单位为mm。

在同一张图纸上,同一形式图线的宽度应基本一致。虚线、点画线或双点画线各自线段长度和间隔距离应大致相同。

图样中虚线和点画线的画法还应注意以下几点(见图3-7):

(1)虚线处于粗实线延长线上时,粗实线应画到分界点,虚线应留有空隙。

(2)虚线、点画线、双点画线和其他图线相交或自身相交时,都应在线段处相交,而不应在空隙处或以点相交。

(3)点画线首末两端应是长画,而不是点,并应超出图形3~5 mm。点画线的点是小点。

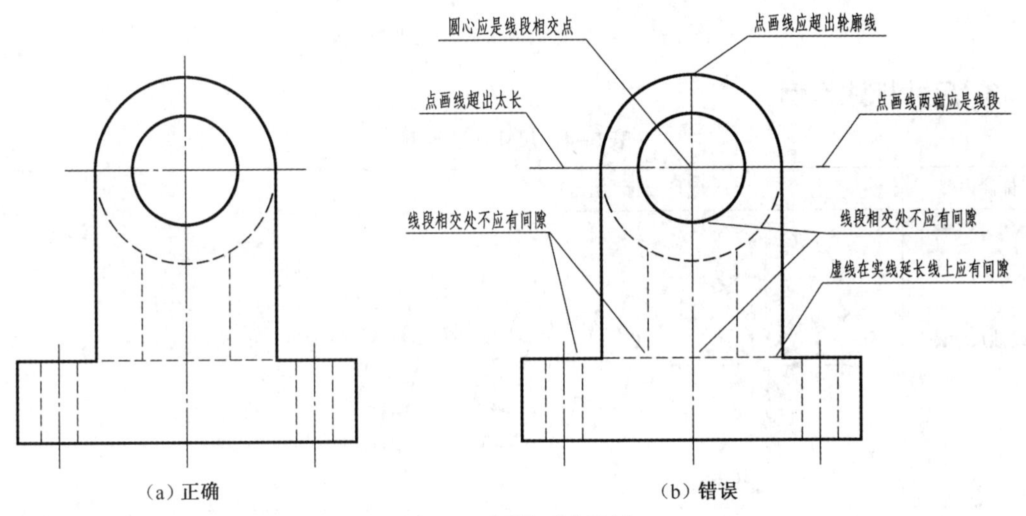

图3-7　图线画法示例

3.1.5　尺寸注法(GB/T 4458.4—2002)

1. 基本规定

(1)机件的真实大小均以图样上所注的尺寸数值为依据,与图形的大小及绘图的准确性无关。

(2)图样中(包括技术要求和其他说明)的尺寸,以毫米为单位时,不须标注计量单位的名称或代号。若采用其他单位时,则必须注明相应的名称或代号。

2. 尺寸组成

图样中的尺寸应由尺寸数字、尺寸界线、尺寸线及其表示尺寸线终端的箭头或斜线组成,如图3-8所示。

(1)尺寸数字,表示尺寸的大小。线性尺寸数字的注写方向见表3-4。

(2)尺寸界线,表示尺寸的范围。用细实线绘制,与尺寸线垂直,并超出尺寸线的末端约2~3 mm。也可用轮廓线、轴线或中心线作尺寸界线。

(3)尺寸线,表示尺寸度量的方向。用细实线绘制,其终端应画箭头(或斜线),箭头和斜线(用细实线绘制)的形式如图3-8所示。尺寸线不能用其他图线代替。标注线性尺寸时,尺寸线应与所标注的线段平行。

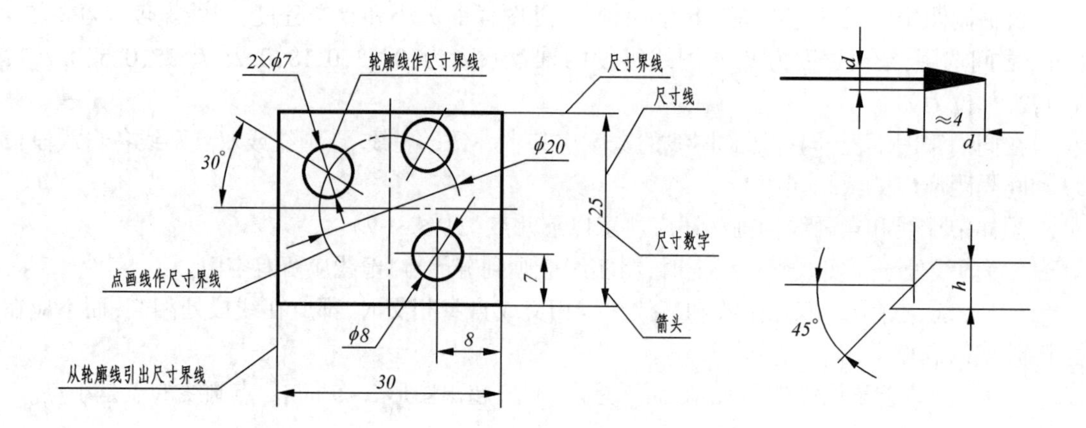

图 3-8 尺寸的组成及终端的两种形式

3. 尺寸标注示例

表 3-4 尺寸标注示例

标注内容	标注示例	说 明
线性尺寸的数字方向	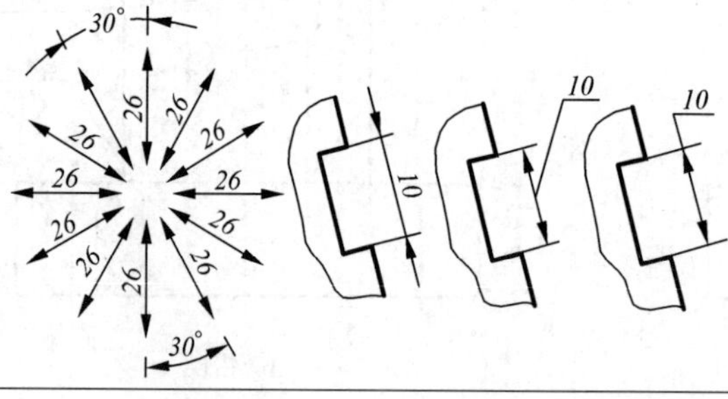	尺寸数字应按左图所示方向注写，并尽可能避免在图示 30°范围内标注尺寸，当无法避免时，应按右图所示的形式标注
角 度	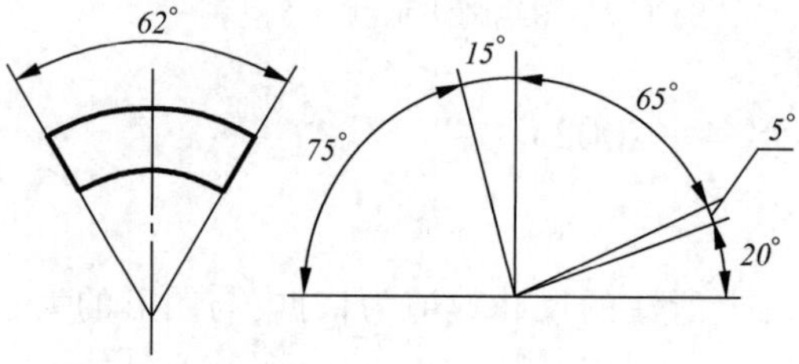	尺寸界线应沿径向引出，尺寸线画成圆弧，圆心是角的顶点。尺寸数字应一律水平书写，一般注写在尺寸线的中断处，必要时可按右图形式标注
圆	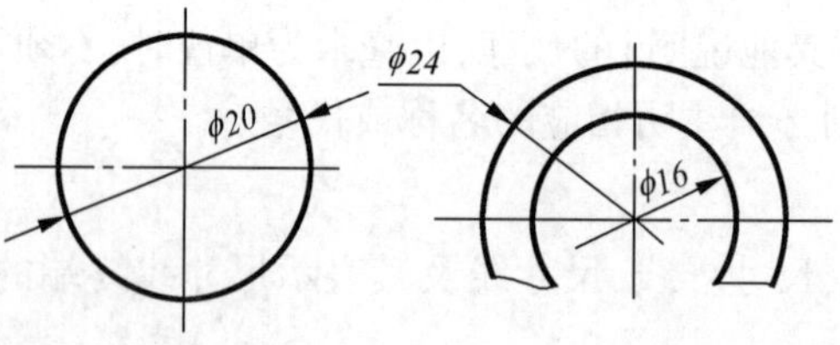	圆或大于半圆的圆弧，应标注直径，在数字前加注符号“ϕ”
圆 弧	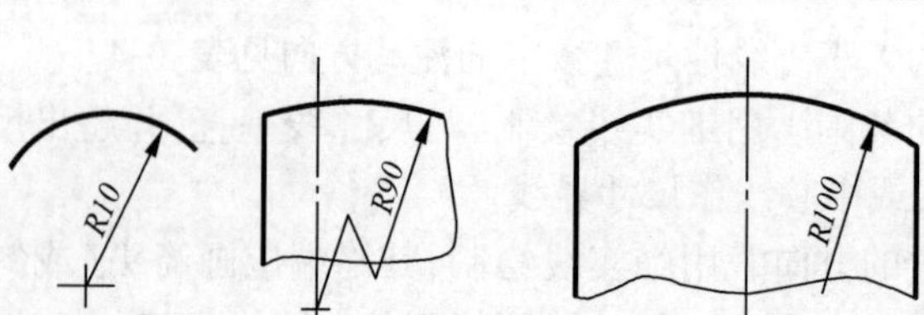	等于或小于半圆的圆弧，应标注半径，在数字前加注符号“R”，如左图。 当半径过大或在图纸范围内无法标出其圆心位置时，可按中图位置标注，若不需标出圆心位置时，则按右图标注

续表

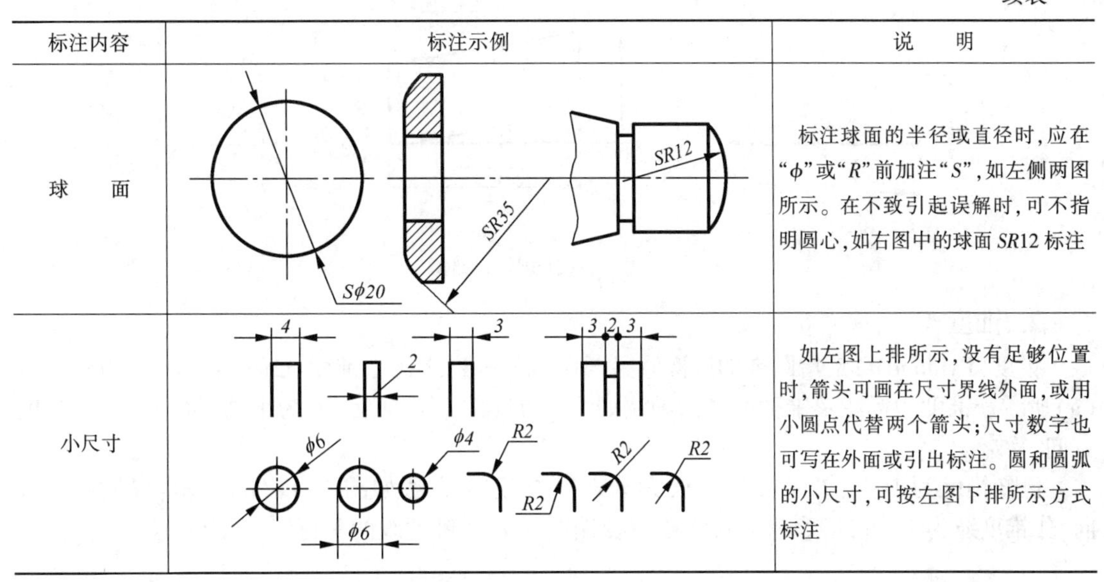

标注内容	标注示例	说　明
球　面	Sϕ20　SR35　SR12	标注球面的半径或直径时，应在“ϕ”或“R”前加注“S”，如左侧两图所示。在不致引起误解时，可不指明圆心，如右图中的球面 SR12 标注
小尺寸	4　2　3　3 2 3　ϕ6　ϕ6　ϕ4　R2　R2　R2　R2	如左图上排所示，没有足够位置时，箭头可画在尺寸界线外面，或用小圆点代替两个箭头；尺寸数字也可写在外面或引出标注。圆和圆弧的小尺寸，可按左图下排所示方式标注

3.2 几 何 作 图

3.2.1　正六边形

图 3-9(a)、(b)分别所示为用圆规和用三角板作圆内接正六边形的方法。图 3-9(c)所示为已知正六边形对边距，作正六边形的方法。

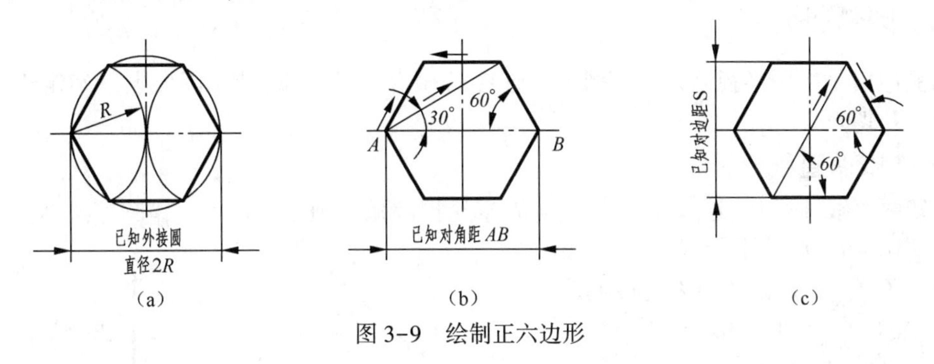

图 3-9　绘制正六边形

3.2.2 斜度和锥度

1. 斜度

一直线(或平面)对另一直线(或平面)的倾斜程度称作斜度(Pitch)，斜度 = $\tan\alpha = H/L$，如图 3-10(a)所示。斜度的标注及斜度符号的画法如图 3-10(b)、(c)所示，其中 h 为字高，符号方向与斜线方向一致。

已知斜度为 1∶6、大端高度 H 和底边长 S，作图方法如图 3-10(b)所示，根据斜度方向，任意作一条斜度为 1∶6 的倾斜线 ab；过已知点 A 作 ab 的平行线 AB，此线即为所求。

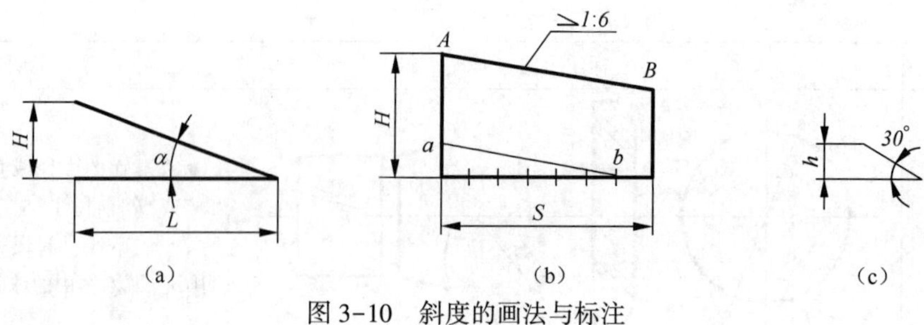

图 3-10　斜度的画法与标注

2. 锥度

锥度(Pyramidal)是指圆锥的底圆直径与圆锥的高度之比。锥度=2tan $\alpha = D/L$,如图 3-11(a)所示。锥度的标注及锥度符号的画法如图 3-11(b)、(c)所示,h 为字高,符号方向与锥度方向一致。

已知锥度为 1∶6,锥体长度为 S,大端直径 D,作图方法如图 3-11(b)所示:根据锥度方向,作锥度线为 1∶6 的倾斜线;过大端直径端点 A、B 作锥度线的平行线,即为所求。

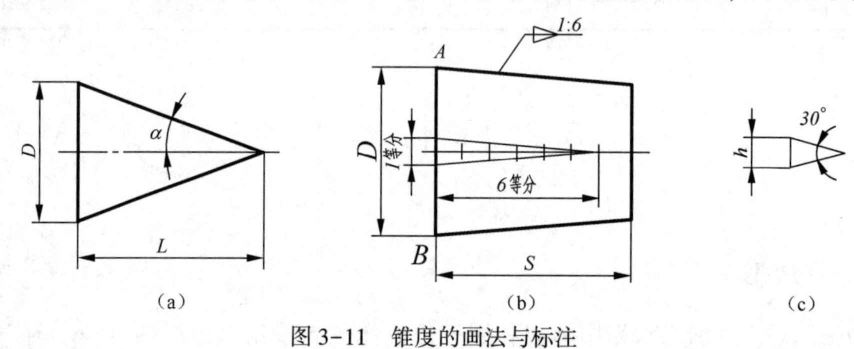

图 3-11　锥度的画法与标注

3.2.3　圆弧连接

圆弧连接是指用半径已知的圆弧光滑连接已知直线或圆弧,其作图要点是确定连接弧的圆心位置及切点。

1. 连接两直线

已知两直线 AB、AC,连接圆弧半径为 R,求连接圆弧的圆心及切点。作图方法为:

分别作 AB、AC 的平行线 L_1、L_2,相距均为 R,L_1 与 L_2交点 O 即为连接圆弧的圆心,过 O 点分别作 AB、AC 垂线,垂足 M、N 是直线与圆弧的切点。以 O 为圆心,R 为半径作弧 MN 即可,如图 3-12(a)所示。

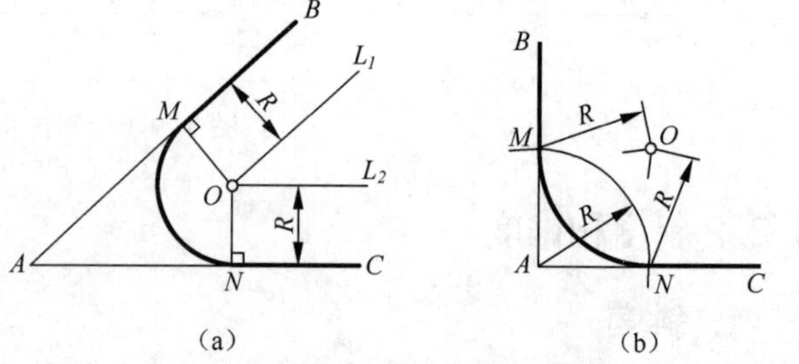

图 3-12　用圆弧连接两直线

当 AB 与 AC 成直角时,可以用简便方法完成作图。即以顶点 A 为圆心,R 为半径作弧,交 AB、AC 于 M、N 即为切点,分别以 M、N 为圆心,R 为半径作圆弧交于 O 点即为连接弧圆心 ,如图 3-12(b)所示。

2. 连接两圆弧

用 R 圆弧连接两圆弧 R_1、R_2的方式有三种:

(1)外切。用半径为 R 的圆弧同时外切两圆弧的作图方法是(见图3-13)：

分别以 O_1、O_2为圆心，$R+R_1$ 和 $R+R_2$ 为半径画弧交于点 O；连 OO_1、OO_2 分别交圆于点 N、M，N、M 即为切点。以 O 为圆心，R 为半径作圆弧 MN 即可。

(2)内切。用半径为 R 的圆弧同时内切两圆弧的作图方法是(见图3-14)：

分别以 O_1、O_2 为圆心，$R-R_1$ 和 $R-R_2$ 为半径画弧交于点 O；连 OO_1、OO_2 分别交圆于点 N、M，N、M 即为切点。以 O 为圆心，R 为半径作圆弧 MN 即可。

(3)内外切 用半径为 R 的圆弧同时内、外切两圆弧的作图方法是(见图3-15)：

分别以 O_1、O_2 为圆心，$R-R_1$ 和 $R+R_2$ 为半径画弧交于点 O；连 OO_1、OO_2 分别交圆于点 N、M，N、M 即为切点。以 O 为圆心，R 为半径作圆弧 MN 即可。

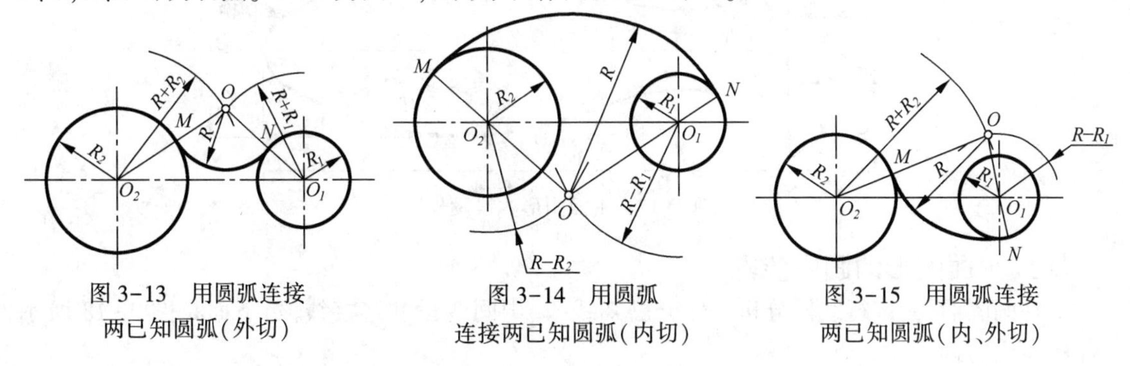

图3-13　用圆弧连接两已知圆弧(外切)　　图3-14　用圆弧连接两已知圆弧(内切)　　图3-15　用圆弧连接两已知圆弧(内、外切)

3.3　平面图形的尺寸分析及画图步骤

3.3.1　平面图形的尺寸分析

在绘制平面图形前，首先要对图形进行尺寸分析；根据尺寸所起的作用，可以把尺寸分为定形尺寸和定位尺寸两类。

1. 定形尺寸

以确定图形中各组成部分形状和大小的尺寸是定形尺寸，如图3-16所示44、30、40、23、$R3$、$\phi8$、$\phi10$ 均是定形尺寸。

2. 定位尺寸

以确定图形中各组成部分的相对位置的尺寸是定位尺寸，如图3-16所示28、24、8均是定位尺寸。

定位尺寸应以尺寸基准作为标注尺寸的起点，对平面图形而言，应有上下、左右两个坐标方向的尺寸基准，基准通常以图形的对称线、圆的中心线、以及其他线段作为尺寸基准。图3-17所示图形，上下方向的尺寸基准为对称中心线，左右方向的尺寸基准为左侧端线。

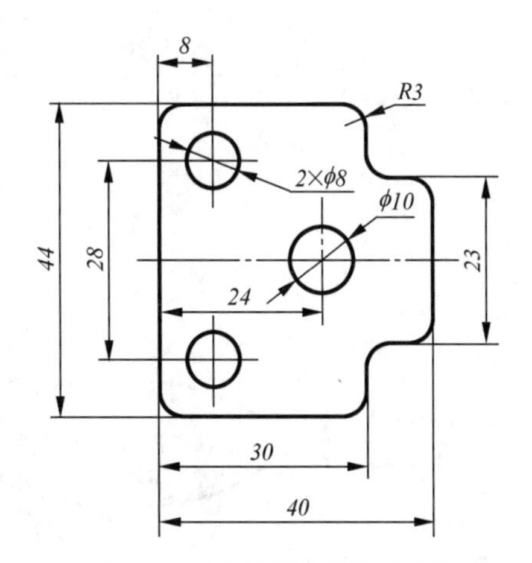

图3-16　平面图形的尺寸分析

3.3.2　平面图形的线段分析及画图步骤

1. 平面图形的线段分析

平面图形中线段分为三类：

(1)已知线段　图形中定形尺寸和定位尺寸齐全,根据所注尺寸就能直接画出的线段,如图 3-17 中的 $R10$ 和 $R6$ 圆弧。

(2)中间线段　缺少一个定形尺寸,必须在相邻线段画出后,根据与其连接的关系而作出的线段,如图 3-17 所示的 $R52$ 圆弧,需根据其一端与已知弧 $R6$ 相切的关系来作图。

(3)连接线段　只有定形尺寸,必须在两端相邻线段画出后,根据相切关系而作出的线段,如图 3-17 中的 $R30$ 圆弧,需根据与 $R52$ 和 $R10$ 相切来确定圆心作图。

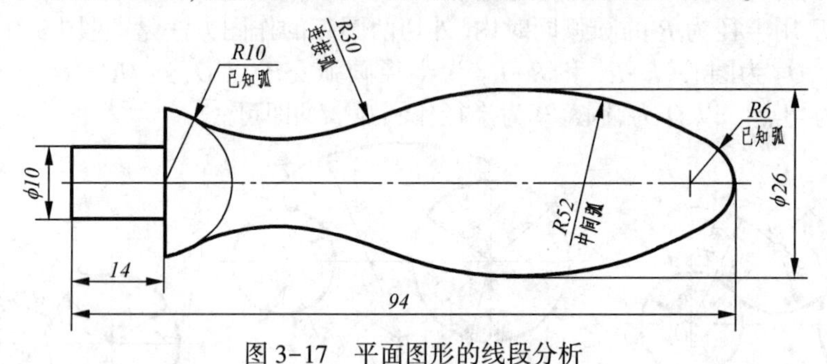

图 3-17　平面图形的线段分析

2. 平面图形的画图步骤

在画图前,先进行线段分析。区分已知线段、中间线段和连接线段,下面是图 3-18 所示作图步骤的描述:

(1)画基准线。图 3-18(a)所示水平中心线和左侧端线。

(2)画已知线段。图 3-18(b)所示左侧 $\phi10\times14$ 矩形、$R10$ 和 $R6$ 圆弧。

(3)画中间线段。图 3-18(c)中 $R52$ 圆弧,根据其与 $R6$ 圆弧内切、与 $\phi26$ 尺寸界线相切的关系确定圆心 O_1。K 是两圆弧的切点。

(4)画连接线段。图 3-18(d)所示 $R30$ 圆弧,根据其与 $R52$ 圆弧和 $R10$ 圆弧外切的关系确定圆心 O_3。两圆心的连线为切点,如图 3-18(d)所示。

(5)用细实线(可用 H 铅笔)作出全图,然后用 2B 铅笔加粗轮廓,用 HB 铅笔画中心线,标注尺寸,完成全图。

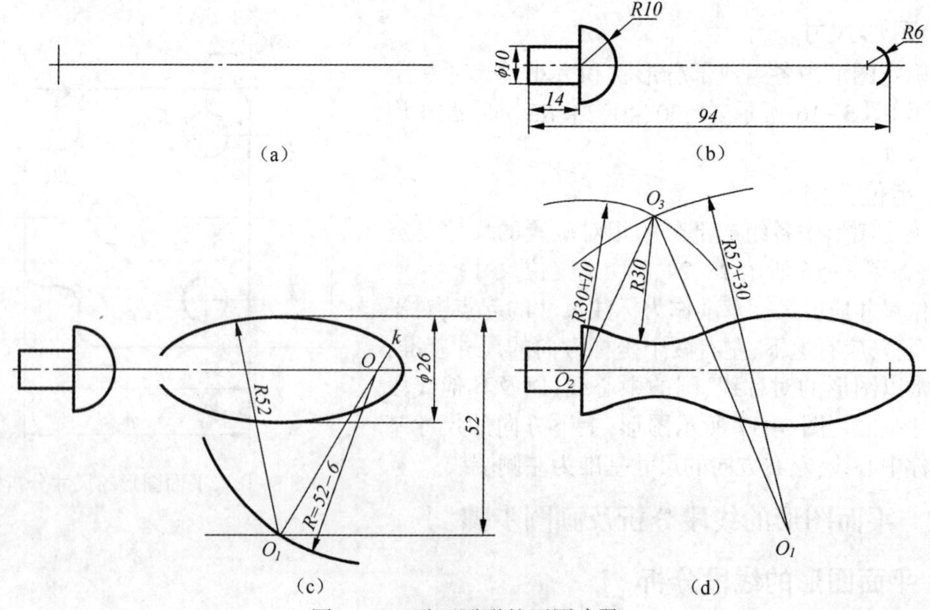

图 3-18　平面图形的画图步骤

第4章 组合体

由若干简单立体(即基本体)经过叠加、切割而形成的复杂形体称为组合体。组合体是由机器中的零件抽象出的一种几何模型。因此,学习组合体的画图和看图方法,将为后面学习绘制和阅读零件图打下坚实的基础。

本章将在学习制图基本知识和正投影理论的基础上,进一步学习组合体的组合形式、组合体三视图画法和读图方法,以及组合体尺寸标注方法。

4.1 组合体的三视图

4.1.1 三视图的形成

在正投影中,几何元素在 V、H 和 W 三面投影体系中的投影,分别称为几何元素的三面投影,如图 4-1(a)所示。而在国家标准《机械制图图样画法》GB/T 4458.1—2002 中规定,将机件向投影面投射所得的投影图称为视图。物体在三面投影体系中的投影称为物体的三视图。其中,正面投影称为主视图,水平投影称为俯视图,侧面投影称为左视图,如图 4-1(c)所示。

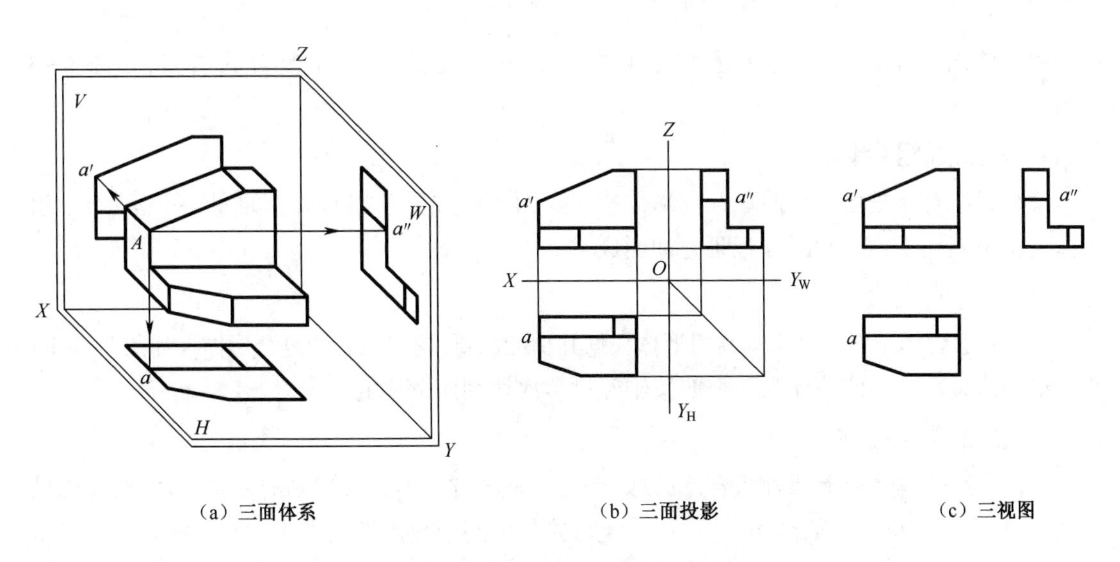

(a) 三面体系　(b) 三面投影　(c) 三视图

图 4-1　三面投影体系与三视图

4.1.2 三视图的投影规律

通常,将物体沿 X 轴方向的距离称为长度;沿 Y 轴方向的距离称为宽度;沿 Z 轴方向的距离称为高度。由图 4-2 所示可知,主视图反应物体的长度和高度;俯视图反应物体的长度和宽度;左视图反应物体的高度和宽度。

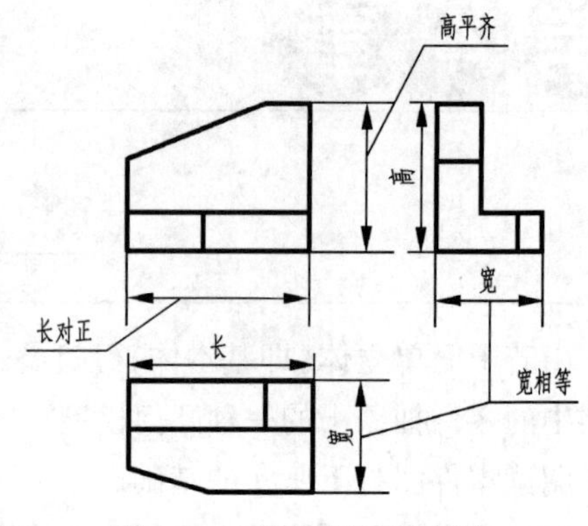

图 4-2 三视图的对应规律

由此,可得出物体三视图的投影规律:

(1)长对正——主视图与俯视图都反应物体的长度,且长度方向尺寸相同。

(2)高平齐——主视图与左视图都反应物体的高度,且高度方向尺寸相同。

(3)宽相等——俯视图与左视图都反应物体的宽度,且宽度方向尺寸相同。

“长对正、高平齐、宽相等”这三个关系是三视图的基本投影规律,这个规律适用于整个物体,也适用于组成物体的局部结构,因此,在画物体的三视图和看物体的三视图时,都要严格遵守。值得注意的是:在宽度方向要区别物体的前后,在俯视图和左视图中,以远离主视图的一侧为前,反之为后。

由上述分析可知,三视图和三面投影图在本质上是相同的。因此,在前面几章中所讨论的各种基本投影原理和方法,在机件的三视图中都是适用的。

4.2 组合体的组合形式及其分析方法

4.2.1 组合体常见的组合形式

组合体的常见组合形式有叠加式、切割式和复合式三种,其中复合式居多,如图 4-3 所示。

1. 叠加式组合体

叠加式组合体是由若干简单几何形体按一定的相对位置叠加而成。如图 4-3(a)所示组合体是由小圆柱Ⅰ、立板Ⅱ、底板Ⅲ叠加而成。

2. 切割式组合体

切割式组合体是由一个基本几何形体根据其功能需要,挖切而成的复杂形体。如图 4-3(b)所示组合体是由一个四棱柱和一个四棱锥经过多次切割而形成的。

3. 复合式组合体

复合式组合体是以上两种组合体的综合形式,是既有叠加又有切割的复杂形体,其应用最多,因而是学习的重点。如图 4-3(c)所示组合体是由两个被挖切的大小空心圆柱与一个三角形肋板和一个挖切的底板经过叠加而形成的。

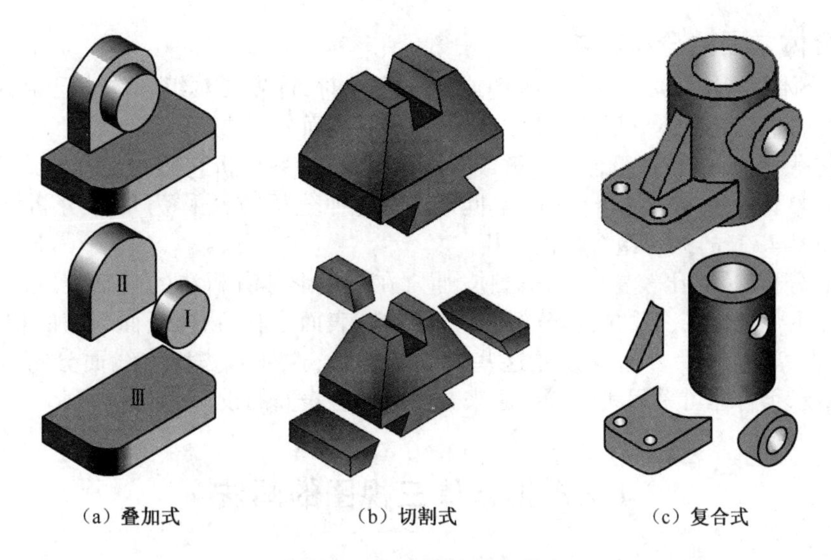

（a）叠加式　（b）切割式　（c）复合式

图 4-3　组合体的组合形式

4.2.2　组合体表面连接关系和常用的分析方法

1. 组合体各邻接表面间的相互位置

组合体经叠加、切割后，相邻表面间的相互位置有共面、相切和相交三种情况。

(1) 相交：当两形体邻接表面相交时，其表面的交线（截交线或相贯线）则是它们的分界线，在视图中必须正确画出交线的投影，如图 4-4(a) 所示Ⅰ、Ⅱ两相交面。

(2) 相切：当两形体邻接表面相切时，由于相切是光滑过渡，因此切线的投影在三视图上均不画出，如图 4-4(b) 所示Ⅲ、Ⅳ两相切面。

(3) 共面：当两形体邻接表面共面时，在共面处，两形体的邻接表面不应有分界线，如图 4-4(c) 中Ⅴ、Ⅵ两平齐面。

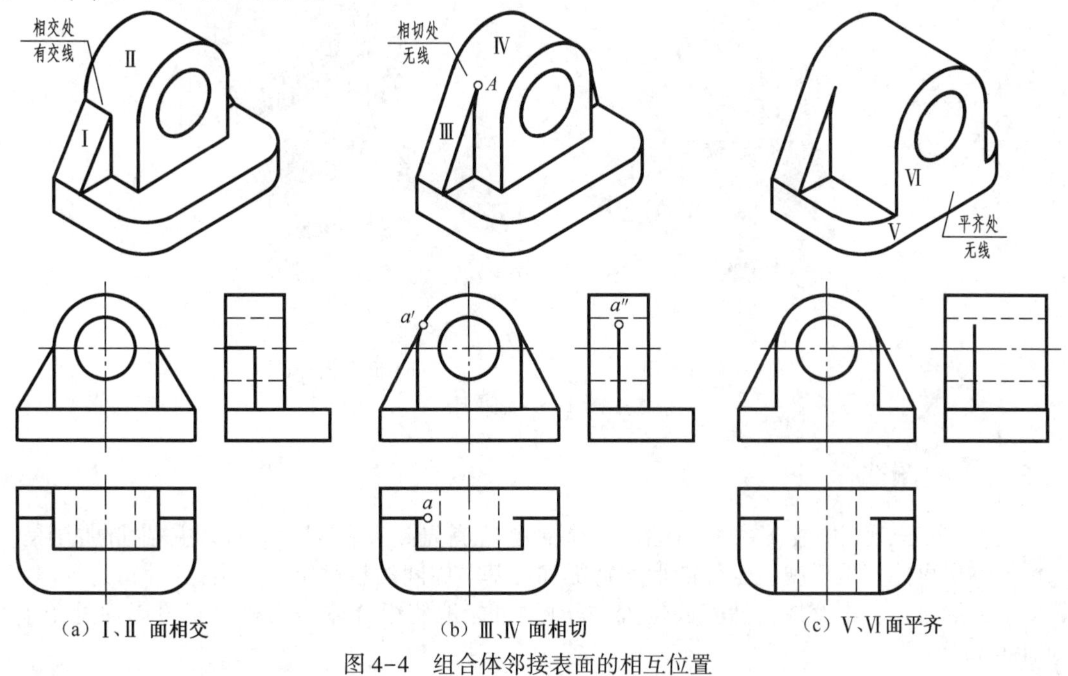

（a）Ⅰ、Ⅱ 面相交　（b）Ⅲ、Ⅳ 面相切　（c）Ⅴ、Ⅵ 面平齐

图 4-4　组合体邻接表面的相互位置

2. 组合体常用的分析方法

在画组合体三视图、读组合体三视图或标注尺寸时,首先要对组合体或已给视图进行分析,分析的方法主要是形体分析法,必要时,可辅之以线面分析法。

(1)形体分析法:假想把组合体分解成若干个基本体,并分析它们的组合方式及其相对位置,以利于从整体上想象出组合体的空间结构,这种分析方法称为形体分析法。例如对图 4-3(a)和图 4-3(c)所示组合体的分析。

(2)线面分析法:对比较复杂的组合体,通常在运用形体分析法的基础上,对不易表达或读懂的局部,还要结合线、面的投影分析,如分析物体表面形状、物体上面与面的相互位置、物体表面的交线等,来帮助表达或读懂这些局部的形状,这种方法称为线面分析法。例如对图 4-3(b)所示组合体可采用线面分析法来分析形体各表面的投影性质。

4.3 组合体三视图的画法

现以图 4-5 所示轴承座为例,说明画组合体三视图的方法和步骤。

4.3.1 形体分析与线面分析

对图 4-5(a)所示轴承座进行形体分析,假想将轴承座分解为Ⅰ底板、Ⅱ支承板、Ⅲ肋板、Ⅳ大圆筒、Ⅴ凸台五个基本形体,如图 4-5(b)所示。

底板Ⅰ是具有两个小圆角和两个小圆孔的长方体;支承板Ⅱ为棱柱,其左右棱面与大圆筒Ⅳ的外表相切;肋板Ⅲ的左右两侧面均为五边形,与大圆筒Ⅳ的外表面相交;凸台Ⅴ是一个小圆筒,与大圆筒Ⅳ正交相贯。

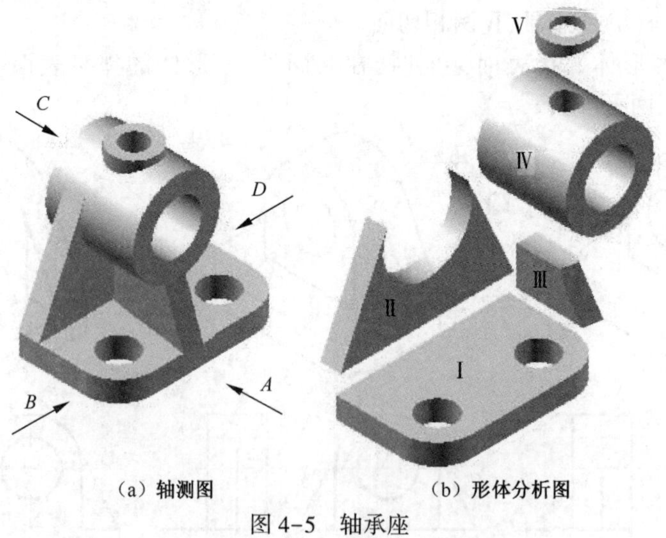

(a) 轴测图　　(b) 形体分析图

图 4-5　轴承座

4.3.2 视图选择

主视图是三视图中最重要的一个视图,选择视图时,首先要选择主视图。选择主视图的原则是:

(1)尽可能多地反映组合体的形状特征和各基本体间的相对位置关系;

(2)尽量符合组合体自然安放位置,同时尽可能地使组合体表面相对于投影面处于平行或垂直位置;

(3)尽可能地避免使其他视图产生过多的虚线,并注意图面的合理布局和尺寸标注。

如图 4-5(a)所示,将轴承座按自然安放位置安放后,对由箭头 *A*、*B*、*C*、*D* 四个投射方向所得的视图进行比较,确定主视图(见图 4-6)。

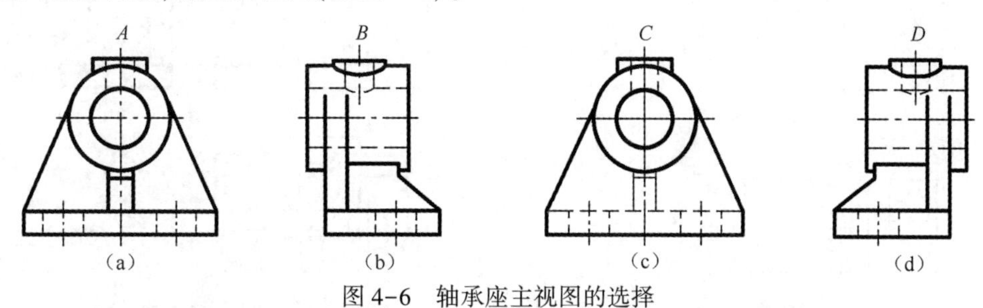

图 4-6　轴承座主视图的选择

如图 4-6 所示,若以 *C* 向作主视图,虚线较多,显然没有 *A* 向清楚;*B* 向与 *D* 向视图虽然虚实线的情况相同,但若以 *B* 向作主视图,则左视图必为 *C* 向视图,左视图虚线较多。由此可见,主视图只能从 *A* 向和 *D* 向视图中选择。*A* 向能较多地反映轴承座各部分的轮廓特征,而 *D* 向则能清楚地反映轴承座各组成形体间的相对位置关系。但考虑到图面布局和尺寸标注,选 *A* 向视图作主视图较好。

主视图确定之后,俯视图、左视图的投射方向随之确定。

4.3.3　画组合体三视图的方法和步骤

【例 4-1】　画轴承座的三视图。

根据上述分析,选择 *A* 向作主视图,画其三视图,作图步骤如图 4-7 所示。

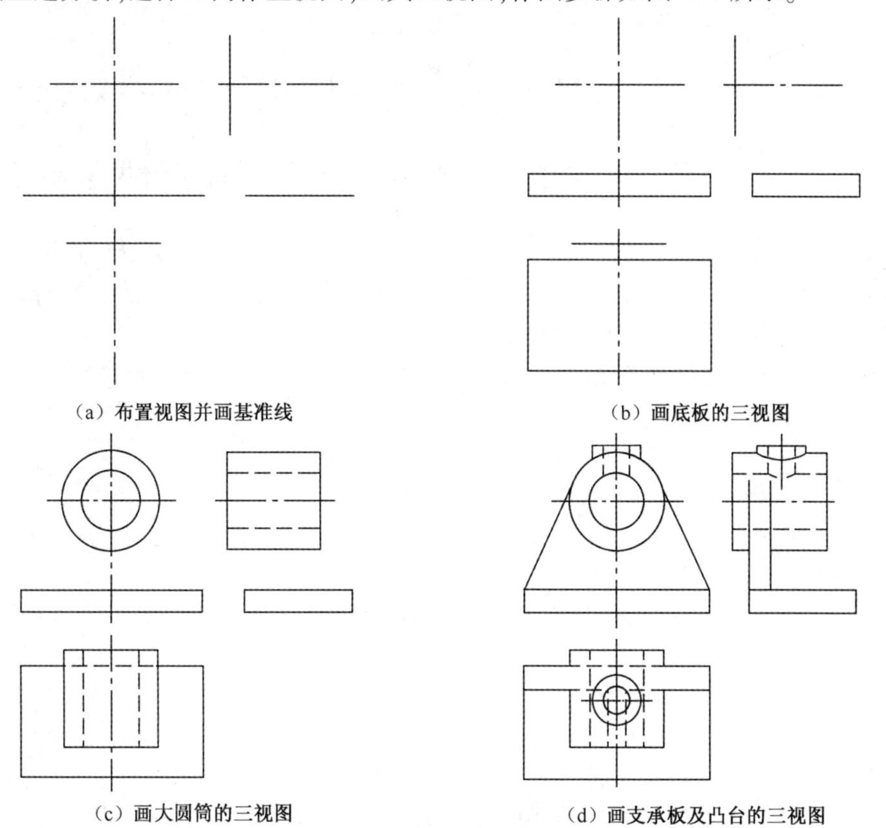

图 4-7　轴承座的画图步骤

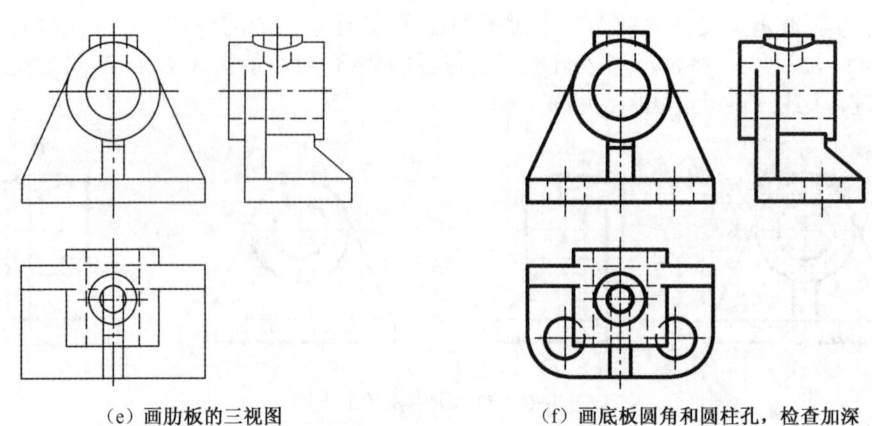

（e）画肋板的三视图　　（f）画底板圆角和圆柱孔，检查加深

图 4-7　轴承座的画图步骤(续)

(1)选比例,定图幅

画图时,应尽量采用 1∶1 的比例,这样有利于直接估算出组合体的大小,便于画图。

(2)布置图面,画基准线

布置视图位置之前,先固定图纸,然后根据各视图的大小和位置,画出基准线。基准线画出后,每个视图在图纸上的具体位置就确定了,如图 4-7(a)所示。

(3)画三视图底稿

根据形体分析的结果,遵循组合体的投影规律,逐个画出基本形体的三视图,如图 4-7(b)~(e)所示。画底稿时,一般用 H 型铅笔以细线画出,画的时候应遵守轻、淡、准的原则,以便于修改及擦除多余线条。

画组合体底稿的顺序:

①一般先实(实形体)后虚(挖去的形体);先大(大形体)后小(小形体);先画轮廓,后画细节。

②画组合体每个形体时,应三个视图同时画,并从反映形体特征的视图画起,再按投影规律画出其他两个视图。

(4)检查、描深,完成作图

底稿画完后,按基本形体逐个仔细检查,纠正错误,补充遗漏。检查无误后,擦除多余的作图线,用标准图线描深图形,完成组合体的三视图。

【例 4-2】　画导向块的三视图。

作图步骤如图 4-8 所示。

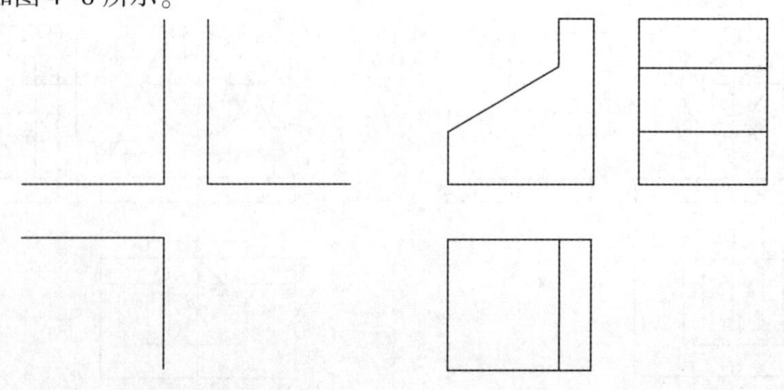

（a）布置视图并画基准线　　（b）画切割部分I的三视图

图 4-8　导向块的画图步骤

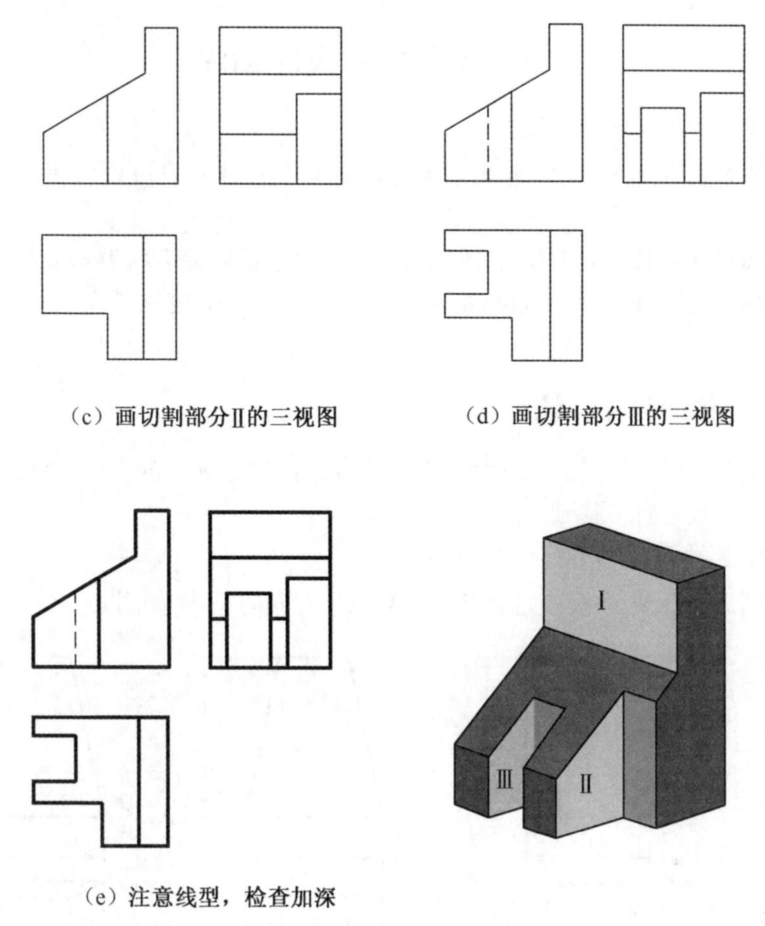

（c）画切割部分Ⅱ的三视图　（d）画切割部分Ⅲ的三视图

（e）注意线型，检查加深

图 4-8　导向块的画图步骤(续)

4.3.4　相贯线的简化画法

在机械制图中,当有些相贯线不需要精确表达时,允许采用简化画法,例如两圆柱正交时,如图 4-9 所示,相贯线可以用大圆柱半径所作的圆弧来代替,以简化作图。

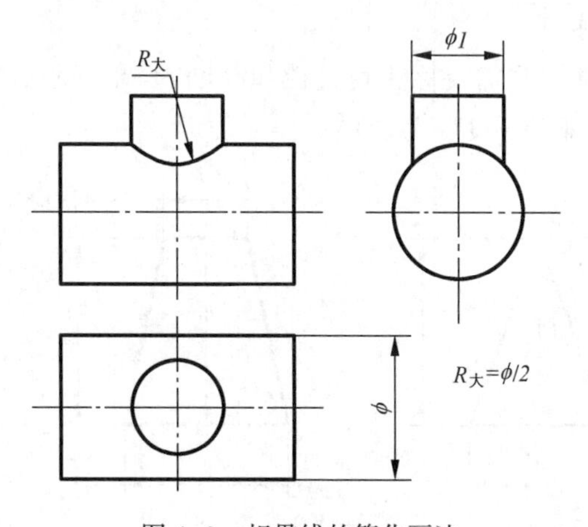

图 4-9　相贯线的简化画法

4.4 组合体的尺寸标注

视图只能表达组合体的形状,各基本体的真实大小及其相对位置则要通过尺寸标注来确定。

标注组合体尺寸的基本要求是:正确、清晰、完整。正确就是要按照国家标准有关尺寸标注的规定进行标注;清晰就是尺寸布置要清晰、得当,便于看图;完整就是尺寸不能遗漏,也不能重复。

4.4.1 基本形体的尺寸标注

组合体是由若干基本体组成的,因此,掌握基本形体尺寸标注的方法,将为正确、清晰、完整地标注组合体的尺寸打下基础。

1. 平面立体的尺寸标注

平面立体的尺寸标注,主要考虑其长、宽、高三个方向的尺寸,如图 4-10 所示。

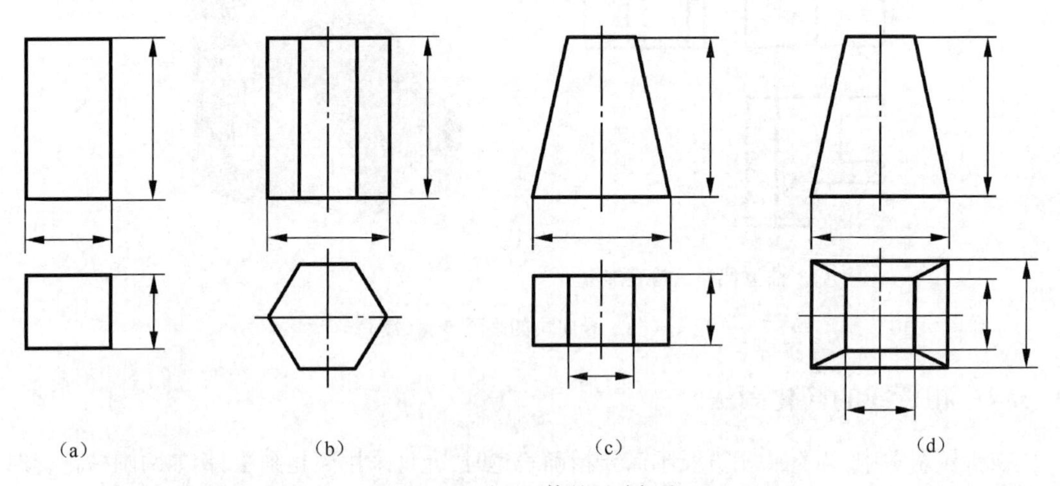

图 4-10 平面立体的尺寸标注

2. 回转体的尺寸标注

回转体的尺寸标注,通常只需要标注其直径和高度,并在直径数字前加注 ϕ,若是球面则应在直径数字前加注 $S\phi$,如图 4-11(d)所示。

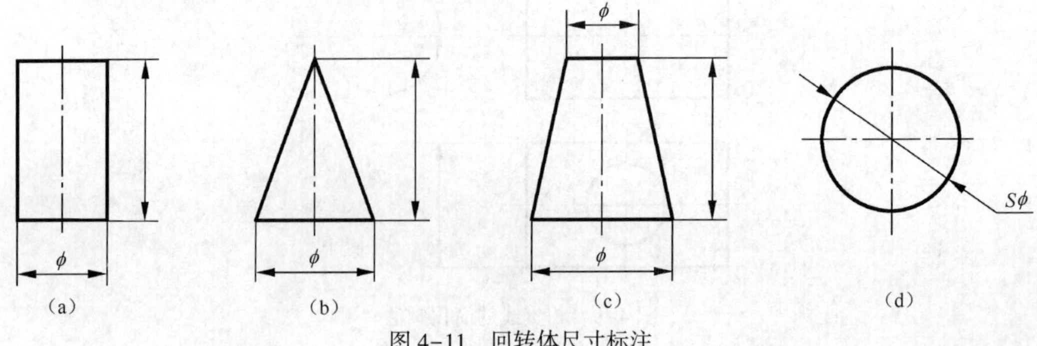

图 4-11 回转体尺寸标注

3. 基本体截交、相贯后的尺寸标注

物体相贯或被切割后，产生相贯线或截交线，但相贯线或截交线上不能注尺寸。对相贯体应标注相贯的各基本体的有关尺寸及它们之间相对位置尺寸；对切割体则应标注切割平面位置尺寸，如图4-12所示。

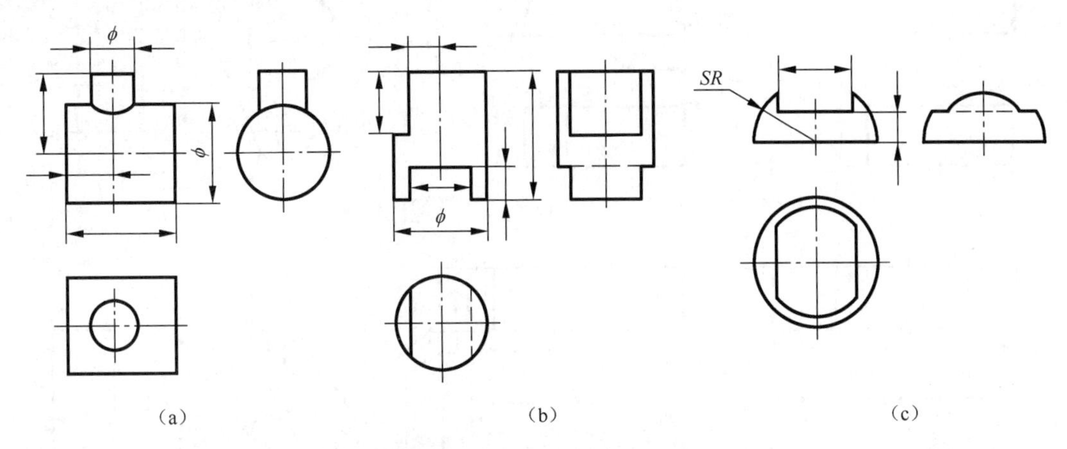

图4-12　截交、相贯后的尺寸标注

4. 常见形体的尺寸标注

图4-13列出了6种常见形体的尺寸注法。图4-13(a)、(b)、(c)所示视图有圆弧轮廓，故不注总高；同理，图4-13(e)所示视图不注总长，图4-13(f)所示视图不注总长、总高。这些形体上，常有数量不等的圆孔或圆角，它们大小相等、分布均匀，在进行尺寸标注时，除标注圆孔和圆角的定形尺寸外，还要标注它们的定位尺寸，对大小相等、均匀分布的圆孔，还要标出数量。

4.4.2　组合体的尺寸标注

仍以轴承座为例，说明组合体尺寸标注的方法和步骤：

1. 形体分析

如前面分析，轴承座由五部分组成。

2. 选定尺寸基准，标注定位尺寸

尺寸基准是标注定位尺寸的起点。机件的长、宽、高三个方向尺寸基准的选择，通常是选用机件的底面、端面、对称面以及主要回转体的轴线等。

如图4-14(a)所示，轴承座长度方向的尺寸基准是中间的对称面，宽度方向的尺寸基准是底板和支承板的后表面，高度方向的尺寸基准是底板的下底面。

定位尺寸是确定构成组合体的各个基本体之间的相互位置关系的尺寸，多数是指各个基本体自身的尺寸基准相对于组合体尺寸基准之间的尺寸。

如图4-14(a)所示，轴承座上部的大圆筒，其长度方向和高度方向（均为径向）的尺寸基准，是其自身的回转轴线，宽度方向（轴向）的尺寸基准，是它的后端面。长度方向尺寸基准与轴承座长度方向尺寸基准相同，因此，大圆筒沿长度方向的定位尺寸为0（省略不标），宽度方向的定位尺寸和高度方向的定位尺寸不为0，其标注如图4-14(a)所示。

对于底板，其自身长度方向的基准是其左右对称面，宽度方向的基准是其后表面，高度方

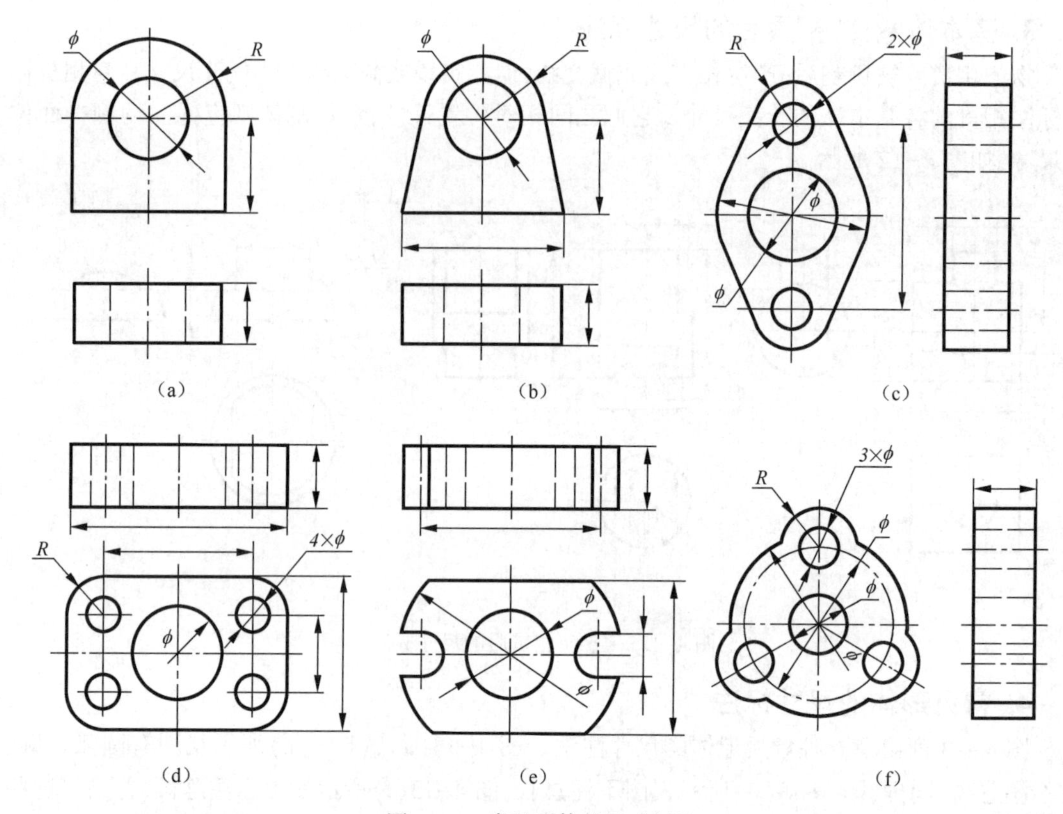

图 4-13 常见形体的尺寸标注

向的基准是其下底面。这三个基准与轴承座的三个方向基准重合,均可省略标注。

其他几个基本体的定位尺寸,请读者自行分析,特别要注意省略不注的定位尺寸。

3. 标注定形尺寸

定形尺寸是确定各基本体的形状及大小的尺寸。根据形体分析的结果,对组成组合体的所有基本体,逐个标注其定形尺寸,如图 4-14(b)所示。

4. 标注总体尺寸

总体尺寸是确定机件总长、总宽、总高的尺寸。轴承座的总体尺寸如图 4-14(c)所示。

5. 检查

最后,对已标注的尺寸,按正确、清晰、完整的要求进行检查,若有不妥,则作适当修改或调整,这样才完成了尺寸标注,如图 4-14(d)所示。

4.4.3 尺寸的清晰布置

尺寸标注不仅要完整,还要清晰、明显,以便于看图。因此,在标注尺寸时必须注意以下几点:

(1)尺寸尽可能地标注在形体特征最明显的视图上。半径应标注在圆弧视图上,直径应尽量标注在投影为非圆的视图上。如图4-14所示,底板的圆角半径标注在俯视图上,大圆筒的外圆直径则标注在左视图上。

(2)尺寸尽量不注在虚线上。

(3)属于同一基本形体的尺寸,应尽量集中标注在同一视图或相邻的两个视图上。如

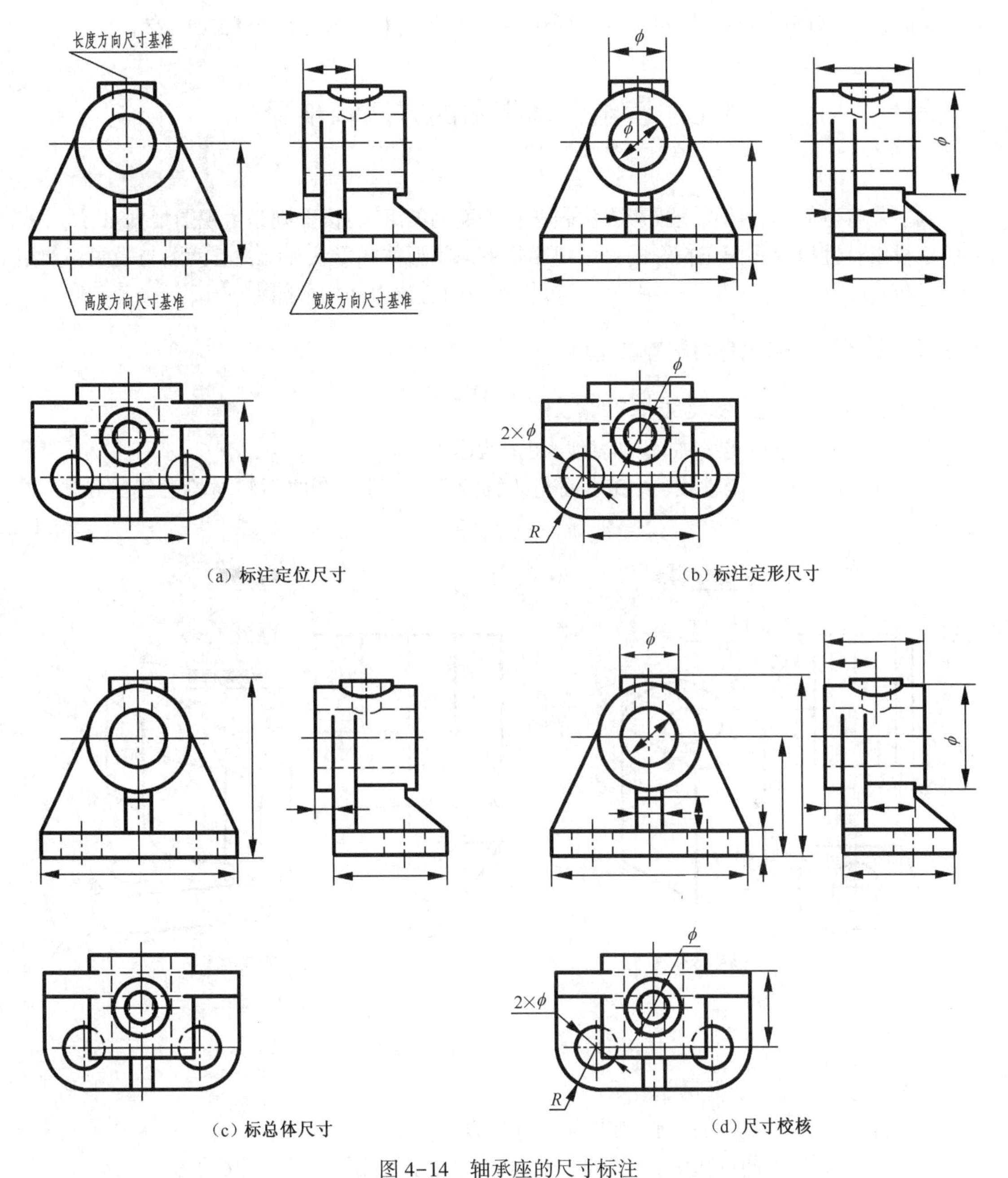

(a) 标注定位尺寸　(b) 标注定形尺寸　(c) 标总体尺寸　(d) 尺寸校核

图 4-14　轴承座的尺寸标注

图 4-14所示，底板的长度、宽度分别标注在主视图、左视图；底板上圆角、小圆孔的直径和定位尺寸，标注在俯视图。

(4) 尺寸应尽量标注在视图外部，但是，为了避免尺寸界线过长或与其他图线相交，在不影响图形清晰的前提下，也可标注在视图内部。如图 4-14 所示肋板的定形尺寸。

(5) 尺寸线、尺寸界线、轮廓线应尽量不相交，对于平行排列的尺寸，应将大尺寸标注在外面（远离视图），小尺寸标注在里面，两排尺寸间的间隔不小于 7 mm。

(6) 标注尺寸时，还应遵守 GB/T 4458.4—2002《技术制图　尺寸注法》中的有关规定。

(7) 直径相同，对称分布的几个小圆孔，应统一标注，并写出圆孔的数量，如图 4-14(d) 所示"2×ϕ";两个圆角半径相等,也可统一标注一处,但不可标注圆角的个数,如"R"。

4.5 读组合体视图的方法和步骤

画图是将空间的形体按正投影方法表达在平面的图纸上;读图则是由视图根据点、线、面、体的正投影特性以及多面正投影的投影规律想象空间形体的形状和结构。读图与画图相辅相成,不仅在生产中有很重要的作用,而且,可提高空间想象力和构思能力。

4.5.1 读组合体视图的基本要点

1. 明确视图中图线及线框的含义

视图中的每一条粗实线(曲线和直线)可能表示:

①平面或曲面的积聚性投影;②表面与表面交线的投影;③曲面转向轮廓线的投影,如图4-15(a)所示。

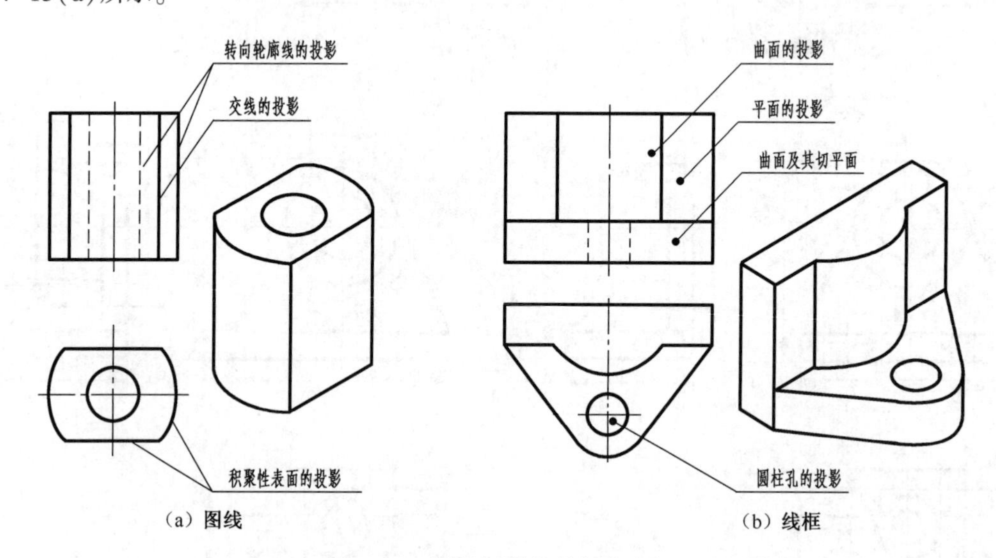

(a) 图线　　(b) 线框

图4-15　视图中图线、线框的含义

视图中每一个封闭线框可能表示:

①平面的投影;②曲面的投影,如图4-15(b)所示。

应当注意的是,不同视图中,表示同一平面的线框为类似形,如图4-16所示。

2. 几个视图联系起来看

一般情况下,一个视图不能唯一确定组合体的形状,几个视图对应起来才能确定其形状。图4-17(a)、(b)、(c)所示主视图相同,图4-17(c)、(d)所示俯视图相同,但它们却分别表示四个不同的形体。

有时候,两个对应的视图也不能唯一确定组合体的形状。如图4-18、图4-19、图4-20所示,虽然这3个图(a)、(b)中均有两个视图一样,但表示的形体完全不同。

由此可见,在读图过程中,一般都要将各个视图联系起来阅读、分析、构思,才能想象出这组视图所表示的物体的正确形状。

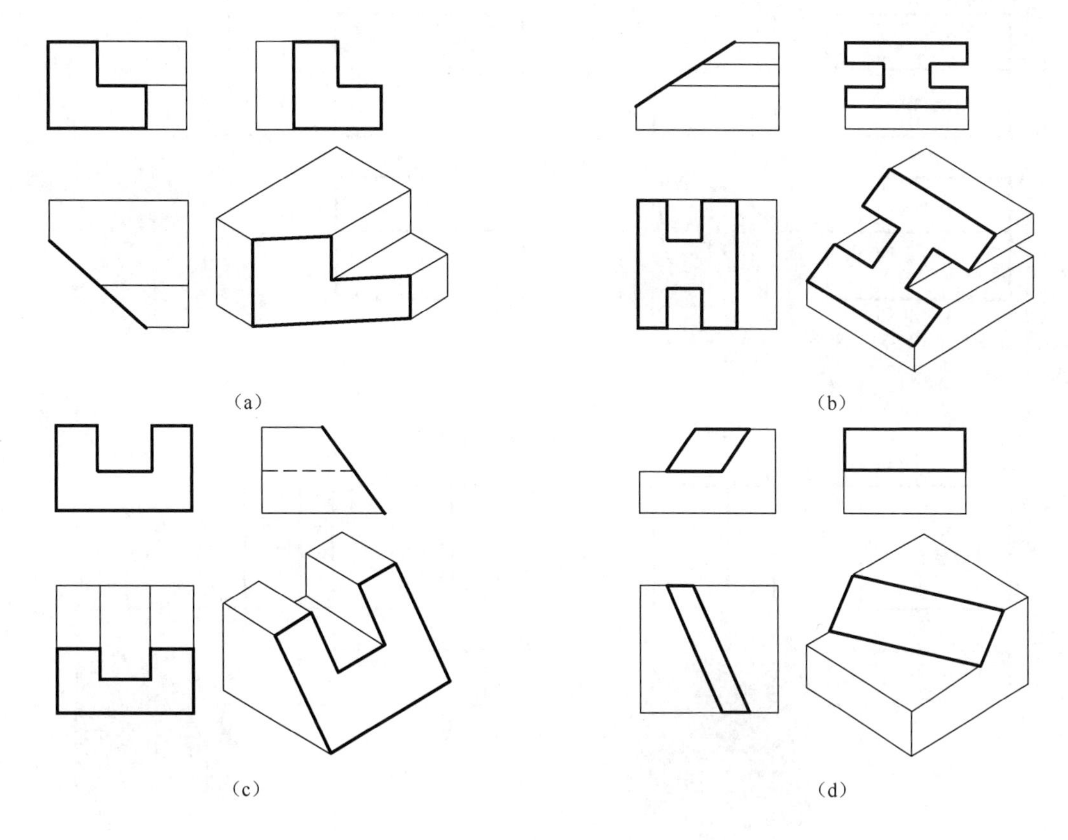

图 4-16　线框的类似性

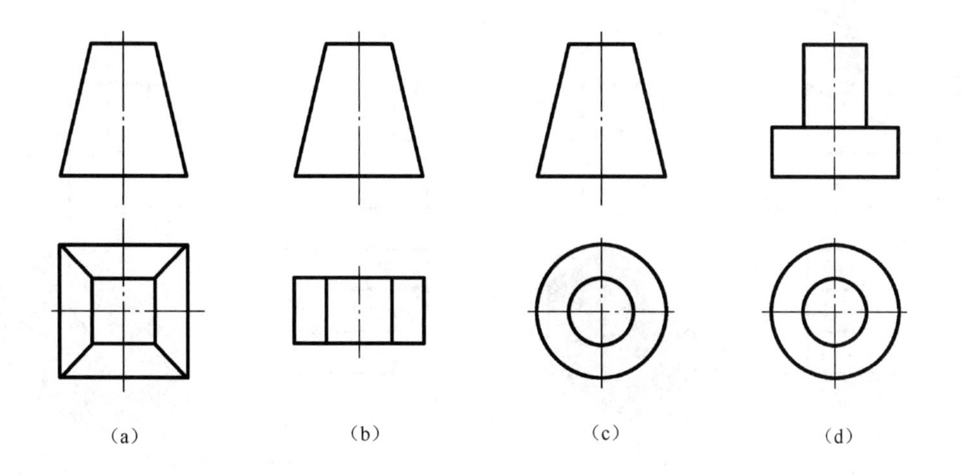

图 4-17　一个视图不能唯一确定组合体形状

3. 找出特征视图,确定组合体的形状

在读图过程中,注意找出特征视图,再配合其他视图,就能很快看清组合体的形状。所谓特征视图,就是对形体形状起主要作用的视图。如图 4-18 中的左视图,图 4-19 中的俯视图,图 4-20 中的主视图,都是对确定形体形状起主要作用的特征视图。事实上,读图或看图时,特征视图是必不可少的。

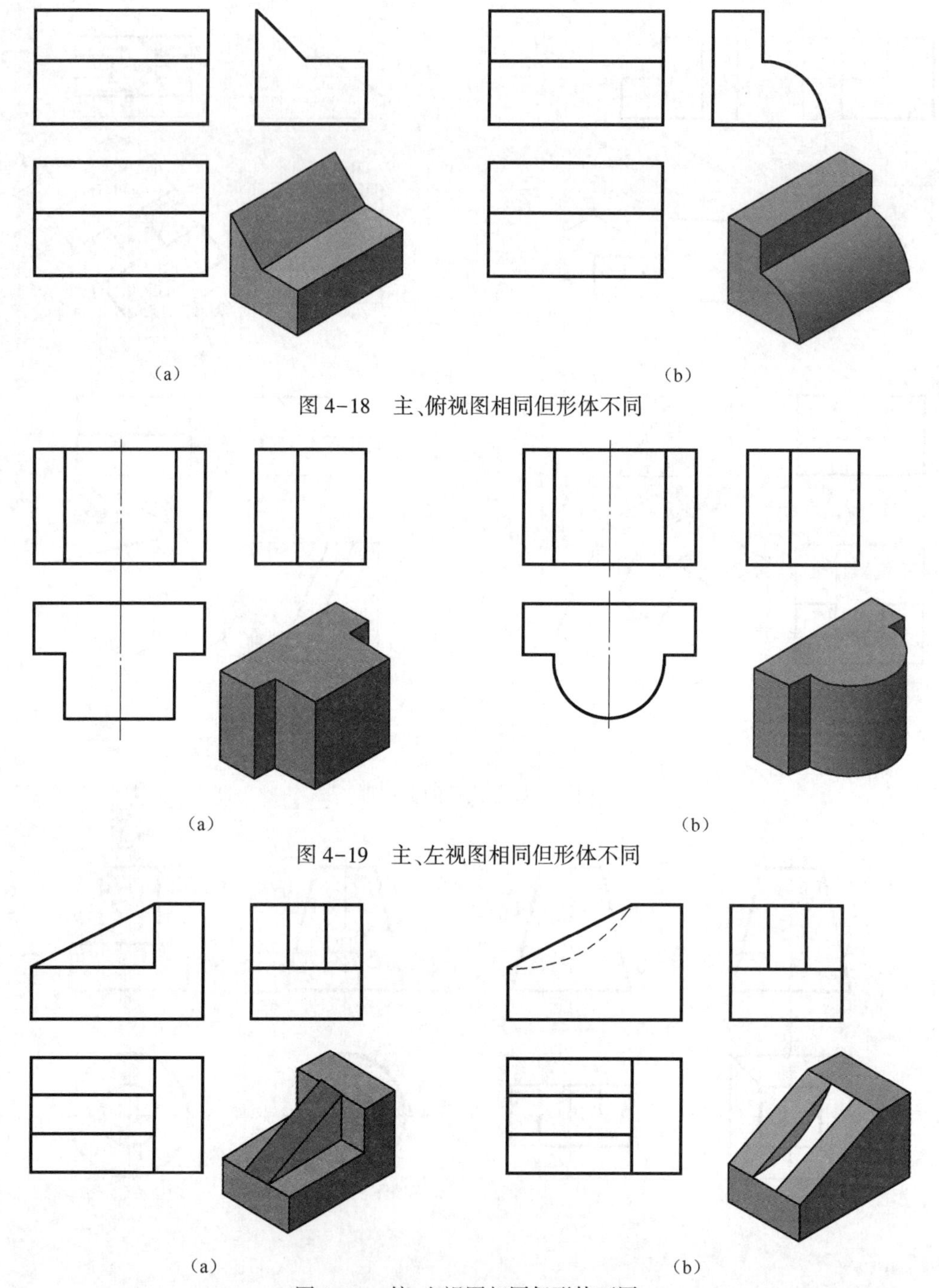

图 4-18　主、俯视图相同但形体不同

(a)　(b)

图 4-19　主、左视图相同但形体不同

(a)　(b)

图 4-20　俯、左视图相同但形体不同

想要迅速、正确地看懂视图所表达的空间形体,必须在熟悉基本形体及常见形体的投影特征的基础上,多看图,多构思,注意培养、提高空间想象力和综合构思空间形体的能力。

4.5.2　读图的方法和步骤

1. 形体分析法

读图的基本方法和画图一样,主要也是运用形体分析法。一般是从反映物体形状特征的视图着手，对照其他视图，初步分析该物体是由哪些基本体通过什么组合方式形成的。然后按投影特性逐个找出各基本体在其他视图中的投影，确定各基本体的形状及各基本体之间的相对位置，最后综合想象物体的总体形状。

【例4-3】 图4-21(a)为一组合体的三视图，读图并想象出组合体的空间结构。

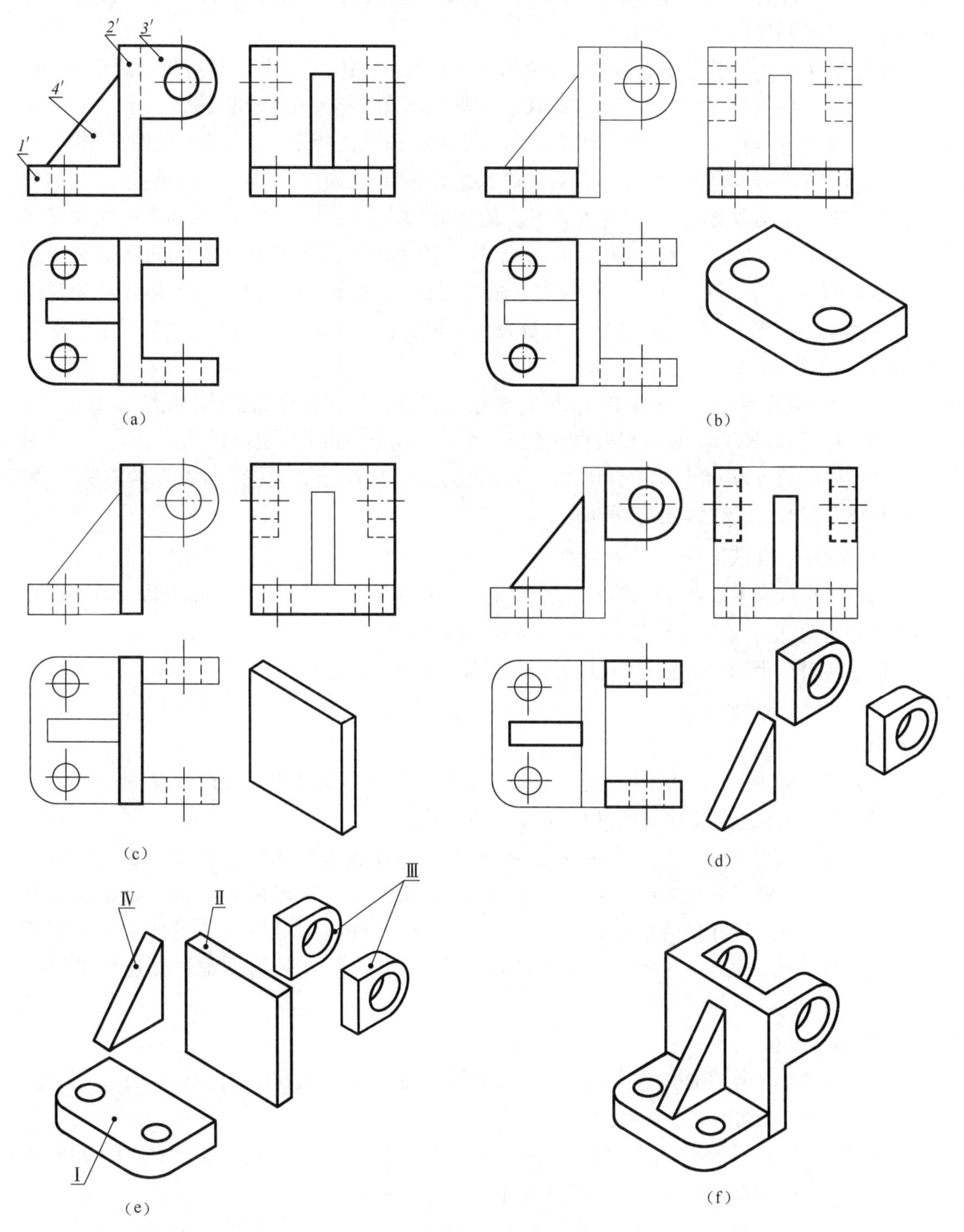

图4-21　组合体的读图方法

【解】 读图步骤如下：

(1)分析视图，按图线框将特征视图分解成几个部分。首先从特征视图主视图着手，对组合体进行形体分析，将该图按线框或形体分解成几个部分，每一个封闭的线框或形体为一部分。如图 4-21(a)所示，组合体的主视图可分解成四部分，其中 1′为矩形，2′为矩形，3′为内有一圆孔的长半圆形，4′为三角形。

(2)找对应投影，想象出各基本形体的形状。按投影规律，找出各线框所代表的基本形体在其他视图上的投影，然后，把三个视图联系起来看，想象出各基本形体的形状。

形体Ⅰ的左视图为矩形，俯视图为有两圆角和两圆孔的矩形，结合其主视图的形状，可以得出形体Ⅰ为长方体底板，且带有两圆角并挖去两圆孔，如图 4-21(b)所示；形体Ⅱ的俯视图和左视图均为矩形，所以形体Ⅱ是长方体立板，如图 4-21(c)所示；形体Ⅲ的俯视图和左视图均为矩形，主视图反应实形，结合该形体在俯视图和左视图中的虚线，可以想象出该形体为前后两部分相同的挖去圆孔的长半圆形耳板，如图 4-21(d)所示；形体Ⅳ的俯视图和左视图均为矩形，结合该形体在主视图为三角形，可以想象出该形体是一个三角形的肋板，如图 4-21(d)所示。

(3)综合起来想整体。根据以上分析，想象出该组合体四部分的形体，如图 4-21(e)所示，最后将它们综合起来，就能想象出该组合体的完整形状，如图 4-21(f)所示。

从【例 4-3】可以看出，该组合体的组合方式以叠加为主，读这类组合体视图的方法，一般是以形体分析为主，辅之以线面分析法。

2. 线面分析法

对于以切割为主要组合形式形成的组合体，其读图方法步骤往往是先用形体分析法概括一下框架结构，然后重点用线面分析法分析挖切的情况。

【例 4-4】 图 4-22(a)是压块的三视图，试分析压块的形状。

【解】 读图步骤如下：

(1)形体分析

①先分析整体形状。由于压块三个视图的轮廓基本上均为长方形裁切而成，所以压块的总体形状也是由长方体裁切而成，如图 4-22(b)所示。

②再分析细节形状。主视图左上方缺个角，说明在长方体的左上方被一正垂面切去一个三棱柱；俯视图在左端前后各缺一个角，说明长方体的左端被两个铅垂面切去两个三棱柱；左视图的下方缺两个小长方形，说明长方体下部前后对称的位置被水平面和正平面切去两个小长方体。这样，对压块的形状有了大致的了解，但详细情况还要进行线面分析。

(2)线面分析

①图 4-22(c)所示主视图上的斜线 p'，可在俯视图、左视图上找出与之对应的 p、p''，可见，P 面是一垂直于正面的梯形平面。

②图 4-22(d)所示俯视图上的斜线 q_1、q_2，在主视图、左视图上找出与之对应的 q_1' 和 q_2'(重合)、q_1'' 和 q_2''，可见，Q_1、Q_2 均是垂直于水平面的七边形。

③图 4-22(e)所示，主视图中的长方形 r' 是一正平面，与之对应的俯视图是虚线 r、左视图是直线 r''，该正平面与一梯形水平面在底部前方切去一块。同样，底部后方也被切去

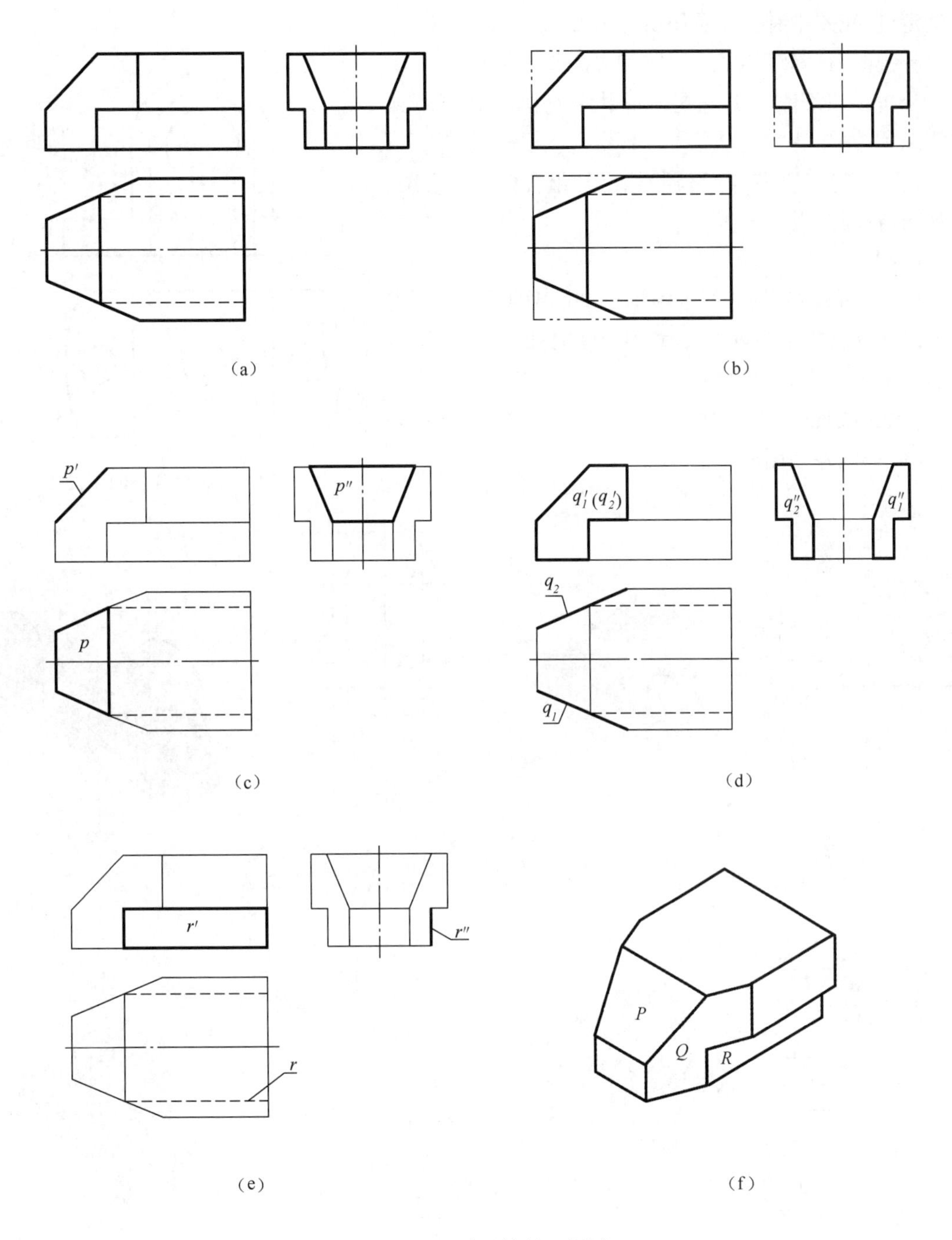

(a)　(b)　(c)　(d)　(e)　(f)

图 4-22　读压块的三视图

一块。

经过上述分析,可以想象出压块的空间形状如图 4-22(f)所示。

4.5.3　补视图和补漏线

补视图和补漏线是培养读图能力和画图能力的综合练习。这里所说的补视图,主要是指由已知的两个视图补画第三个视图,即所谓的“二求三”。补漏线是已知视图所表达的形体基本确定，但视图中有少量图线遗漏需要补全。

补视图、补漏线的基本思路和方法是：

分析已知条件→想象立体形状→补画所缺视图或图线。

【例 4-5】 如图 4-23 所示，已知组合体的主视图、俯视图，补画左视图。

【解】

(1) 分析视图，划分线框根据已知的两视图，在主视图可以划分出四个部分的线框，如图4-23所示。作图步骤如图 4-24、图 4-25 所示。

(2) 对照投影，想出形体(见图 4-24)。

(3) 补画左视图(见图 4-25)。

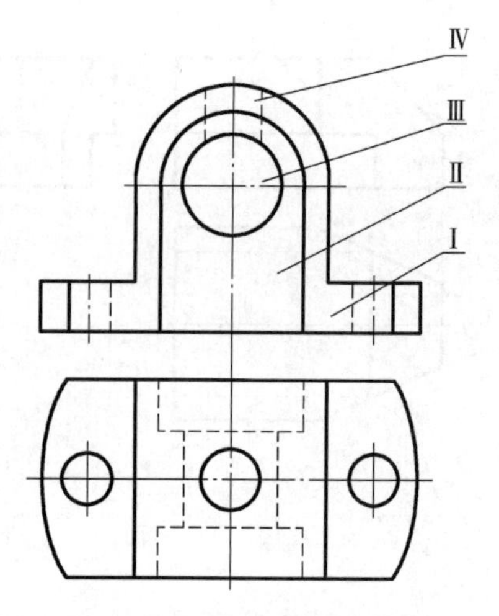

图 4-23 补画组合体的左视图

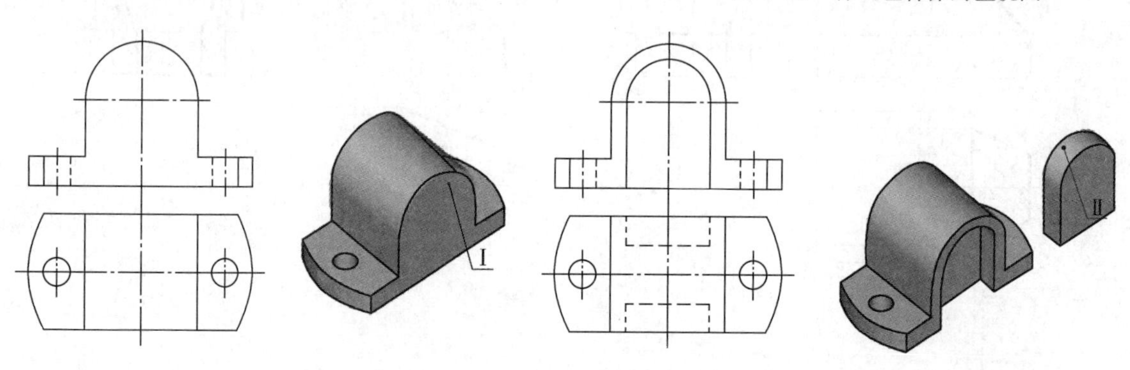

(a) 想出形体Ⅰ　　(b) 想出形体Ⅱ

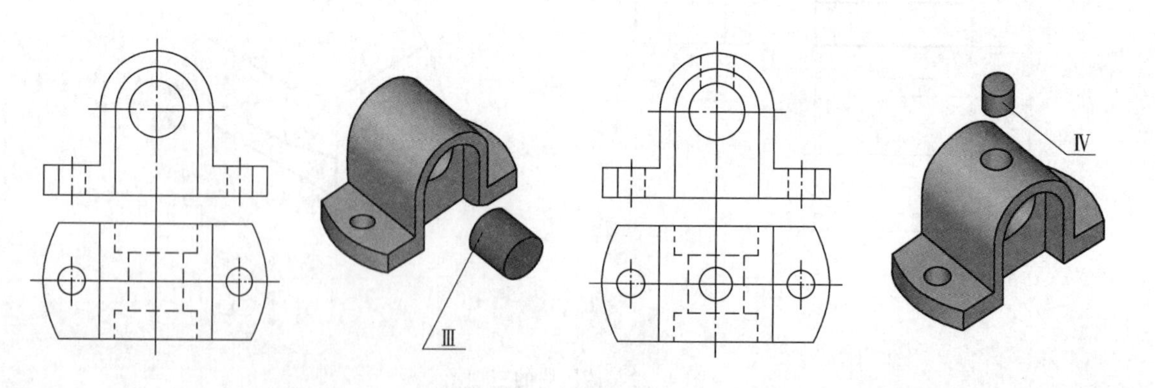

(c) 想出形体Ⅲ　　(d) 想出形体Ⅳ

图 4-24 对照投影想出各部分形体

【例 4-6】 如图 4-26 所示，已知组合体的主视图、左视图，补画俯视图。

【解】 根据已知的两视图，可以分析出该组合体是由四棱柱切割而成的，如图 4-27 所示，作图步骤如图 4-28 所示。作图时，注意每次切割后产生哪些交线，如果切平面为投影面的垂直面，应利用类似形的特性帮助作图。

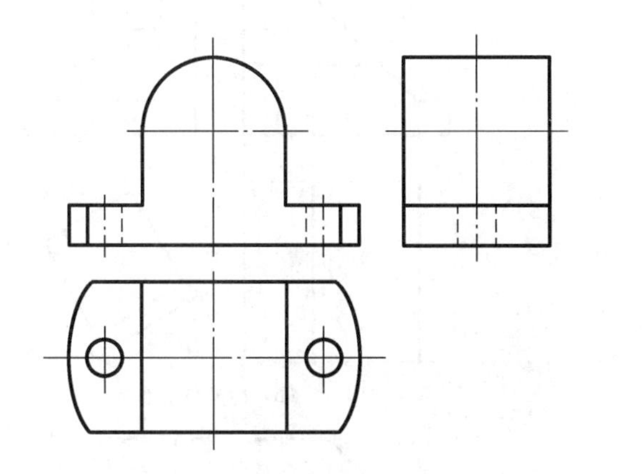

（a）补画出形体Ⅰ的左视图

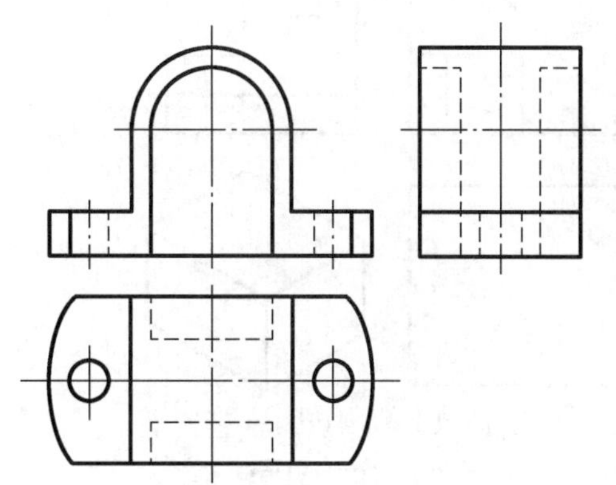

（b）补画出形体Ⅱ的左视图

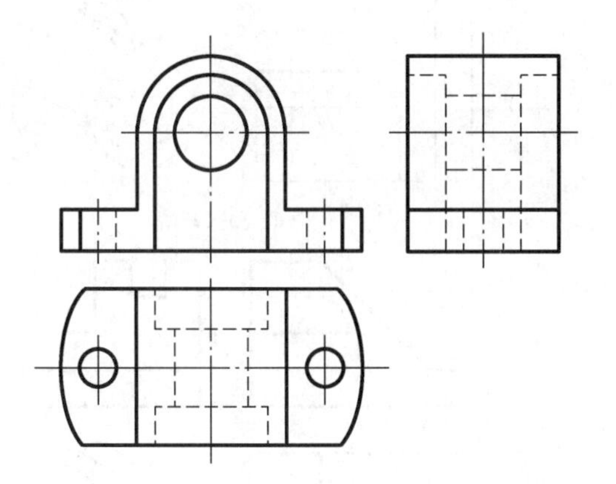

（c）补画出形体Ⅲ的左视图

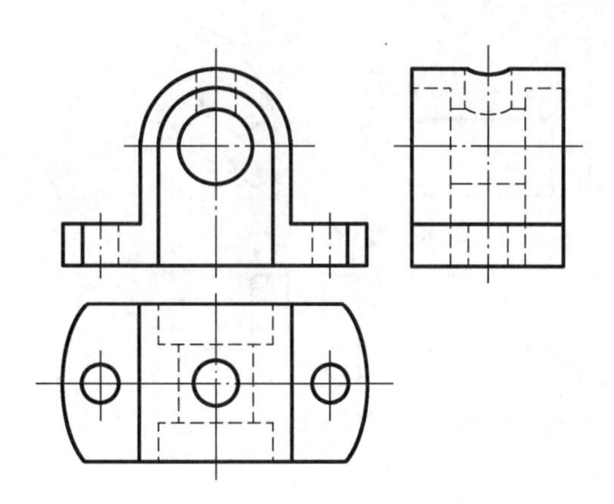

（d）补画出形体Ⅳ的左视图

图 4-25　补画出组合体的左视图

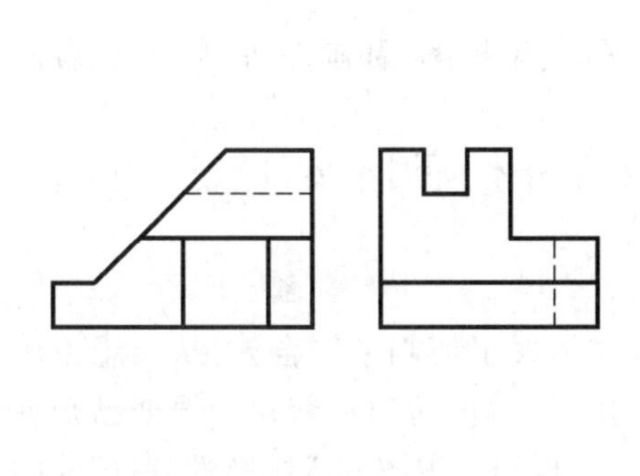

图 4-26　补画组合体俯视图

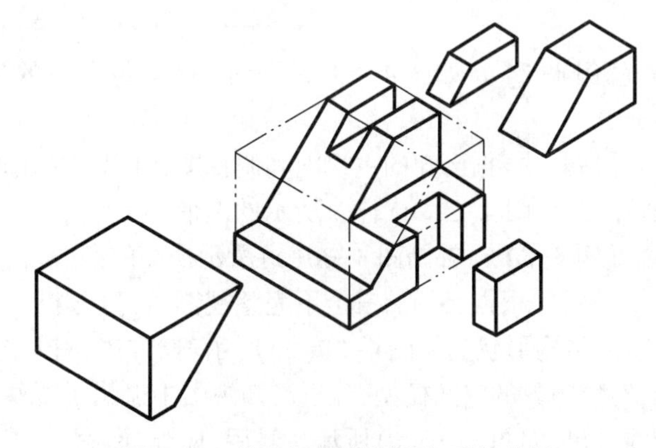

图 4-27　补画组合体俯视图(形体分析)

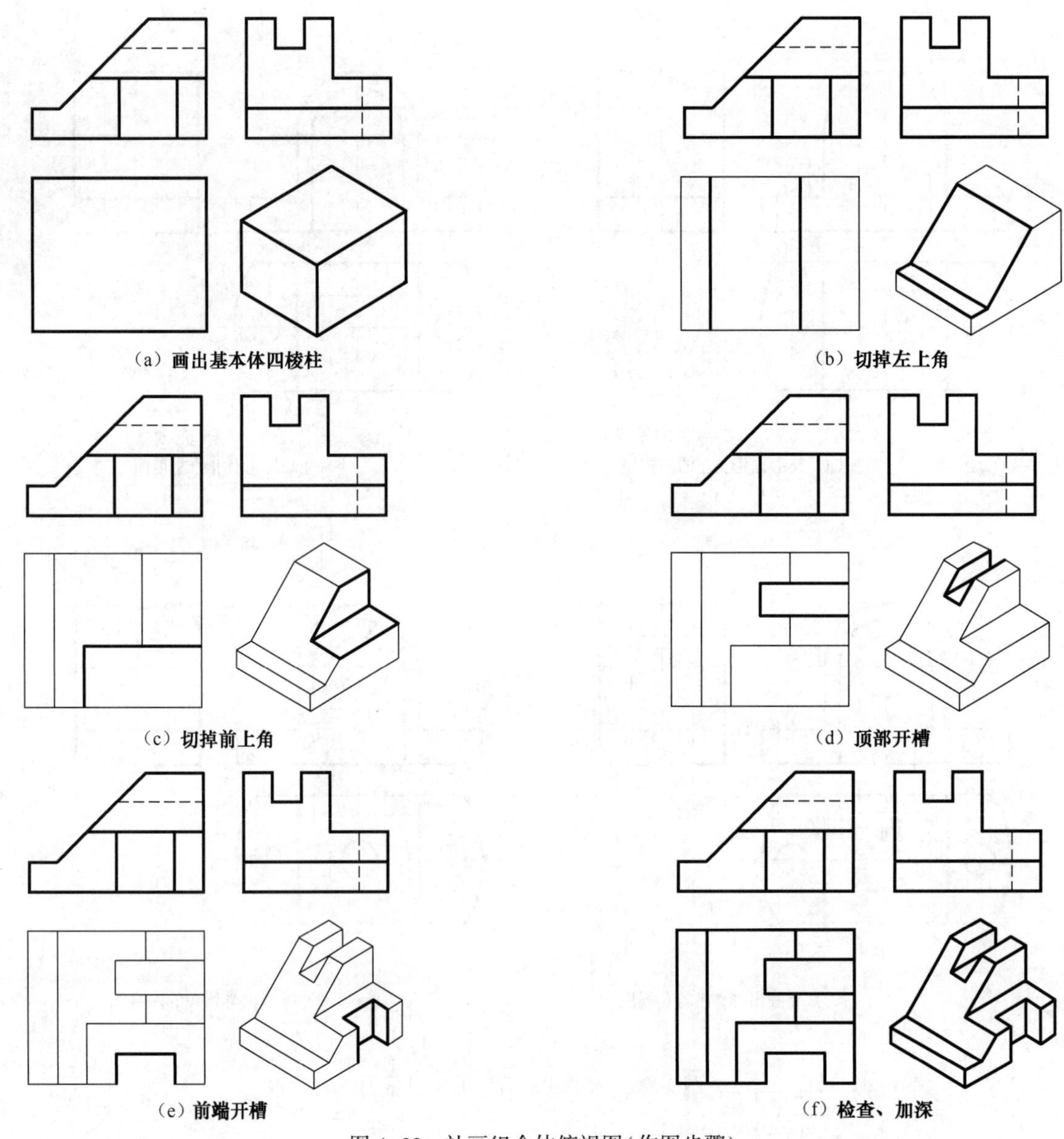

图 4-28 补画组合体俯视图(作图步骤)

【例 4-7】 如图 4-29(a)所示,已知组合体的主视图、俯视图,补画左视图(要求有两解)。

【解】 根据已知的主视图和俯视图,可以想象出两种组合体,如图 4-29(b)、(c)所示,从而可以画出图 4-29(d)、(e)所示的图形。

【例 4-8】 补画图 4-30(a)所示视图的漏线。

【解】 根据已知的三个不完整视图,可以分析出该物体属于切割型组合体,从而想象出其空间结构形状。如图 4-30(b)所示:长方体切掉左上角,然后再切掉左前角。根据已知视图,对照想象的空间模型,分析已知视图中遗漏了哪些图线,根据三视图的投影特性,将遗漏的图线补出,如图 4-30(c)所示。最后,检查、加深,完成作图,如图 4-30(d)所示。物体左上角的切平面为正垂面,在作图、检查的过程中,应充分利用其类似形的特性。

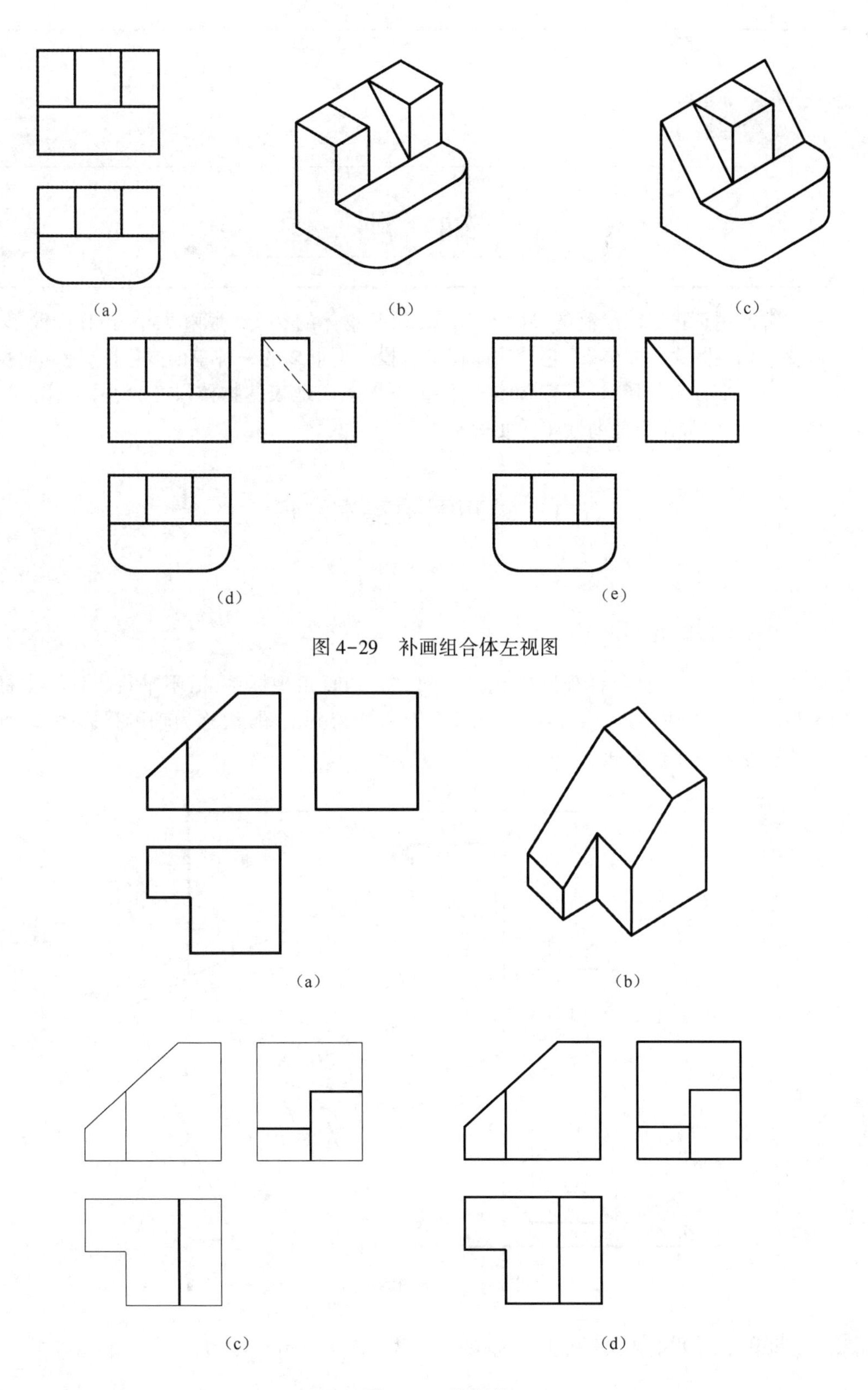

图 4-29　补画组合体左视图

图 4-30　补漏线

轴　测　图

工程中常使用正投影法绘制的多面投影图来反映物体的真实形状和大小，虽作图简单，但缺乏立体感。轴测图又称立体图，它是物体在平行投影下形成的一种单面投影图，能同时反映物体长、宽、高三个方向的形状，富有立体感，但是不能确切地表达物体尺寸大小，且作图比较复杂，因此在工程中常作为辅助性图样使用。

5.1　轴测图的基本知识

5.1.1　轴测投影的形成

如图 5-1 所示，将空间物体连同确定其空间位置的直角坐标系，沿不平行于任一坐标面的方向 S，用平行投影法将其投射在单一投影面 P 上所得到的图形，称为轴测投影图，简称轴测图。P 平面称为轴测投影面，S 为投射方向。

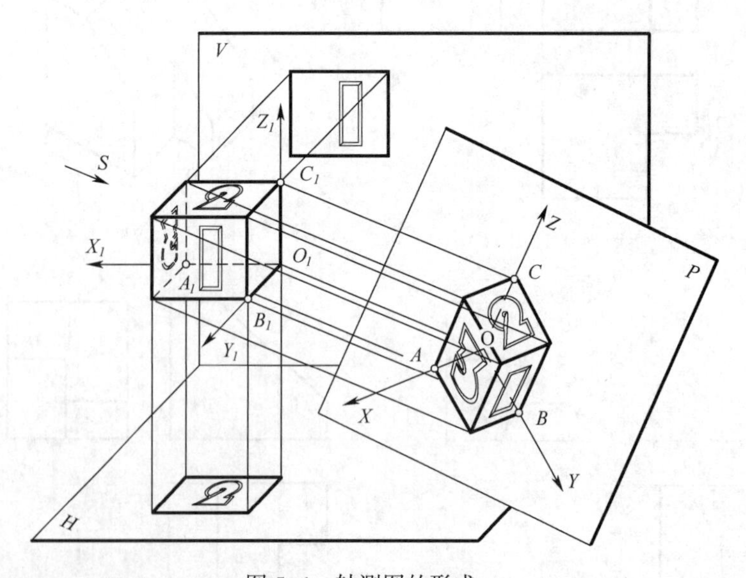

图 5-1　轴测图的形成

5.1.2　轴测轴、轴间角、轴向伸缩系数

如图 5-1 所示，空间直角坐标轴 O_1X_1、O_1Y_1、O_1Z_1 在轴测投影面上的投影 OX、OY、OZ 称为轴测投影轴，简称轴测轴。轴测轴之间的夹角 $\angle XOY$、$\angle XOZ$、$\angle YOZ$ 称为轴间角。

物体上平行于坐标轴的线段在轴测图中的投影长度与该线段在空间的实际长度之比,称为轴向伸缩系数。沿 O_1X_1、O_1Y_1、O_1Z_1 轴的轴向伸缩系数分别用 p_1、q_1、r_1 表示,即

$$p_1=\frac{OA}{O_1A_1};\qquad q_1=\frac{OB}{O_1B_1};\qquad r_1=\frac{OC}{O_1C_1}$$

显然,轴向伸缩系数的大小与空间坐标对轴测投影面的倾斜程度及投影方向有关。不同种类的轴测图,其轴间角和轴向伸缩系数也不同,因此,轴间角和轴向伸缩系数是绘制轴测图的两个重要参数。知道了轴间角和轴向伸缩系数,就可以根据立体或立体的正投影图来绘制轴测图。在绘制轴测图时,只要沿轴测轴方向,结合相应的轴向伸缩系数,直接量取有关线段的尺寸即可。

5.1.3 轴测图的投影特性

轴测图是采用平行投影法得到的一种单面投影图,因此具有平行投影法的投影特性。

(1)直线的轴测投影一般仍为直线,特殊情况下积聚为点。

(2)若点在直线上,则点的轴测投影仍在直线的轴测投影上,且点分该直线段的比值不变。

(3)立体上相互平行的线段,在轴测图中仍相互平行。

(4)立体上平行于某坐标轴的线段,在轴测图中仍然与相应的轴测轴平行,且其轴向伸缩系数与该坐标轴的轴向伸缩系数相同。

由以上平行投影的投影特性可知,当点在坐标轴上时,该点的轴测投影一定在该坐标轴的轴测投影上;当直线段平行于坐标轴时,该线段的轴测投影一定平行于该坐标轴的轴测投影,且该线段的轴测投影与其实际长度的比值等于相应的轴向伸缩系数;当直线段与坐标轴不平行时,则不能在图上直接度量,而应按线段上两端点的坐标分别作出端点的轴测图,然后连接两点得到线段的轴测图。

5.1.4 轴测图的分类

根据轴测投射方向对轴测投影面夹角的不同,轴测图可分为正轴测图(投射方向垂直于轴测投影面)和斜轴测图(投射方向倾斜于轴测投影面)两大类。再根据轴向伸缩系数的不同,这两类又可各自分为三种:

(1)当 $p_1=q_1=r_1$ 时,称为正(或斜)等轴测图,简称正(或斜)等测。

(2)当 $p_1=q_1\neq r_1$ 时,称为正(或斜)二等轴测图,简称正(或斜)二测。

(3)当 $p_1\neq q_1\neq r_1$ 时,称为正(或斜)三轴测图,简称正(或斜)三测。

工程上用得较多的轴测图是正等测和斜二测,下面主要介绍这两种轴测图的画法。

5.2 正等测的画法

5.2.1 轴间角和轴向伸缩系数

当立体上三个直角坐标轴与轴测投影面的倾角相等时,用正投影法将立体向轴测投影面投射所得到的图形,称为正等轴测图,简称正等测。

正等测图中的三个轴间角都等于120°,三个轴向伸缩系数也相等,即

$$\angle XOY=\angle XOZ=\angle YOZ=120^\circ \qquad p_1=q_1=r_1\approx 0.82(\text{证明略})$$

在作图时,为使图形稳定,一般将 OZ 轴放在铅垂方向位置,OX、OY 则分别与水平方向成30°,并且为了作图简便,通常将轴向伸缩系数 p_1、q_1、r_1 简化,采用 $p=q=r=1$,如图5-2所示。

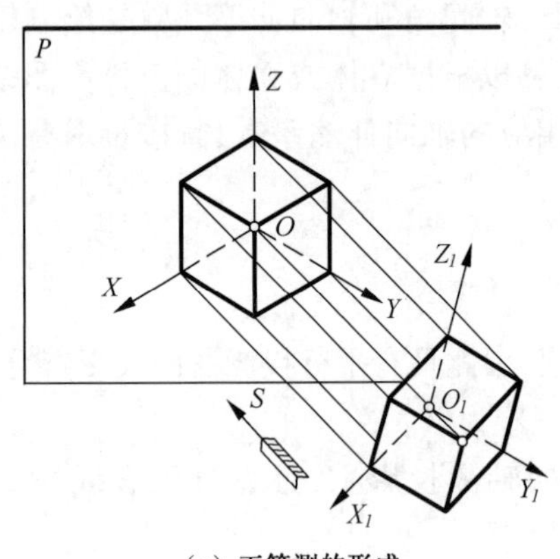

(a) 正等测的形成

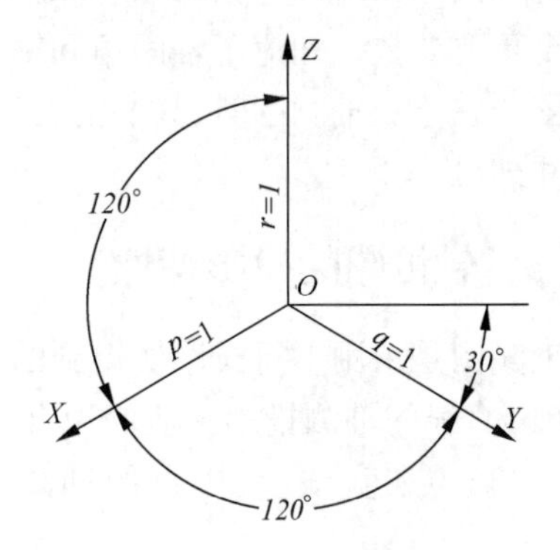

(b) 轴间角和轴向伸缩系数

图5-2 正等测

采用简化的伸缩系数后,凡平行于坐标轴的线段,均按实长画出。这样画出的正等测图比用伸缩系数0.82画出的图放大了,但形状不变。

5.2.2 平面立体的正等测画法

平面立体正等轴测图的画法有坐标法、切割法和叠加法。其中坐标法是最基本的方法。

1. 坐标法

根据立体表面上各顶点的坐标,分别画出各点的轴测投影,然后依次连接成立体表面可见轮廓线(虚线一般不画),即为立体轴测图。

如图5-3所示,已知正六棱柱的两视图,求作其正等测图。

利用坐标法画轴测图时,一般先根据立体的结构特点,选择确定适当的坐标原点和坐标轴。在确定坐标原点和坐标轴时,要考虑作图简便,有利于按坐标关系定位和度量,并尽可能减少作图线。如图5-3(a)所示正六棱柱,具有前后、左右均对称以及上下表面形状相同的特点,因此,可取其顶面中心 O 点作为坐标原点。又因在轴测图中,顶面可见,底面不可见,为了减少作图线,故从顶面开始画。作图方法和步骤如下:

(1)在已知的两视图上选定坐标原点和坐标轴,如图5-3(a)所示;

(2)画轴测轴,并根据坐标在轴上定出点Ⅰ、Ⅳ、A、B,如图5-3(b)所示;

(3)过点 A、B 分别作 OX 平行线,并根据点Ⅱ、Ⅲ、Ⅴ、Ⅵ的 X 坐标,在平行线上定出点Ⅱ、Ⅲ、Ⅴ、Ⅵ,如图5-3(c)所示;

(4)顺次连接点Ⅰ、Ⅱ、Ⅲ、Ⅳ、Ⅴ、Ⅵ,得到顶面的正等测图,如图5-3(d)所示;

(5)自顶点Ⅵ、Ⅰ、Ⅱ、Ⅲ分别作 OZ 平行线,并截取其长度等于正六棱柱的高,得到底面各可见点,如图5-3(e)所示;

(6)连接底面各可见顶点,擦去多余作图线,描深,完成正六棱柱的正等测图,如图5-3(f)所示。

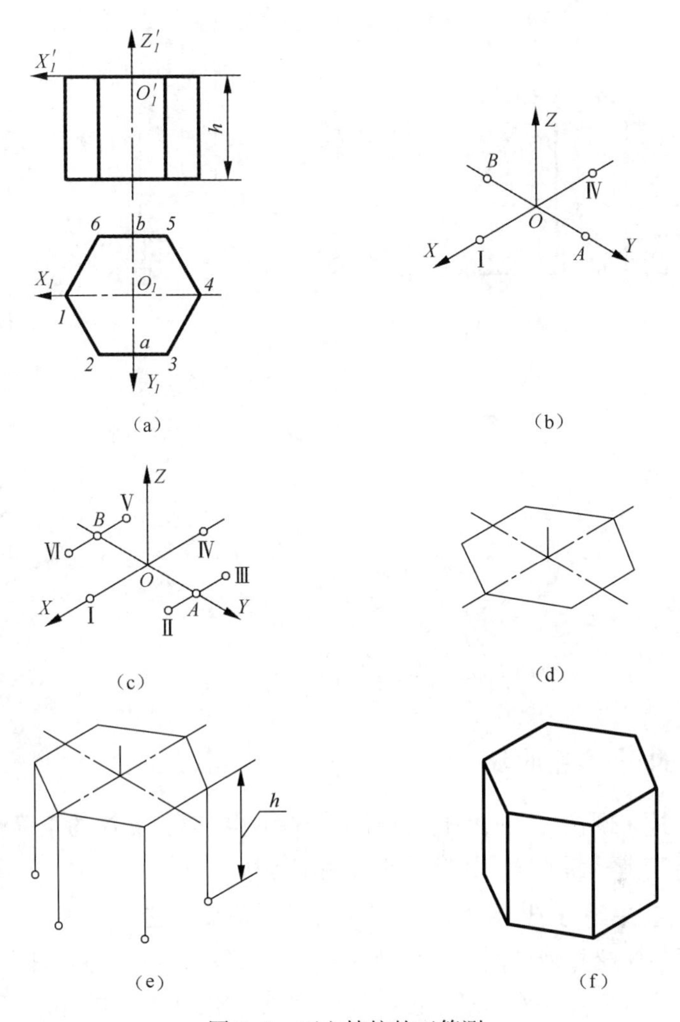

图 5-3　正六棱柱的正等测

2. 切割法

对于切割体,先以坐标法为基础,画出完整平面体的轴测图,然后采用切割的方法逐步画出各个切口部分,即得其轴测图。

如图 5-4 所示,已知切割体的三视图,求作其正等测图。

该切割体是由长方体经过切割而形成的,作图时先用坐标法画出长方体,然后逐步切去各个部分,即可得到其正等测图,作图方法和步骤如下:

(1)在已知三视图上选定坐标原点和坐标轴,如图 5-4(a)所示;

(2)画轴测轴,并画出长方体外形轮廓,如图 5-4(b)所示;

(3)根据三视图上坐标 c、d,切去长方体前上角,如图 5-4(c)所示;

(4)根据三视图上坐标 a、b,切去长方体左上角,如图 5-4(d)所示;

(5)擦除多余的图线,加深,完成切割体的正等测图,如图 5-4(e)所示。

3. 叠加法

用形体分析法将立体分成几个简单部分,将各个部分的正等测图按照它们之间的相对位置组合起来并画出各表面之间的连接关系,即得立体的正等测图。

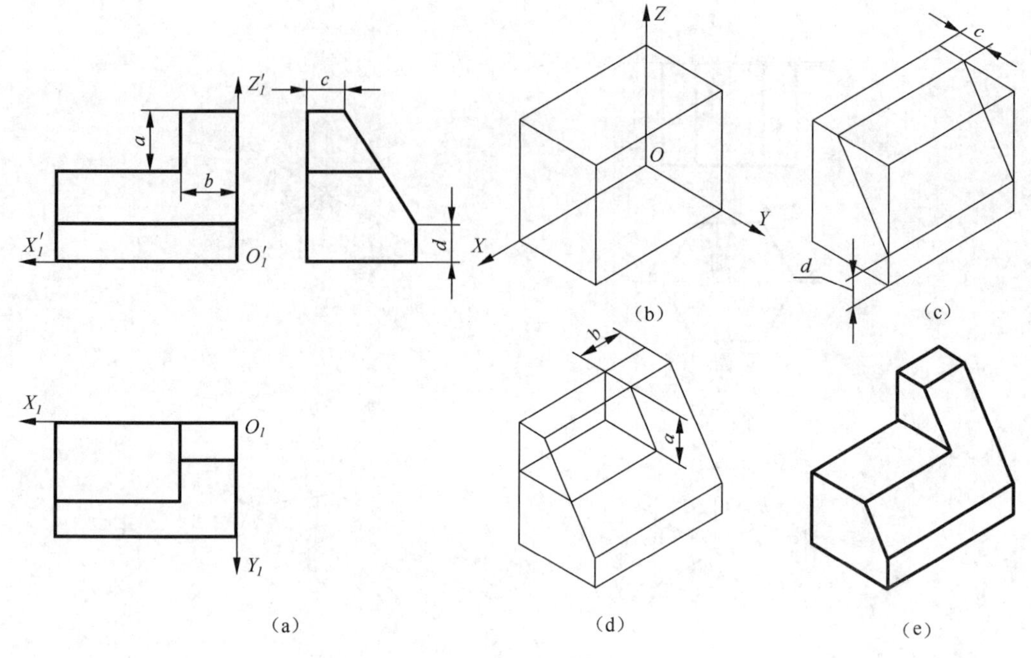

图 5-4 平面切割体的正等测

5.2.3 回转体的正等测画法

常见的曲面立体有圆柱、圆锥、圆球、圆环等，在画这些曲面立体的正等测图时，首先要掌握坐标面内或平行于坐标面的圆及圆角的正等测图画法。

1. 坐标面内或平行于坐标面的圆的正等测图的画法

坐标面内或平行于坐标面的圆，其正等测图是椭圆，该椭圆的画法有坐标定点法和四心近似椭圆法等。由于坐标定点法作图较繁锁，所以常用四心扁圆法来画椭圆。

如图 5-5 所示，三个坐标面内或平行于三个坐标面的圆的正等测图，均为椭圆。图 5-5(a)所示为水平面椭圆，图 5-5(b)所示为正平面椭圆，图 5-5(c)所示为侧平面椭圆，且这三个椭圆大小相同，只是长、短轴的方向不同而已。作图时，可用四段圆弧近似地代替椭圆弧。

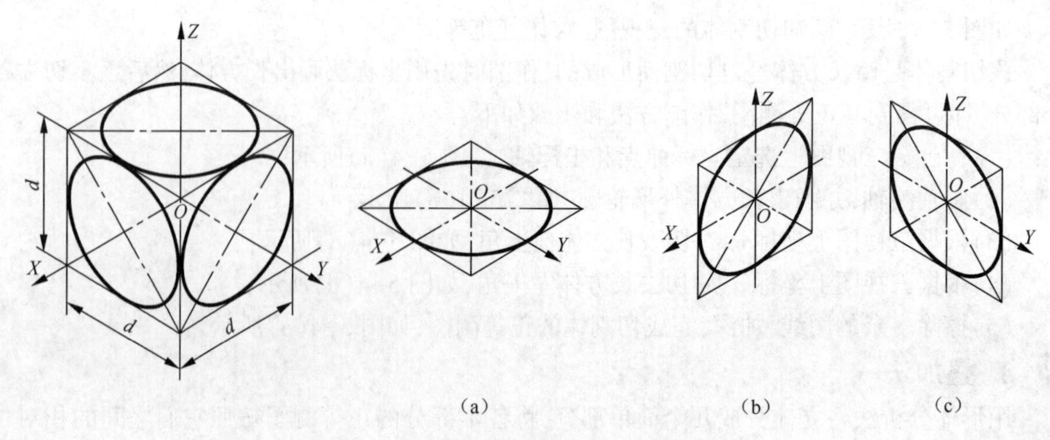

图 5-5 平行于三个坐标面圆的正等轴测图

现以水平面 XOY 内的圆为例，介绍其正等测椭圆画法，作图方法和步骤如下（见图 5-6）。

（1）过圆心作坐标轴 O_1X_1，作圆的外切正方形及切点 a、b、c、d，如图 5-6(a) 所示；

（2）用坐标法作出轴测轴和切点 A、B、C、D，过这些切点作外切正方形的轴测菱形，并作出对角线，得到对角线的 1、2 两顶点，如图 5-6(b) 所示；

（3）连接 1D、1C 或连接 2A、2B 与长轴相交，得到点 3、4，如图 5-6(c) 所示；

（4）分别以 1、2 为圆心，1C、2A 为半径画两个大圆弧，如图 5-6(d) 所示；

（5）再分别以 3、4 为圆心，3A、4B 为半径画两个小圆弧，即连成近似椭圆（四心扁圆），A、B、C、D 为四段圆弧的切点，如图 5-6(e) 所示。

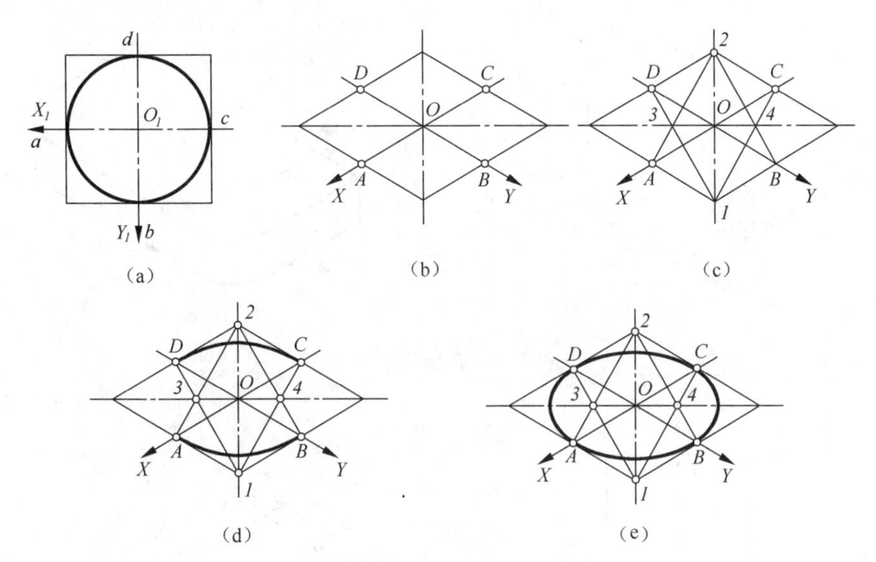

图 5-6　正等测椭圆的近似画法

2. 小圆角正等测图的画法

图 5-7 所示为有圆角的底板的正等测图画法。

该底板是长方体被圆柱面切割前方左右两尖角形成的，可以将切割法和平移法结合起来作图。

平行于坐标面的圆角可看成是平行于坐标面的圆的 1/4，如图 5-7(a) 所示，因此，其正等轴测图是椭圆的 1/4，但通常不是画出整个椭圆再取其 1/4，而是采用简化画法，作图方法和步骤如下：

（1）画长方体正等测图，并以圆角半径 R 为截取长度，由点 M、N 沿边线截取，得点 A、B、C、D，再过这四点分别作所在边线的垂线，得交点 O_1、O_2，如图 5-7(b) 所示；

（2）分别以 O_1、O_2 为圆心，O_1A、O_2C 为半径画圆弧 AB、CD，再用平移法，分别从 O_1、O_2 点沿 Z 轴方向向下平移长方体高度，得到长方体下面圆角的圆心点 O_3、O_4，同样方法求出点 E、F、G，在长方体右前端作上、下两小圆弧的竖直公切线，如图 5-7(c) 所示；

（3）擦去多余的图线，加深，完成小圆角正等测图，如图 5-7(d) 所示。

3. 回转体正等测图的画法

图 5-8 所示为一圆柱的正等测图画法。

因为圆柱的上、下底面均为平行于水平面的圆，其轴测椭圆形状、大小一样，故可用平移法作图。作图方法和步骤如下：

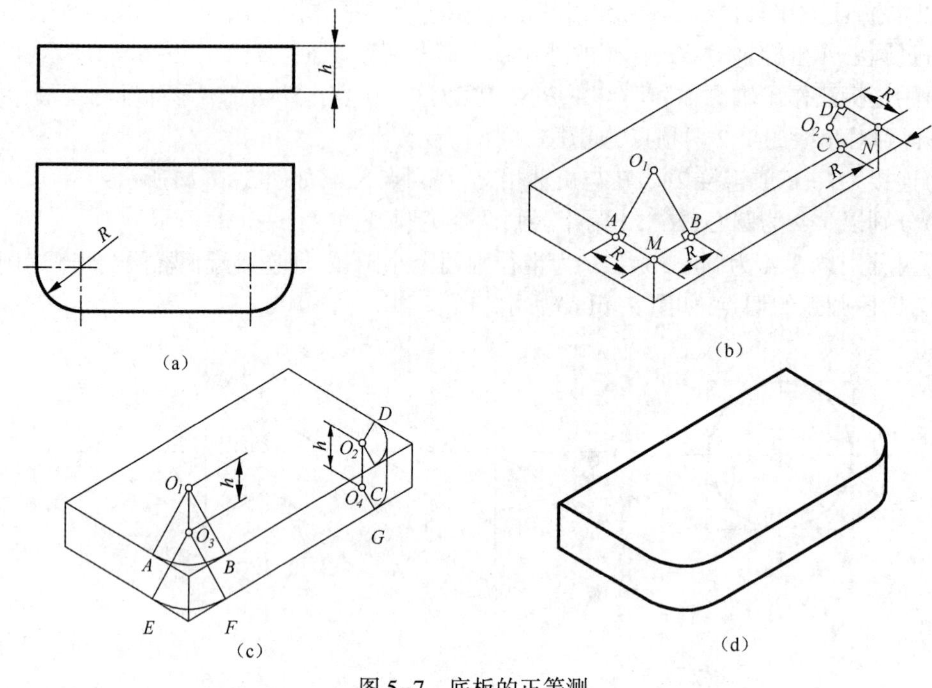

图 5-7　底板的正等测

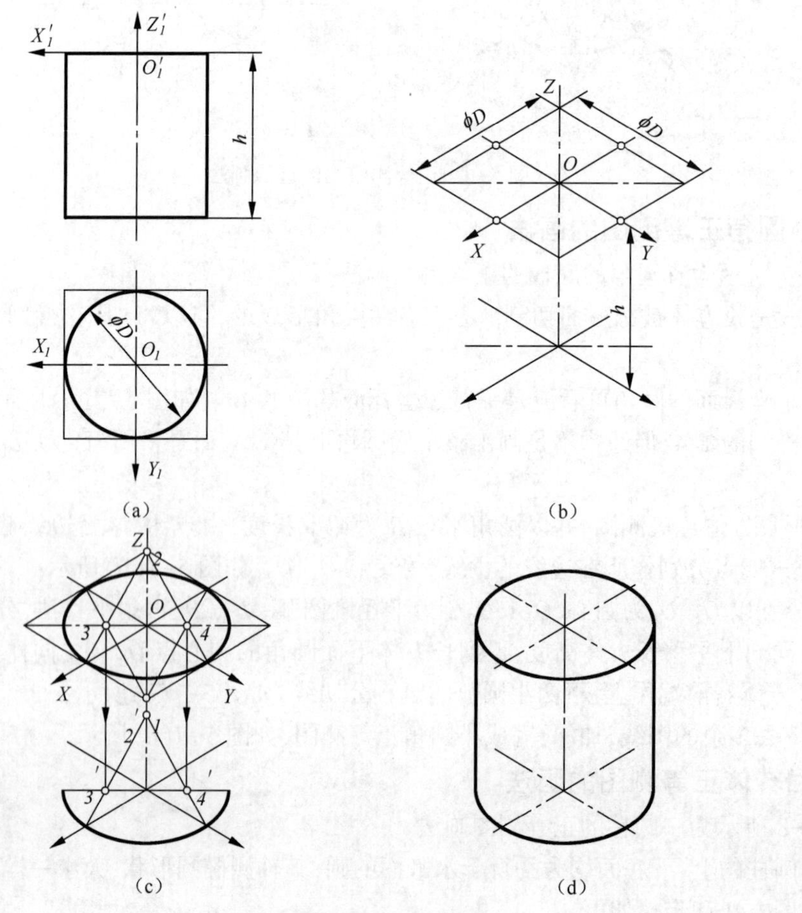

图 5-8　圆柱的正等测

(1)在投影图中确定坐标轴和投影轴,如图 5-8(a)所示;

(2)画轴测轴及与顶圆相切的菱形,如图 5-8(b)所示;

(3)画出顶面的近似椭圆,用平移法将顶面近似椭圆的四段圆弧的圆心沿 Z 轴方向向下平移圆柱高度距离 h,作出底面椭圆的可见部分,如图 5-8(c)所示;

(4)作上下两椭圆的竖直公切线,擦去多余的图线,加深,完成作图,如图 5-8(d)所示。

同理,对于圆柱端面平行于正面投影面和侧面投影面的投影椭圆,仍采用四心扁圆法绘制,关键在于正确画出平行各投影面的菱形,以确定近似椭圆的四个圆心。圆柱轴线是平行于各个坐标轴的圆柱的正等轴测图,如图 5-9 所示。

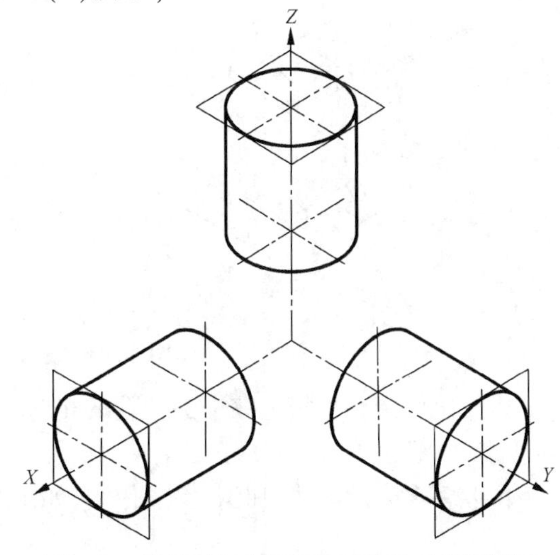

图 5-9 轴线平行坐标轴的圆柱的正等轴测图

5.2.4 组合体的画法

根据投影图画组合体正等测图,首先应对组合体进行形体分析,看懂视图,想象出组合体空间形状,再将基本形体从上到下、从前到后,按其相对位置逐个画出。

如图 5-10 所示,已知支架的两视图,求其正等测图。

分析支架结构是由上、下两块板组成的。上面一块立板的顶部是圆柱面,两侧面是正垂面,且与圆柱面相切,中间有一圆柱形通孔;下面是一块前端带圆角的长方形底板,底板的左右两边均有圆柱形通孔。作图方法和步骤如下:

(1)在已知两视图上选坐标原点和坐标轴,如图 5-10(a)所示;

(2)画轴测轴,并画出底板轮廓及小圆角,确定立板前后孔口的圆心,作出立板顶部的圆柱面,如图 5-9(b)所示;

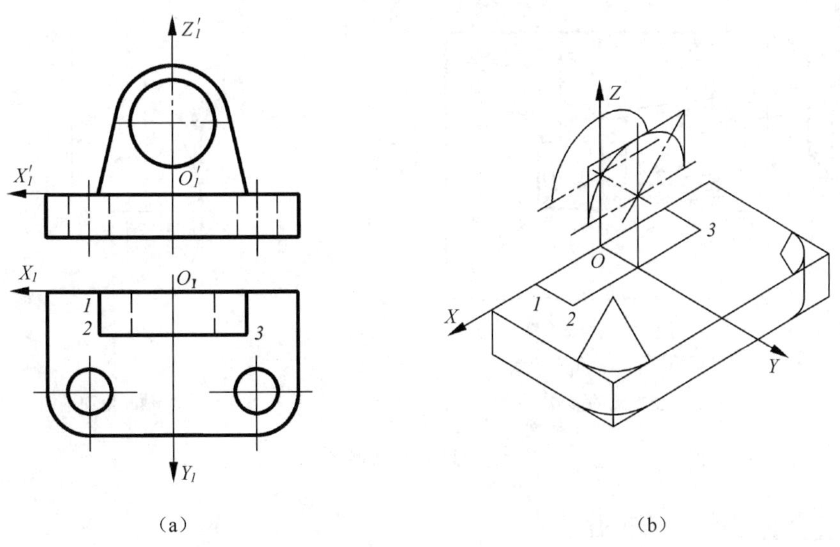

图 5-10 支架的正等测

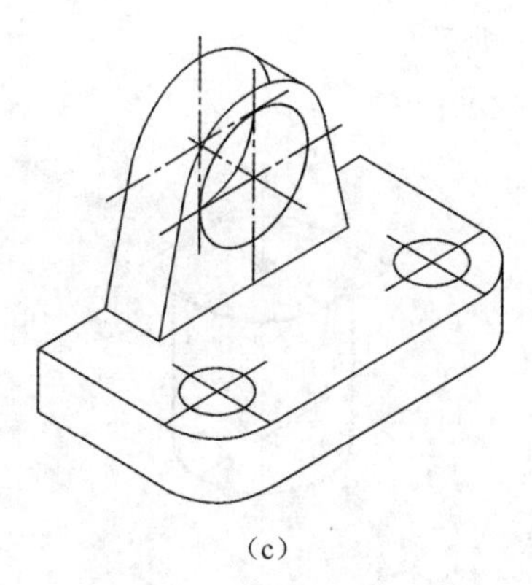

(c)

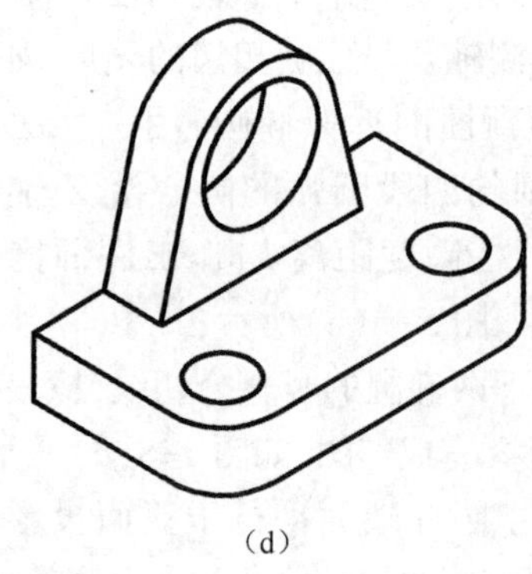

(d)

图 5-10 支架的正等测(续)

(3)作出底板和立板上三个圆柱孔的正等测图,并过底板上点 1、2、3 作立板顶部柱面椭圆的切线,如图 5-10(c)所示;

(4)擦去多余的图线,加深,完成作图,如图 5-10(d)所示。

5.3 斜二测图的画法

5.3.1 轴间角和轴向伸缩系数

如图 5-11(a)所示,在斜轴测投影中,若坐标面 $X_1O_1Z_1$ 平行于轴测投影面,则 X_1 轴、Z_1 轴分别为水平方向和铅垂方向。此时,$X_1O_1Z_1$ 面的形状反映物体的实形,轴间角 $\angle XOZ=90°$,轴向伸缩系数 $p_1=r_1=1$,而轴测轴 Y 的方向和轴向伸缩系数则随投影方向的变化而变化,国家标准规定取轴间角 $\angle XOY=\angle YOZ=135°$,$q_1=0.5$,如图 5-11(b)所示。这样得到的轴测图,称为正面斜二等轴测图,简称斜二测图。

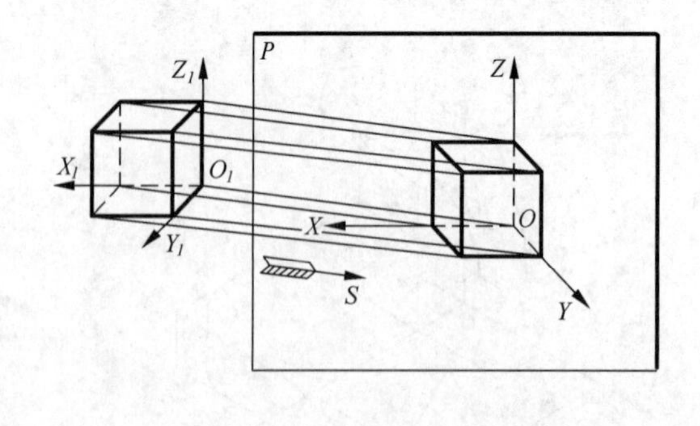

(a) 斜二测的形成

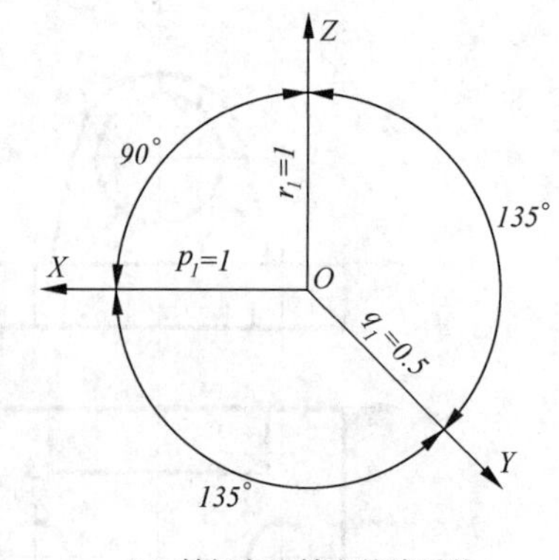

(b) 轴间角和轴向伸缩系数

图 5-11 斜二测图

5.3.2 组合体的斜二测画法

由于斜二测图中 $X_1O_1Z_1$ 面平行于轴测投影面,因此物体上平行于 $X_1O_1Z_1$ 坐标面的图形均反映实形。所以，当物体的某个面上有较多的圆、圆弧或曲线轮廓等较复杂形状时，只要将圆、圆弧或曲线轮廓所在面置于平行于轴测投影面的位置，采用斜二测图，则作图简单方便。平行于 $X_1O_1Y_1$ 和 $Y_1O_1Z_1$ 坐标面的圆的斜二测都是椭圆。

斜二测图的基本画法通常采用坐标法。

如图 5-12 所示，已知法兰盘的两视图，求作斜二测图。

作图方法和步骤如下：

(1)在已知两视图上选坐标原点和坐标轴，如图 5-12(a)所示；

(2)画斜二测轴测轴，并在 Y 轴上定出各端面圆的圆心 O_2、O_3 以及四个小圆孔的中心，如图 5-12(b)所示；

(3)作出各端面上的圆(特别要注意四个小圆孔后端面上的圆，看得见的部分应画出)，并作外轮廓圆的公切线，如图 5-12(c)所示；

(4)擦去多余的图线，加深，完成作图，如图 5-12(d)所示。

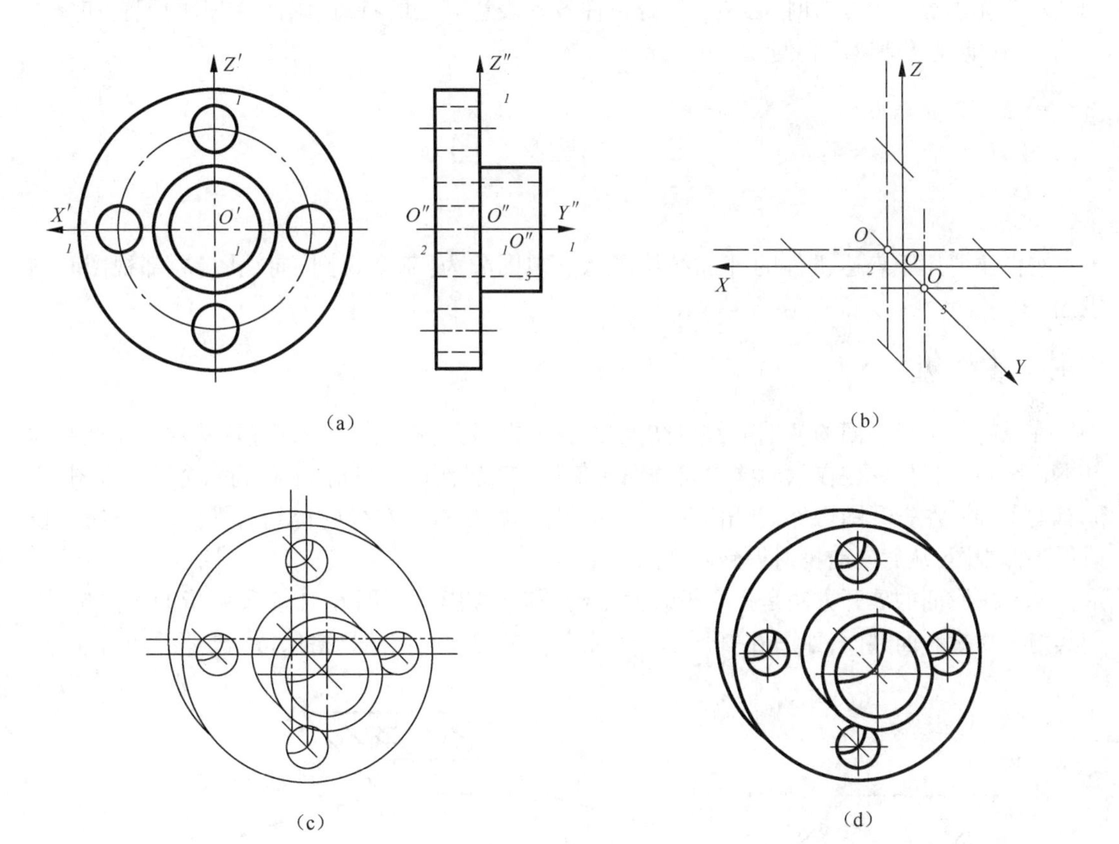

图 5-12　法兰盘的斜二测

第6章 机件的常用表达方法

在生产实际中,机件的结构形状是多种多样的。在表达机件时,应该首先考虑看图方便。根据机件的结构形状特点,采用适当的表达方法,在正确、完整、清晰地表达机件结构形状的前提下,力求制图简便。只使用前面所介绍的三视图显然是不够的,为此,国家标准《机械制图》和《技术制图》中"图样画法"规定了机件的各种表达方法,主要有视图、剖视图、断面图、规定画法和简化画法等。学习时,必须掌握好机件各种表达方法的特点、画法,图形的配置和标注方法,以便能灵活地运用它们。

6.1 视　　图

视图主要用于表达机件的外部结构形状。视图分为:基本视图、向视图、局部视图和斜视图。

6.1.1 基本视图

在原有三个投影面的基础上,再对应增加三个投影面,构成一个六面体,其六个面被称为基本投影面。将机件放在六面体中间分别向各基本投影面进行投射,就得到六个基本视图,除原有的主、俯、左三视图之外,新增的三个基本视图为:从右向左投射得到右视图,从下向上投射得到仰视图,从后向前投射得到后视图。

基本投影面的展开方法是正立投影面不动,其余投影面按图6-1箭头所指的方向旋转,使其与正立投影面共面,如图6-2所示。六个基本视图之间依然严格保持"长对正、高平齐、

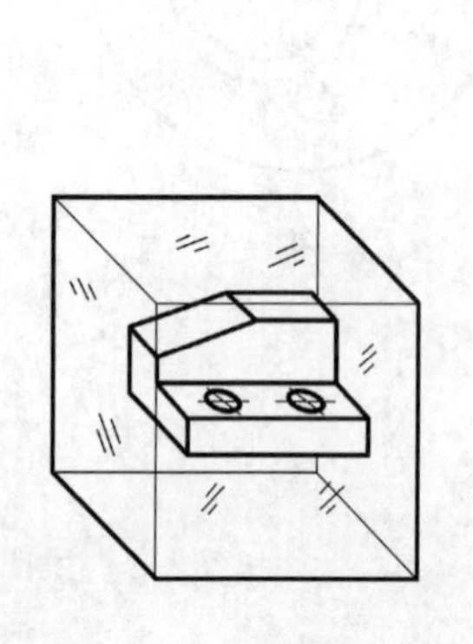

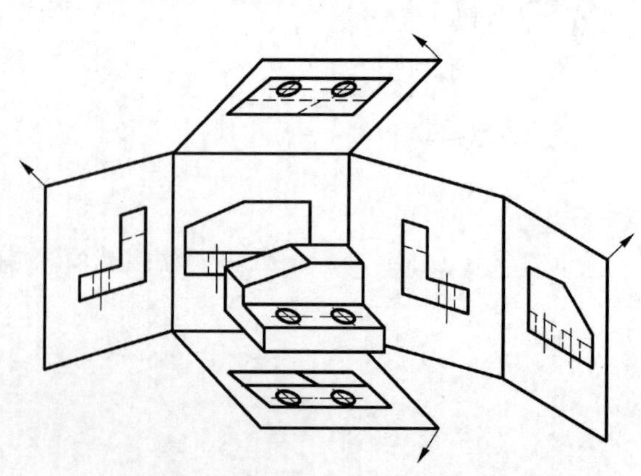

图6-1　六个基本投影面图

宽相等”的投影对应关系。各视图若画在同一张图纸上按图 6-2 所示方式配置时，一律不标注视图名称。

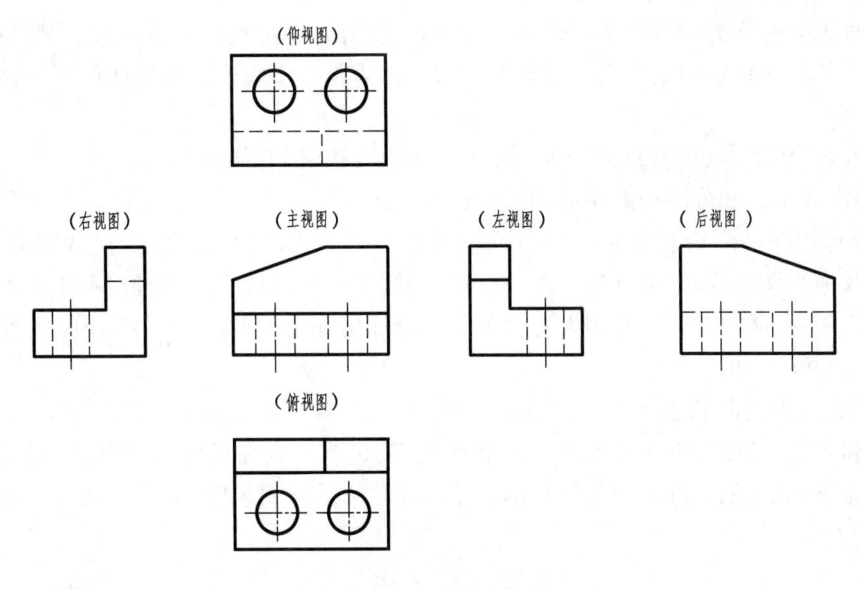

图 6-2　六个基本视图

6.1.2　向视图

向视图是未按投影关系配置的视图。由于图纸幅面及图面布局等原因，允许将视图配置在适当位置，如图 6-3 所示向视图“*A*”、向视图“*B*”、向视图“*C*”。

向视图应作如下标注：在向视图的上方标出“×”（“×”为大写英文字母，并按 *A*、*B*、*C*……顺次使用），在相应的视图附近用箭头指明投影方向，并注上同样的字母。

表示投射方向的箭头应尽可能配置在主视图上，以使所获向视图与基本视图相一致。而在标注用向视图表达的后视图时，应将投射箭头配置在左视图或右视图上。

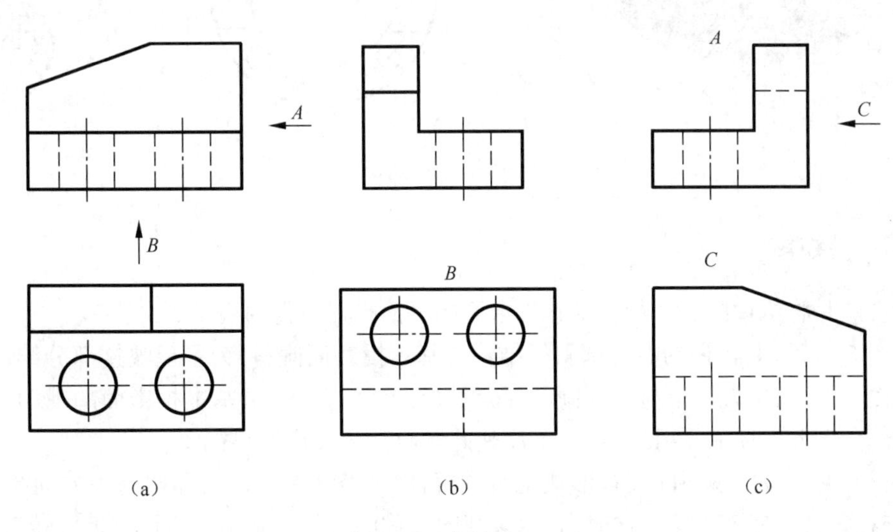

图 6-3　向视图

6.1.3 局部视图

局部视图是将机件的某一部分向基本投影面投射所得的视图。

当机件上某一部分结构形状未表达清楚,而又没有必要再画出完整的基本视图时,可单独将这一部分的结构形状向基本投影面投射。可以认为是由于表达的需要而仅画出物体一部分的基本视图。

如图6-4所示,机件的主要形状特征已经表达清楚,仍有两侧的凸台没有表达清楚。因此,需要画出表达这部分的局部左视图和局部右视图。

(1)局部视图可按基本视图的形式配置(见图6-4俯视图、左视图),当与相应的另一视图之间没有其他视图隔开时,可省略标注;也可按向视图的形式配置并标注(见图6-4中"*A*")。标注局部视图时,通常在其上方用大写的英文字母标出视图的名称,在相应视图附近用箭头指明投射方向,并注上相同的字母。

(2)局部视图的断裂边界应以波浪线表示,也可用双折线绘制。波浪线应画在表示机件实体的轮廓线范围以内,不能超出机件轮廓线范围,也不可画在机件的中空处(见图6-4俯、左视图)。当所表达的局部结构是完整的,且外形轮廓线又封闭时,波浪线可以省略不画(见图6-4中"*A*")。

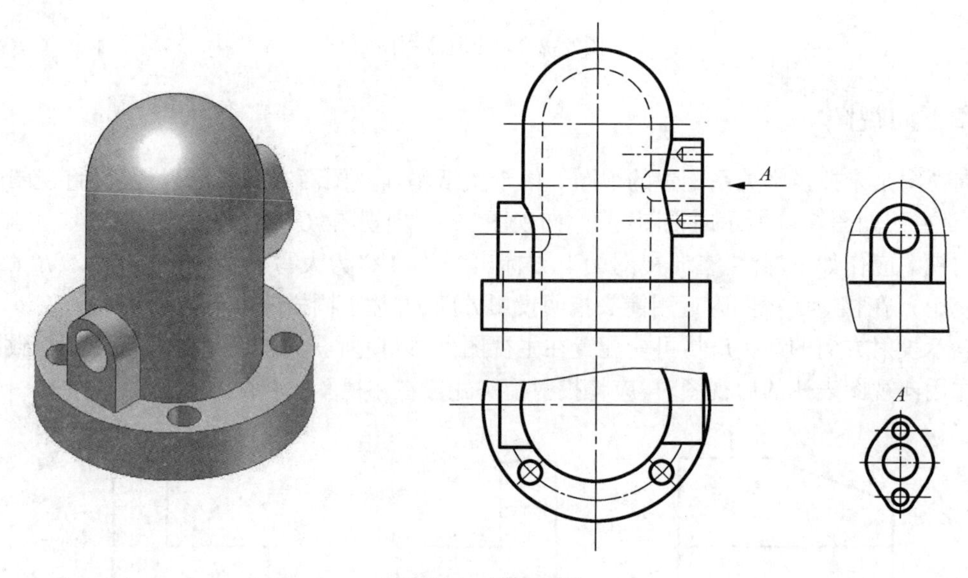

图6-4 局部视图

6.1.4 斜视图

斜视图是将机件向不平行于基本投影面的平面投射所得的视图。

如图6-5所示,机件的右上部斜板结构与基本投影面倾斜,为了反映这部分结构的实形,根据换面法原理,增设一个与机件倾斜部分平行,且垂直于一个基本投影面的辅助投影面,将机件该部分向此辅助面投射,得到一个反映此倾斜部分实形的斜视图。

斜视图通常按向视图的配置形式配置并标注[见图6-5(b)],即按箭头方向投射。必要时,允许将斜视图旋转配置。这时,表示该视图名称的大写英文字母应该靠近旋转符号的箭头端[见图6-5(c)],也允许将旋转角度标注在字母之后。

图 6-5 所示图样同时采用了斜视图和局部视图的表达方法。俯视图运用局部视图画法，表达水平板部分结构实形；对于这部分结构，斜视图中则省略不画，并用波浪线断开。波浪线画法同局部视图。

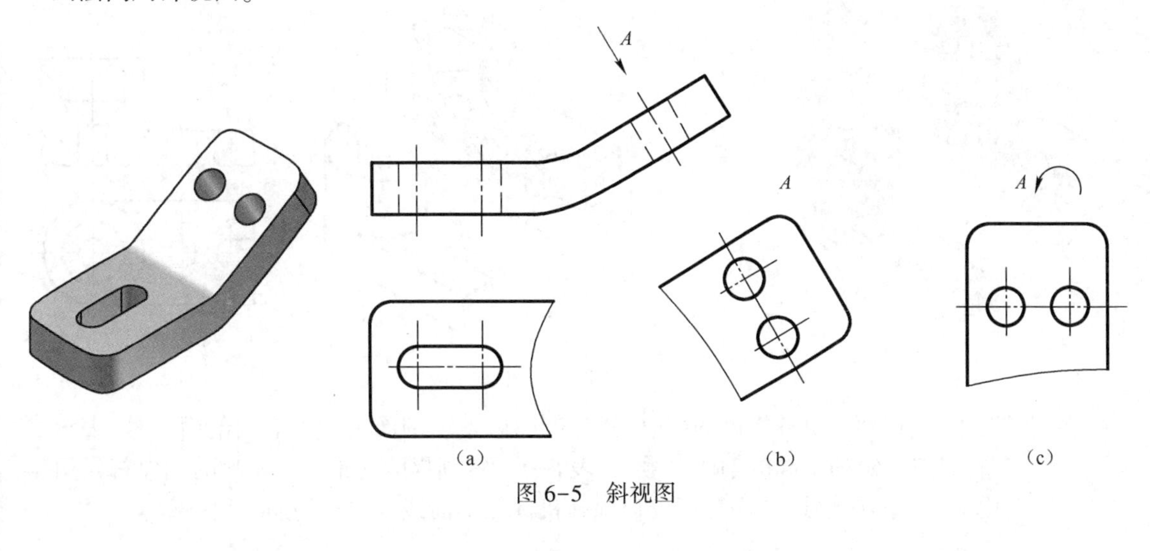

图 6-5　斜视图

6.2　剖　视　图

剖视图主要用来表达机件的内部结构形状。图 6-6 所示为机件两视图，当机件内部结构较复杂时，视图中画出了较多虚线，这样既影响了图形的清晰性，又不便于标注尺寸，为了克服上述缺陷，国家标准规定了用剖视图来表达机件内部结构的各种画法。

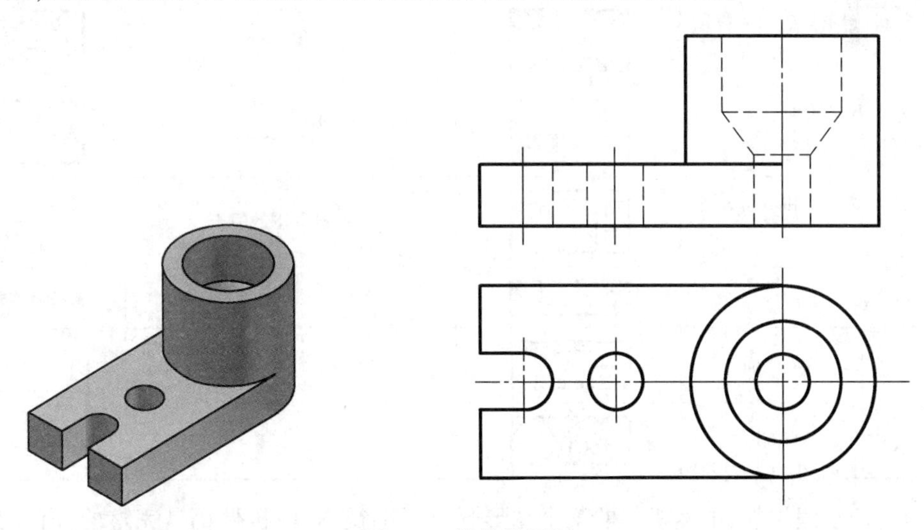

图 6-6　机件的视图

6.2.1　剖视图的概念及画法

1. 剖视图的概念

剖视图主要用来表达机件的内部结构。假想用剖切面（平面或柱面）剖开机件，将位于观察者和剖切面之间的部分移去,而将其余部分向投影面投射,所得到的图形称为剖视图(简称剖视),如图 6-7 所示。

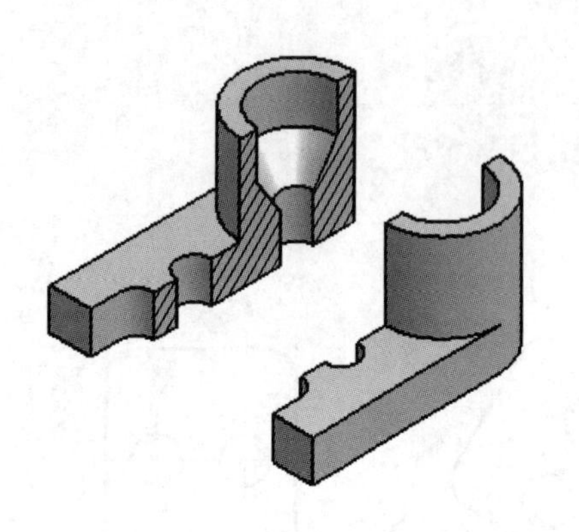
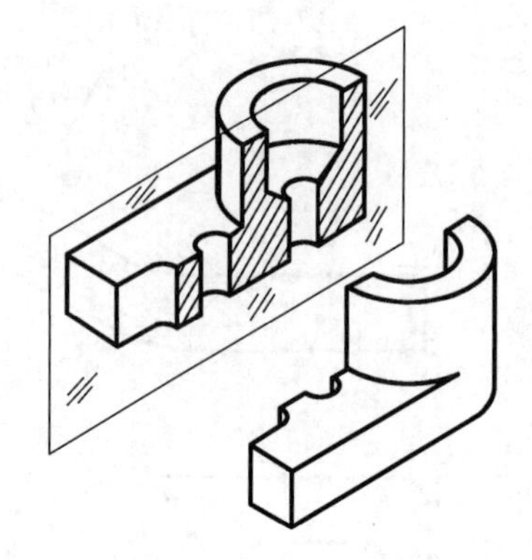
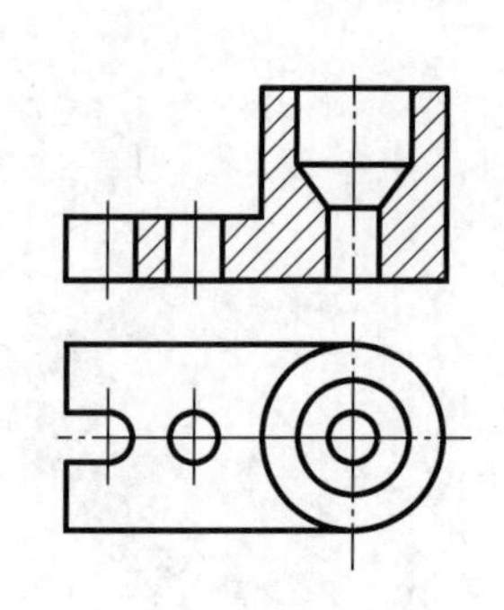

图 6-7 剖视图的概念

在剖视图中,剖切面与机件接触的部分,称为剖面区域。剖面区域上应画剖面符号,表示不同材质,各种材料规定的不同的剖面符号,见表 6-1。特别提醒的是金属材料的剖面符号用与水平方向成 45°间隔细实线,均布均可。但同一机件的剖面线方向和间隔必须一致。

表 6-1 剖面符号

材料	剖面符号	材料	剖面符号
金属材料(已有规定剖面符号者除外)		胶合板(不分层数)	
线圈绕组元件		砖	
非金属材料(已有规定剖面符号者除外)		混凝土	
型砂、填砂、粉末冶金、砂轮、陶瓷刀片、硬质合金刀片等		钢筋混凝土	
转子、电枢、变压器和电抗器等的迭钢片		基础周围的泥土	
玻璃等透明材料		格网(筛网、过滤网等)	
木材 纵剖面		液体	
木材 横剖面			

因为剖切是假想的,虽然机件的某个图形画成了剖视图,但机件仍是完整的,所以其他图形的表达方案应按完整的机件考虑,如图 6-8(c)所示。

画剖视图的目的在于清楚地表示机件的内部结构形状。因此,应该使剖切面平行于投影面且尽量通过较多的内部结构(孔、槽)的轴线或对称中心线。

2. 画剖视图的方法步骤

下面以图 6-8 所示机件为例,说明画剖视图的方法步骤:

(1)画出机件的视图,如图 6-8(a)所示。

(2)确定剖切平面的位置,画出断面图。选取通过两个孔轴线的剖切平面,画出剖切平面与机件的截交线,得到剖面区域的投影图形,并画出剖面符号,如图 6-8(b)所示。

(3)画出剖面区域后的所有可见部分,图 6-8(c)所示台阶面的投影线和键槽的轮廓线容易漏画,应该引起注意。

对于断面后边的不可见部分,如果在其他视图上已表达清楚,虚线应该省略;对于没有表达清楚的部分,在不影响图面清晰性的情况下,虚线可以画出,如图 6-8(d)所示。

(4)标注出剖切平面的位置和剖视图的名称,如图 6-8(d)所示。在俯视图上,用剖切符号(线宽 1~1.5b,长 5~10 mm 断开的粗实线)表示出剖切平面的位置,在剖切符号的外侧画出与剖切符号相垂直的箭头表示投影方向,两侧写上相同字母,在所画的剖视图的上方中间位置用相同的字母标注出剖视图的名称“×—×”。

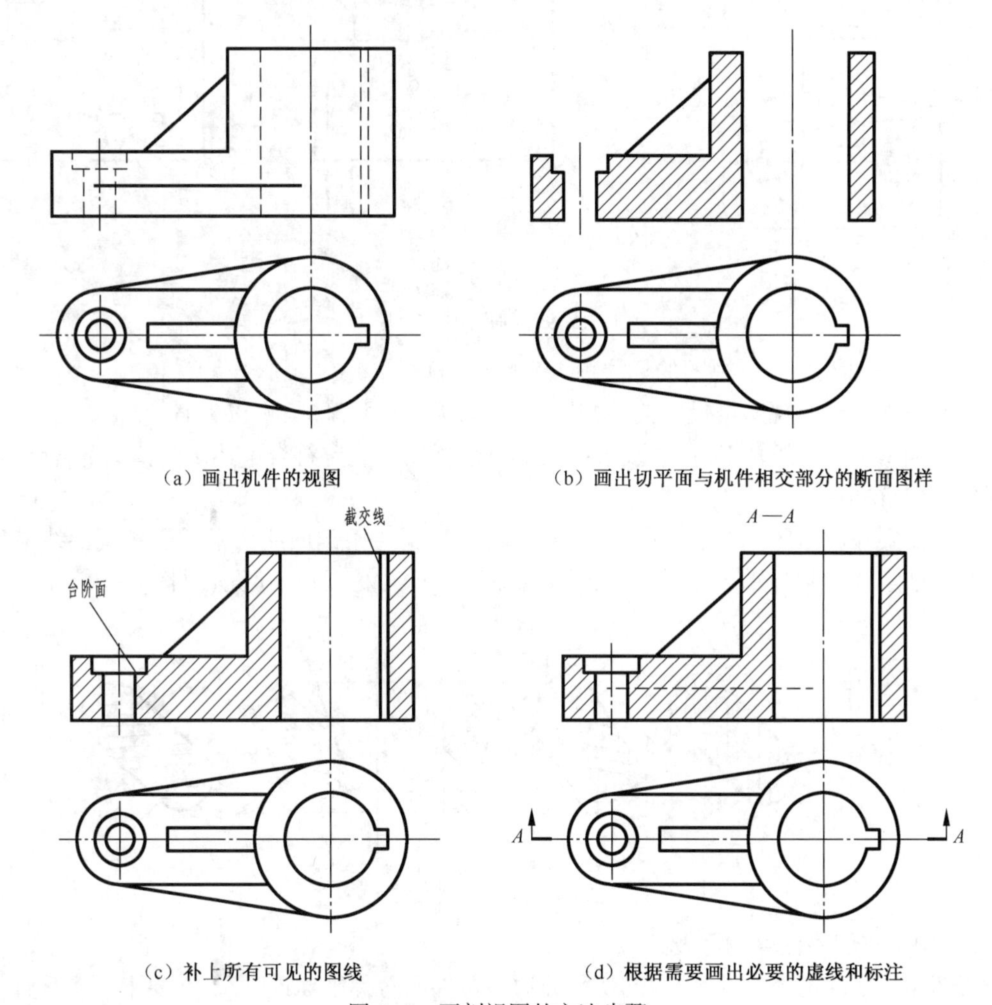

(a) 画出机件的视图　(b) 画出切平面与机件相交部分的断面图样

(c) 补上所有可见的图线　(d) 根据需要画出必要的虚线和标注

图 6-8　画剖视图的方法步骤

6.2.2　剖视图的标注

(1)剖视图的标注方法

剖视图用剖切符号、剖切线和字母进行标注[见图 6-9(a)]。

①剖切符号:指示剖切面起、迄和转折位置(用短粗画线表示)及投射方向(用箭头或短粗画线表示)的符号。

②剖切线:指示剖切面位置的线(细点画线)。

③视图名称:在箭头的外侧用相同的大写字母标注,并在相应的剖视图上标出"×—×"符号。同一张图样上,如有几个剖视图,字母不得重复。剖切符号、剖切线和字母的组合标注如图 6-9(b)所示。剖切线也可省略不画,如图 6-9(c)所示。

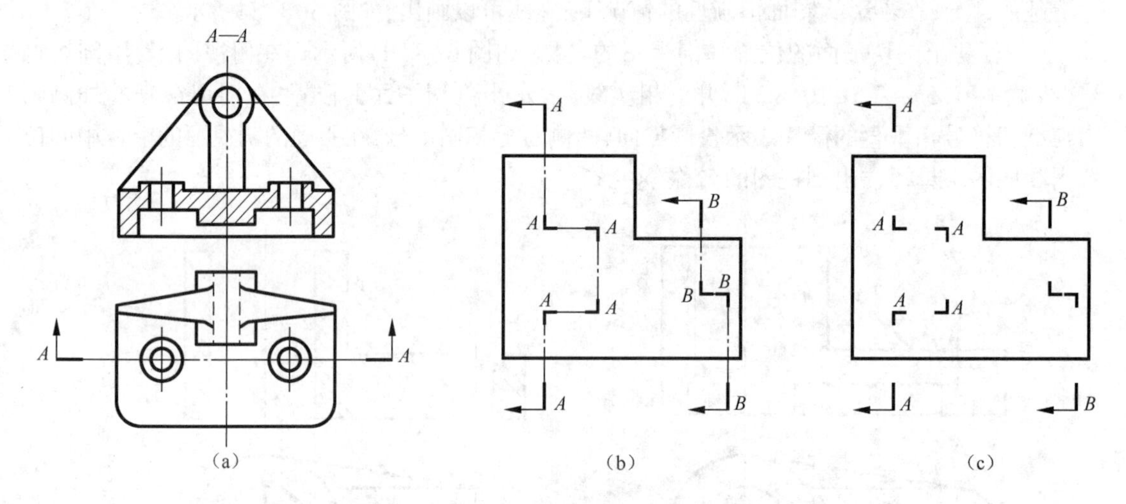

图 6-9　剖视图的标注

(2)在下列情况下,剖视图的标注可以省略或简化

①当剖视图与原视图按投影关系配置,中间又无图形隔开时,可以省略箭头。

②当剖切平面与机件对称面完全重合,而且剖视图的配置符合上述①的情况下,标注可以全部省略(见图 6-7)。

③不需要在剖面区域中表示材料的类别时,可采用通用剖面线表示。通用剖面线应以适当角度的细实线绘制,最好与主要轮廓线或剖面区域的对称线成 45°角(见图 6-10)。

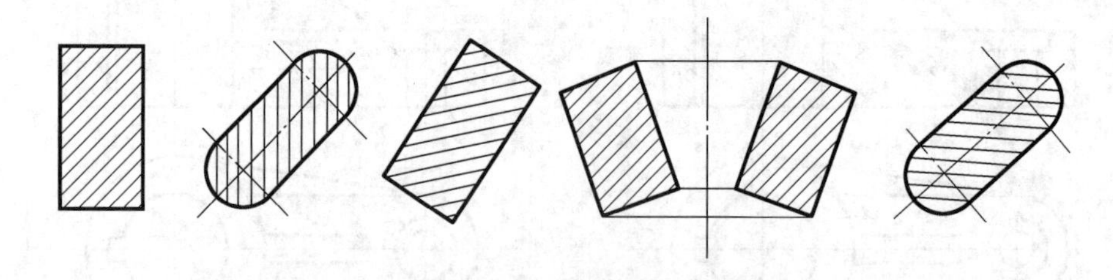

图 6-10　剖面线画法

(3)画剖视图要注意的问题

①剖切平面的选择:一般应使剖切平面通过机件的对称平面或轴线,并要平行或垂直某一投影面,以尽量反映内腔的实形和机件壁厚。

②剖视是假想的,所以机件在一个视图上按剖视画,其他视图仍按完整的机件画出(见图 6-8)的俯视图。

③在剖视图上,对于已经表达清楚的结构,其虚线应该省略不画,以使图面清晰。但非内部结构的虚线如其他视图未表达清楚的,仍要画虚线[见图 6-8(d)]。

④当机件上肋板、薄壁等被纵向剖切时，这些结构不画剖面线，而用粗实线将其与邻接部分分开（见图 6-8、图 6-11）。

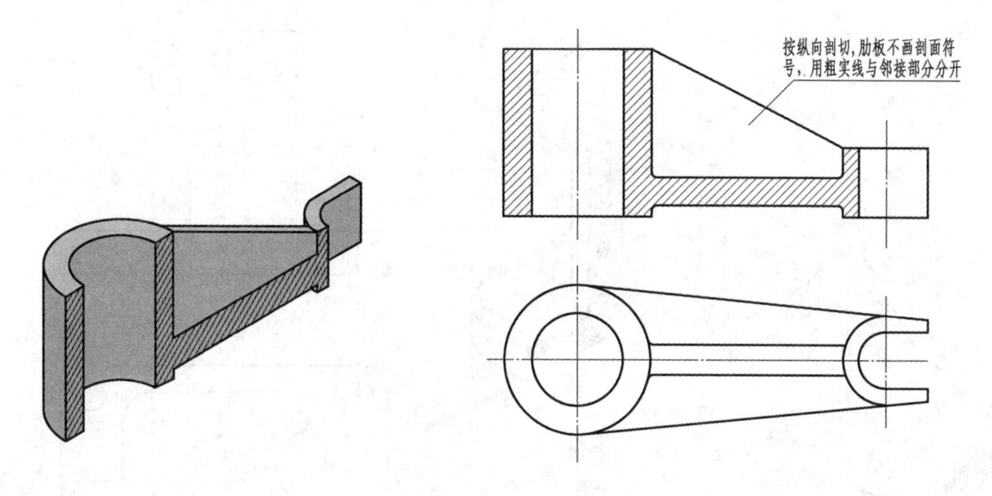

图 6-11　剖视图中肋的画法

6.2.3　剖视图的种类

剖视图分为：全剖视图、半剖视图和局部剖视图三种。

1. 全剖视图

用剖切平面完全地剖开机件后所得到的剖视图，称为全剖视图（见图 6-12），简称全剖。

全剖视图通常用于内部结构比较复杂，外形相对简单，而且不具有（垂直于剖视图所在投影面的）对称平面的机件。对于虽然对称，但外形简单，而且已表达清楚的机件，通常也采用全剖视图，这样可以更清楚地表达机件的内部结构，也方便尺寸标注（见图 6-12）。

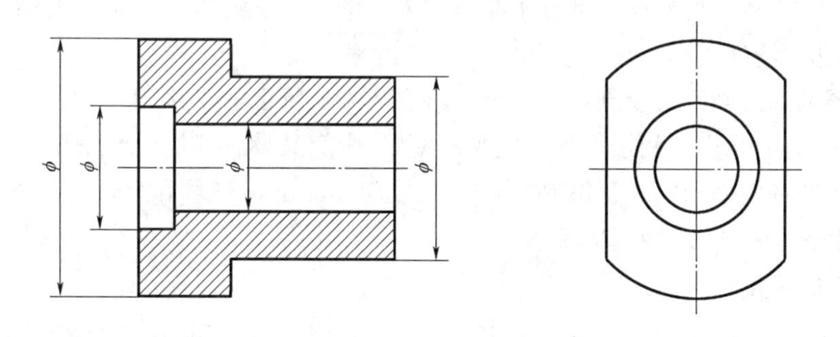

图 6-12　全剖视图画法示例

2. 半剖视图

当机件具有对称平面时，在垂直于对称平面的投影面上投射时，以对称中心线为界，一半画成视图（用以表达外部结构形状），另一半画成剖视图（用以表达内部结构形状），组成一个内外兼顾的图形，这样的图形称为半剖视图（见图 6-13）简称半剖。

半剖视图能既表达外形，又表达内形，但必须是对称机件才能使用，且分界线应画点画线，对称处有实线投影时，不能使用。

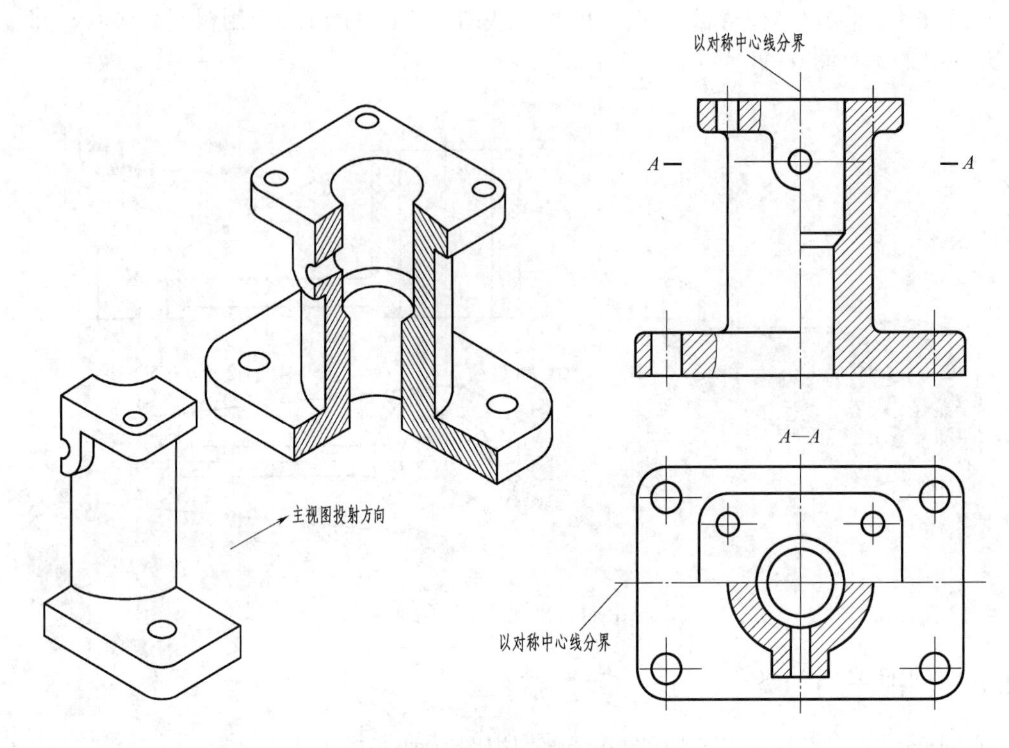

图 6-13　半剖视图的画法示例

当机件的形状接近于对称,且不对称部分已另有视图表达清楚时,也允许画成半剖视图(见图 6-14)。

对图 6-13 所示机件作形体分析,该机件左右、前后分别对称,所以在主视图和俯视图中,均以对称中心线为界,分别画出半剖视图。

作图时应注意,半剖视图中,视图与剖视图的分界线是表明对称平面位置的点画线,不能画成粗实线。在表达外形的视图部分不必再画内腔的虚线,表达内腔的剖视图部分不必再画其余虚线,以达到清晰表达的目的。

半剖视图的标注规则与全剖视图相同。在图 6-13 所示的半剖视图中,主视图是通过机件前后对称平面剖切,视图间按投影对应关系配置,中间又没有其他图形隔开,故可省略标注。俯视图所采用的剖切面,并非机件的对称平面,故应标注剖切符号和字母"*A*",并在俯视图上方注写相应名称"*A*—*A*",但可省略箭头。

3. 局部剖视图

当机件尚有部分的内部结构形状未表达清楚,但又没有必要作全剖视或不适合于作半剖视时,可用剖切平面局部地剖开机件,所得的剖视图称为局部剖视图(见图 6-15)简称局剖。局部剖视图用波浪线或双折线分界,波浪线和双折线不应和图样上其他图线重合。

局部剖视图是一种比较灵活的表达方法,不受图形是否对称的限制,一般用于下列几种情况:

①机件某些内腔局部需要表达,外形也需要表达,不必也不宜采用全剖(见图 6-15)。

②机件不对称,但在同一投影图上内、外形均需表达,而它们的投影又基本不重叠(见图 6-16,图 6-17)。

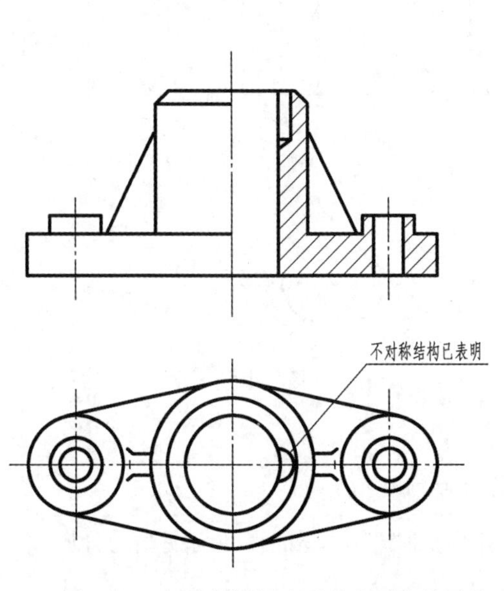

图 6-14　用半剖视图表示基本对称的零件

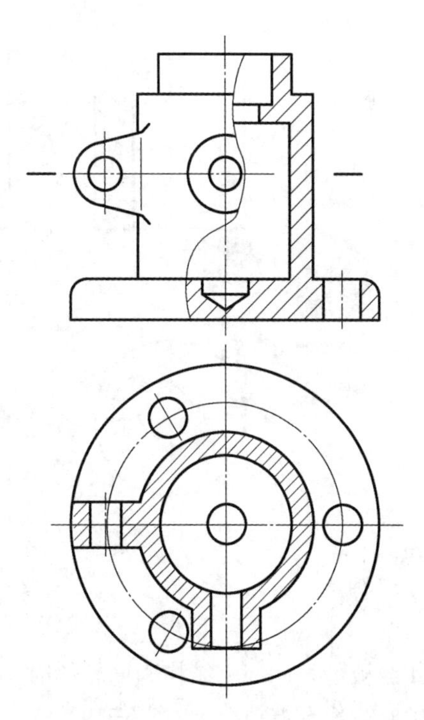

图 6-15　局部剖视图示例(一)

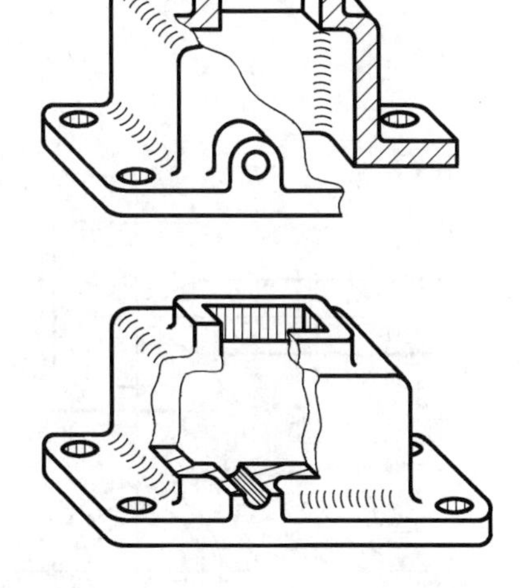

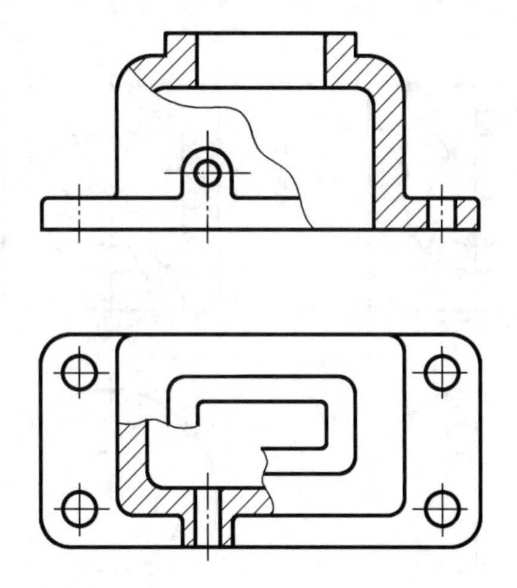

图 6-16　局部剖视图示例(二)

③当机件的内外轮廓线与对称中心线重合时,不宜采用半剖视图(见图 6-17)。

局部剖视图运用比较灵活,但要注意一个视图中不宜采用过多,否则会产生“支离破碎”的感觉,影响看图效果。画局部剖视时,要使用波浪线将机件两不同表达部分隔开。

画波浪线的注意点:

①不能与轮廓线重合。

②不能位于轮廓线的延长线上。

③不能超过轮廓线;不能穿过空洞部分(见图 6-18)。

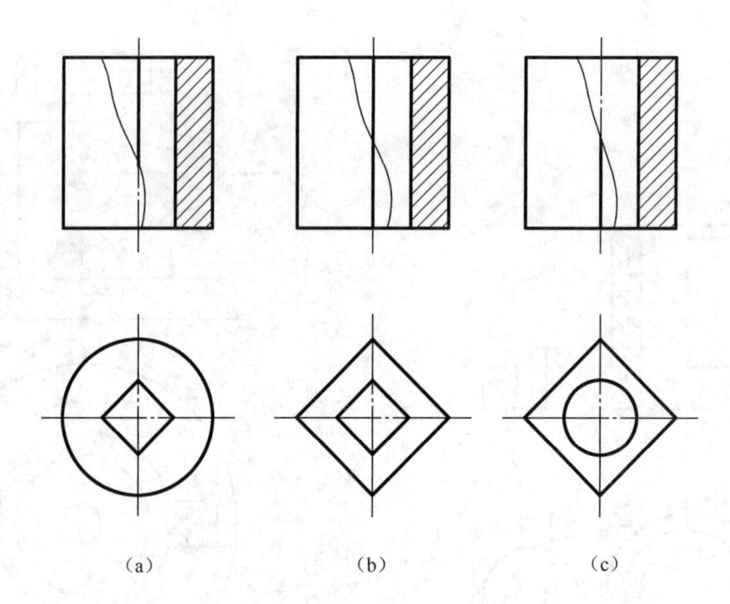

图 6-17　不能作半剖视图,只能作局部剖视图的示例

④当被剖切的部分结构为回转体时,允许将该结构的轴作为局部剖视图与视图的分界线,即用中心线代替波浪线(见图 6-19)。

局部剖视图的标注规则与全剖视图基本相同,当单一剖切面的剖切位置明显时均可省略标注(见图 6-15,图 6-16,图 6-18,图 6-19)。

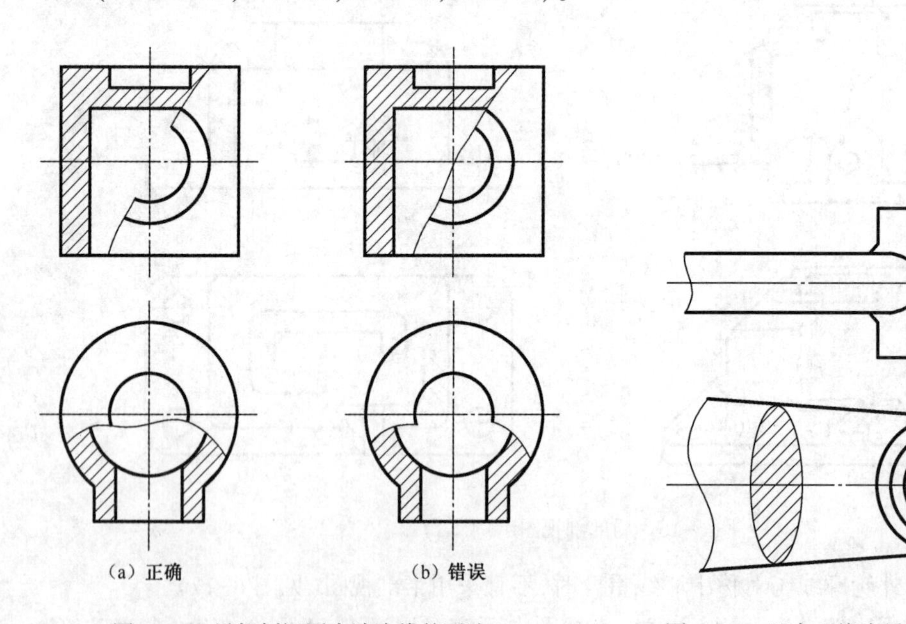

图 6-18　局部剖视图中波浪线的画法

图 6-19　以中心线为界的局部剖视图

6.2.4　剖切面的种类

剖切面是指剖切被表达物体的假想平面或曲面。剖切面可分为三大类:单一剖切面、几个平行的剖切面、几个相交的剖切面。

1. 单一剖切面

单一剖切面包括单一剖切平面、单一斜剖切平面和单一剖切柱面。

(1)单一剖切平面。前面所列举的三种剖视图(图 6-7 至图 6-19),都是采用了平行于某一基本投影平面的单一剖切平面,这些是最常用的剖切方法。

(2)单一斜剖切平面。当机件上具有倾斜于基本投影面部分的内部结构形状需要表达时,与斜视图一样,可以选择一个与倾斜部分平行的剖切面剖切,再投射到平行于该剖切面的辅助投影面上所得到的剖视图(见图 6-20)。

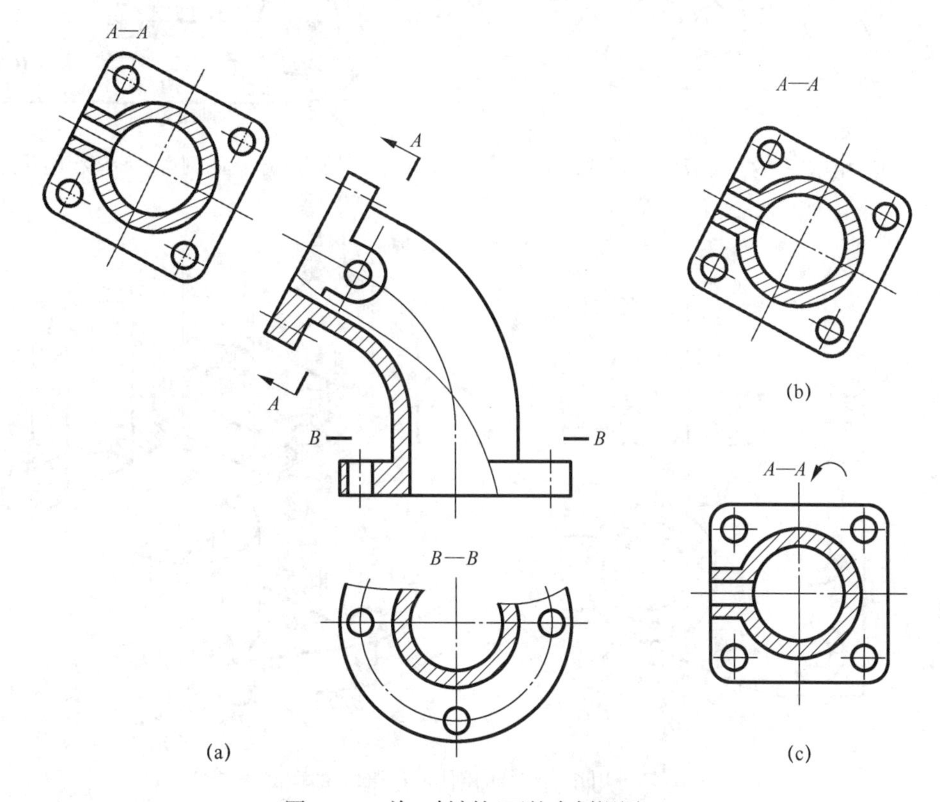

图 6-20　单一斜剖切面的全剖视图

该剖视图的投影原理与斜视图一样,是换面法的应用。必须标出剖切位置,投射方向和剖视图名称,剖视图应布置在符合投射方向的位置上[见图 6-20(a)、(b)]。在不会引起误解的情况下,允许将图形旋转,此时,在剖视图的上方应标注“×—×”并加上旋转符号[见图 6-20(c)]。旋转符号的箭头所指为该视图的投射方向。必须注意:图 6-20(a)、(b)、(c)中 A—A 全剖视图的三种布置画法中,只应选其中一种与主视图和俯视图相配合使用。单一斜剖切面也可以是半剖视图和局部剖视图。

(3)单一剖切柱面。用圆柱面对机件进行剖切,所得的剖视图应按展开绘制。图 6-21 为用单一剖切柱面剖得的全剖视图。

2. 用几个平行的剖切平面剖切

用几个平行的剖切平面也可获得局部剖视图(见图 6-22),以及半剖视图。

当机件上有较多的内部结构形状,而它们的轴线不在同一平面内时,可假想用几个互相平行的剖切平面将机件切开,并向同一个投影面投射所得到的剖视图,如图 6-23 所示。

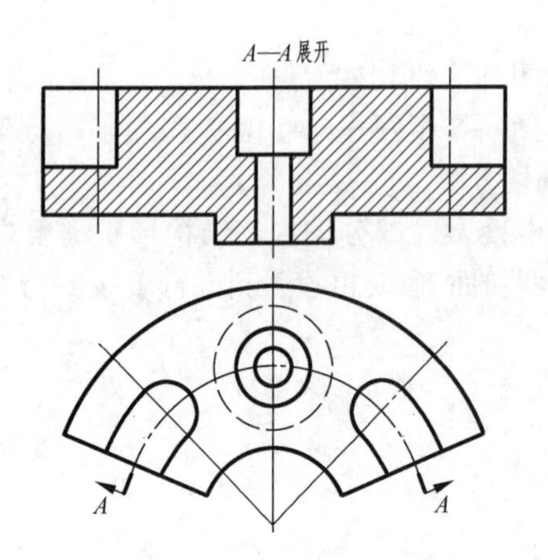

图 6-21　用单一剖切柱面剖得的全剖视图

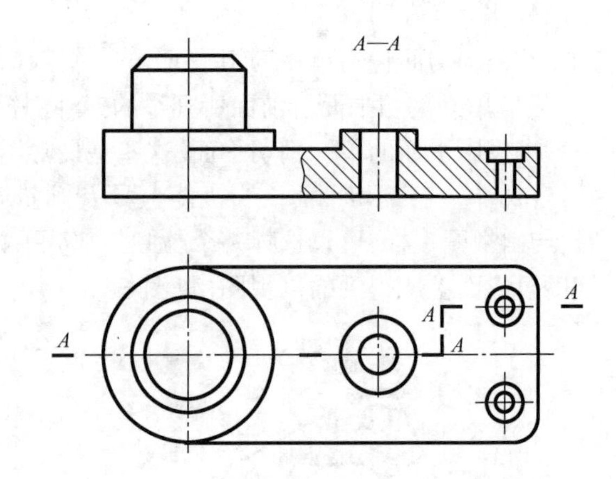

图 6-22　用几个平行的剖切平面剖得的局部剖视图

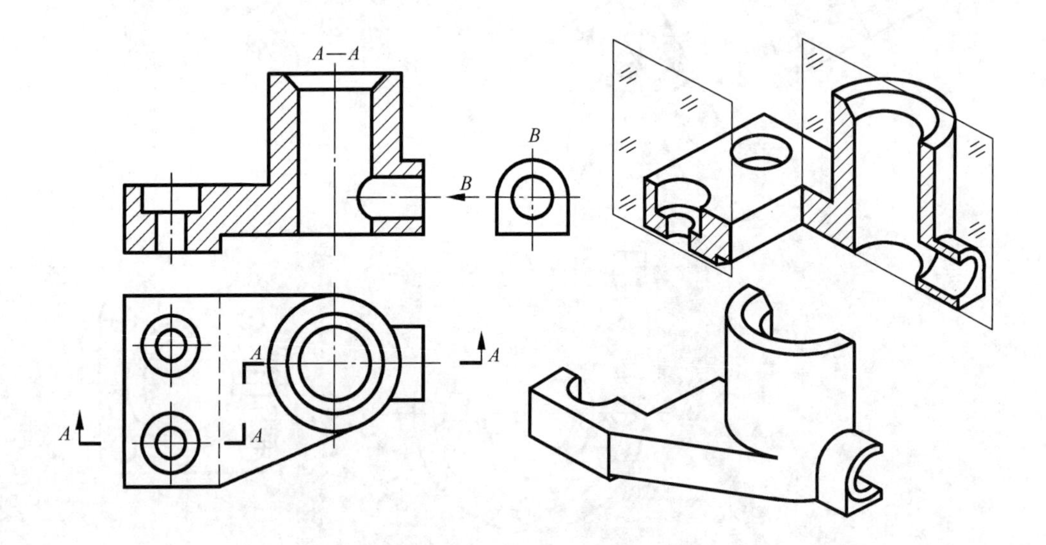

图 6-23　用几个平行的剖切平面剖得的全剖视图

这一类剖视要注意以下几点：

①在剖视图上不要将几个剖切平面的转折处画出粗实线(见图 6-24)。

②剖切平面的转折处不应与视图中的轮廓线重合(见图 6-24)。

③不允许出现不完整的结构要素(见图 6-24)。

④只有当所需表达的两要素具有公共对称中心或轴线时,剖切转折处才允许通过对称中心,视图可以以中心线或轴线为界,将两个剖切平面所需表达的内部结构集中在一个视图上(见图 6-25)。用几个平行的剖切平面画剖视图时必须进行剖切符号、剖切线和字母的组合标注[见图 6-9(b)、(c)]。

3. 用几个相交的剖切面剖切

(1)两个相交的剖切平面剖得的全剖视图。当机件的内部结构形状用一个剖切平面剖切不能表达完全时,可以考虑用多个剖切面来剖切,如假想用两个相交的剖切平面将机件剖开,其中一个与基本投影面平行,将不平行于基本投影面的剖切平面剖到的断面结构及有关部分

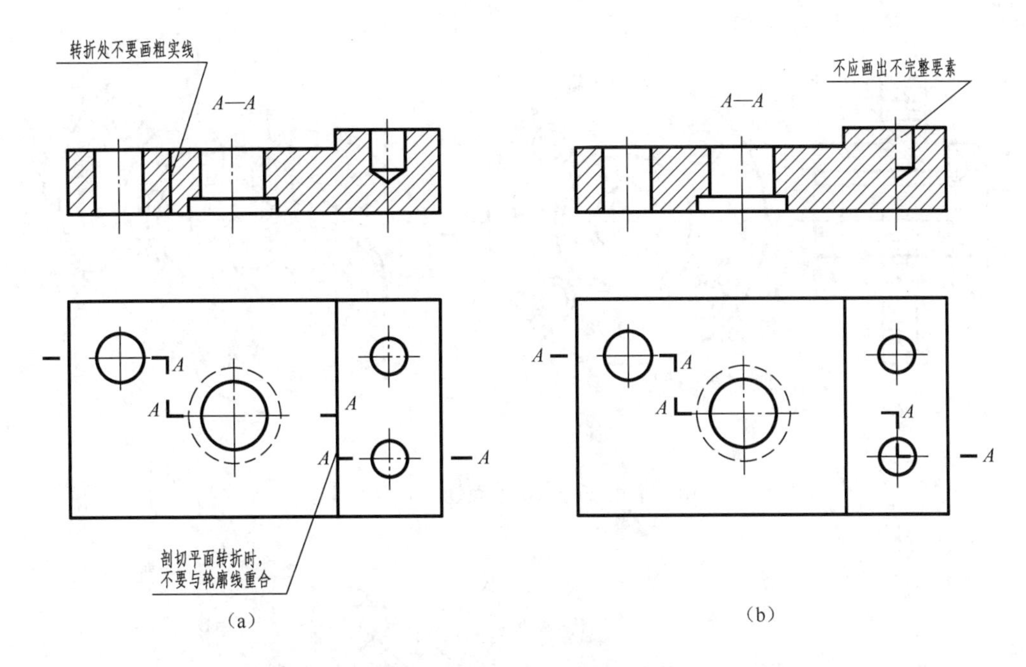

图 6-24　用几个平行的剖切平面剖切的错误画法

旋转到与基本投影面平行(即与另一剖切平面重合)的位置后,再进行投射所得到的剖视图,如图 6-26 所示。

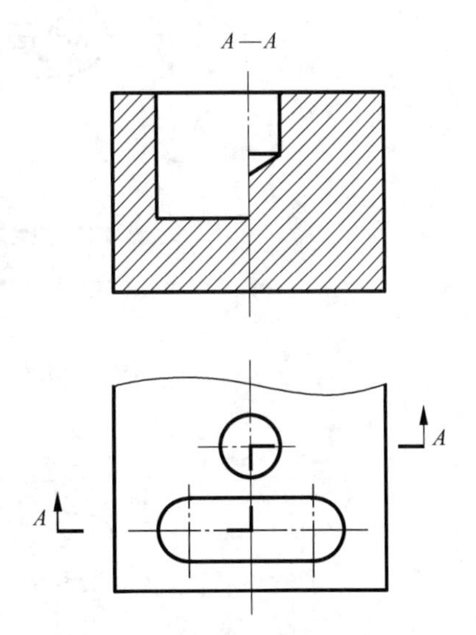

图 6-25　用几个平行的剖切平面剖切的允许画法

采用此方法绘制剖视图时,先按剖切位置剖开机件,然后将被剖切平面剖开的结构及其有关部分旋转到与选定的投影面平行再进行投射。这里要强调的是“先剖切、后旋转”,而不是“先旋转,后剖切”。采用“先剖切、后旋转”时,一部分图形可能会伸长,如图 6-27 所示。

在剖切平面后面的其他结构一般仍按原来位置画出,如图 6-27 所示摇臂的油孔在剖视图中仍画成椭圆。当剖切后产生不完整要素时,应将该部分按不剖画出,如图 6-28 所示。

这类剖视图必须标注。标注时,在剖切平面的起始、终止、转折处画上粗短线,标上同一字母,并在起始、终止处画出箭头(箭头必须与剖切符号垂直)表示投射方向。在所画的剖视图的上方中间位置用同一字母写出其名称“×—×”,如图 6-26、图 6-27、图 6-28 所示。

(2)两个以上相交的剖切平面和柱面。当机件的形状比较复杂,用上述各种方法均不能集中而简要地表达清楚时,可以使用两个以上相交的剖切平面和柱面将机件剖切,得到的剖视图,如图 6-29、图 6-30 所示。

使用这一类剖切方法时,需把几个剖切平面展开至与某一基本投影平面平行后再投射,并标为“×—×展开”(见图 6-29,图 6-30)。

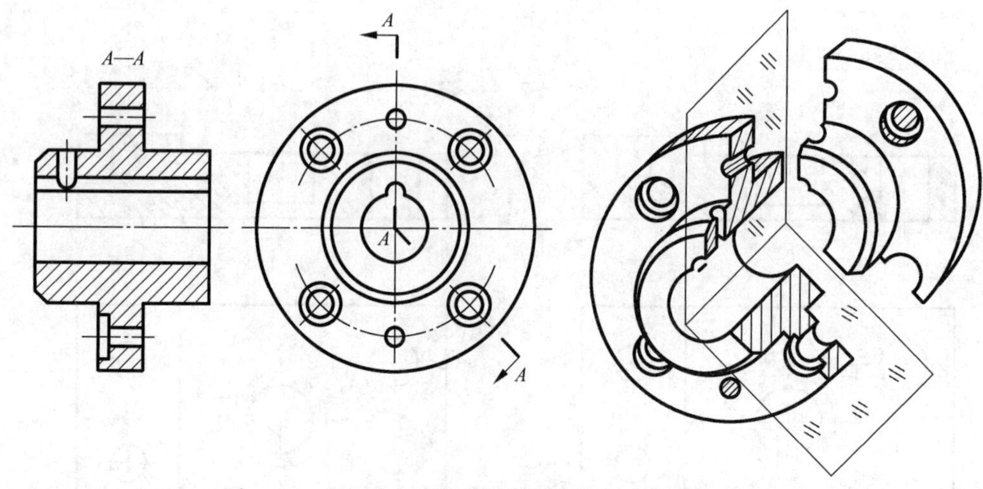

图 6-26　用两个相交的剖切平面剖得的全剖视图(一)

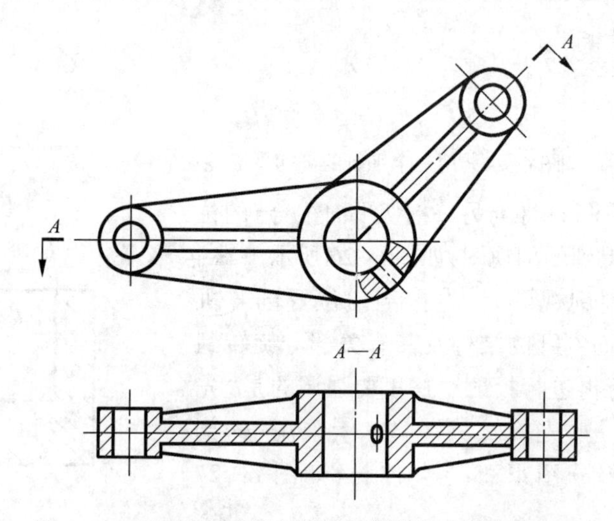

图 6-27　用两个相交的剖切平面剖得的全剖视图(二)

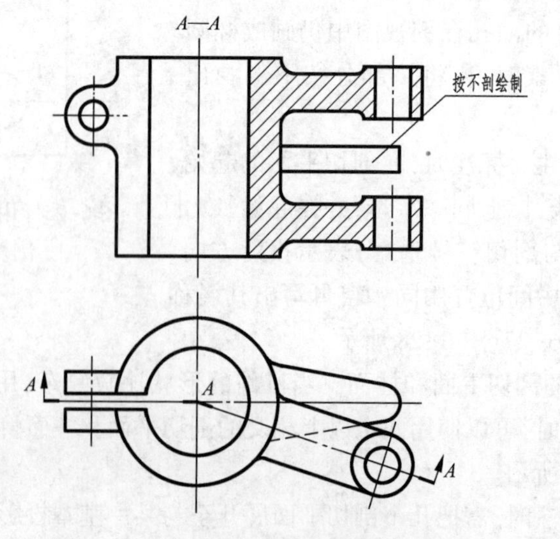

图 6-28　剖切后产生不完整要素时按不剖画

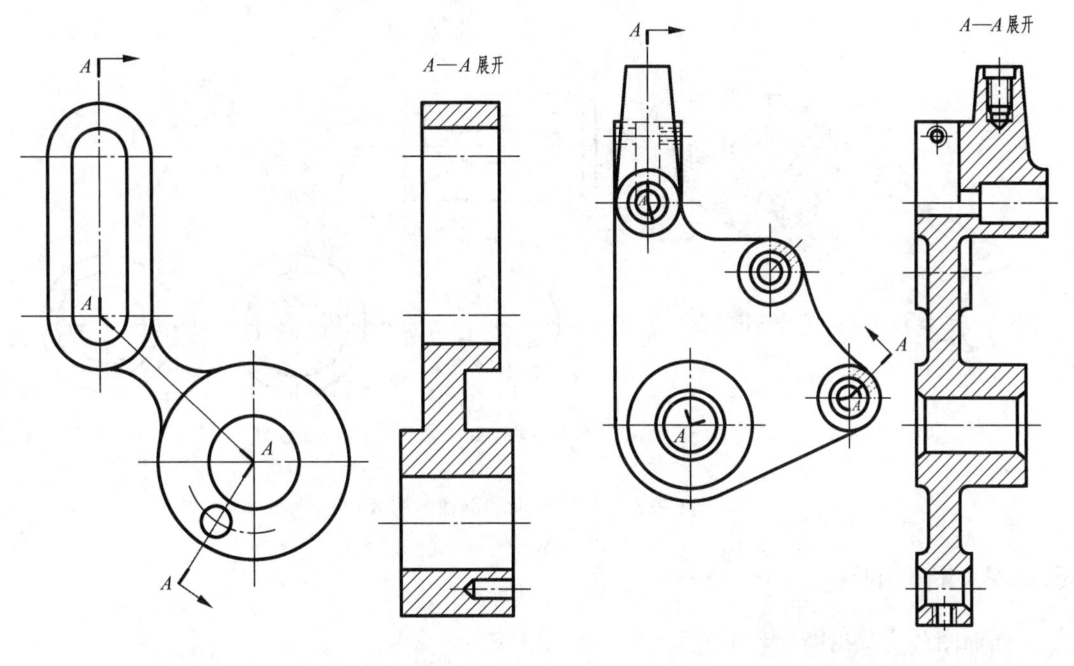

图 6-29　用几个相交的剖切平面剖得的全剖视图(一)

图 6-30　用几个相交的剖切平面剖得的全剖视图(二)

6.3　断　面　图

断面图主要用来表达机件某部分断面的结构形状,例如肋板、轮辐、轴上的键槽和孔等。

6.3.1　断面图的概念

假想用剖切面将物体的某处切断,仅画出该剖切面与物体接触部分的图形叫断面图,也可简称断面,如图 6-31 所示。

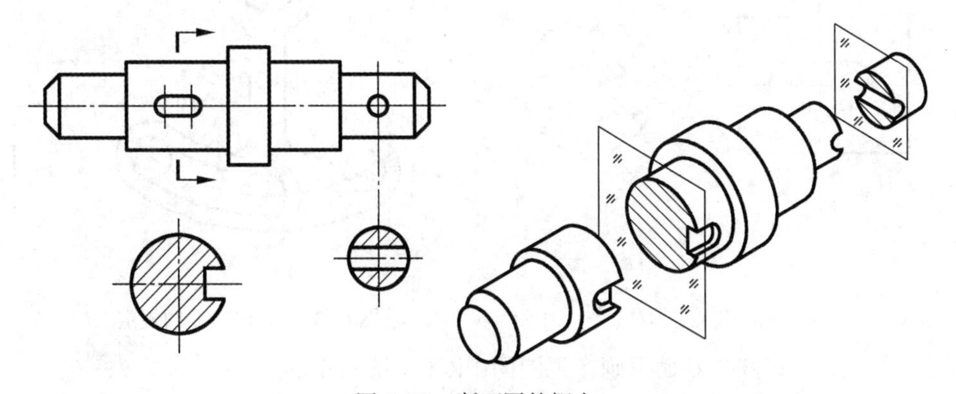

图 6-31　断面图的概念

断面图与剖视图的区别是:断面图是机件上剖切处截断面的投影,而剖视图则是剖切后机件的投影(见图 6-32)。

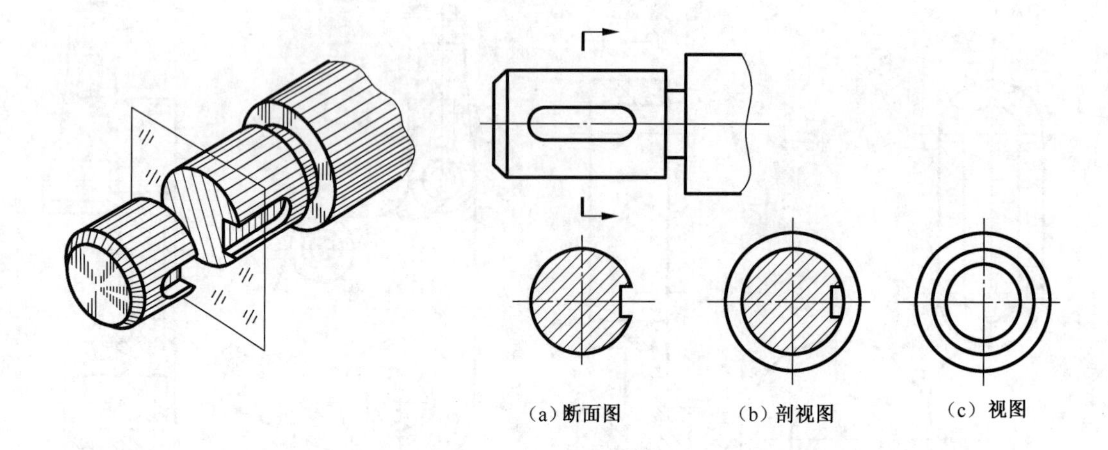

图 6-32 视图、断面和剖视图的区别

6.3.2 断面的种类

断面图分为移出断面和重合断面

1. 移出断面

画在视图外面的断面图称为移出断面。

(1)移出断面的画法

①移出断面的轮廓线用粗实线画,剖面线方向与间隔应与原视图保持一致。

②移出断面尽量配置在剖切位置的延长线上,也可以布置在其他位置(见图 6-31)。

③移出断面的剖切平面若通过回转面形成的圆孔或凹坑的轴线时,这些结构按剖视绘制(见图 6-31,见图 6-33)。当剖切面通过非圆孔结构而导致出现完全分离的剖面区域时,这些结构按剖视绘制(见图 6-34,图 6-35)。

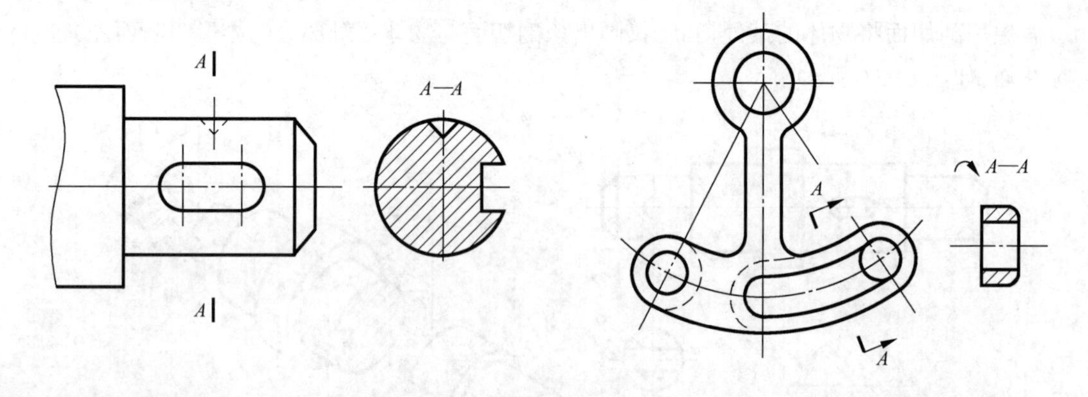

图 6-33 移出断面的规定画法(一)　　图 6-34 移出断面的规定画法(二)

④当断面图形对称时,断面可画在视图的中断处(见图 6-36)。

⑤由两个或多个相交平面剖切得到的移出断面,中间应断开,且剖切平面与机件的轮廓线垂直(见图 6-37)。

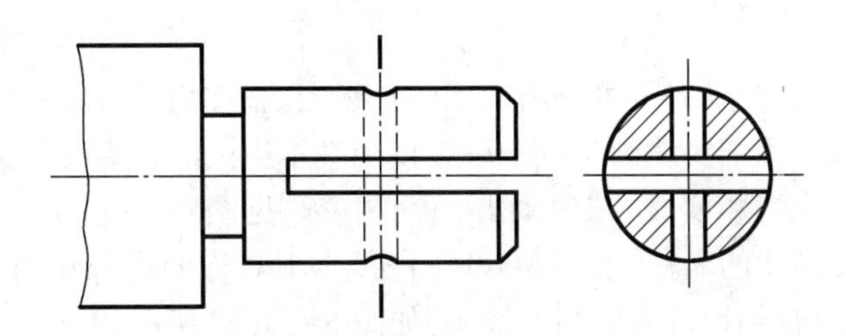

图 6-35　移出断面的规定画法(三)

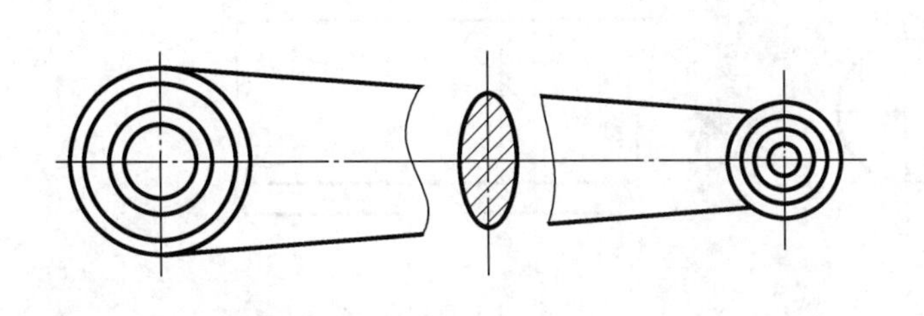

图 6-36　移出断面的规定画法(四)

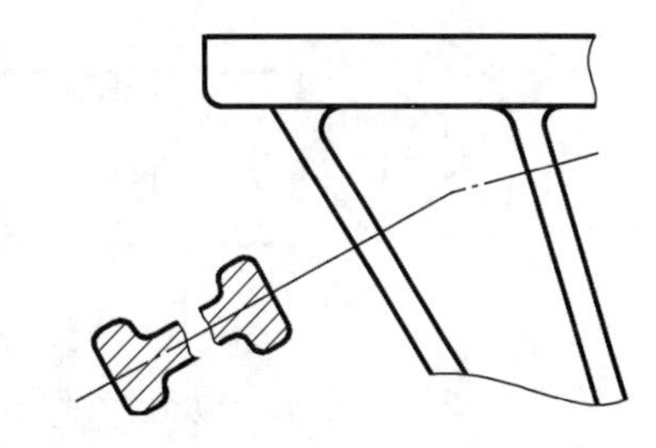

图 6-37　移出断面的规定画法(五)

(2)移出断面的标注

①断面图形不对称,且不布置在剖切位置延长线上时,应全部标注,全部标注包括剖切平面位置、投射方向(箭头)、字母,如图 6-38 所示的“*A*—*A*”。

②断面图形不对称,但移出断面与基本视图符合投影关系时,可省标箭头(见图 6-35)。

③断面图形不对称,但布置在剖切位置延长线上时,可省标字母(见图 6-31)。

④ 断面图形对称,但不布置在剖切位置延长线上时,可省标箭头,如图 6-38 所示的“*B*—*B*”。

⑤ 断面图形对称,且布置在剖切位置延长线上或视图中断处时,标注可全省(见图 6-36、图 6-37)。

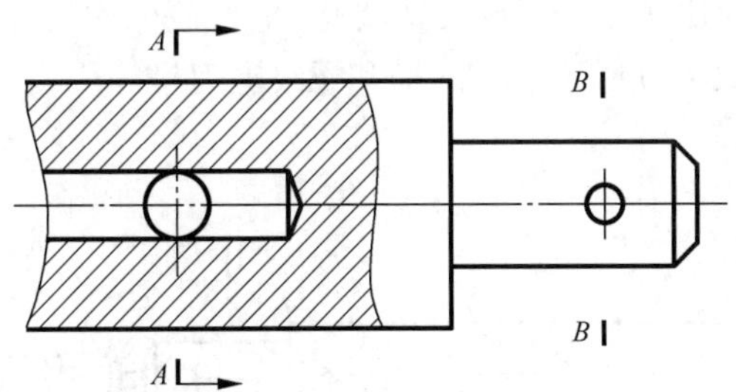

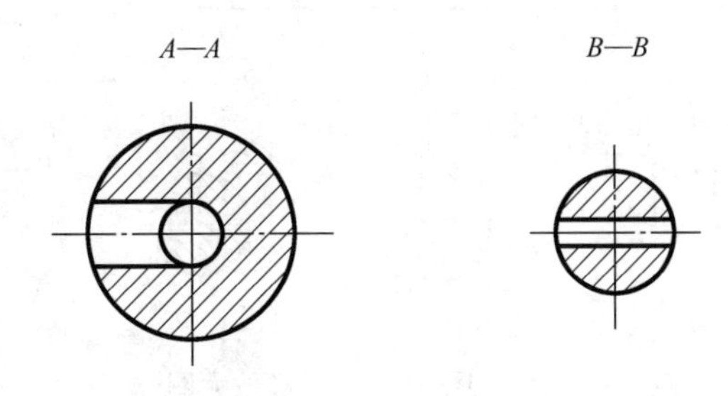

图 6-38　移出断面的标注

2. 重合断面

在不影响图形清晰的原则下,可将断面图画在视图内,称为重合断面。

重合断面的轮廓线用细实线画(见图 6-39);当基本视图的轮廓线与重合断面的轮廓线重叠时,基本视图的轮廓线(粗实线)依旧画出,不可中断[见图 6-39(b)]。对称的重合断面不必标注剖切位置和断面图的名称,如图 6-39(a)所示;不对称的重合断面当不致引起误解时,可省略标注,否则仍要在剖切符号处画上箭头,如图 6-39(b)所示。

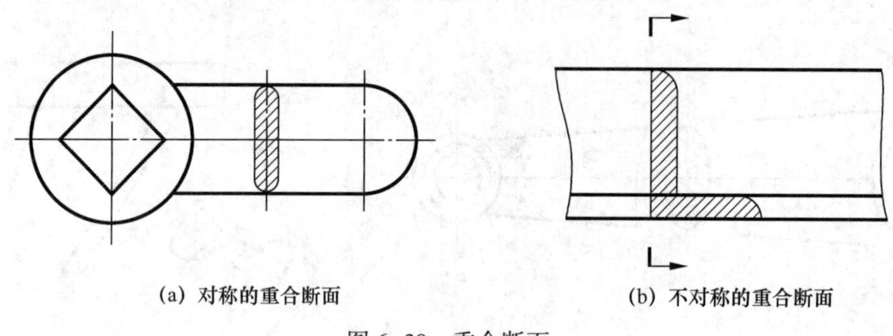

(a) 对称的重合断面　　(b) 不对称的重合断面

图 6-39　重合断面

6.4　其他表达方法

为了方便绘图和看图,国家标准还规定了局部放大图、规定画法及简化画法,本节就其中常用的几项内容作简要说明。

6.4.1　局部放大图

将机件的部分结构用大于原图形所采用的比例画出的图形,称为局部放大图。当零件上出现某些细小结构,以通常的比例作图不易表达清楚,也不便标注尺寸的情况下,可以采用局部放大图的表达方法。如图 6-40 所示的挡圈槽和螺纹退刀槽等。

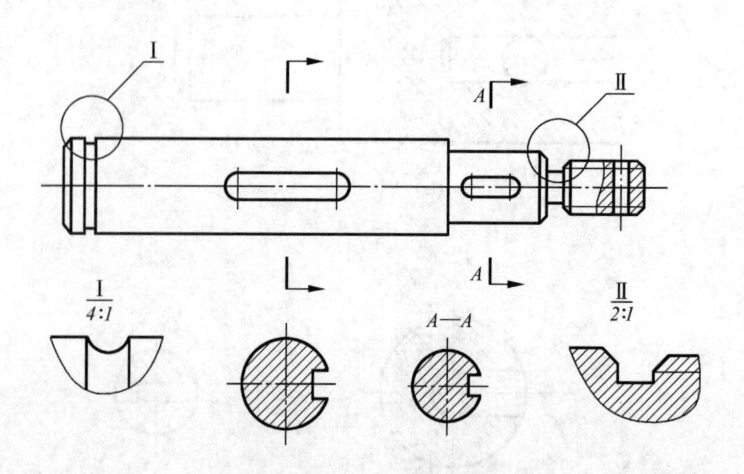

图 6-40　局部放大图

局部放大图可画成视图,也可画成剖视图、断面图,它与被放大部分的表示方法无关,如图 6-40 所示。局部放大图应尽量配置在被放大部位的附近。

画局部放大图时,应用细实线圈出被放大部分的部位,并用罗马数字顺序地标记。在局部放大图的上方中间标注出相应的罗马数字和采用的比例。如图 6-40 所示罗马数字与比例之间的横线用细实线画出。当机件上仅有一个需要放大的部位时,在局部放大图上只需标注采用的比例即可。

局部放大图与整体联系的部分用波浪线画出,若原图形与放大图均画剖视,则剖面线不仅方向要相同,而且间隔也要相同(间隔尺寸不放大)(见图 6-40)。

6.4.2　简化画法和其他规定画法

(1)机件上的肋、轮辐及薄壁,如按纵向剖切,这些结构不画剖面符号,但要用粗实线将它与邻接部分分开(见图 6-41);当回转体机件上均匀分布的肋、轮辐、孔等结构不处于剖切平面上时,可以将这些结构旋转到剖切平面上画出,而不加任何标注(见图 6-41)。

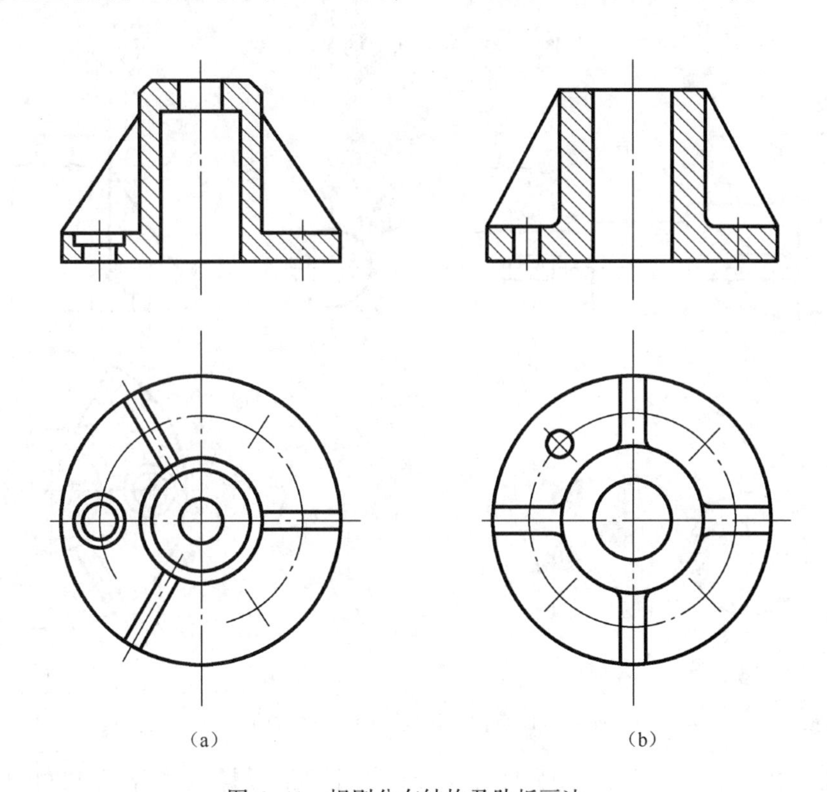

图 6-41　规则分布结构及肋板画法

(2)当机件的投影图对称时,其视图可以只画一半或 1/4,但要在对称中心线的两端画出对称符号“||”,如图 6-42 所示。

(3)在不致引起误解的情况下,无论是零件图中的移出断面,还是零件图、装配图中的剖视图,均可省略剖面符号(见图 6-43)。

(4)当机件上具有若干相同结构(齿、槽等)并按一定规律分布时,只需画出几个完整的结构,其余用细实线连接,在图中则必须注明该结构的总数[见图 6-44(a)]。

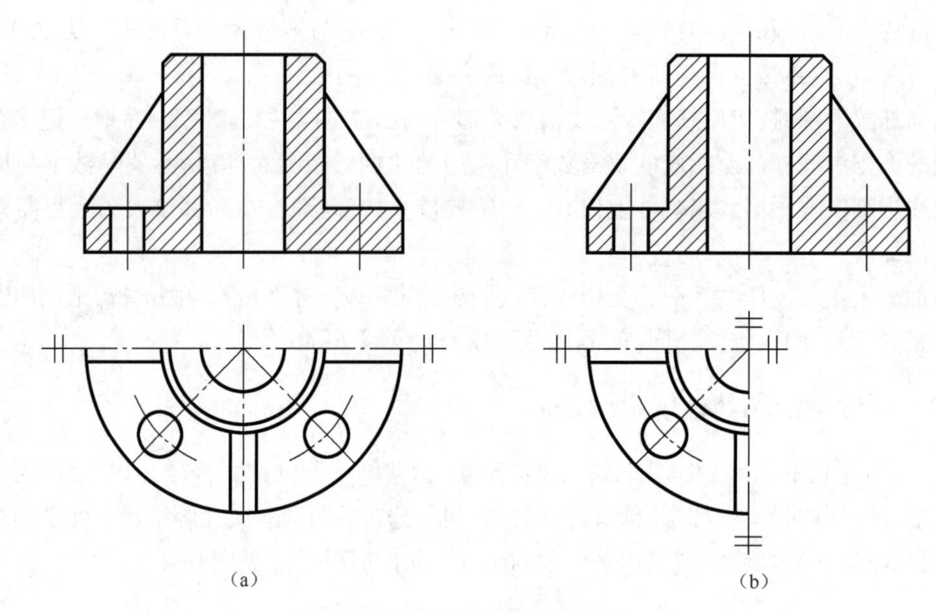
(a) (b)

图 6-42 对称机件的局部视图

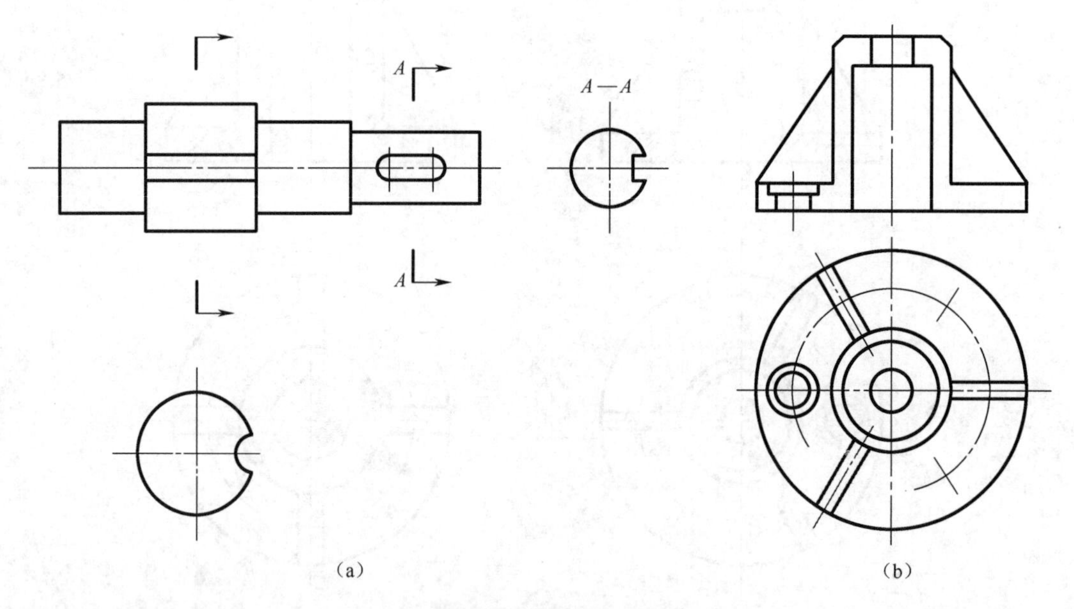

(a) (b)

图 6-43 剖视图中的剖面符号省略画法

(5)机件上具有若干直径相同且呈规律分布的孔(圆孔、螺孔、沉孔等),可以仅画出一个或几个,其余用点画线表明其中心位置,并在图中注明孔的总数[见图 6-44(b)]。

(6)较长机件(轴、杆、型材等)沿长度方向的形状一致或按一定规律变化时,可断开后缩短绘制,但要标注实际长度尺寸(见图 6-45)。

(7)在不致引起误解时,图形中的过渡线、相贯线和截交线可以简化,例如用圆弧或直线代替截交线、相贯线和非圆曲线,如图 6-46 所示。过渡线应用细实线绘制,且不宜与轮廓线相连,如图 6-46(b)所示。

(8)图形中某些较小结构(如截交线、相贯线),如在一个视图中已表示清楚时,其他视图

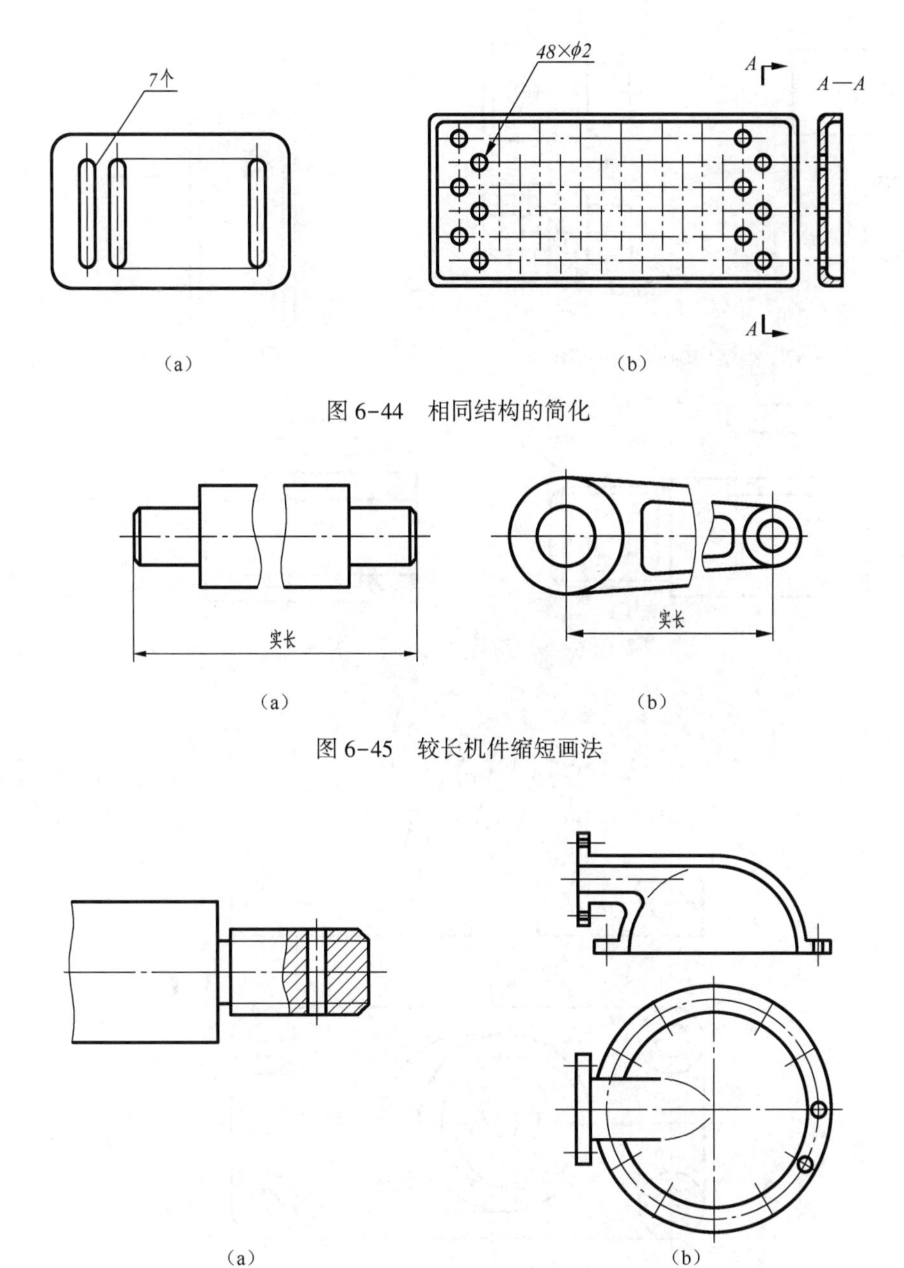

图6-44 相同结构的简化

图6-45 较长机件缩短画法

图6-46 以直线或圆弧替代简化的相贯线

中可以简化或省略(见图6-47)。

(9)网状结构:滚花、槽沟等网状结构应用粗实线完全或部分地表示出来,如图6-48所示。

(10)零件上对称结构的局部视图,可按图6-49所示方法绘制,并省略标注。

(11)与投影面倾斜小于30°的圆或圆弧,其投影可用圆或圆弧替代,如图6-50所示。

(12)尺寸注法的简化

①标注尺寸时,可以采用带箭头的指引线[见图6-51(a)];也可以采用不带箭头的指引线[见图6-51(b)]。

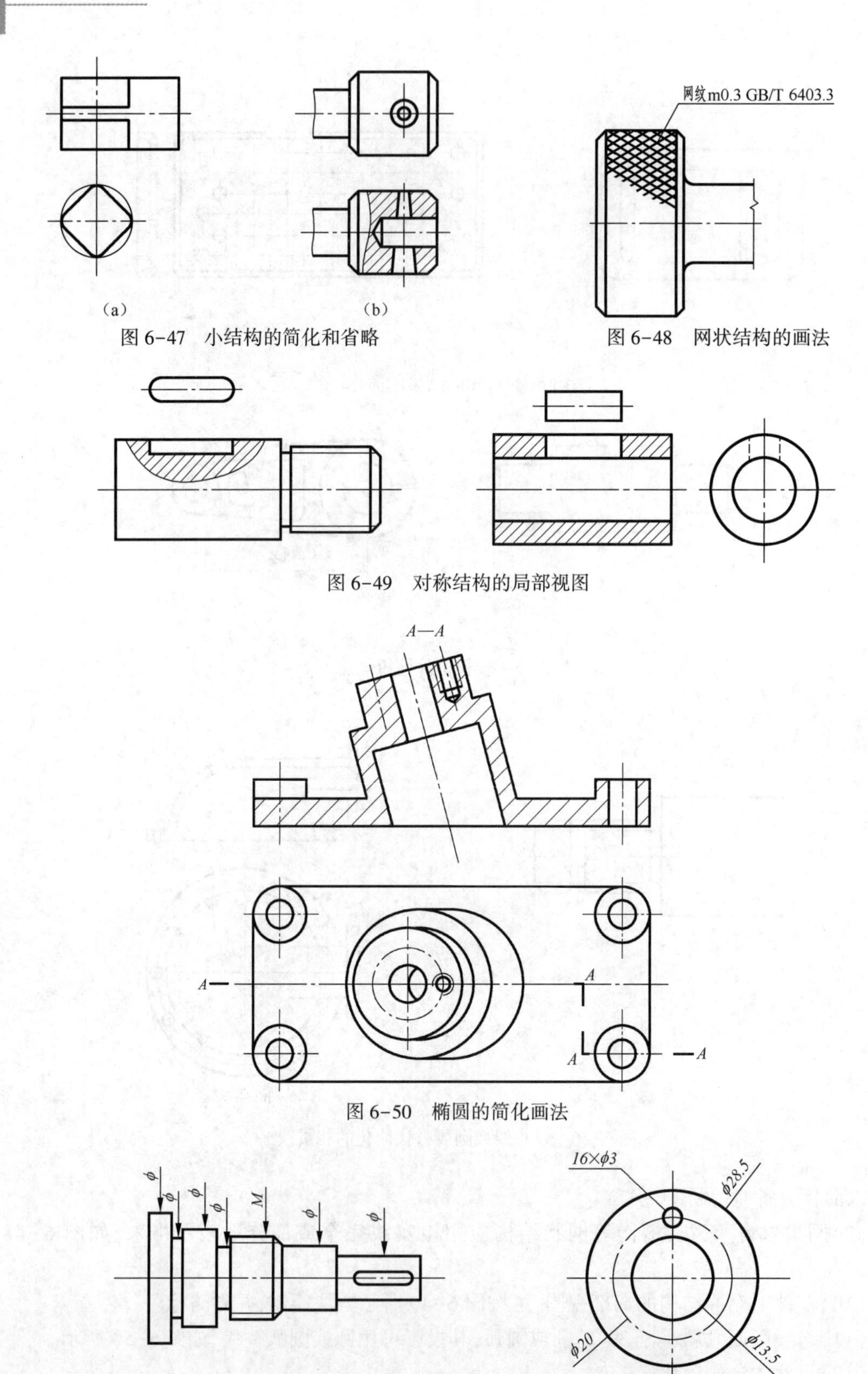

图 6-47 小结构的简化和省略

图 6-48 网状结构的画法

图 6-49 对称结构的局部视图

图 6-50 椭圆的简化画法

图 6-51 用指引线标注尺寸

②标注尺寸时,应尽可能使用符号和缩写词。例如:用符号 C 表示 45°倒角,C 后面的数字表示倒角的轴向宽度尺寸,$C2$ 表示 2×45°。用符号 EQS 表示均匀分布的结构,8×ϕ8EQS 表示八个直径为 8 mm 的孔均匀分布(见图 6-52)。

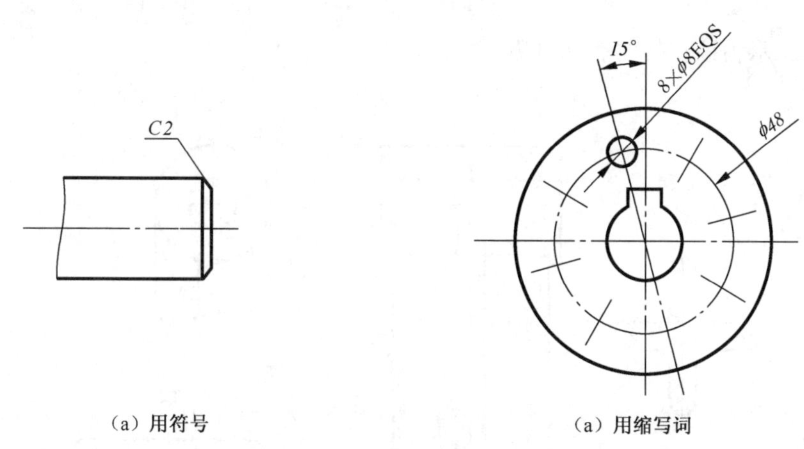

(a) 用符号　　(a) 用缩写词

图 6-52　用符号和缩写词标注尺寸

6.5　表达方法综合运用举例

要完整清楚地表达给定的机件,首先应对要表达的机件进行结构分析和形体分析,根据机件的内部及外部结构特征确定采用的表达方法。在确定好主视图的表达方案后,其他视图表达方法的选用要力求做到“少而精”,即在完整、正确、清晰地表达机件全部结构特点的前提下,选用较少数量的视图和较简明的表达方法,达到方便作图及看图的要求。由于表达方法的灵活多样,一个机件可以有多种表达方案,这就需要进行分析、比较,最后确定最佳的表达方案。

【例 6-1】 图 6-53 所示为支架零件的三视图,根据形体结构特征,重新选用表达方案。

该支架主要由三部分组成,上方为圆柱筒,下部为倾斜的底板,中间以十字肋相连接。底板在俯视、左视图中均不反映实形。

若采用主、左、俯三个视图表达,一则上部圆柱的通孔只能用虚线表达,下部的斜板在视图中不能表达实形;二则有些表达重复,无此必要。为此,主视图可采用局部剖视,即表达了肋、圆柱和斜板的外部结构形状,又表达了上部圆柱的通孔和

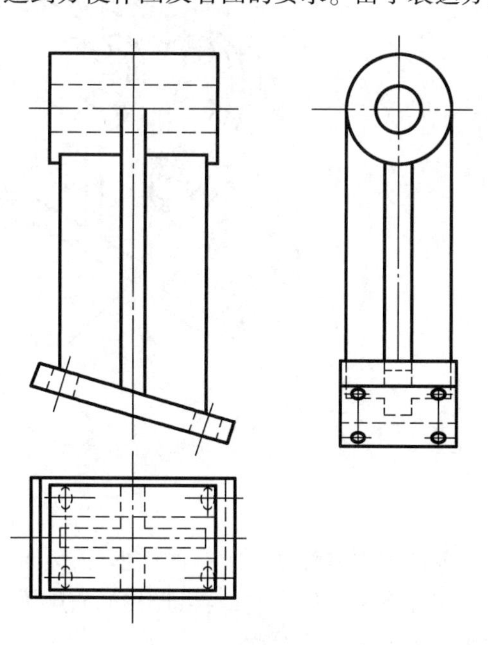

图 6-53　支架的三视图

下部斜板上的四个小通孔;左视图采用了一个局部视图,主要表达上部圆柱和十字肋的相对位置关系;俯视图不必再画。为表达斜板的实形及其与十字肋的相对位置,采用了一个 A 局部斜视图;十字肋的断面形状用了一个移出断面来表达。这样既不重复,又较为充分地表达了该机件的形状。

图 6-54 所示为该支架的表达方案。

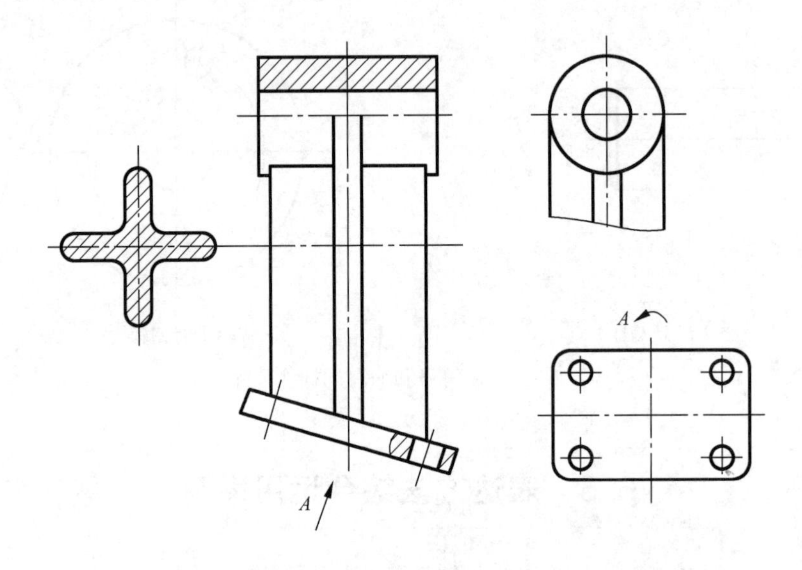

图 6-54 支架的表达方案

【例 6-2】 图 6-55 所示为蜗轮减速箱体,试确定该机件的表达方案。

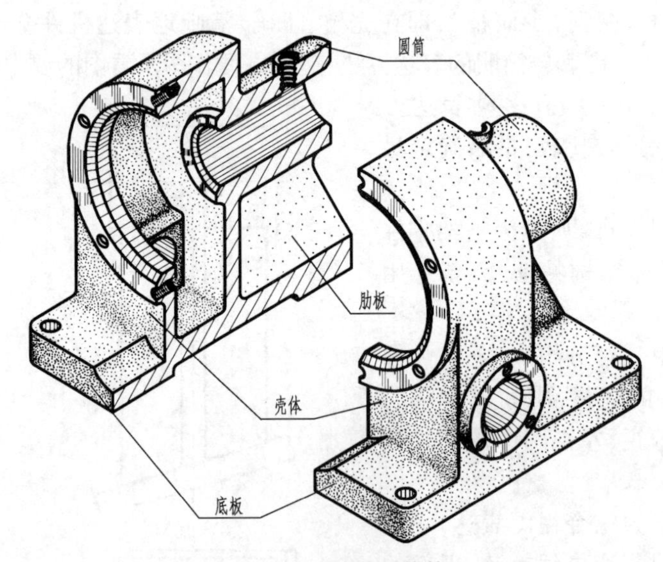

图 6-55 蜗轮减速箱体

该零件的主体部分为中空的拱形柱体;下部为一四棱柱的底板、底部中央有一方形槽,左半部中间开有一弧形出油槽;拱形柱的右端为一空心圆柱筒,其上方有一小圆柱的加强肋。该零件在总体上为前后对称。

根据以上分析,该零件的表达方案采用了图 6-56 所示视图。

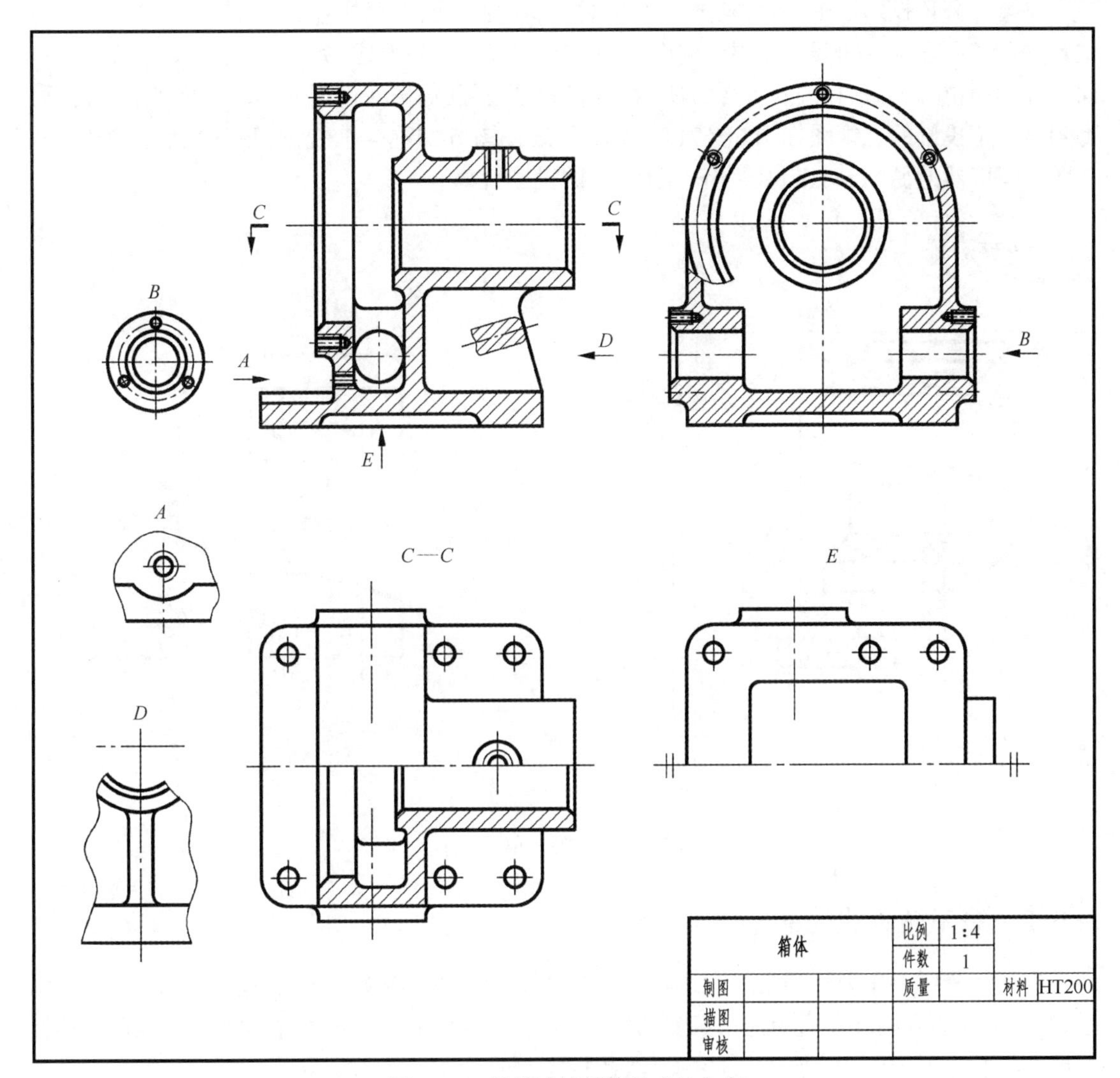

图 6-56　蜗轮减速箱体的表达方案

6.6　第三角画法简介

根据 GB/T 4458.1—2002 的规定,我国的工程图样均采用第一角投影画法,即将物体放在第一分角中投射作图。但是 ISO 相关标准规定,在表达机件结构时,第一角投影法和第三角投影法等效使用,有些国家(美、日等)采用第三角投影作图。为此,本节对第三角投影的原理作简要介绍。

6.6.1　第三角画法的原理及作图

前面第一章有关投影法的基本知识中已作过说明,相互垂直的 H、V、W 三个投影面把空间分成八个部分,每一部分称作一个分角。

在第一分角投影法中，机件被放在 H 面之上，V 面之前，W 面之左，保持人——物——面的位置关系。而在第三角投影法中，机件被放在 H 面之下，V 面之后进行投影，即保持人——面——物的位置关系，如图 6-57(a) 所示。当基本投影面仍按保持 V 面不动的规则展开之后，得到第三角投影的三视图如图 6-57(b) 所示。三视图分别称为前视图，顶视图和右视图，三视图之间依然遵循“长对正、高平齐、宽相等”的投影规律。

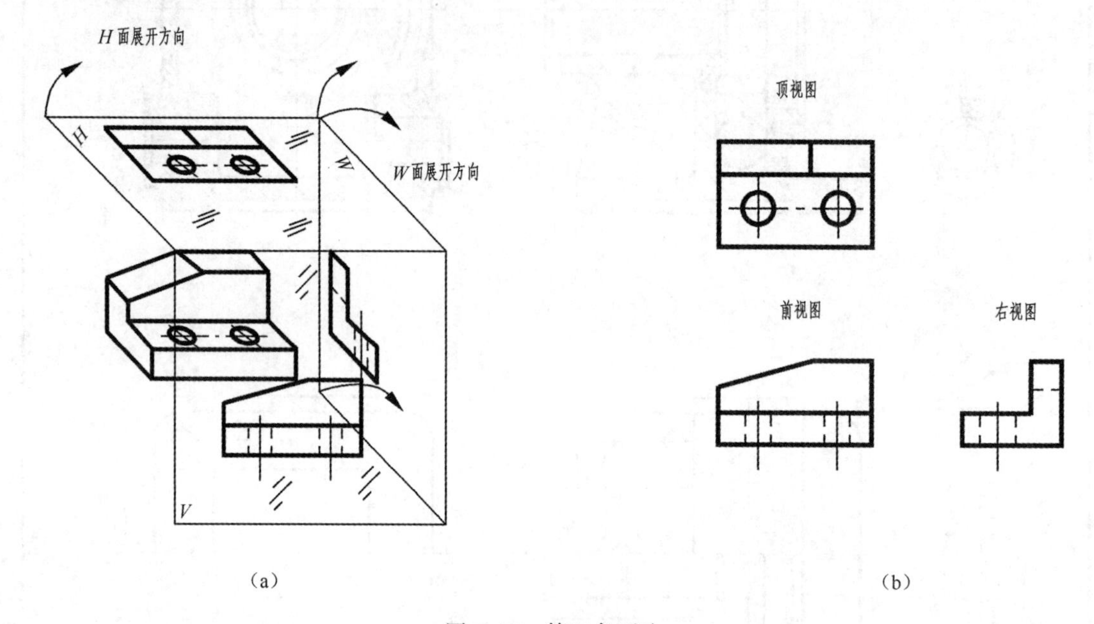

图 6-57　第三角画法

6.6.2　第三角画法的标志

为了区分第一角画法和第三角画法所得的图样，GB/T 14692—2008 规定，采用第三角画法时，必须在图样的标题栏中注写第三角画法的文字说明或识别符号，在采用第一角画法时，如果有必要也可加以注写说明。两种画法的标志符号如图 6-58 所示。

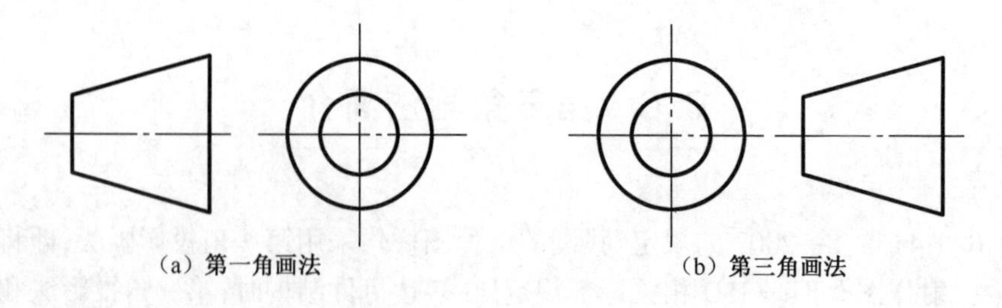

图 6-58　投影法的标志符号

标准件和常用件

在各类机器和设备中，广泛使用着螺钉、螺栓、螺柱、螺母、垫圈、键、销、滚动轴承等零件。为了便于组织专业化生产，对这些零件的结构、尺寸实行了标准化，故称它们为标准件。而另外一些虽然经常使用，但只是结构定型、部分尺寸标准化的零件（如齿轮、弹簧等），称为常用件。

由于加工标准件和常用件时，可用标准的切削刀具和专用机床，在使用时可按规格选用或更换，因此，对这些零件的形状和结构不必按真实投影画出，而只要根据国家标准规定的画法、代号和标记，进行绘图和标注。其具体尺寸可从有关标准中查阅。

本章将分别介绍螺纹、螺纹紧固件、键、销、滚动轴承、弹簧及齿轮的有关知识、规定画法和标记等内容。

7.1 螺纹及螺纹紧固件

7.1.1 螺纹

1. 螺纹的形成

一平面图形（如三角形、梯形、矩形等）绕一圆柱（或圆锥）作螺旋运动，形成一螺旋体，这种螺旋体就是螺纹。由于平面图形不同，形成的螺纹形状也不同。

螺纹可加工在圆柱（或圆锥）外表面，或圆孔内表面。前者称为外螺纹，后者称为内螺纹。内、外螺纹成对使用。

图 7-1 表示在车床上加工内、外螺纹的情形。通常使工件作等速回转运动，刀具作等速直线运动，这样刀具就可在圆柱表面切削出螺纹。

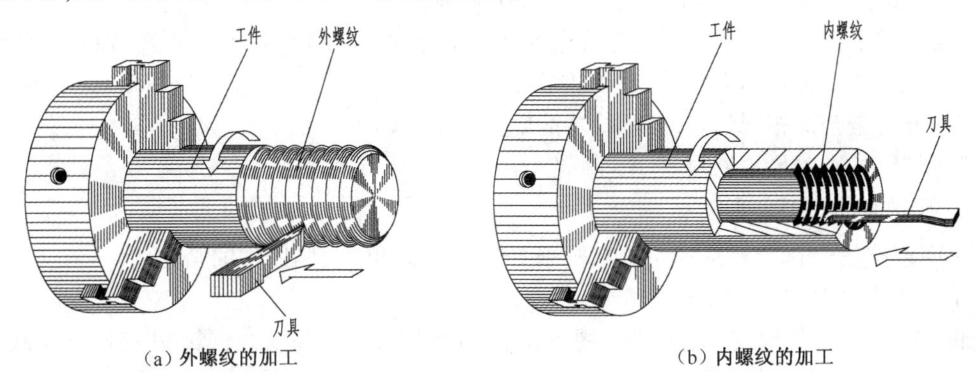

（a）外螺纹的加工　　（b）内螺纹的加工

图 7-1　螺纹的加工方法

2. 螺纹的要素

(1)牙型

螺纹的牙型是指沿螺纹轴线剖开螺纹后所得到的轮廓形状。常见的有三角形、梯形和矩形等,见表7-1。

(2)公称直径

公称直径代表螺纹尺寸的直径。除管螺纹外,公称直径通常是指螺纹大径的基本尺寸。而螺纹大径是与外螺纹的牙顶或内螺纹的牙底相重合的假想圆柱面的直径,用d(外螺纹)或D(内螺纹)表示;与外螺纹的牙底或内螺纹牙顶相重合的假想圆柱面的直径,称为螺纹小径,用d_1(外螺纹)或D_1(内螺纹)表示,如图7-2(a)所示。

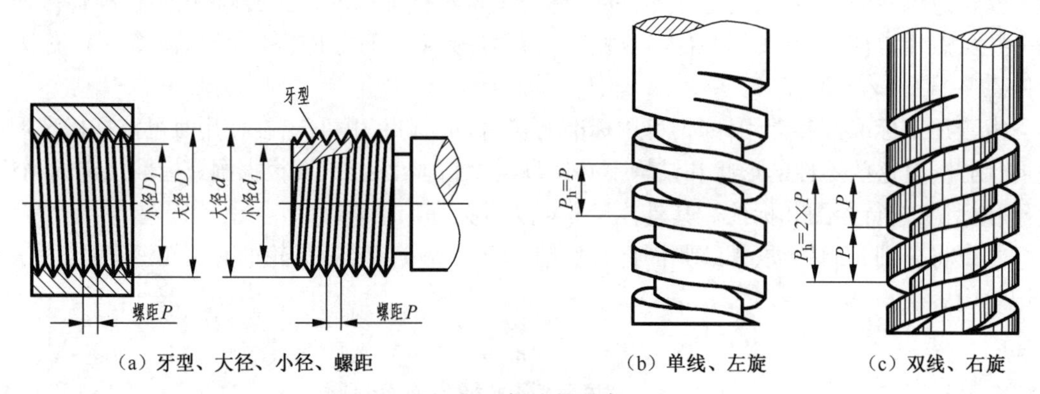

(a)牙型、大径、小径、螺距　(b)单线、左旋　(c)双线、右旋

图7-2　螺纹的要素

(3)线数n

线数表示同一圆柱面上切制螺纹的条数。图7-2(b)所示为单线螺纹,图7-2(c)所示为双线螺纹。两线或两线以上的螺纹称为多线螺纹。

(4)螺距P和导程P_h

螺纹相邻两牙对应点之间的轴向距离称为螺距,用P表示。

同一条螺旋线上的相邻两牙对应点间的轴向距离称为导程,用P_h表示。

导程与螺距的关系是:导程P_h=螺距P×线数n。若是单线螺纹,则导程P_h=螺距P,如图7-2(b)、(c)所示。

(5)旋向

螺纹旋进的方向。当螺纹旋进时,如为顺时针方向旋转,则为右旋;如为逆时针方向旋转,则为左旋,如图7-2(b)、(c)所示。工程上常用右旋螺纹。

在螺纹的上述五要素中,牙型、公称直径和螺距是决定螺纹的最基本要素,通常称为螺纹三要素。凡三要素符合标准的称为标准螺纹。

螺纹五要素全部相同的内、外螺纹才能旋合在一起。

常见螺纹的有关尺寸见附表-1~附表-2。

3. 螺纹的规定画法

为了便于绘图,国家标准规定了在机械图样中螺纹和螺纹紧固件的画法。

(1)外螺纹的画法

如图7-3所示,外螺纹一般用两个视图表示,其螺纹大径画粗实线,螺纹小径画细实线。螺纹终止线画成粗实线。小径通常画成大径的0.85。在投影为非圆的视图中,小径线画入倒角内,螺纹终止线画粗实线；螺尾部分一般不必画出，当需要表示螺纹收尾时，该部分用与轴线成 30°的细实线画出，如图 7-3(a)所示。在投影为圆的视图中，表示小径的细实线圆只画约 3/4 圈(空出约 1/4 圈的位置不作规定)，表示大径的粗实线圆画成整圆，倒角圆规定不画。外螺纹若剖开表示时，画法如图 7-3(b)所示。

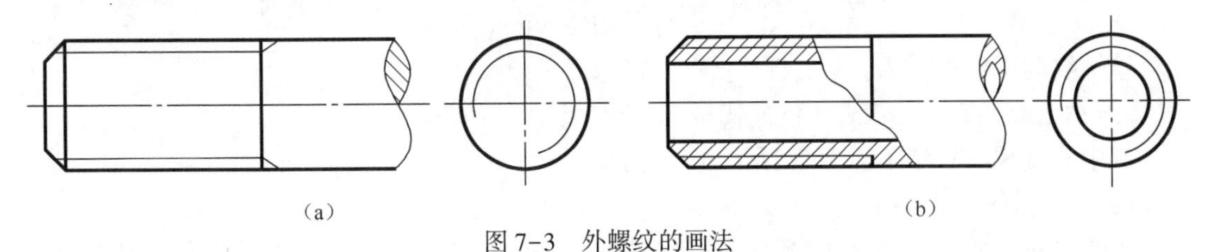

图 7-3　外螺纹的画法

(2)内螺纹的画法

如图 7-4(a)所示，内螺纹一般用两个视图表示。其投影为非圆的视图通常剖开表示，螺纹大径画细实线，螺纹小径及螺纹终止线画粗实线；在投影为圆的视图中，表示大径的细实线圆只画约 3/4 圈，表示小径的粗实线圆画成整圆，倒角圆规定不画。若绘制不贯通的螺孔时，如图 7-4(b)所示，螺孔深度和钻孔深度均应画出，一般钻孔深度应比螺孔深度大 $0.2d \sim 0.5d$ (d 为螺纹大径)，钻孔头部的锥顶角应画成 120°。不可见螺纹的所有图线用虚线绘制。

不论是外螺纹或内螺纹，在剖视或剖面图中的剖面线都必须画到粗实线处。

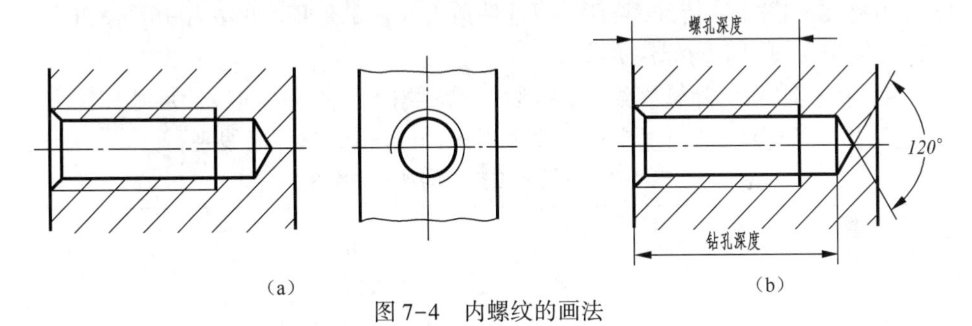

图 7-4　内螺纹的画法

(3)内、外螺纹连接的画法

如图 7-5 所示，在剖视图中，内、外螺纹结合部分按外螺纹画，其余部分仍用各自的画法表示。内、外螺纹的大径、小径的粗细实线应分别对齐，剖面线必须画到粗实线处。

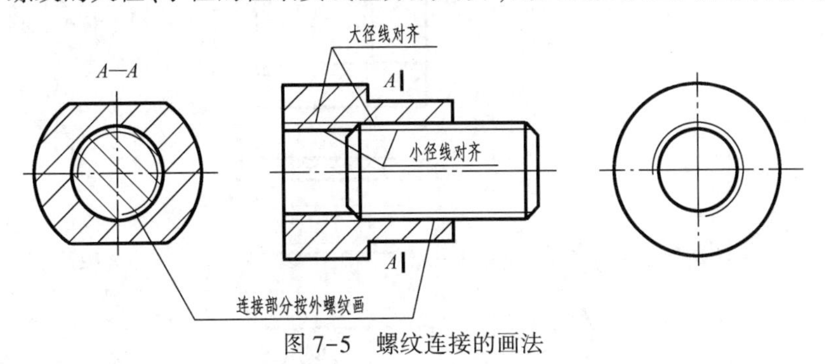

图 7-5　螺纹连接的画法

4. 螺纹的种类和标注

(1)螺纹的种类

螺纹按用途可分为连接螺纹和传动螺纹两类。常用标准螺纹的种类及用途可参看

表7-1。

(2)螺纹的代号标注

在图样上螺纹需要用规定的螺纹代号标注,除管螺纹外,螺纹代号的标注格式为:

特征代号 公称直径×螺距(单线时)/导程(P 螺距)(多线时) 旋向

管螺纹的标注格式为:

特征代号 尺寸代号 旋向

其中右旋螺纹省略不注,左旋用"LH"表示。

(3)螺纹标记的标注

当螺纹精度要求较高时,除标注螺纹代号外,还应标注螺纹公差带代号和螺纹旋合长度。

螺纹标记的标注格式为:

螺纹代号—螺纹公差带代号(中径、顶径)—旋合长度

有关标注内容的说明:

①公差带代号由数字加字母表示(内螺纹用大写字母,外螺纹用小写字母),如 7H、6g 等,应特别指出,7H、6g 等代表螺纹公差,而 H7、g6 代表圆柱体公差代号。

②旋合长度规定为短(用 S 表示)、中(用 N 表示)、长(用 L 表示)三种。一般情况下,不标注螺纹旋合长度,其螺纹公差带按中等旋合长度(N)确定。必要时,可加注旋合长度代号 S 或 L,如"M20-5g6g-L"。有特殊需要时,可注明旋合长度的数值,如"M20-5g6g-30"。

(4)螺纹标记在视图上的标注方法

如表 7-1 中图例所示,除管螺纹外,在视图上螺纹标记的标注同线性尺寸标注方法相同;而管螺纹是用指引线标注,指引线应从大径上引出,并且不应与剖面线平行。

表 7-1 常用标准螺纹的种类和标注

螺纹种类		特征代号	牙型放大图	标注示例	用途及说明
普通螺纹	粗牙	M	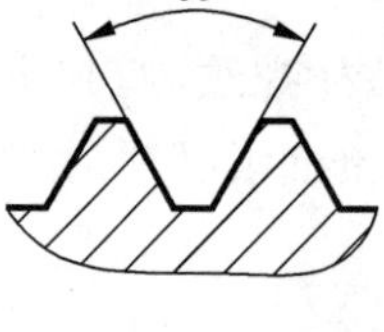 60°	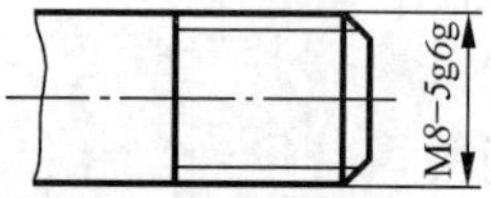 M8-5g6g	最常用的一种连接螺纹;直径相同时,粗牙螺纹的螺距比细牙螺纹的螺距大;粗牙螺纹不注螺距
	细牙			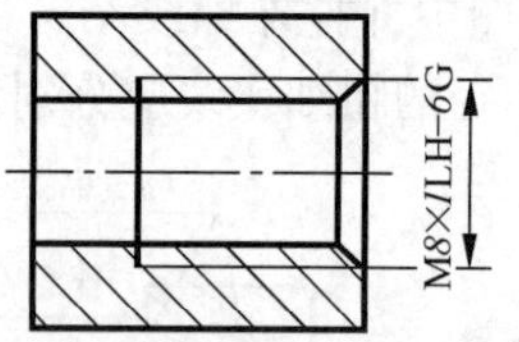 M8×1LH-6G	
管螺纹	非螺纹密封	G	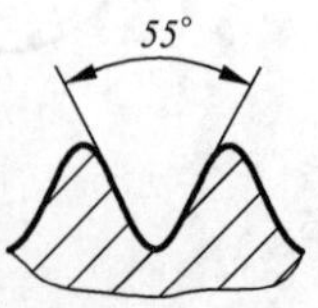 55°	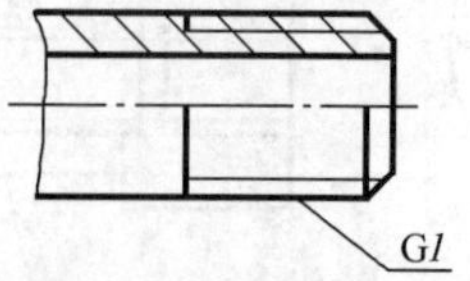 G1	管道连接中的常用螺纹;螺距及牙型均较小;作图时应根据尺寸代号查出螺纹大径。代号 R 表示锥管外螺纹,Rc 表示锥管内螺纹,Rp 表示圆柱内管螺纹
	螺纹密封	R Rc Rp		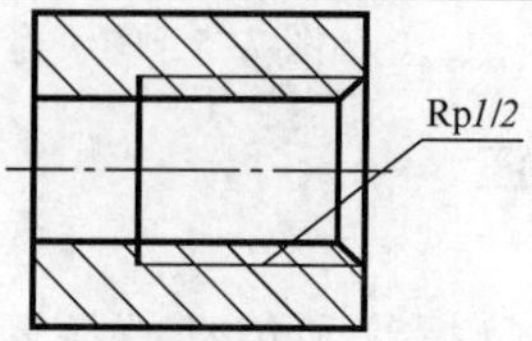 Rp1/2	

续表

螺纹种类	特征代号	牙型放大图	标注示例	用途及说明
梯形螺纹	Tr	30°	Tr16×8(p4)	常用的两种传动螺纹,用于传递运动和动力。梯形螺纹可传递双向动力,锯齿形螺纹用来传递单向动力
锯齿形螺纹	B	3° 30°	B40×7	

表 7-1 中标注的说明:

(1)M8-5g6g 表示粗牙普通螺纹,公称直径 8,右旋,螺纹中径公差带为 5g、顶径公差带为 6g,旋合长度按中等长度考虑。

(2)M8×1LH-6G 表示细牙普通螺纹,公称直径 8,螺距 1,左旋,螺纹中径、顶径公差带均为 6G,旋合长度按中等长度考虑。

(3)G1 表示英制非螺纹密封管螺纹, 尺寸代号 1, 右旋。

(4)Rp 1/2 表示英制螺纹密封圆柱内管螺纹, 尺寸代号 1/2, 右旋。

(5)Tr16×8(P4)表示梯形螺纹,公称直径 16,双线,导程 8,螺距 4,右旋。

(6)B40×7 表示锯齿形螺纹,公称直径 40 mm,单线,螺距 7 mm,右旋。

7.1.2　螺纹紧固件

螺纹紧固件就是利用一对内、外螺纹的连接作用来连接或紧固一些零件。常用的螺纹紧固件有螺栓、双头螺柱、螺钉、螺母和垫圈等,如图 7-6 所示。

1. 螺纹紧固件的标记

螺纹紧固件的结构、尺寸已标准化(见附表 5~表 12)。因此,对符合标准的螺纹紧固件,不需画零件图,根据规定标记就可在相应的国家标准中查出有关尺寸。

螺纹紧固件的规定标记一般格式为:

名称　标准编号—形式与尺寸、规格等—性能等级或材料及热处理—表面处理

其中,当产品标准中只有一种形式、精度、性能等级或材料及热处理以及表面处理时,该项标记允许省略。常用螺纹紧固件的标记见表 7-2。

标记举例:

【例 7-1】　螺纹规格 d=M20,公称长度 L=100 mm(不包括头部的长度),性能等级为 8.8,镀锌钝化、A 级的六角头螺栓的标记为:

螺栓　GB/T 5782-M20×100-8.8-Zn · A

【例 7-2】　“螺母 GB/T 6170-M16”表示螺纹规格 D=M16,国家标准代号为 GB/T 6170,不经表面处理的 1 型 A 级六角螺母。

图 7-6　常用的螺纹紧固件

【例 7-3】 “垫圈 GB/T 97. 1-8-140HV”表示公称尺寸(即使用垫圈的螺纹紧固件的螺纹规格 d)为 8 mm,国家标准代号为 GB/T97. 1,性能等级为 140 HV(HV 为维氏硬度),不经表面处理的 A 型平垫圈。

2. 螺纹紧固件的画法

在螺纹紧固件的连接图中,紧固件各部分可根据规定标记在标准中查出有关尺寸并画出,也可根据螺纹的公称直径 d 按比例画出。常用螺纹紧固件的比例画法见表 7-2。

表 7-2　常用螺纹紧固件的标记及画法

名称及视图	规定标记及示例	比例画法
六角头螺栓 M12　40	螺栓 GB/T 5782 -M12×40	r由作图决定　2d　1.5d　d　2d　30°　0.7d　有效长度 L
螺柱 M12　40	螺柱 GB/T 899 M12×40	2d　d　b_m　有效长度 L
开槽盘头螺钉 M10　35	螺钉 GB/T 67 M10×35	0.25d　0.3d　0.25d　d　0.7d　有效长度 L　45°　2d

续表

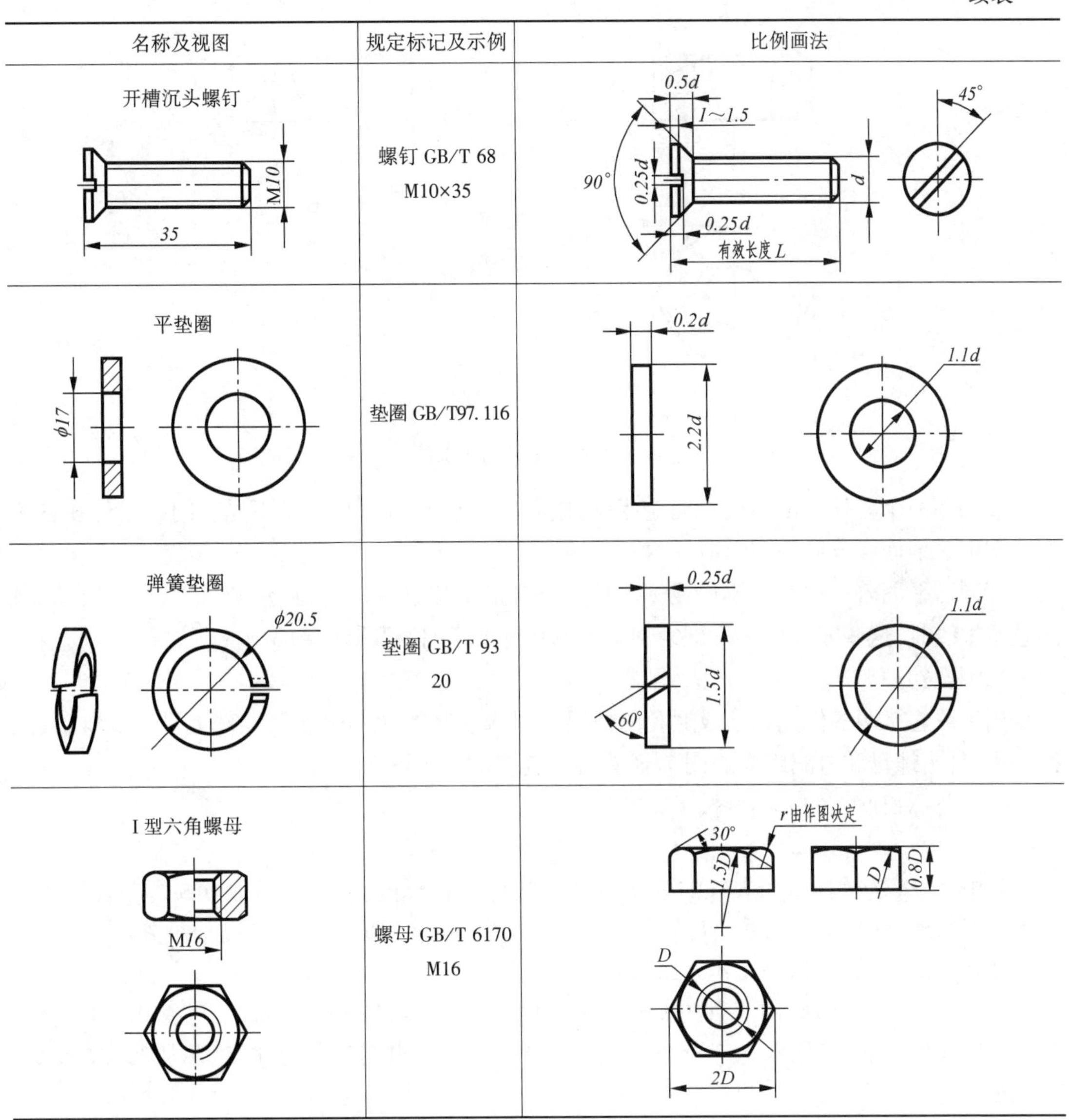

名称及视图	规定标记及示例	比例画法
开槽沉头螺钉	螺钉 GB/T 68 M10×35	
平垫圈	垫圈 GB/T97. 116	
弹簧垫圈	垫圈 GB/T 93 20	
I 型六角螺母	螺母 GB/T 6170 M16	

【例 7-4】 六角螺母的比例画法

六角螺母头部外表面的曲线为双曲线,作图时可用圆弧来代替双曲线,其比例画法如图 7-7 所示。

与六角螺母类似的六角头螺栓头部曲线画法也可参照图 7-7,但要注意螺栓头部的六棱柱高度应取 0.7d。

在装配图中,为了简化作图,六角螺母和六角头螺栓头部也可采用简化画法,省去曲线部分,如图 7-14 所示螺母采用的即为简化画法。

3. 螺纹紧固件连接图的画法

按所使用的螺纹紧固件的不同,螺纹紧固件连接主要有螺栓连接、双头螺柱连接和螺钉连接等,而连接图的画法应符合下列基本规定:

①两零件的接触表面画一条粗实线。

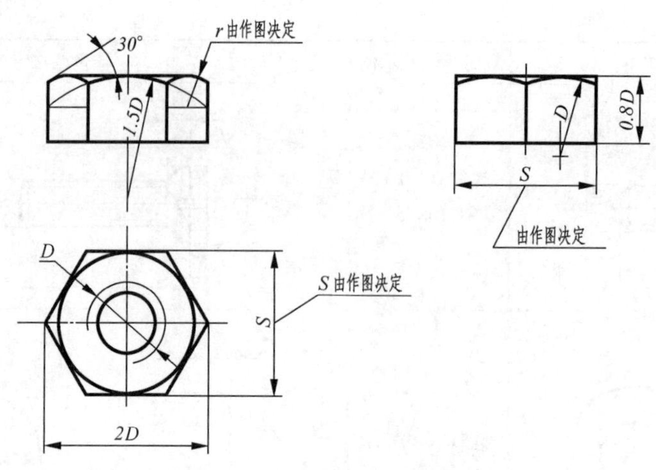

图 7-7　六角螺母的比例画法

②相邻两个零件的剖面线方向应相反,或方向一致但间隔有明显不同。同一零件在各个剖视图中的剖面线方向与间隔应一致。

③剖切平面若通过实心零件或标准件(如螺栓、螺钉、螺柱、螺母、垫圈、销、键、球及轴等)的基本轴线时,这些零件均按不剖绘制。若有特殊要求时,可采用局部剖视(见图 7-14)。

(1)螺栓连接

用于被连接两零件允许钻成通孔的情况。螺栓连接的两个被连接零件上没有螺纹,其连接是由螺栓、螺母和垫圈组成。图 7-8 为螺栓连接的三视图。

螺栓公称长度 L 的大小可按下式算出:

$$L > \delta_1 + \delta_2 + S + H + a$$

其中 δ_1、δ_2 为被连接两零件的厚度,a 为螺栓伸出螺母的长度,一般取 $0.3d$ 左右,S、H 分别为垫圈和螺母的厚度,如采用比例画法,则 $S=0.2d$,$H=0.8d$(参见表 7-2)。

若 $d=20$ mm,$\delta_1=35$ mm,$\delta_2=28$ mm,则

$$L>\delta_1+\delta_2+S+H+a=25+18+0.2d+0.8d+0.3d=69(\text{mm})$$

根据螺栓标准(见附表-5)所规定的长度系列中,查出与其相近的 L 值为 70,故取 $L=$ 70 mm。

图中被连接两零件上所钻光孔尺寸一般取 $1.1d$,其余尺寸可根据公称直径 d 参照图 7-8,并按表 7-2 中所介绍的比例画法画出。

(2)螺柱连接

用于被连接零件之一较厚不便于钻成通孔的情况。螺柱连接一般在较厚的一个零件上加工有螺纹孔,而另一个零件加工成通孔,其连接是由螺柱、垫圈、螺母组成。图 7-9 为螺柱连接的三视图。

双头螺柱旋入零件螺孔内的部分称为旋入端,图中用 b_m 表示。旋入端应全部旋入螺孔内,以保证连接可靠。

b_m 长度由被旋入零件的材料所决定,其数值见表 7-3。

双头螺柱的公称长度 L 是从旋入端螺纹的终止线至紧固部分末端的长度,如图 7-9 所示,L 可由下式算出:

$$L > \delta_1 + S + H + a$$

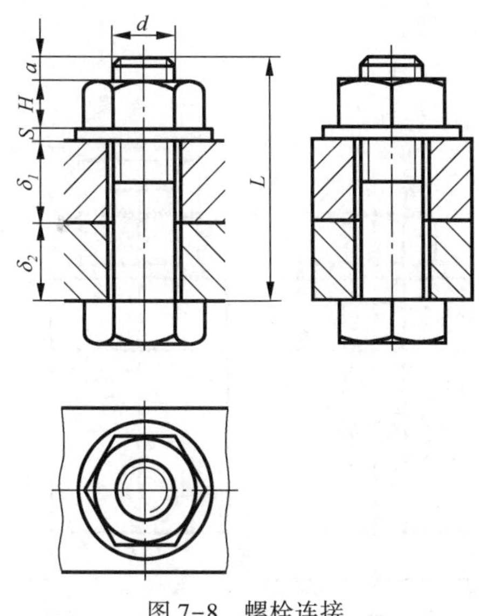

图 7-8　螺栓连接

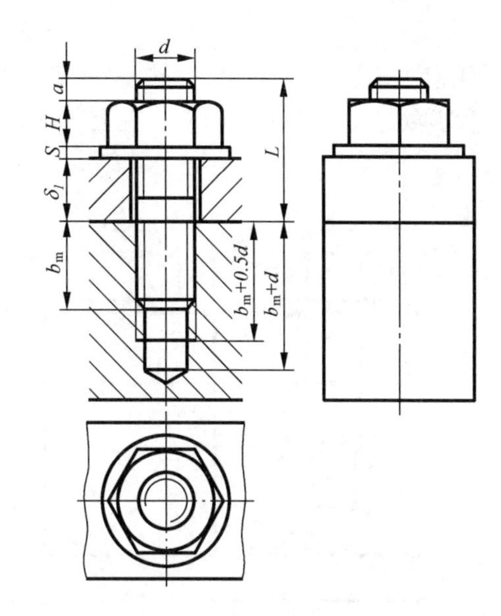

图 7-9　螺柱连接

表 7-3　旋入端长度 b_m 的数值

被旋入零件的材料	旋入端长度 b_m	双头螺柱的国家标准代号
钢或青铜	d	GB/T 897—1988
铸　　铁	$1.25d$	GB/T 898—1988
	$1.5d$	GB/T 899—1988
铝 合 金	$2d$	GB/T 900—1988

算出数值后，再从国家标准规定的双头螺柱(见附表-6)长度系列中，选取合适的 L 值。

图中螺孔深度一般取 $b_m+0.5d$，钻孔深度一般取 b_m+d。螺纹孔的画法可参考图 7-4(b)。

(3)螺钉连接

螺钉连接不用螺母，一般在其中较厚的一个零件上加工有螺孔，而另一个加工成通孔，与螺柱连接相似。

图 7-10 为开槽盘头螺钉连接的三视图。

图 7-10 所示螺钉旋入螺孔的长度 b_m 与零件的材料有关，其取值可参考螺柱连接中的 b_m。而螺钉上的螺纹长度 b 应大于 b_m。

螺钉头部的一字槽，可按比例画法画出槽口。当槽宽小于 2 mm 时，可用加粗的粗实线绘制。在俯视图中应将槽口画成向右与水平线成 45°，在左视图中也应画出槽口。

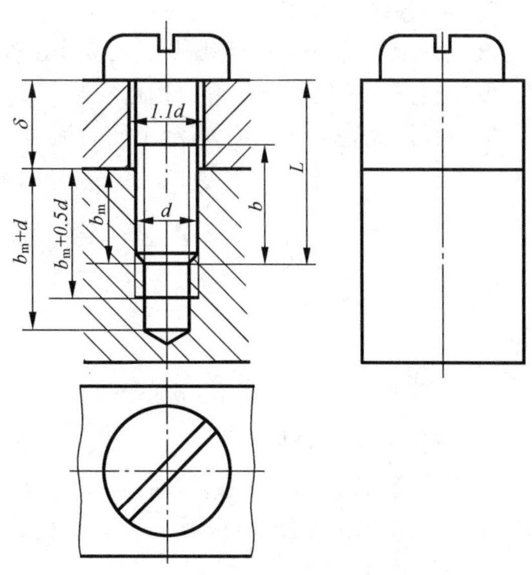

图 7-10　螺钉连接图

【例 7-5】　对比图 7-11(a)和图 7-11(b)，试说明圆圈处的错误画法。

【解】　图 7-11(b)圈出处的错误画

法是：

①双头螺柱伸出螺母处，漏画表示螺纹小径的细实线。

②弹簧垫圈开口槽方向应从左上向右下，并与水平线成 60°。

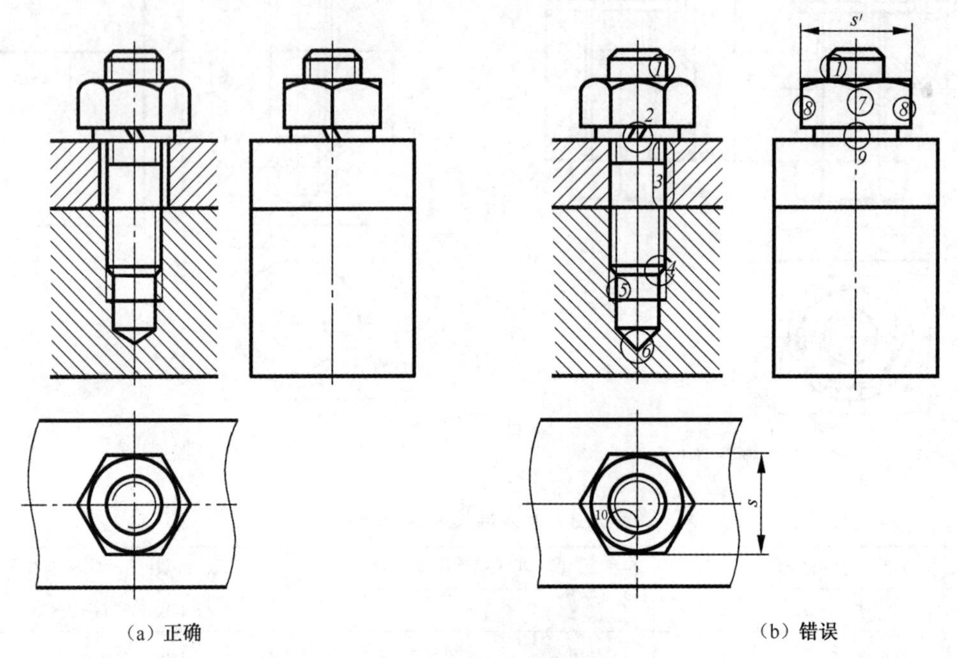

图 7-11 双头螺柱连接图正误对比

③上部被连接零件的孔径，应比双头螺柱的孔径稍大（孔径≈1.1d），应画两条粗实线。

④内、外螺纹的大、小径应对齐，且小径的大小（$d_1 \approx 0.85d$）与倒角无关。

⑤剖面线应画到粗实线。

⑥钻孔底部的锥角应为 120°。

⑦应有棱线（粗实线）。

⑧此处螺母的宽应和俯视图相等，大小由作图决定。

⑨左视图中弹簧垫圈的开口槽也应画出。

⑩按投影此处为外螺纹，表示小径的细实线应画 3/4 圈。

7.2 键、销和滚动轴承

7.2.1 键

1. 键的作用和种类

为了使轮与轴连接在一起转动，常在轮（孔）与轴的接触面处各开一条键槽，将键嵌入，使轴和轮子一起转动，如图 7-14 所示。常用的键有普通平键、半圆键和钩头楔键三类，本节主要讨论普通平键。

普通平键的形式有 A、B、C 三种，其形状和尺寸如图 7-12 所示。

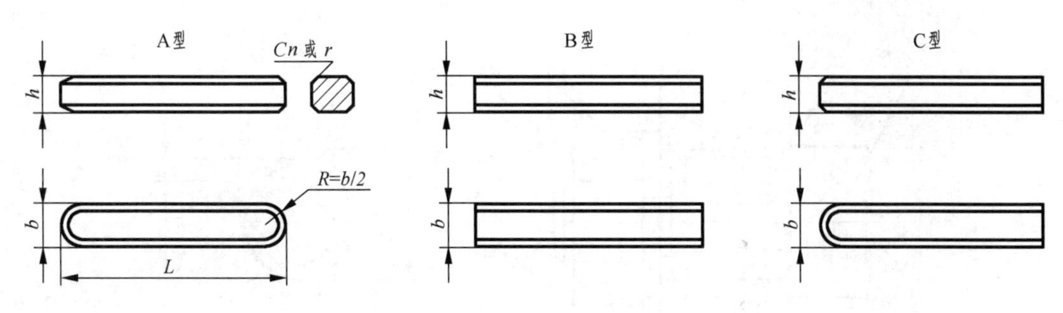

图 7-12 普通平键的形式和尺寸

2. 键的标记

键是标准件，故根据规定标记就可在标准中查出有关尺寸。普通平键的规定标记一般格式为：

标准编号 键 形式 键宽 b×键高 h×键长 L

其中，A 型可省略“A”字，键宽 b、键高 h 根据被连接轴的轴径 d 查表决定，公称长度 L 应根据设计要求参照附表-17 选定。

【例 7-6】 已知轴径 $d=40$ mm，选用长度 $L=100$ mm 的圆头普通平键连接，试查表确定此键的其余尺寸，并写出其规定标记。

【解】 由附表-17 查出：$b=12$ mm，$h=8$ mm。故规定标记为：

GB/T 1096 键 12×8×100

3. 普通平键连接图的画法

图 7-13(a) 所示为轴上键槽的画法及尺寸注法，图 7-13(b) 所示为齿轮上键槽的画法及尺寸注法。轴上键槽用轴的主视图（局部剖视）和在键槽处的移出断面表示，需要标注的尺寸包括键槽长度 L、键槽宽度 b 和 $d-t_1$（t_1 是轴上键槽的深度）。齿轮上键槽采用全剖视图及局部视图表示，尺寸应标注 b 和 $d+t_2$（t_2 是齿轮上键槽的深度）。

图 7-14 所示为用普通平键连接齿轮和轴的连接图画法。如图 7-13 所示，普通平键的两个侧面与键槽侧面相接触，键的底平面与轴键槽的底平面接触，故均应画一条粗实线。而键的

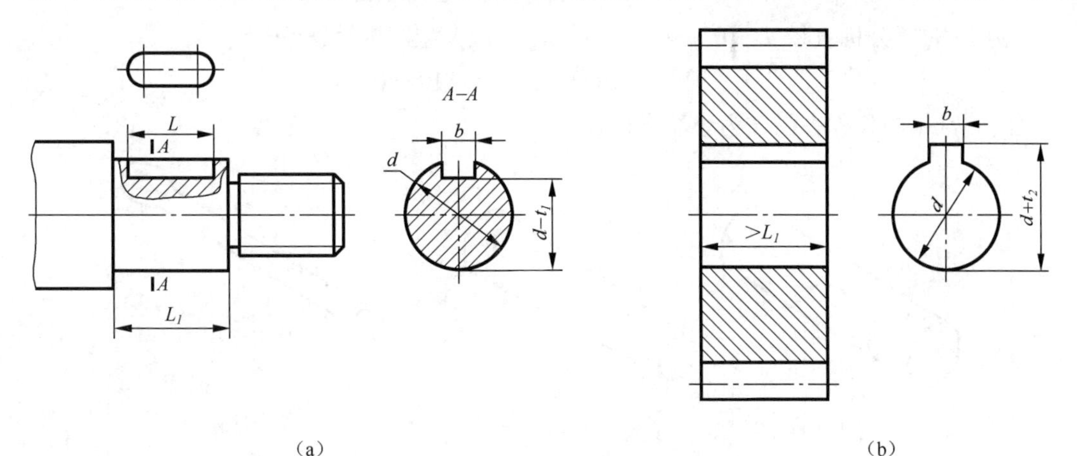

图 7-13 键槽的画法及尺寸注法

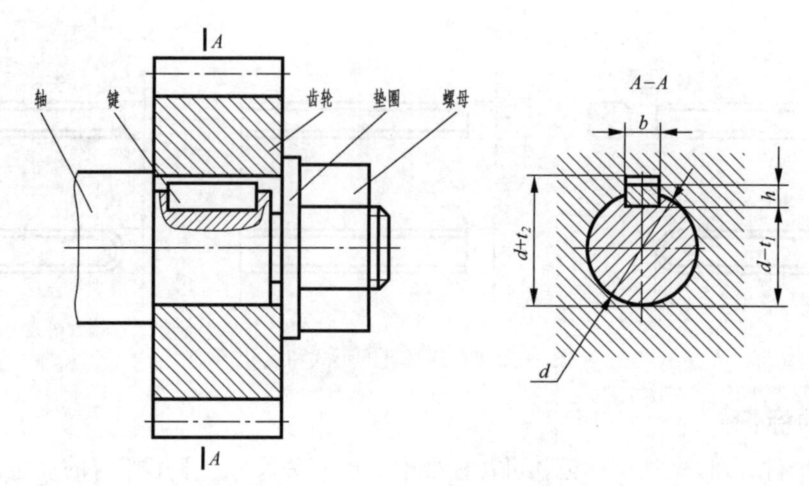

图 7-14 普通平键的连接画法

顶面与齿轮上键槽底平面不接触（$h<t_1+t_2$），应画两条线。轴应按不剖画，为表示轴上键槽，图 7-13采用了局部剖视。（注：*A*—*A* 剖面图中齿轮未全部画出）。

7.2.2 销

1. 销的作用和种类

销主要用于零件间的定位和连接。常用的销有圆柱销、圆锥销和开口销等，如图 7-15 所示。

销是标准件，其各部分尺寸和形式，见附表-12、表-13、表-14。

2. 销的标记

销的规定标记一般格式为：

销　标准编号　形式　公称直径 d×长度 L

销的规定标记示例：

【例 7-7】 公称直径 d=10 mm，长度 L=40 mm，B 型圆柱销，标记为：

销　GB/T 119.1　B10×40

【例 7-8】 公称直径 d=10 mm，长度 L=40 mm，A 型圆锥销，标记为：

销　GB/T 117　A10×40

注：圆锥销的公称直径 d 为小端直径。

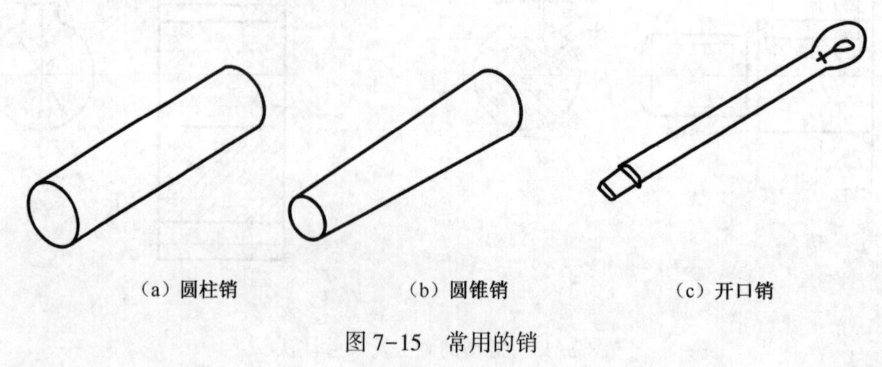

（a）圆柱销　（b）圆锥销　（c）开口销

图 7-15 常用的销

3. 销连接图的画法

圆柱销的连接画法如图7-16(a)所示,齿轮与轴用销连接,它传递的动力不能太大;圆锥销的连接画法如图7-16(b)所示,此圆锥销起定位作用。开口销常要与六角开槽螺母配合使用,将它穿过螺母上的槽和螺杆上的孔后,两脚分开,用来防止螺母松动,如图7-16(c)所示。

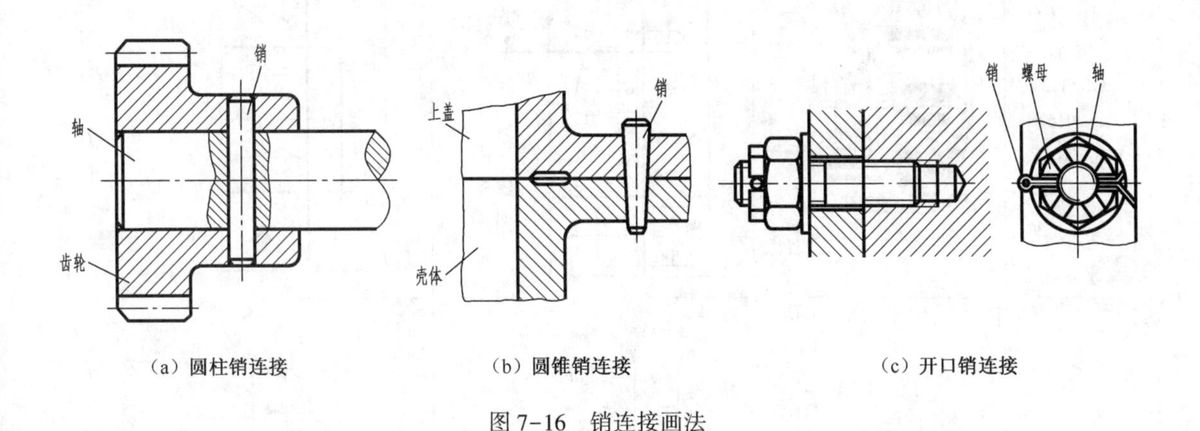

(a)圆柱销连接　(b)圆锥销连接　(c)开口销连接

图7-16　销连接画法

7.2.3　滚动轴承

1. 滚动轴承的作用和种类

滚动轴承是一种支承旋转轴的组件,它具有结构紧凑、摩擦阻力小等优点,被广泛使用在机器或部件中。

滚动轴承的种类很多,但其结构大体相似,一般由内圈、外圈、滚动体和保持架组成。常用的滚动轴承为深沟球轴承(主要承受径向载荷);推力球轴承(只承受轴向载荷);圆锥滚子轴承(能同时承受径向和轴向载荷),见表7-4。

表7-4　常用滚动轴承的形式及画法

轴承名称代号	结构形式	规定画法	特征画法	应用
深沟球轴承(GB/T 276—2013)60000型		B, $\frac{B}{2}$, 30°, A, $\frac{A}{2}$, $\frac{A}{2}$, d, D, $\frac{2}{3}B$	B, $\frac{2}{3}B$, $\frac{B}{6}$, A, d, D	主要承受径向力

续表

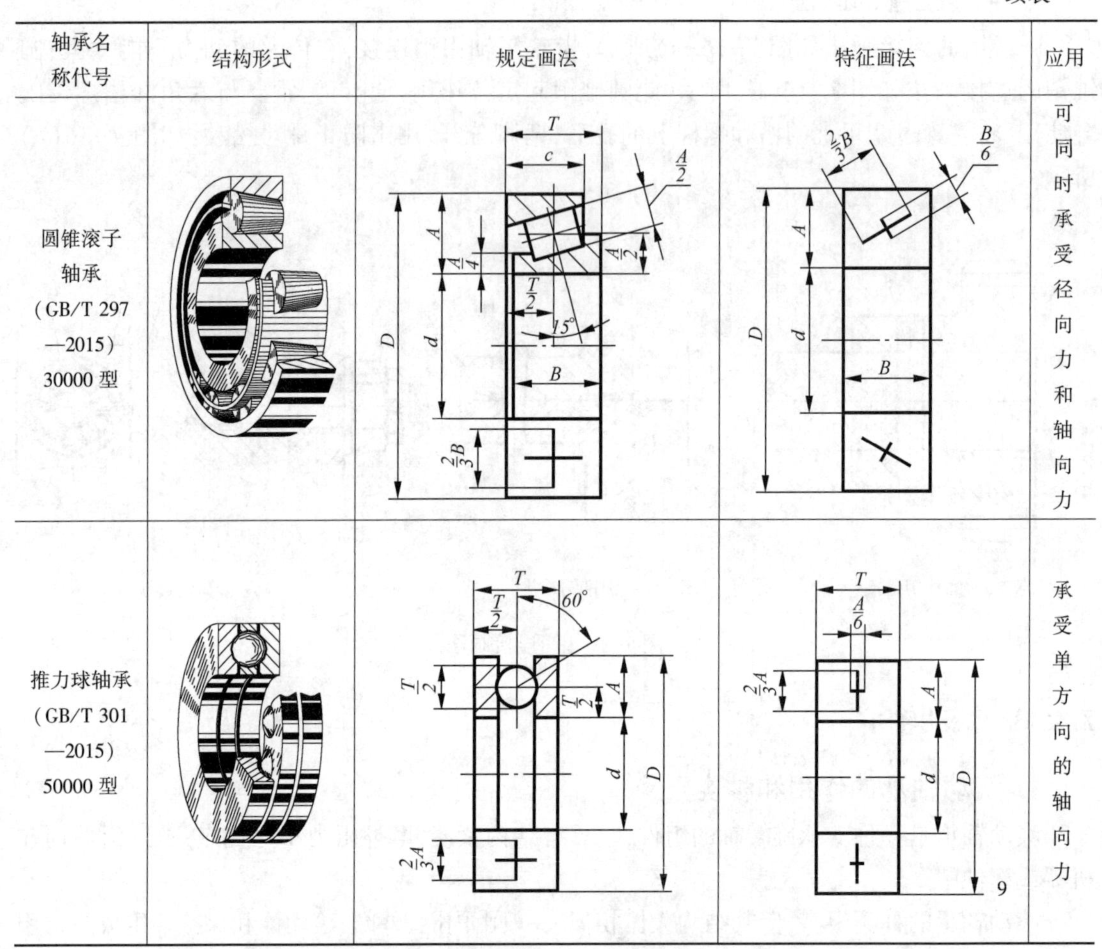

轴承名称代号	结构形式	规定画法	特征画法	应用
圆锥滚子轴承（GB/T 297—2015）30000 型				可同时承受径向力和轴向力
推力球轴承（GB/T 301—2015）50000 型				承受单方向的轴向力

2. 滚动轴承的代号（GB/T 272—2013）

滚动轴承的代号是由字母加数字来表示滚动轴承的结构、尺寸、公差等级、技术性能等特征的产品符号，它由前置代号、基本代号和后置代号构成。

（1）基本代号　表示轴承的基本类型、结构和尺寸，是轴承代号的基础。

基本代号由轴承类型代号、尺寸系列代号、内径代号构成，其排列方式如下：

轴承类型代号　　尺寸系列代号　　内径代号

轴承类型代号用数字或字母来表示，见表 7-5。

表 7-5　轴承类型代号

代号	0	1	2	3	4	5	6	7	8	N	U	QJ
轴承类型	双列角接触球轴承	调心球轴承	调心滚子轴承和推力调心滚子轴承	圆锥滚子轴承	双列深沟球轴承	推力球轴承	深沟球轴承	角接触球轴承	推力圆柱滚子轴承	圆柱滚子轴承	外球面球轴承	四点接触球轴承

尺寸系列代号由轴承的宽（高）度系列代号和直径系列代号组合而成，用两位数字来表

示。它的主要作用是区别内径相同而宽度和外径不同的轴承。具体代号请查阅相关标准。

内径代号表示轴承的公称内径，一般用两位阿拉伯数字表示。代号数字为00，01，02，03时，分别表示轴承公称内径 $d = 10$ mm，12 mm，15 mm，17 mm；代号数字为04～96时代号数字乘5，即为轴承公称内径；轴承公称内径为1～9 mm时，用公称内径毫米数直接表示；公称内径为22 mm，28 mm，32 mm，500 mm或大于500 mm时，用公称内径毫米数直接表示，但与尺寸系列之间用“/”分开。

基本代号示例：

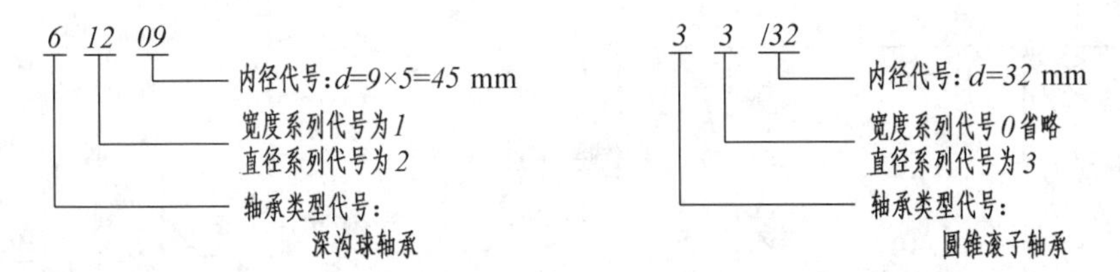

(2)前置、后置代号　前置代号用字母表示，后置代号用字母（或加数字）表示。前置、后置代号是轴承在结构形状、尺寸、公差、技术要求等有改变时，在其基本代号左右添加的代号。其代号含义可查阅GB/T 272—2013。

3. 滚动轴承的画法（GB/T 4459.7—1998）

滚动轴承也是标准件，故无需画零件图。在装配图中为表示轴承，可采用简化画法或规定画法。用简化画法绘制滚动轴承时，应采用通用画法或特征画法。常用滚动轴承的结构形式、代号及画法见表7-4，其尺寸可查阅附表-18、表-19。

7.3　齿轮和弹簧

齿轮和弹簧均属于常用件。常用件的基本结构定型，部分尺寸和参数也有统一的标准。在制图时有规定的画法。本书主要介绍齿轮和弹簧的基本知识和规定画法。

7.3.1　齿轮

1. 齿轮的作用和分类

齿轮是机器中广泛采用的传动零件之一。它可以传递动力，又可以改变转速和回转方向。齿轮的种类很多，根据其传动形式可分为三类，如图7-17所示。

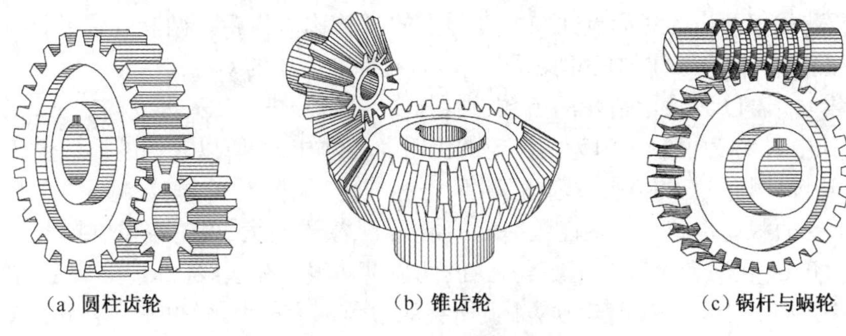

(a) 圆柱齿轮　(b) 锥齿轮　(c) 锅杆与蜗轮

图7-17　常见的齿轮传动

圆柱齿轮用于平行两轴之间的传动;锥齿轮用于相交两轴之间的传动;蜗杆与蜗轮用于交叉两轴之间的传动。

圆柱齿轮根据轮齿的方向,可分为直齿圆柱齿轮、斜齿圆柱齿轮和人字齿圆柱齿轮。本节主要介绍直齿圆柱齿轮。

2. 直齿圆柱齿轮各部分名称

图 7-18(a)所示为互相啮合的两齿轮的一部分;图 7-18(b)所示为单个齿轮。

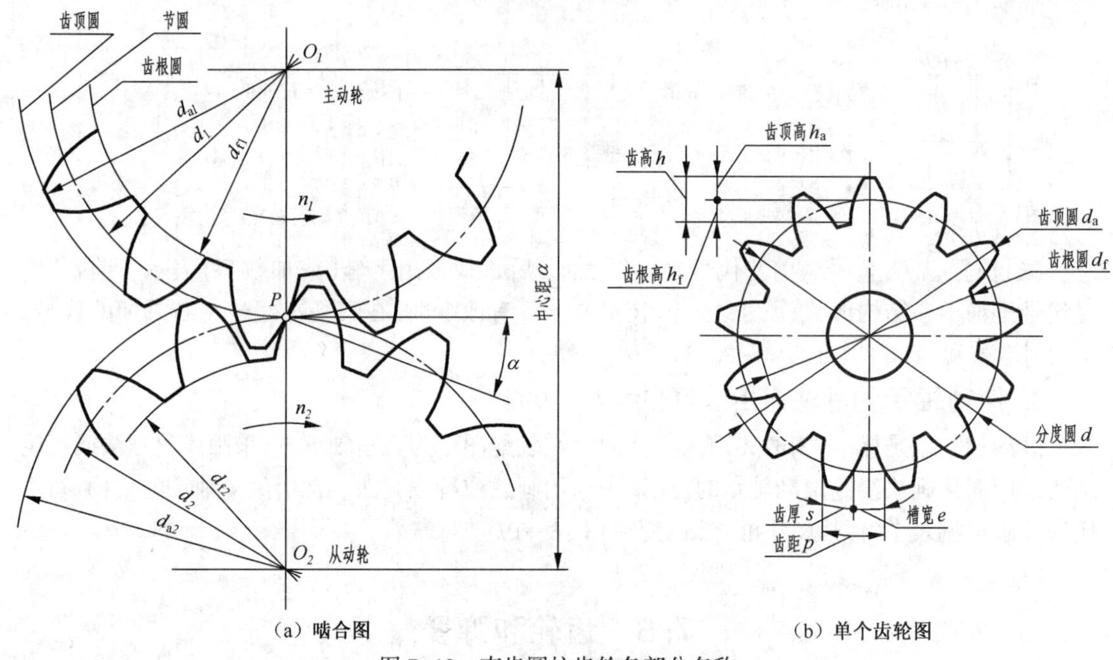

(a) 啮合图　　(b) 单个齿轮图

图 7-18　直齿圆柱齿轮各部分名称

(1)节圆直径 d'、分度圆直径 d:两圆心连线 $O_1\ O_2$上两相切的圆称为节圆。对单个齿轮而言,作为设计、制造齿轮时进行各部分尺寸计算的基准圆,也是分齿的圆,称为分度圆。标准齿轮 $d=d'$。

(2)齿顶圆直径 d_a:通过轮齿顶部的圆,称为齿顶圆。

(3)齿根圆直径 d_f:通过齿槽根部的圆,称为齿根圆。

(4)齿顶高 h_a、齿根高 h_f、齿高 h:齿顶圆与分度圆的径向距离称为齿顶高;分度圆与齿根圆的径向距离称为齿根高;齿顶圆与齿根圆的径向距离称为齿高。其尺寸关系为: $h=h_a+h_f$。

(5)齿厚 s、槽宽 e、齿距 p:每个轮齿在分度圆上的弧长称为齿厚;每个齿槽在分度圆上的弧长称为槽宽;相邻两齿廓对应点间在分度圆上的弧长称为齿距。两啮合齿轮的齿距必须相等。齿距 p、齿厚 s、槽宽 e 间的尺寸关系为:$p=s+e$,标准齿轮的 $s=e$。

(6)模数 m :若以 Z 表示齿轮的齿数,则:分度圆周长 $=\pi d=Zp$,即 $d=Zp/\pi$。令 $p/\pi=m$,则 $d=mZ$。其中 m 称为模数。因为两齿轮的齿距 p 必须相等,所以它们的模数也相等。

为了齿轮设计与加工的方便,模数的数值已标准化,见表 7-6。模数越大,轮齿的高度、厚度也越大,承受的载荷也越大。在齿数一定的情况下,模数越大,齿轮直径也越大。

(7)压力角 α:在两齿轮节圆相切点 P 处,两齿廓曲线的公法线(即齿廓的受力方向)与两节圆的公切线(即 P 点处的瞬时运动方向)所夹的锐角称为压力角,也称啮合角。对单个齿轮即为齿形角。标准齿轮的压力角一般为 20°。

表 7-6　齿轮模数系列(GB/T 1357—2008)

第一系列	1　1.25　1.5　2　2.5　3　4　5　6　8　10　12　16　20　25　32　40　50
第二系列	1.75　2.25　2.75　(3.25)　3.5　(3.75)　4.5　5.5　(6.5)　7　9　(11)　14　18　22　28　(30)　36　45

* 选用模数时应优先选用第一系列;其次选用第二系列;括号内的模数尽量不用。

(8)中心距 a:两啮合圆柱齿轮轴线间的最短距离:$a=m(z_1+z_2)/2$。

(9)传动比 i:主动齿轮的转速 n_1 与从动齿轮的转速 n_2 之比。即 $i=n_1/n_2$。因为 $n_1Z_1=n_2Z_2$,故可得 $i=n_1/n_2=Z_2/Z_1$。

一对互相啮合的齿轮,其模数、压力角必须相等。

3. 直齿圆柱齿轮各部分的尺寸关系

齿轮的模数与各部分的尺寸都有重要关系,其计算公式见表 7-7,其中基本几何要素:模数 m;齿数 Z。

表 7-7　标准直齿圆柱齿轮尺寸计算公式

名称及代号	计算公式
齿顶高 h_a	$h_a=m$
齿根高 h_f	$h_f=1.25m$
齿高 h	$h=2.25m$
分度圆直径 d	$d=mZ$
齿顶圆直径 d_a	$d_a=m(Z+2)$
齿根圆直径 d_f	$d_f=m(Z-2.5)$

4. 圆柱齿轮的规定画法

齿轮的轮齿曲线是渐开线,如按投影绘制图形费时、费事。为了设计方便,特采用规定画法。

(1)单个齿轮的画法

如图 7-19(a)所示,齿轮一般用两个视图表示,齿轮轮齿部分在外形视图中,分度圆和分度线用点画线表示;齿顶圆和齿顶线用粗实线表示;齿根圆和齿根线用细实线表示(也可省略不画)。

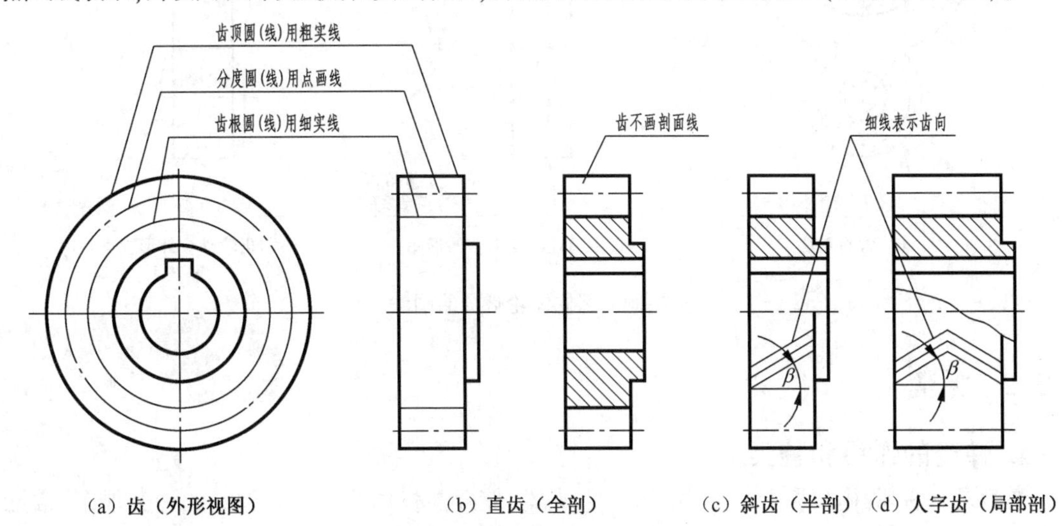

图 7-19　圆柱齿轮的画法

也可画成剖视图,当剖切平面通过齿轮轴线时,轮齿部分按不剖处理;齿根线用粗实线表示,如图 7-19(b)所示;若为斜齿或人字齿时,可画成半剖视图或局部剖视图,并在未剖切部分画三条与齿形方向一致的细实线,如图 7-19(c)、(d)所示。

(2)两啮合齿轮的画法

在投影为圆的外形视图中,啮合区内的齿顶圆均用粗实线绘制。两节圆相切,齿根圆省略不画,如图 7-20(a)所示;啮合区也可按省略画法绘制,如图 7-20(b)所示。

在投影为非圆的剖视图中,啮合区内将一个齿轮的轮齿用粗实线绘制,另一个齿轮的轮齿被遮住的部分用虚线绘制(虚线也可省去不画),如图 7-20(a)所示。

在投影为非圆的外形视图中,齿根线与齿顶线在啮合区内均不画出,而节线用粗实线表示,如图 7-20(c)、(d)所示。图 7-20(d)所示为两斜齿轮啮合。

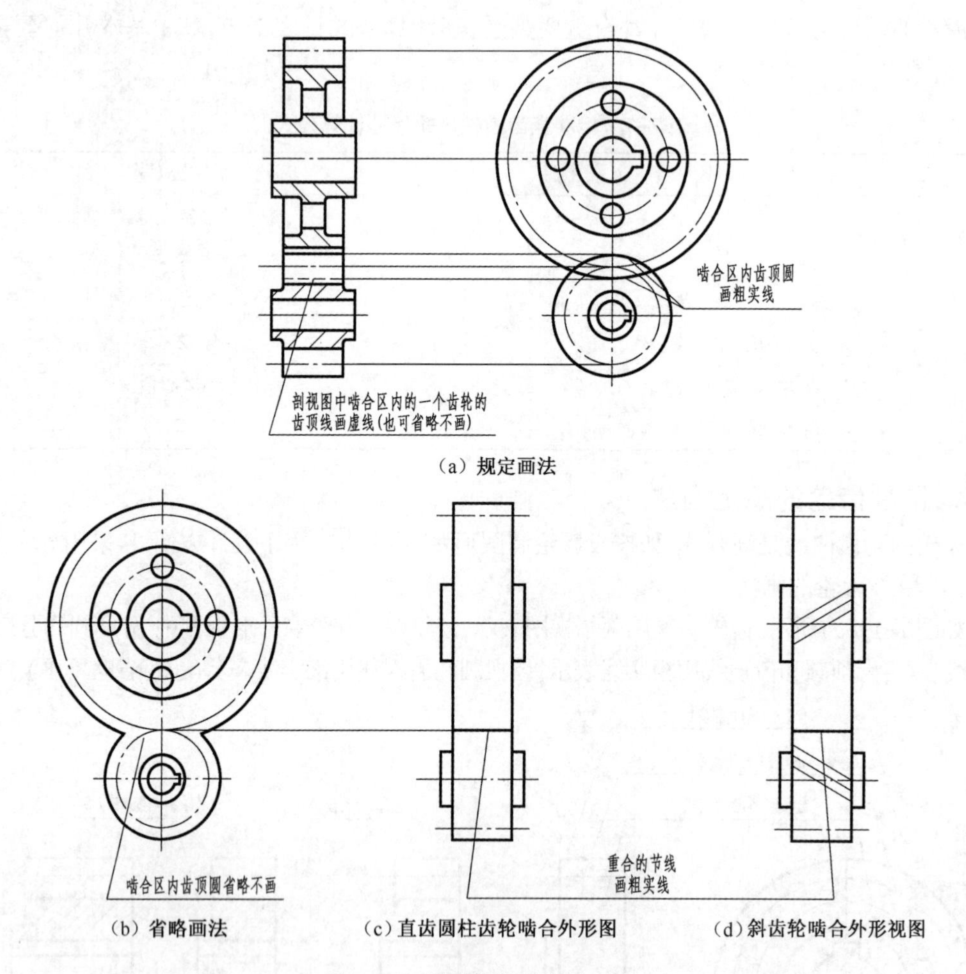

图 7-20 圆柱齿轮啮合的画法

7.3.2 弹簧

1. 弹簧的作用和种类

弹簧是一种常用的零件,主要用于减震、夹紧、储存能量和测力等。弹簧的种类很多,常见的有螺旋压缩弹簧、拉伸弹簧、扭转弹簧、平面蜗卷弹簧等(见图 7-21)。本节仅介绍圆柱螺旋压缩弹簧的有关知识。

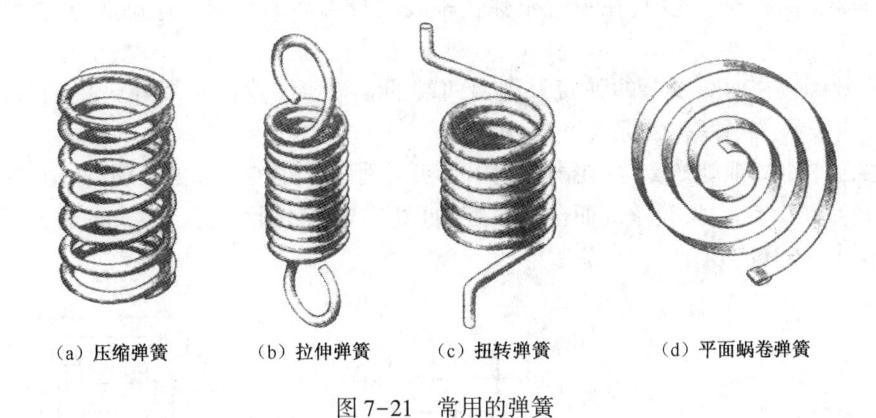

(a) 压缩弹簧　(b) 拉伸弹簧　(c) 扭转弹簧　(d) 平面蜗卷弹簧

图 7-21　常用的弹簧

2. 圆柱螺旋压缩弹簧的参数(见图 7-22)

(1)簧丝直径 d:制造弹簧的钢丝直径。

(2)弹簧外径 D:弹簧的最大直径。

(3)弹簧内径 D_1:弹簧的最小直径,$D_1=D-2d$。

(4)弹簧中径 D_2:弹簧的平均直径,$D_2=D-d$。

(5)有效圈数 n、支承圈数 n_2 和总圈数 n_1

为了使压缩弹簧工作时受力均匀、平稳,在制造时将两端并紧磨平。并紧磨平的部分仅起支承作用,故称为支承圈。支承圈有 1.5、2 及 2.5 圈三种,大多数支承圈是 2.5 圈。其余各圈保持相等的距离,称为有效圈数。有效圈与支承圈的和称为总圈数,即 $n_1=n+n_2$。

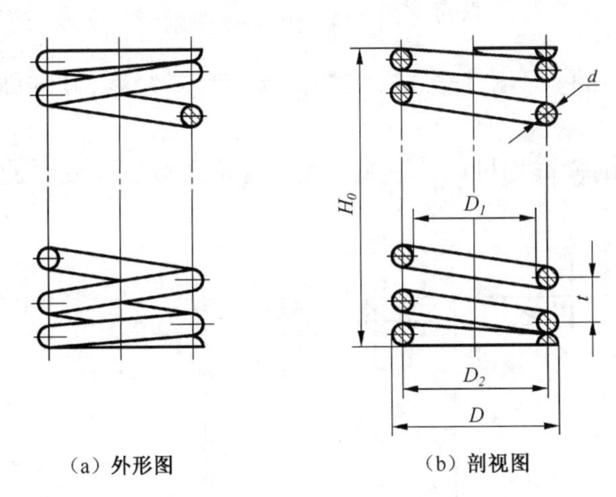

(a) 外形图　(b) 剖视图

图 7-22　圆柱螺旋压缩弹簧

(6)节距 t:除两端支承圈外,相邻两圈对应点间的轴向距离。

(7)自由高度 H_0:弹簧不受外力作用时的总高度。$H_0=nt+(n_2-0.5)d$。

(8)展开长度 L:制造弹簧时的坯料长度。$L\approx n_1\sqrt{(\pi D_2)^2+t^2}$

3. 圆柱螺旋压缩弹簧的画法

弹簧的真实投影很复杂,因此,国家标准(GB/T 4459.4—2003)对弹簧的画法作了统一的规定。

(1)弹簧各圈的外形轮廓,在平行于弹簧轴线的投影面的视图上应画成直线,如图 7-22 所示。

(2)有效圈数在四圈以上的弹簧只画出两端的 1~2 圈(除支承圈外),中间各圈省略不画,用点画线表示,如图 7-22 所示。

(3)装配图中画螺旋弹簧时,在剖视图中弹簧后面的零件按不可见处理,如图 7-23 所示;当簧丝直径小于 2 mm 时,簧丝剖面全部涂黑,如图 7-23(a)所示;小于 1 mm 时,可用示意画法表示,如图 7-23(c)所示。

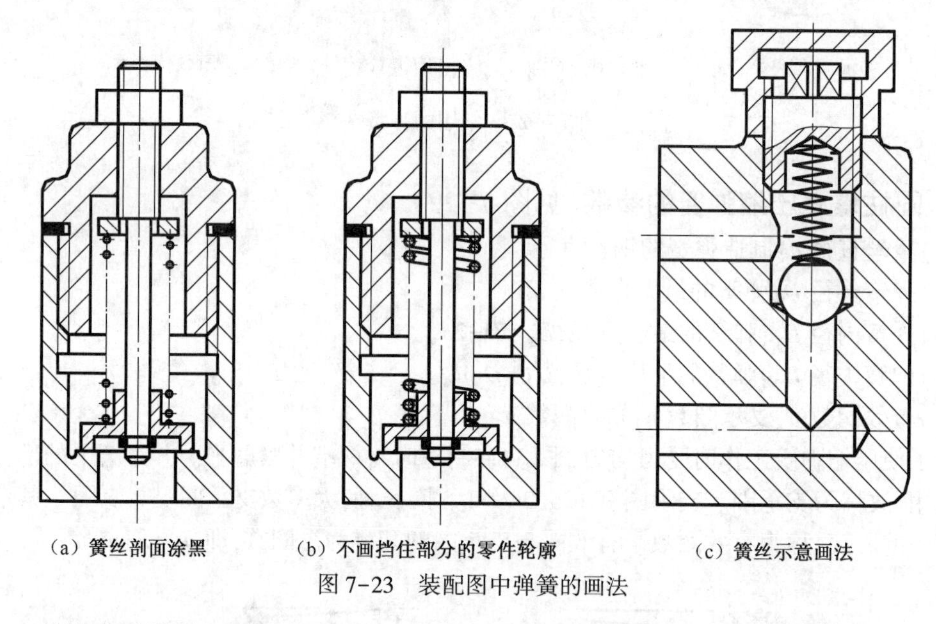

图 7-23 装配图中弹簧的画法

(4)弹簧支承圈的圈数不论是多少,均按 2.5 圈形式绘制,其详细作图步骤如图 7-24 所示。

(5)在图样上,螺旋弹簧均可画成右旋,但左旋弹簧不论画成左旋或右旋,一律要加注“左”字。

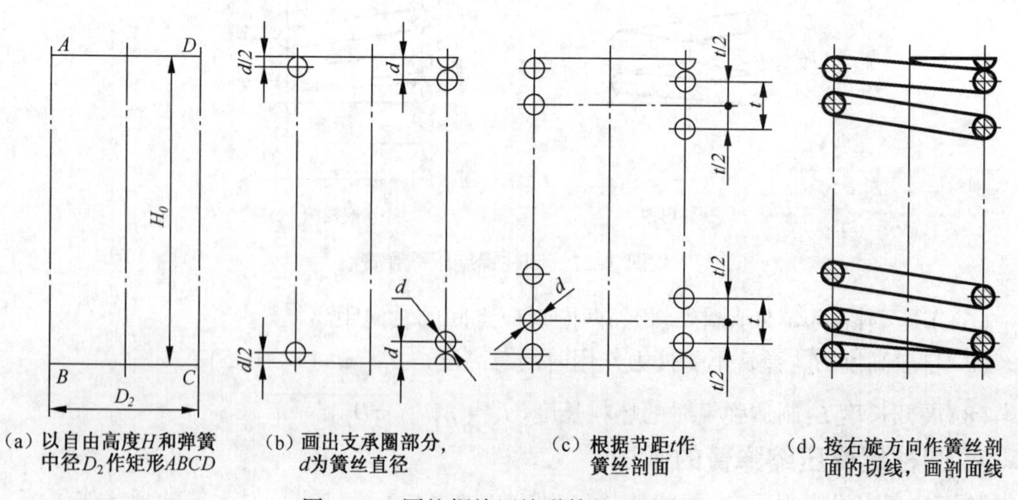

图 7-24 圆柱螺旋压缩弹簧的画图步骤

零 件 图

8.1 零件图的内容

任何机器或部件都是由若干零件按一定的装配关系和技术要求装配而成的。零件的加工制造依据是零件图，作为制造和检验零件的重要技术文件，零件图中须表达零件的结构形状和尺寸大小，以及零件的材料、加工、检测等技术要求。

如图 8-1 所示，零件图包含加工制造和检验零件时所需的全部资料。一张完整的零件图包括以下四项基本内容：

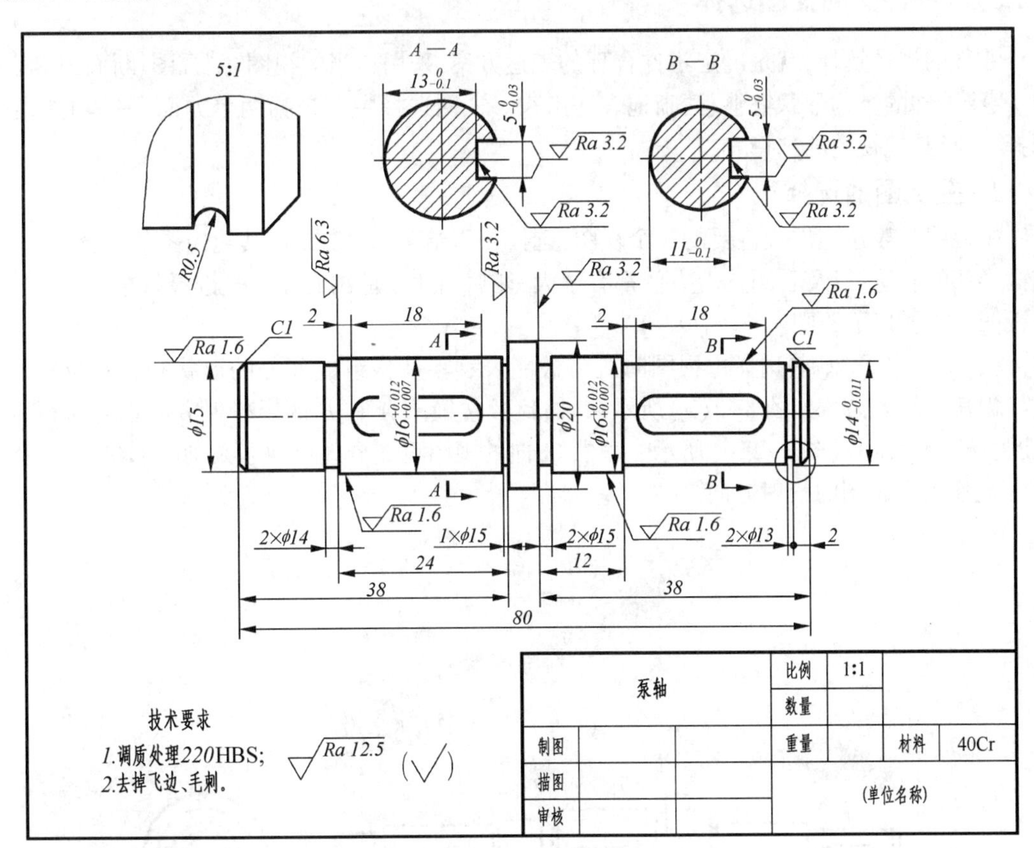

图 8-1 轴套零件图

1. 一组视图

用一组视图来完整、清晰、准确地表达出零件的内、外形状和结构。包括视图、剖视图、断面图及其他规定画法、简化画法等。图 8-1 所示泵轴零件图,采用了主视图、局部放大图和两处移出断面图。

2. 全部尺寸

零件图应正确、完整、清晰、合理地标注出制造和检验零件所需的全部尺寸。

3. 技术要求

零件图应用国家标准规定的代(符)号、数字和文字说明,注明零件在制造、检验和使用时应达到的技术指标要求,如表面粗糙度、尺寸公差、形状和位置公差、材料热处理等。

4. 标题栏

根据国标规定,在零件图右下角有一标题栏,用于填写零件的名称、材料、数量、图号、比例以及设计、审核人员的签名和日期等。

8.2 零件图的视图选择和尺寸标注

8.2.1 零件图的视图选择

零件的视图选择,就是确定零件合理的表达方案,采用适当的视图、剖视图、断面图等表达方法,将零件的结构形状完整、清晰地表达出来。视图选择主要包括两个方面:一是主视图的选择;二是其他视图的选择。

1. 主视图的选择

主视图是表达零件最重要的一个视图,选择是否恰当,直接影响其他视图的选择,对零件结构形状的表达,以及看图是否方便都有很大影响,因此零件图必须首先选择好主视图。选择主视图应遵循以下原则:

(1)形状特征原则,选择主视图时应将最能表示零件各组成部分的形状和相对位置的方向作为其投射方向。如图 8-2(a)所示泵轴,比较按箭头 *A* 和 *B* 两个投射方向投射所得到的视图,如图 8-2(b)、图 8-2(c)所示。显然,*A* 向的视图更充分地反映了泵轴的形状特征,因此以 A 向作为主视图的投射方向。

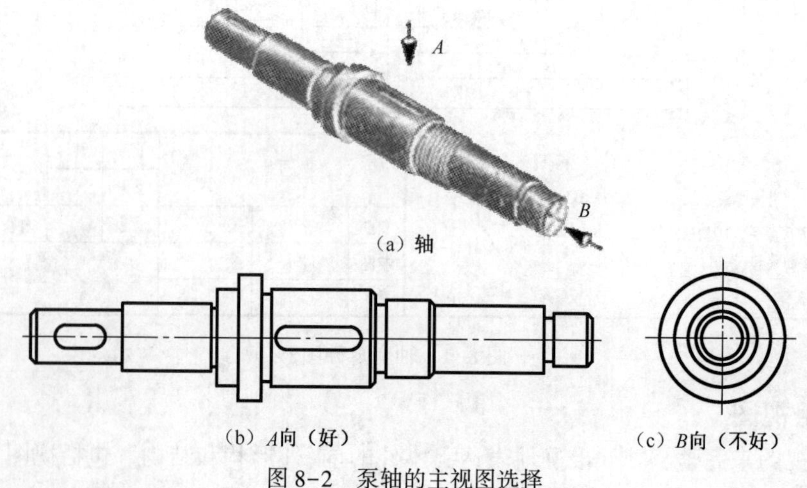

图 8-2 泵轴的主视图选择

(2) 加工位置原则，加工位置是指零件在机床上加工时的装夹位置，为了加工时便于看图，主视图投射方向应尽可能地符合零件的加工位置。例如轴套、轮盘类等零件，其装夹时轴线处于水平状态，这类零件主视图的零件轴线也应处于水平位置，如图 8-1、图 8-2(b) 所示。

(3) 工作位置原则，工作位置是指零件安装在机器或部件中的位置，按工作位置选择主视图，这样便于对照装配图来绘制和阅读零件图。图 8-3(a) 所示为尾座体，比较 *A*、*B*、*C*、*D*、*E* 五个投射方向，选 *A* 向按图 8-3(b) 绘制其主视图，既满足工作位置原则，又符合形体特征原则。

在选择主视图时，通常是在反映形状特征原则下，首先考虑加工位置原则，当零件具有多个加工位置时，才考虑工作位置原则。

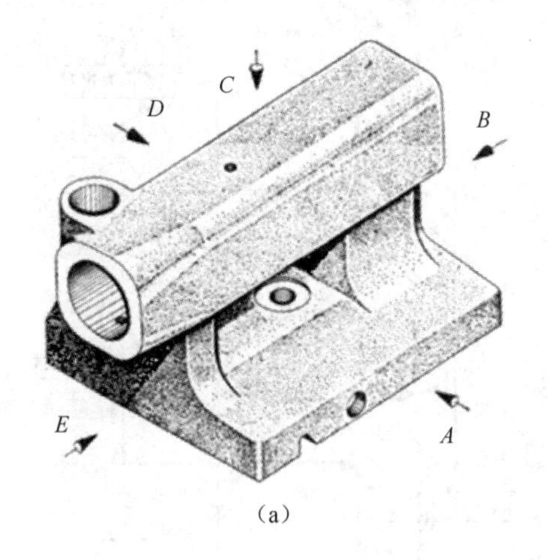

(a)

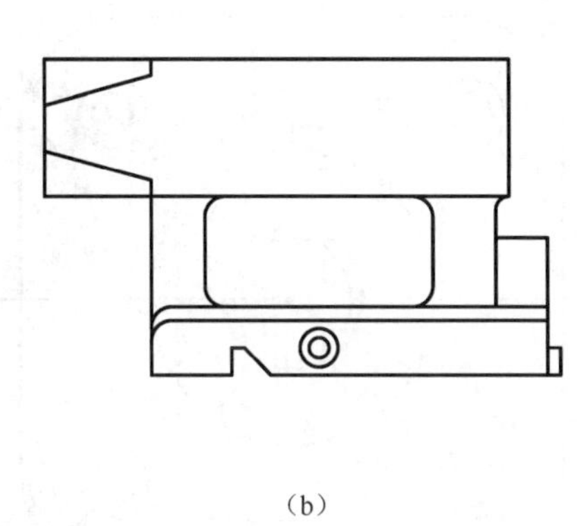

(b)

图 8-3　阀体的主视图选择

2. 其他视图的选择

在主视图选定之后，要根据零件的结构特点和复杂程度，确定是否要选用其他视图以及适当的表达方法。其他视图选择的原则主要有互补性原则和视图简化原则：

(1) 互补性原则是指其他视图主要用来表达零件在主视图中尚未表达清楚的部分，作为主视图的补充。互补性原则是选择其他视图的基本原则，即主视图与其他视图在表达零件时，各有侧重，互相补充，才能完整、清晰地表达零件的结构形状。

(2) 视图简化原则是指在选用视图、剖视图、断面图等各种表达方法时，还应考虑画图、看图的方便，力求减少视图数量、简化图形，因此，应广泛采用各种简化画法。

对于结构形状比较简单的零件，如图8-4 所示的轴套，内外表面均为回转体表面，如果在主视图中回转面尺寸前均加注了直径符号“ϕ”，并注全了其他必要尺寸，那么，仅用一个主视图就能把该零件表达清楚了，不用再增加其他视图。

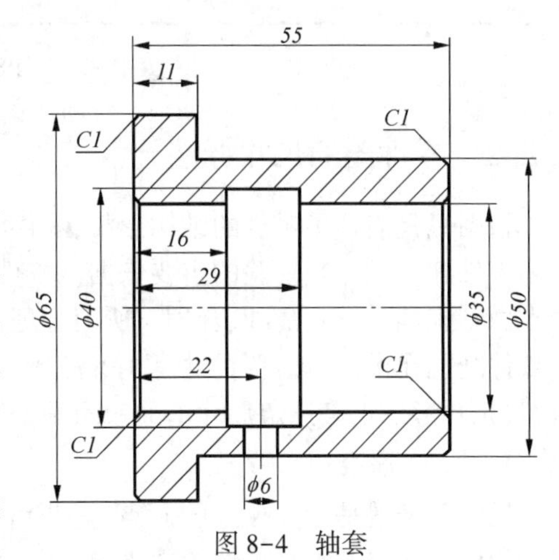

图 8-4　轴套

图 8-5 为一端盖零件图。这是轮盘类零件，这类零件的形状结构大多是回转体，类似于轴类零件。与轴类零件不同的是，这类零件通常轴向

尺寸较小,而径向尺寸较大,其主视图按加工位置原则将轴线水平放置,并采用全剖视图。由于一个视图尚不能将该零件全部结构表达清楚,因此,还需要增加一个左视图(或右视图),来表示该零件的外形轮廓及孔的分布情况。图 8-5 采用了主视图加一个右视图的表达方案。

综上所述,一个好的表达方案应该使零件的表达正确、完整,视图简明、清晰。具体选择表达方案时,应将上述原则即注意问题有机地结合起来,进行多个方案对比,从中选出最佳的方案。

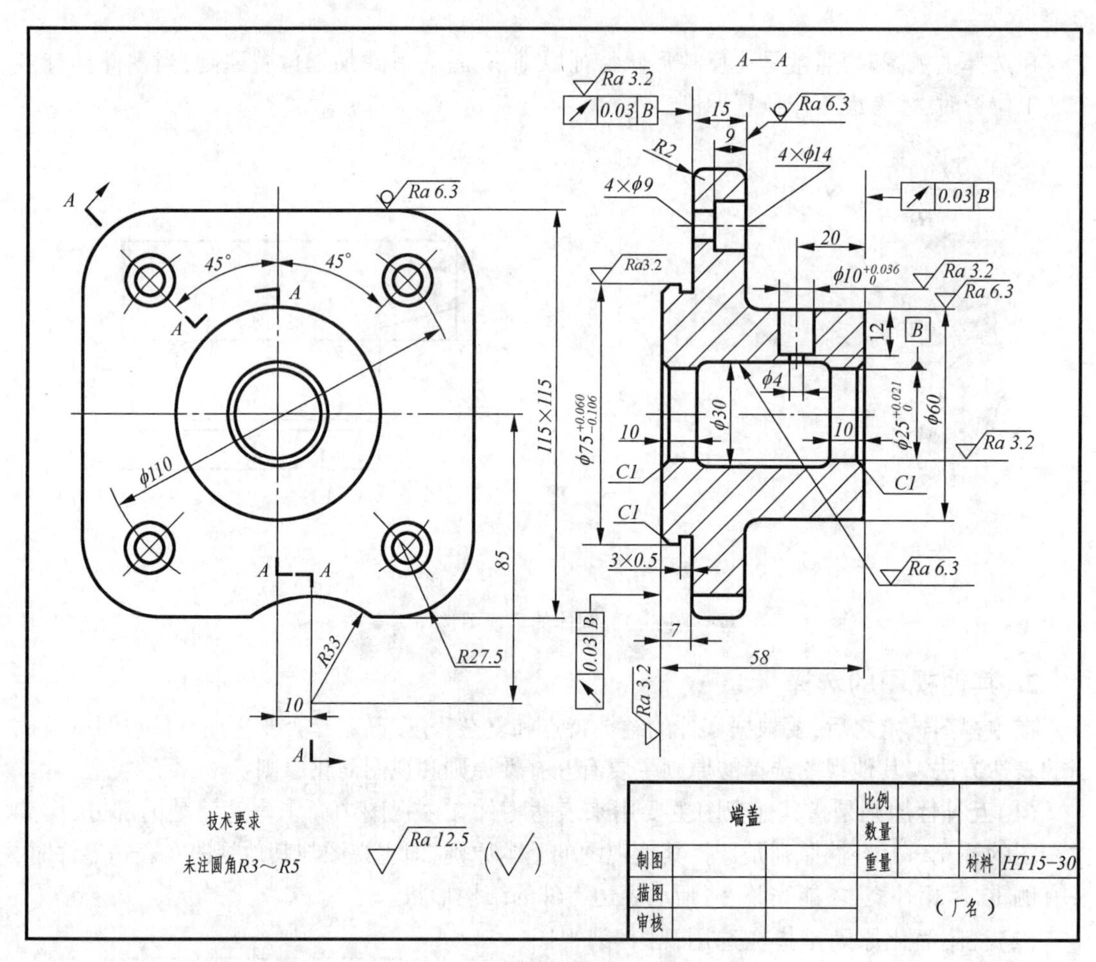

图 8-5 端盖

8.2.2 零件图的尺寸标注

视图只是表达了零件的结构形状,零件各部分的大小是由尺寸来确定的。零件图上的尺寸是零件加工、制造、检验的重要依据。零件图中标注尺寸时,应遵循国家标准中的有关规定,力求做到正确、完整、清晰、合理。所谓合理,就是标注的尺寸能满足设计和加工工艺的要求,使零件既能在机器(或部件)中很好地工作,又便于制造、测量和检验零件。为了达到这样要求,首先要考虑正确选定尺寸基准的问题。

1. 尺寸基准

尺寸基准就是标注尺寸的起点,是零件在安装或加工及测量时,用以确定其位置的面或线。面作为基准通常是零件的主要加工面、两零件的结合面、对称中心面、端面、轴肩面等;线作为基准通常是轴或孔的轴心线、对称中心线等。

尺寸基准又分为主要基准和辅助基准。决定零件主要尺寸的基准称为主要基准，主要尺寸影响零件在机器中的工作性能、装配精度等，因此这些尺寸都要从主要基准直接注出。由于每个零件都有长、宽、高三个方向的尺寸，所以零件在长、宽、高三个方向上各自有一个主要尺寸基准。为了零件的加工、测量方便，通常要选择一些辅助基准，辅助基准都有尺寸与主要基准相联系。

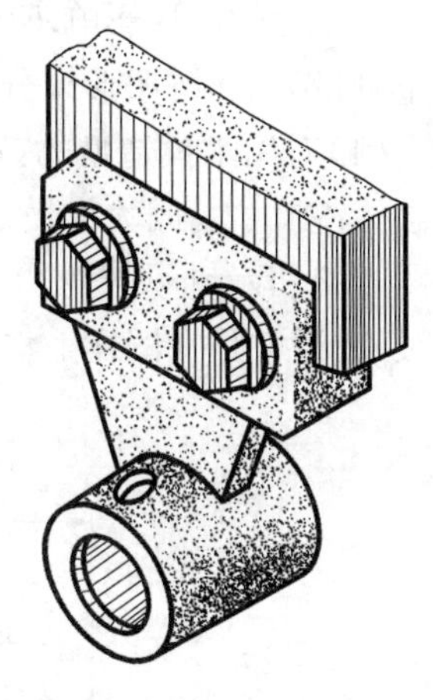

图 8-6　轴承架的安装方法

2. 重要尺寸标注

零件的重要尺寸应从主要基准直接标出，重要尺寸是指影响零件的工作性能和装配精度的尺寸。为了保证零件质量，避免尺寸换算时产生误差累积，重要尺寸应该从主要基准出发直接标注。如图 8-6 表示一个轴承架，安装的时候它在机器中是用接触面Ⅰ、Ⅱ和对称面Ⅲ来定位的[见图 8-7(a)]，因而这三个面就作为主要尺寸基准来标注轴承架的重要尺寸。图 8-7(b)所示的注法是错误的。

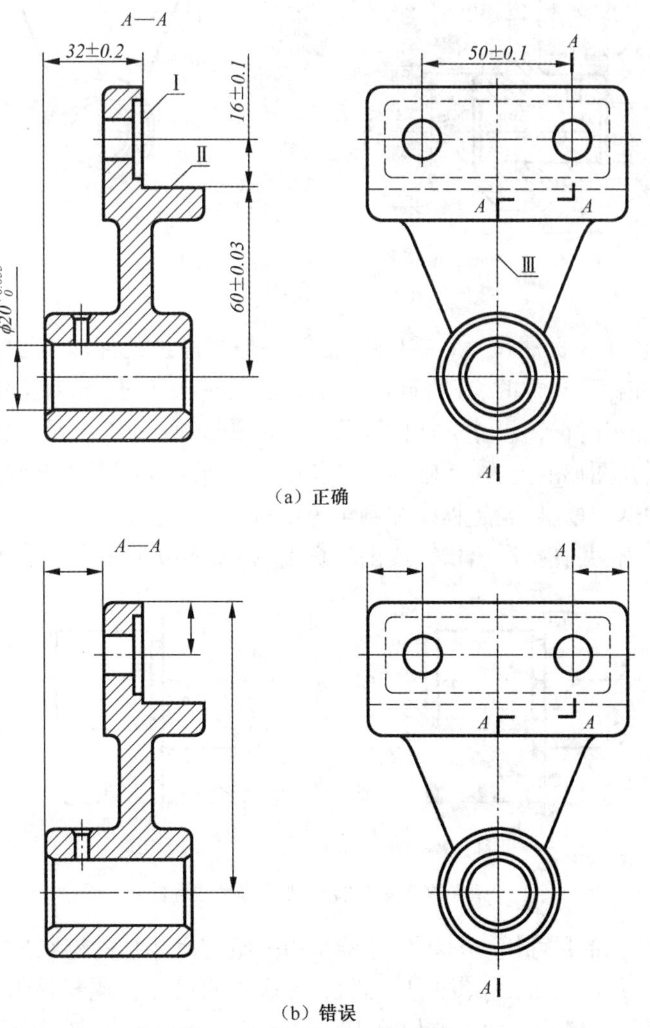

图 8-7　轴承架的重要尺寸

3. 一般尺寸标注

对零件的使用影响不大的一般尺寸,如非加工面、非配合面等尺寸,通常以符合工艺要求、便于测量为准,按照形体分析法的原则来标注。

(1)对用木模造型的铸造件,其尺寸标注应符合木模造型过程和型腔浇铸要求,按形体分析法标注尺寸。因为木模的制造工艺是将铸件按形体特征分解成基本体,然后再加以组合。如图 8-8 所示轴承架的非重要尺寸就是按形体分析法标注的。而对于零件上相同的铸造圆角尺寸,通常是在图样上作统一说明,如图 8-8 右上角所示的“未注圆角 *R*3”。

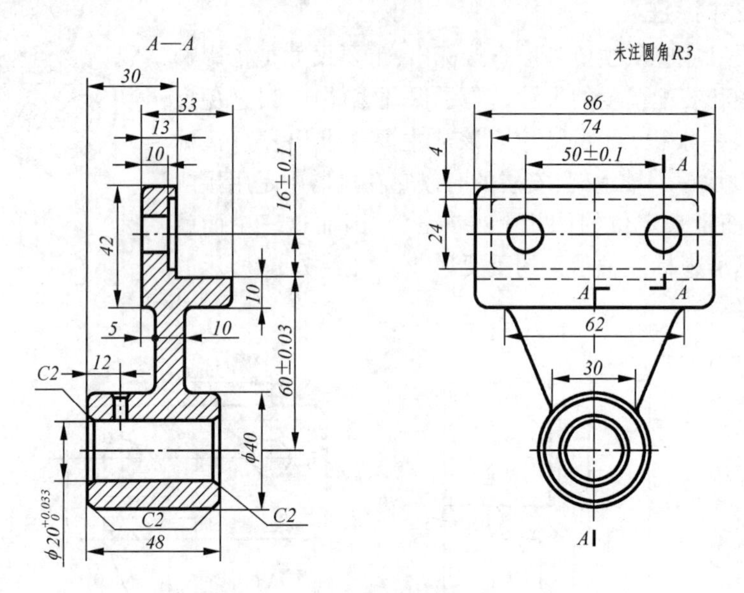

图 8-8 轴承架的尺寸

(2)按加工方法集中标注尺寸。零件的加工,一般要经过几种加工方法(如车、铣、钻、刨、磨等)才能完成。在标注尺寸时,应将同一加工方法的有关尺寸,相对集中标注,这样看图方便,可以尽量避免加工时误读尺寸。如图 8-1 所示泵轴的两处键槽是在铣床上加工的,键槽的长度尺寸均标注在图形的上方,而轴的车削长度尺寸标注在图形的下方。

对于零件上的退刀槽、砂轮越程槽和倒角等结构,在标注轴向分段长度尺寸时,必须把这些工艺结构包括在内,并直接注出槽宽或倒角宽度,如图 8-9 所示。

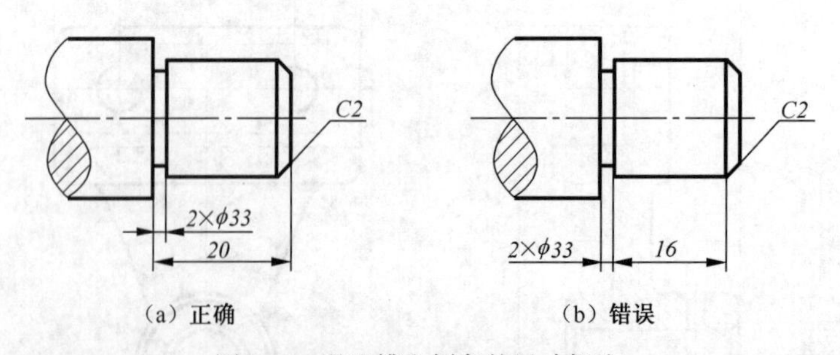

(a) 正确　　(b) 错误

图 8-9 退刀槽和倒角的尺寸标注

(3)避免注成封闭的尺寸链。封闭尺寸链是指一组首尾相接的链状尺寸组,如图 8-10(a)所示,既注出了每段尺寸 a、b、c,又注出了总长 d,这样的尺寸首尾相接形成一个封闭的尺寸链,此时,尺寸链中任一环的尺寸误差均等于其他各环尺寸误差之和,这就无法同时满足各环的尺寸精度。所以，在标注尺寸时，通常在 a、b、c、d 各段中将次要的一个尺寸空着不注，使各环的加工误差累积在这个不重要的不需注尺寸的尺寸链节中。

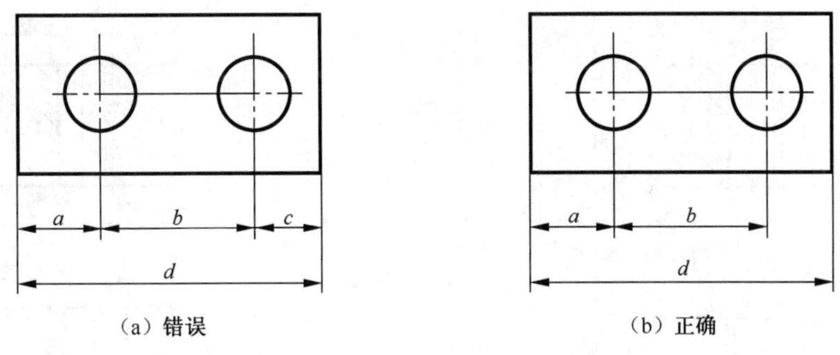

（a）错误　　（b）正确

图 8-10　不要注成封闭的尺寸链

(4)标注尺寸应便于加工和测量，如图 8-11 所示。一些尺寸标注虽能满足设计要求，但测量时非常不便，甚至无法测量，这样的尺寸标注就不合理。

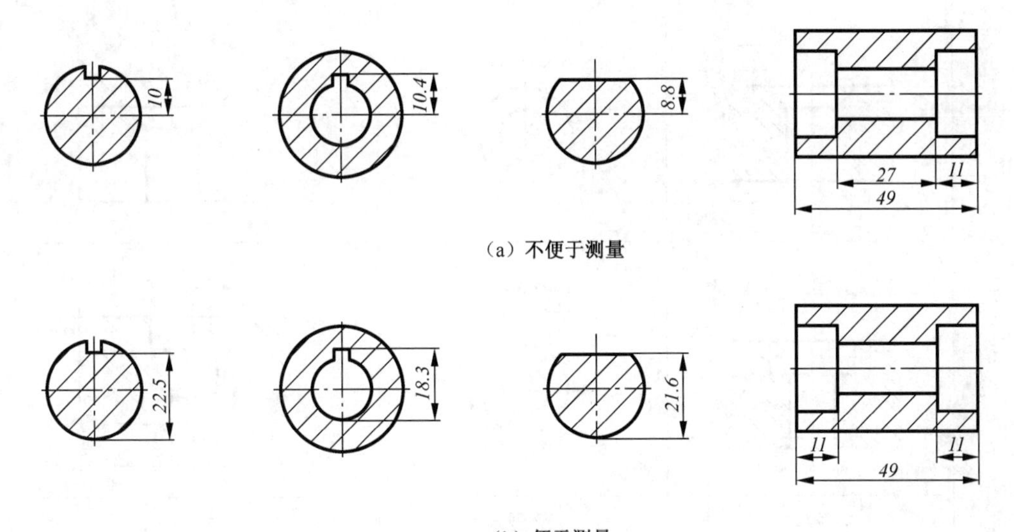

（a）不便于测量

（b）便于测量

图 8-11　所注尺寸应便于测量

4. 常见结构要素的尺寸标注

零件上的光孔、螺孔、沉孔等常见结构要素，其尺寸除采用普通注法外，还可以采用旁注法，见表 8-1。

表 8-1　常见结构要素的尺寸标注方法

类型	旁注法		普通注法
光孔	4×ϕ8↧14	4×ϕ8↧14	4×ϕ8 14

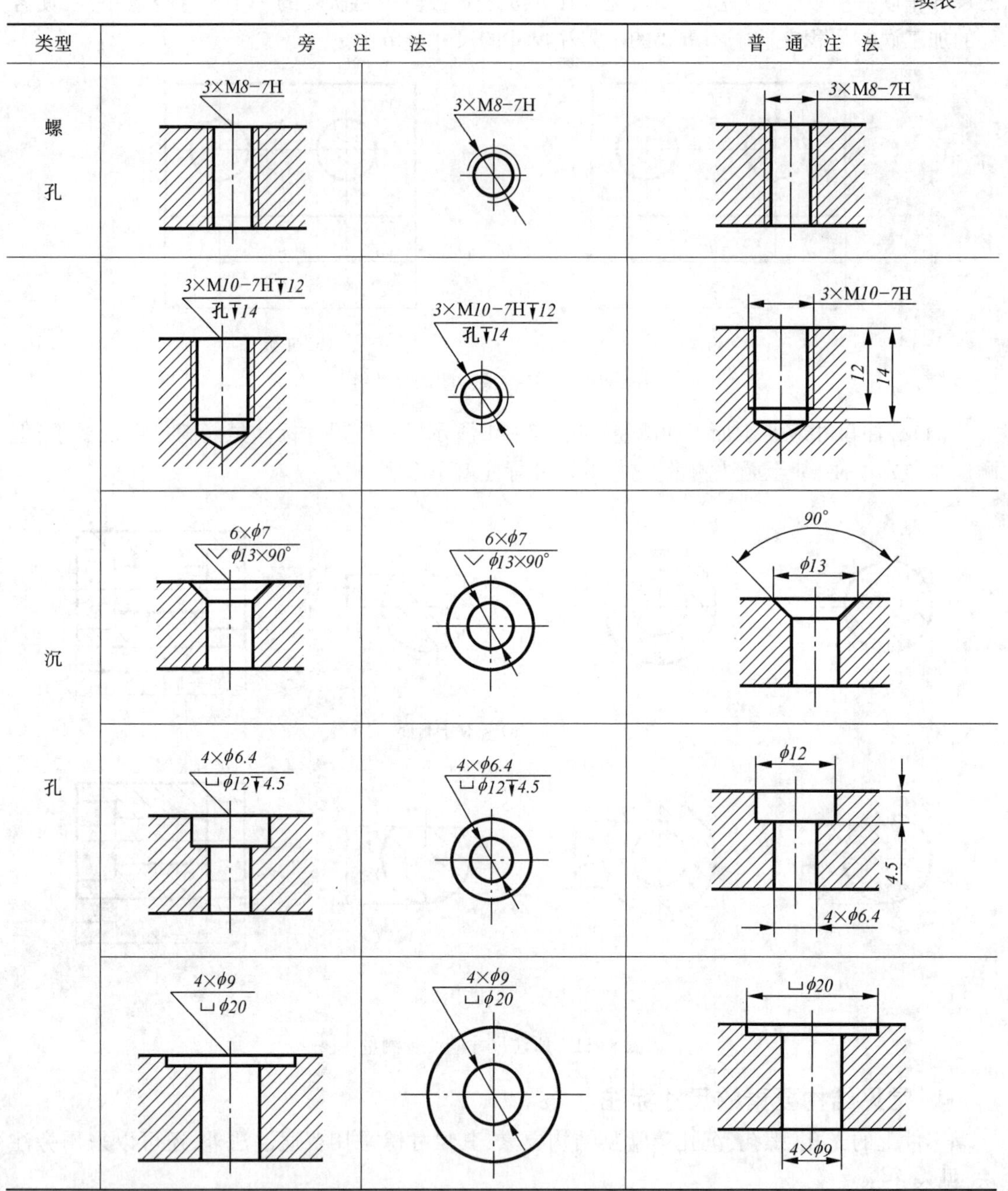

8.3 零件上常见的工艺结构

8.3.1 铸造结构

1. 拔模斜度

在铸造零件毛坯时，为了从砂型中取出木模，木模的内外壁沿着拔模方向做成约 1∶20 的斜度，称为拔模斜度。因此，在铸件表面也形成相应的斜度，如图 8-12(a)所示。因为拔模斜度很小，通常在图样上可以不画出来，也不标注，如图 8-12(b)所示，但当需要注明时，则必须画出并进行标注或在技术要求中予以说明。

2. 铸造圆角

为了方便造型时起模，避免浇铸铁水时将砂型转角处冲毁，同时防止铸件转角处在铁水冷却时产生裂纹或缩孔，往往将铸件相邻表面的转角处设计成圆角，如图 8-13 所示。铸造圆角半径一般是壁厚的 0.3 左右，$R3 \sim R5$ mm，在图上通常画出，但可以不标注，而是在技术要求中统一说明，如"未注圆角半径 $R3 \sim R5$"。

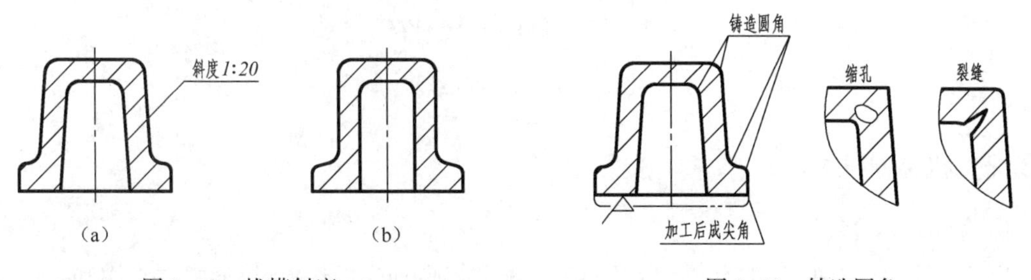

图 8-12　拔模斜度　　图 8-13　铸造圆角

铸件表面经过机械加工之后，铸造圆角即被切除，这时应该画成尖角或倒角，如图 8-13 所示。

3. 铸件壁厚

为了避免铸件由于壁厚不均匀而使各部分冷却速度不相同，造成缩孔或裂缝，应尽可能使铸件的壁厚保持大致相等或逐渐变化，如图 8-14 所示。

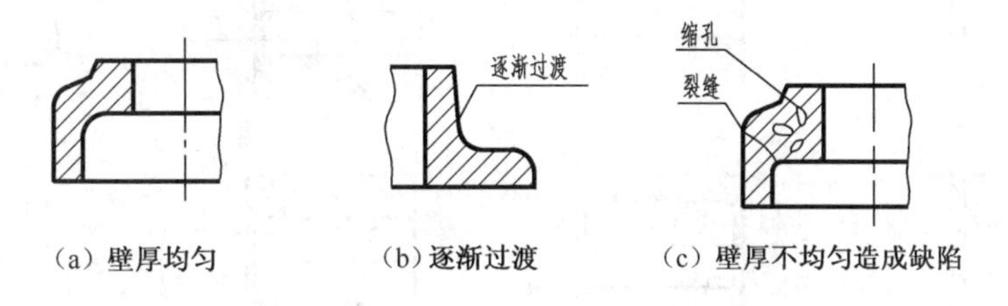

图 8-14　铸件壁厚

由于拔模斜度、铸造圆角的存在，零件表面相交处的交线就不明显了，这种交线称为过渡线，画过渡线时，是按没有圆角的情况画，但在交线的起讫处与圆角的轮廓线断开(画至理论尖角处)，如图 8-15 所示。

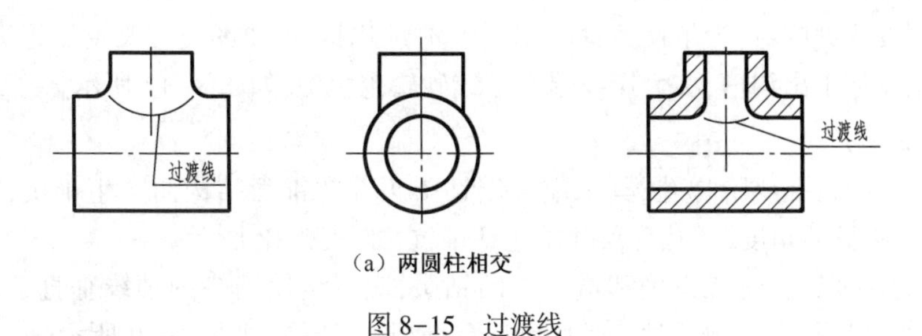

图 8-15　过渡线

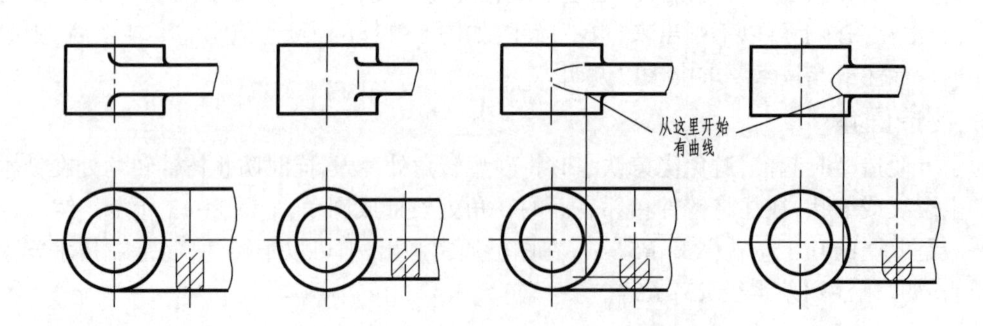

（b）肋板（平面）与圆柱相交

图 8-15　过渡线(续)

8.3.2　机械加工结构

1. 倒角和圆角

为了去除零件上的毛刺、锐边,以及便于装配并避免划伤操作人员,通常在轴端和孔口,都加工出 45°或 30°、60°的一小段锥台面,称为倒角。

为了避免阶梯形状的轴和孔因应力集中产生裂纹,通常在轴肩处加工出过渡小圆弧面,称为倒圆。

倒角和倒圆的画法与标注形式如图 8-16 所示。

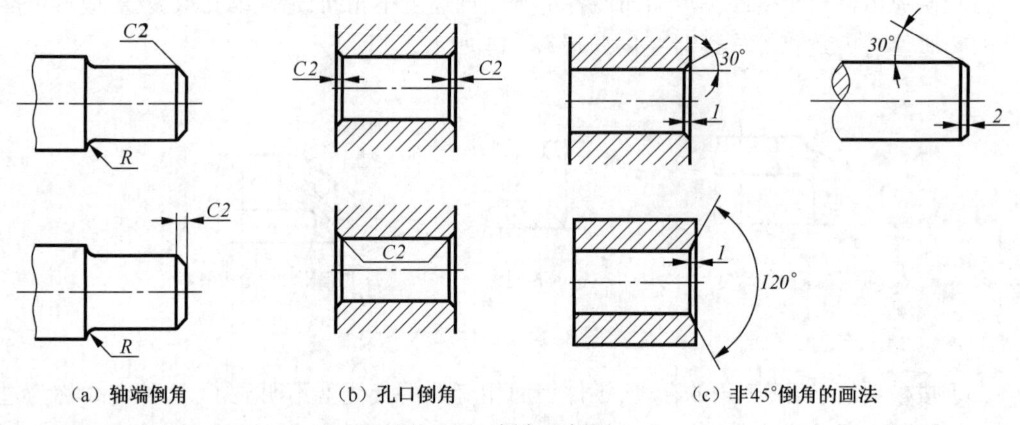

（a）轴端倒角　（b）孔口倒角　（c）非45°倒角的画法

图 8-16　倒角和倒圆

2. 退刀槽和砂轮越程槽

在车削螺纹或磨削时,为了使刀具(车刀、砂轮)切削到需要的位置又便于退刀,常常在零件的台肩处预先加工出沟槽,称为螺纹退刀槽或砂轮越程槽,如图 8-17 所示。

3. 钻孔结构

用钻头加工的盲孔或阶梯孔,其末端会因钻头头部的锥面结构而产生锥坑,锥坑应画成 120°,但图上不必标注角度,且孔深尺寸不包括锥坑,如图 8-18 所示。

钻孔时,为保证钻孔位置正确和避免折断钻头,应尽量使钻头的轴线垂直于被钻零件表面,当钻头轴线与钻孔表面倾斜时,常设计出凸台或凹坑结构,如图 8-19 所示。

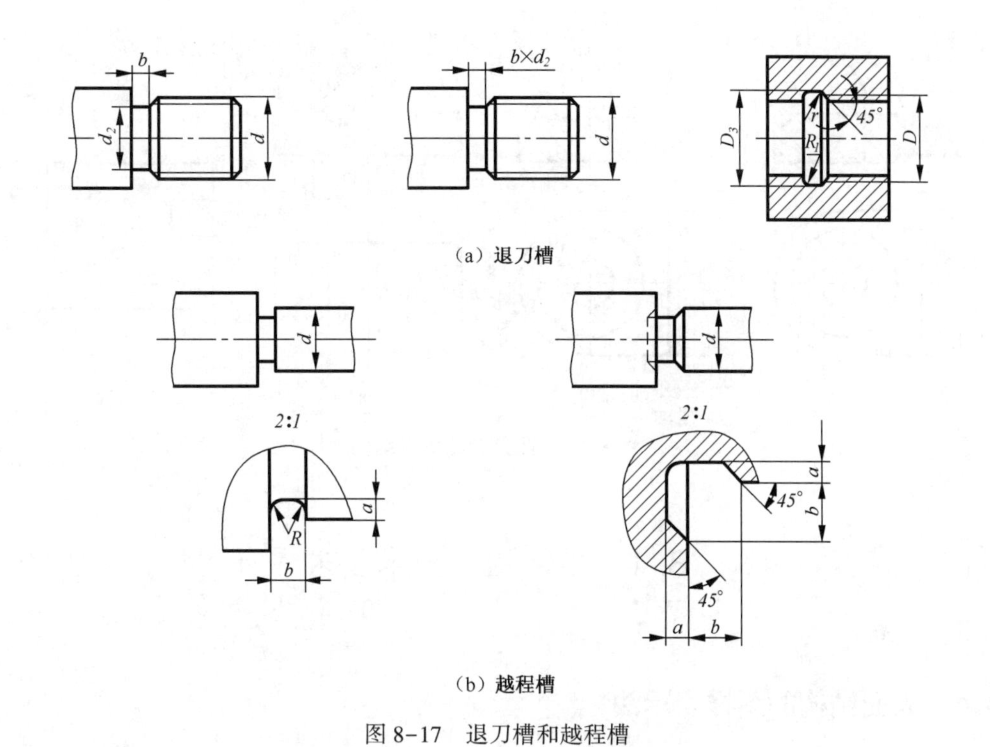

（a）退刀槽

（b）越程槽

图 8-17　退刀槽和越程槽

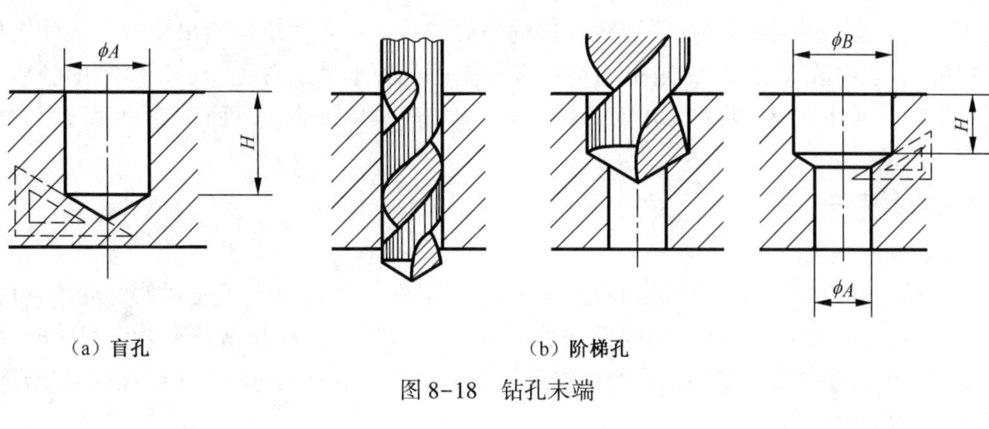

（a）盲孔　　（b）阶梯孔

图 8-18　钻孔末端

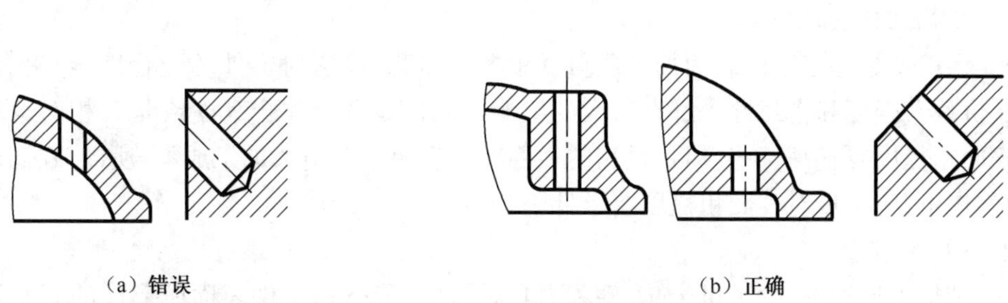

（a）错误　　（b）正确

图 8-19　钻孔的轴线应垂直于零件表面

4. 凸台和凹坑

为了保证零件间的良好接触，同时减少加工面积、降低加工成本，常在铸件上设计出凸台或凹坑结构，例如螺纹紧固件连接的支承面通常做成的形式，如图 8-20(a)、(b)所示。而图 8-20(c)、(d)所示的凹槽、凹腔，为零件接触或配合表面常见的结构形式。

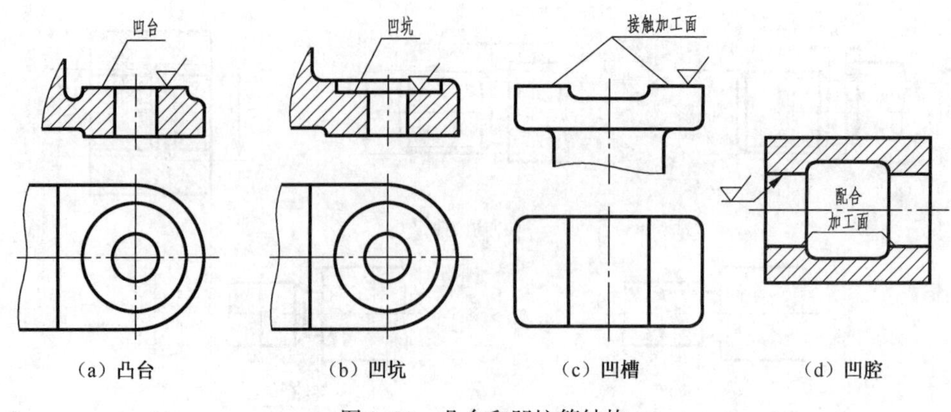

（a）凸台　（b）凹坑　（c）凹槽　（d）凹腔

图 8-20　凸台和凹坑等结构

8.4　零件图的技术要求

8.4.1　表面结构的图样表示法

在机械图样上,为保证零件装配后的使用要求,除了对零件各部分结构的尺寸、形状和位置给出公差要求,还要根据功能需要对零件的表面质量——表面结构给出要求。表面结构是表面粗糙度、表面波纹度、表面缺陷、表面纹理和表面几何形状的总称。表面结构的各项要求在图样上的表示法在国家标准 GB/T 131—2006 中均有具体规定。下面主要介绍常用的表面粗糙度表示法。

1. 基本概念

(1)表面粗糙度

零件经过机械加工后,加工表面看起来很光滑,但由于刀痕、金属表面的塑性变形、机器的振动等原因,使被加工表面产生肉眼很难看到的微小的峰与谷,在显微镜下放大观察时,可看见表面有高低不平的微小峰谷。这种由加工表面上具有微小间距的峰谷所组成的微观几何形状特征,称为表面粗糙度。

表面粗糙度是评定零件表面加工质量的重要技术指标,它对零件的配合性能、耐磨性、耐腐蚀性、抗疲劳强度和密封性等都有很大的影响。通常零件上配合表面或是有相对运动的表面,其表面粗糙度要求高一些,但是过高的表面粗糙度要求会增大加工成本,所以,在满足使用要求的前提下,应尽量对表面粗糙度要求低一些,以降低生产成本。

(2)表面波纹度

在机械加工过程中,由于机床、工件和刀具系统的振动,在工件表面所形成的间距比粗糙度大得多的表面不平度称为波纹度,如图 8-21 所示。零件表面的波纹度是影响零件使用寿命和引起振动的重要因素。表面粗糙度、表面波纹度以及表面几何形状总是同时生成并存在于同一表面。

(3)评定表面结构常用的轮廓参数

对于零件表面结构的状况,可由三大类参数加以评定。轮廓参数(由 GB/T 3505—2009

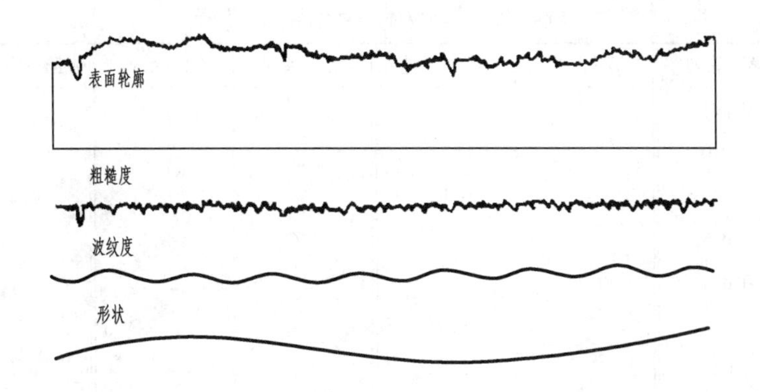

图 8-21　粗糙度、波纹度和形状误差综合影响的表面轮廓

定义)、图形参数(由 GB/T 18618—2009 定义)、支承率曲线参数(由 GB/T 18778. 2—2003 和 GB/T 18778. 3—2006 定义)。其中轮廓参数是我国机械图样中目前最常用的评定参数。本节仅介绍评定粗糙度轮廓(R 轮廓)中的两个高度参数 *Ra* 和 *Rz*。

①算术平均偏差 *Ra* 是指在一个取样长度内纵坐标值 $Z_{(X)}$ 绝对值的算术平均值(见图 8-22)。

②轮廓的最大高度 *Rz* 是指在同一取样长度内,最大轮廓峰高和最大轮廓谷深之和的高度(见图 8-22)。

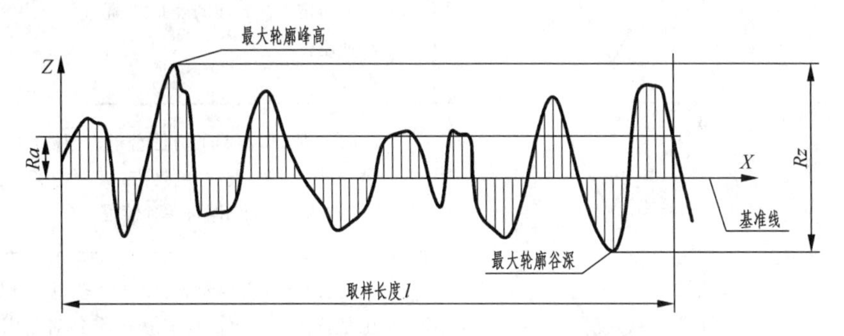

图 8-22　轮廓的算术平均偏差 *Ra* 及轮廓最大高度 *Rz*

如图 8-22 所示,在取样长度 *l*(用于判别具有表面粗糙度特征的一段基准线长度)内,轮廓偏距 *Y*(被测轮廓上各点至基准线 *X* 轴的距离)绝对值的算术平均值,称为轮廓算术平均偏差,用 *Ra* 表示,即

$$Ra = \frac{1}{l}\int_0^l |y(x)|\mathrm{d}x$$

或近似表示为

$$Ra = \frac{1}{n}\sum_{i=1}^{n} |y_i|$$

式中 n 为测点数, y_i 为轮廓线上任一被测点到基准线的距离。*Ra* 数值越大,表面越粗糙。*Ra* 的选用数值系列已标准化,见表 8-2,一般优先选用第一系列数值。

2. 标注表面结构的图形符号

标注表面结构要求时的图形符号种类、名称、尺寸及其含义见表 8-3。

表 8-2　轮廓算术平均偏差 *Ra* 数值　（μm）

第一系列	第二系列	第一系列	第二系列	第一系列	第二系列	第一系列	第二系列
	0. 008						
	0. 010						
0. 012			0. 125		1. 25	12. 5	
	0. 016			1. 6			16. 0
	0. 020	0. 20			2. 0		20
0. 025			0. 25		2. 5	25	
	0. 032			3. 2			32
	0. 040	0. 40			4. 0		40
0. 050					5. 0	50	
	0. 063		0. 63	6. 3			63
	0. 080	0. 80			8. 0		80
0. 100			1. 00		10. 0	100	

表 8-3　表面粗糙度符号及其含义

符号名称	符号	含义及说明
基本图形符号		未指定工艺方法的表面，当通过一个注释解释时可单独使用
扩展图形符号		表示用去除材料的方法获得表面。例如：车、铣、钻、磨、剪切、抛光、腐蚀、电火花加工、气割等。仅当其含义是“被加工表面”时可单独使用
		表示用不去除材料表面的方法获得。例如：铸、锻、冲压变形、热轧、冷轧、粉末冶金等，或者是用于保持原供应状况的表面（包括保持上道工序的状况）
完整图形符号		在以上三种符号的长边上加一横线，以便注写对表面结构的各种要求

表面粗糙度符号的画法如图 8-23 所示，符号的尺寸见表 8-4。

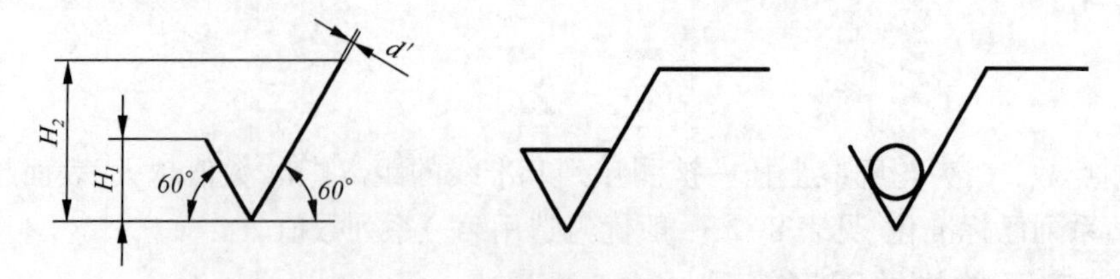

图 8-23　表面粗糙度符号的画法

表 8-4　表面粗糙度符号的尺寸　（mm）

轮廓线的宽度 b	0.35	0.5	0.7	1	1.4	2	2.8
数字与字母的高度 h	2.5	3.5	5	7	10	14	20
符号的线宽 d' 数字与字母的笔画宽度 d	0.25	0.35	0.5	0.7	1	1.4	2
高度 H_1	3.5	5	7	10	14	20	28
高度 H_2	8	11	15	21	30	42	60

当在图样某个视图上构成封闭轮廓的各表面具有相同的表面结构要求时，应在上述完整图形符号上加一圆圈，标注在图样中工件的封闭轮廓线上，如图 8-24 所示。当标注会引起歧义时，各表面应分别标注。

3. 表面结构要求在图形符号中的注写位置

为了明确表面结构要求，除了标注表面结构参数和数值外，必要时应标注补充要求，包括传输带、取样长度、加工工艺、表面纹理及方向、加工余量等。这些要求在图形符号中的注写位置如图 8-25 所示。

位置 a　　注写表面结构的单一要求。

位置 a 和 b　a 注写第一表面结构要求，b 注写第二表面结构要求。

位置 c　　注写加工方法，如“车”、“磨”、“镀”等。

位置 d　　注写表面纹理方向（GB/T 131），如“=”“⊥”“×”“M”。

位置 e　　注写加工余量。

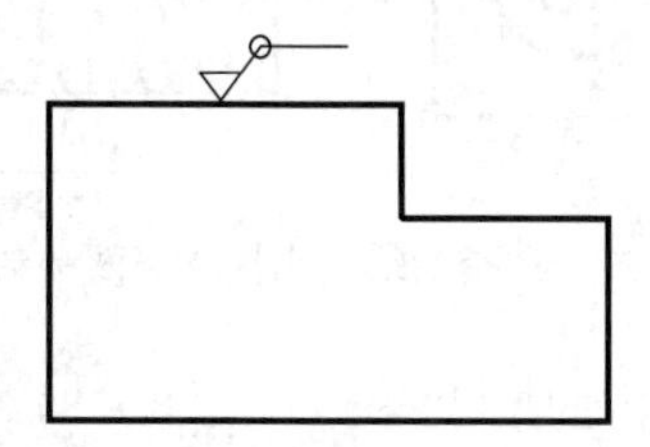

图 8-24　对周边各面有相同的表面结构要求的注法

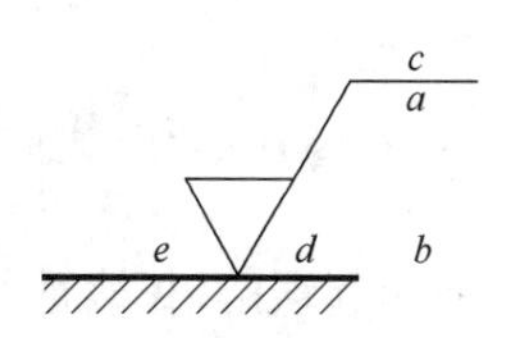

图 8-25　注写位置

4. 表面结构代号

表面结构符号中注写了具体参数代号及数值等要求后即称为表面结构代号。表面结构代号的示例及含义见表 8-5。

表 8-5　表面结构代号标注示例

代号示例	含　义
Ra 0.8	表示不允许去除材料，单向上限值，轮廓算术平均偏差 *Ra* 的上限值为 0.8 μm
Rzmax*0.2*	表示用去除材料的方法获得的表面，单向上限值，R 轮廓，粗糙度最大高度的最大值为 0.2 μm

续表

代号示例	含　义
Ra 3.2	表示用去除材料的方法获得的表面，单向上限值，*Ra* 的上限值为 3.2 μm
U Ramax3.2 L Ra 0.8	表示用去除材料的方法获得的表面，双向极限值，*Ra* 的上限值为 3.2 μm，下限值为 0.8 μm。*U*、*L* 分别表示上限值和下限值，在不致引起歧义时，可以省略

5. 表面结构要求在图样中的注法

(1)表面结构要求对每一表面一般只注一次，并尽可能注在相应的尺寸及其公差的同一视图上。除非另有说明，所标注的表面结构要求是对完工零件表面的要求。

(2)表面结构的注写和读取方向与尺寸的注写和读取方向一致。表面结构要求可标注在轮廓线上，其符号应从材料外指向并接触表面(见图 8-26)。必要时，表面结构也可用带箭头或黑点的指引线引出标注(见图 8-27)。

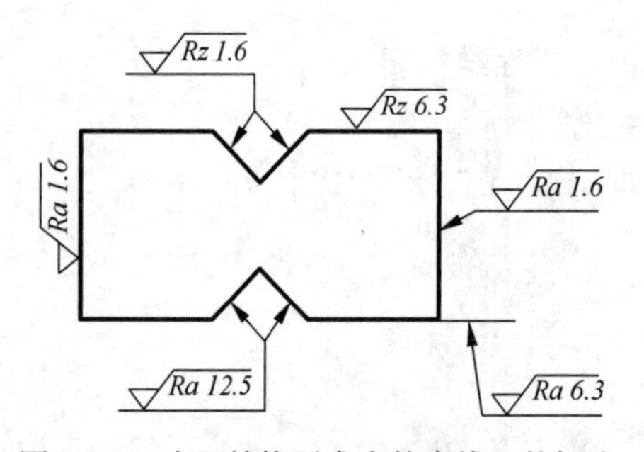

图 8-26　表面结构要求在轮廓线上的标注

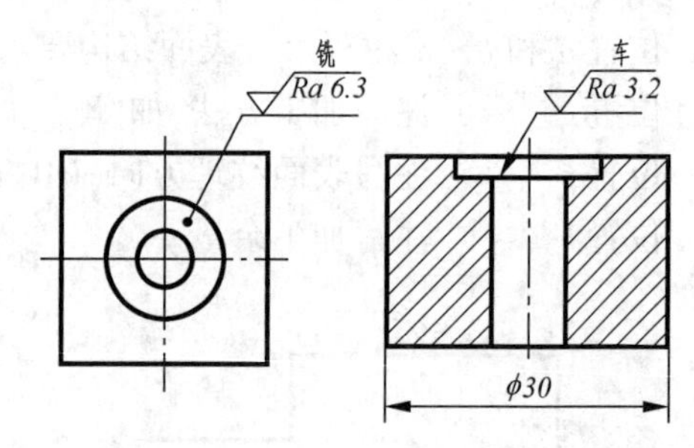

图 8-27　用指引线引出标注表面结构要求

(3)在不致引起误解时，表面结构要求可以标注在给定的尺寸线上(见图 8-28)。

(4)表面结构要求可标注在形位公差框格的上方(见图 8-29)。

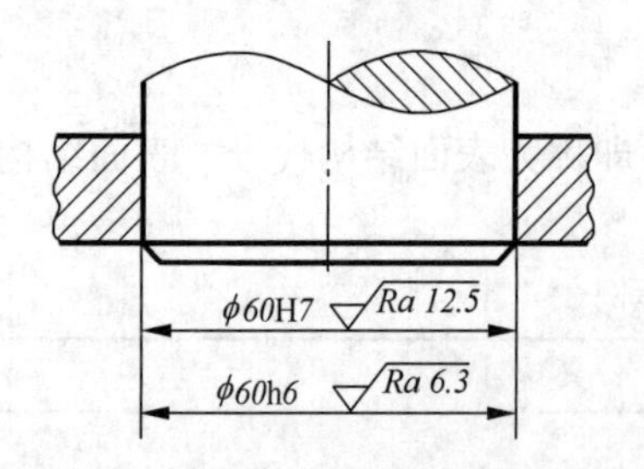

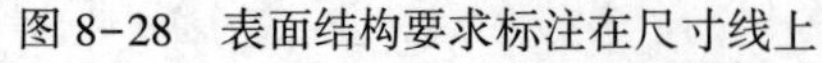

图 8-28　表面结构要求标注在尺寸线上

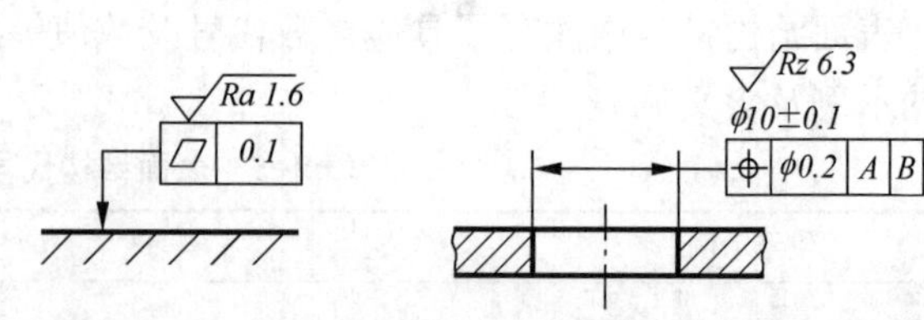

图 8-29　表面结构要求标注在形位公差框格的上方

(5)圆柱和棱柱表面的表面结构要求只标注一次(见图 8-30)。如果每个棱柱表面有不同的表面要求，则应分别单独标注(见图 8-31)。

(6)在同一表面上，如果有不同的表面结构要求时，须用细实线画出两个不同要求部分的分界线，并注出相应的表面结构符号和尺寸，如图 8-32 所示。

(7) 齿轮、渐开线花键等零件的工作表面在没有画出齿形时，其表面结构代号应该注在分度线上，如图 8-33 所示。

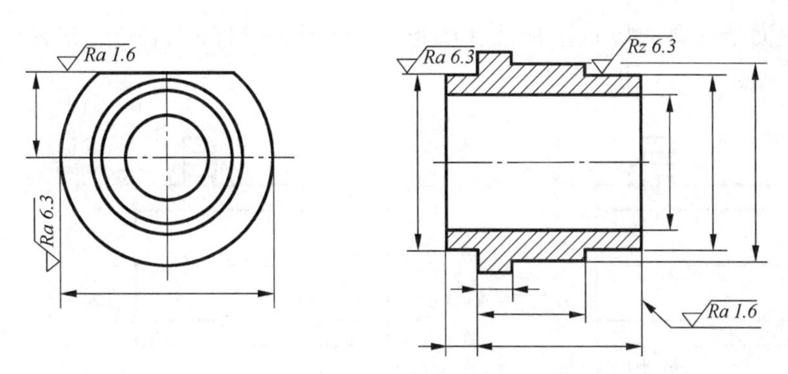

图 8-30　表面结构要求标注在圆柱特征的延长线上

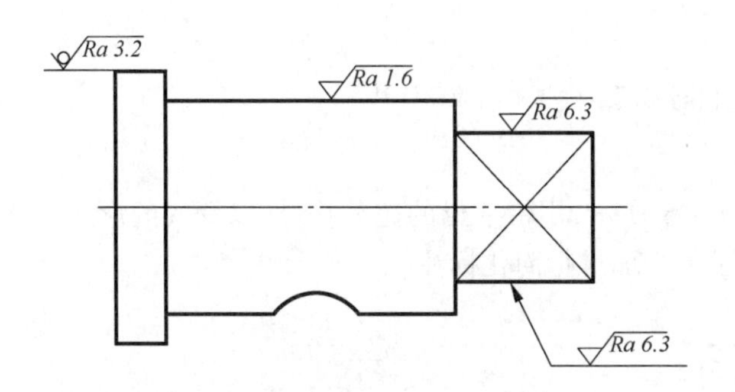

图 8-31　圆柱和棱柱的表面结构要求的标注

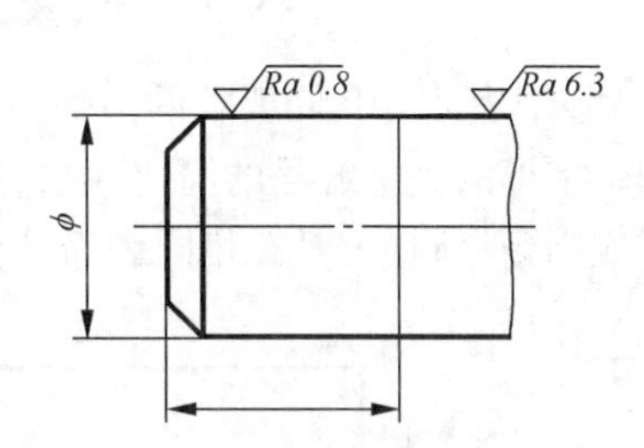

图 8-32　有不同的表面结构要求的标注

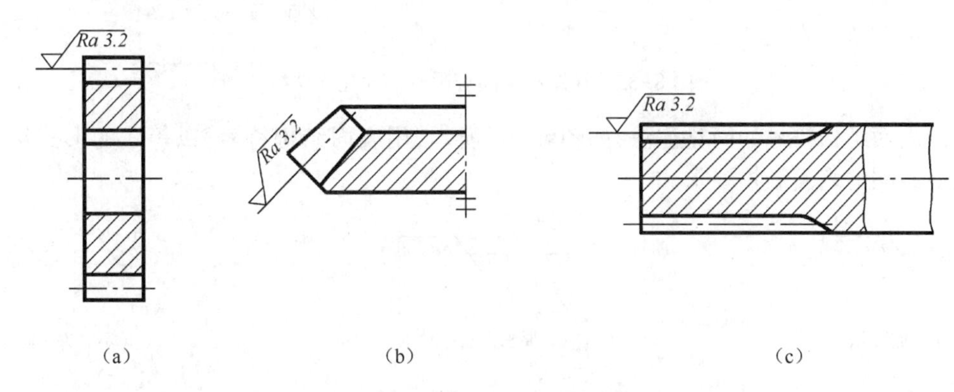

图 8-33　表面结构要求注在分度线上

6. 表面结构要求在图样中的简化注法

(1)有相同表面结构要求的简化注法

如果在工件的多数(包括全部)表面有相同的表面结构要求时,则其表面结构要求可统一标注在图样的标题栏附近。此时,表面结构要求的符号后面应有:

①在圆括号内给出无任何其他标注的基本符号[见图 8-34(a)]。表示除了图上标注的以外,其他没有标注的表面的表面结构要求,在圆括号内给出无任何其他标注的基本符号是指未指定工艺方法。

②在圆括号内给出不同的表面结构要求[见图 8-34(b)]。表示除了图上标注的以外,其他没有标注的表面的表面结构要求,在圆括号内给出了不同的表面结构要求。

不同的表面结构要求应直接标注在图形中[见图 8-34(a)、(b)],表示除了 Rz 1.6 和 Rz 6.3 外,其余的表面要求为 Rz 3.2 。

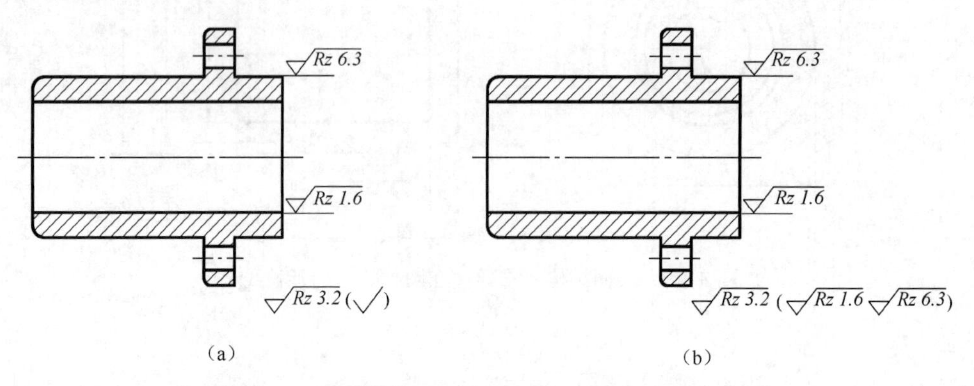

图 8-34　大多数表面有相同表面结构要求的简化注法

(2)多个表面有共同要求的注法

用带字母的完整符号的简化注法,如图 8-35 所示,用带字母的完整符号,以等式的形式,在图形或标题栏附近,对有相同表面结构要求的表面进行简化标注。

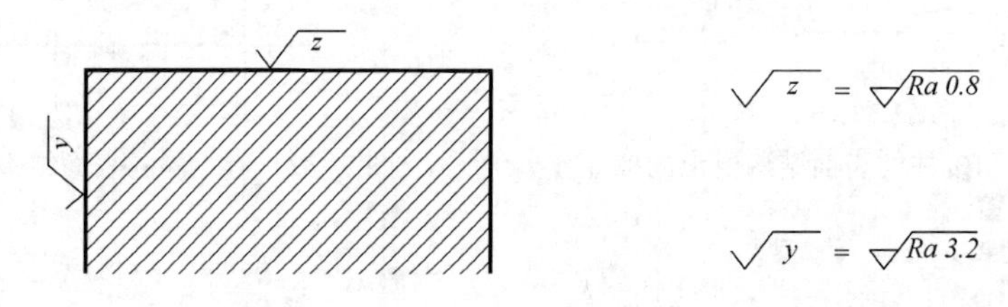

图 8-35　在图纸空间有限时的简化注法

只用表面结构符号的简化注法,如图 8-36 所示,用表面结构符号,以等式的形式给出对多个表面共同的表面结构要求。

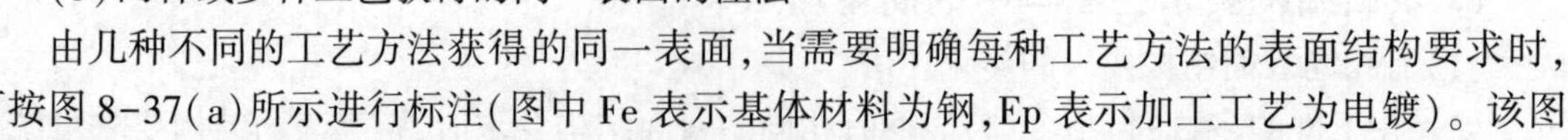

√ = Ra 3.2　　　　√ = Ra 3.2　　　　√ = Ra 3.2

(a) 未指定工艺方法　　(b) 要求去除材料　　(c) 不允许去除材料

图 8-36　多个表面结构要求的简化注法

(3)两种或多种工艺获得的同一表面的注法

由几种不同的工艺方法获得的同一表面,当需要明确每种工艺方法的表面结构要求时,可按图 8-37(a)所示进行标注(图中 Fe 表示基体材料为钢,Ep 表示加工工艺为电镀)。该图同时给出了镀覆前后的表面结构要求,这里与以往标准不同的是,不需要加镀覆"前、后"等字样,但要用粗虚线画出其范围并标注相应的尺寸。

图 8-37(b)所示为三个连续的加工工序的表面结构、尺寸和表面处理的标注。

8.4.2　极限与配合

互换性是指相同规格的一批零件中,任取一个不经修配,就能顺利地装配到机器上,并能满足使用要求,零件的这种性质,称为互换性。机械零件的互换性,简化了零、部件的制造和维

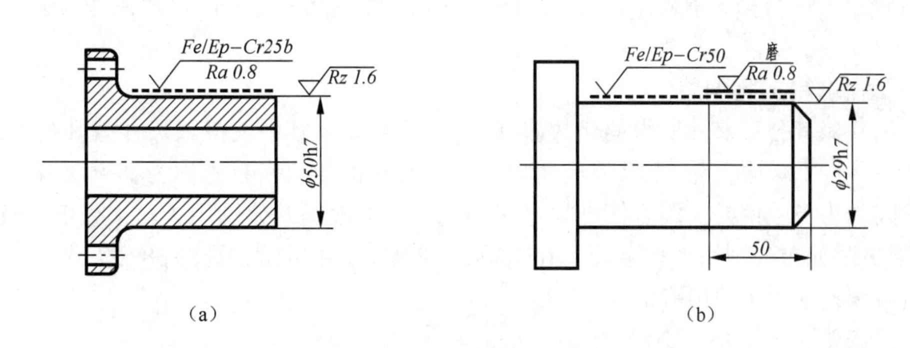

图 8-37　多种工艺获得同一表面的注法

修,使产品的生产周期缩短,生产效率提高,成本降低,保证了产品质量的稳定性,有利于进行高效率的现代化、专业化的大生产。

1. 公差的基本术语及定义

加工零件时,因机床精度、刀具磨损、测量误差等因素,不可能把零件的尺寸加工到绝对准确,为了保证零件有互换性,必须对零件的尺寸规定一个允许的变动量,这个允许的变动量,称为尺寸公差,简称公差。

下面以图 8-38 为例,介绍尺寸公差的基本术语。

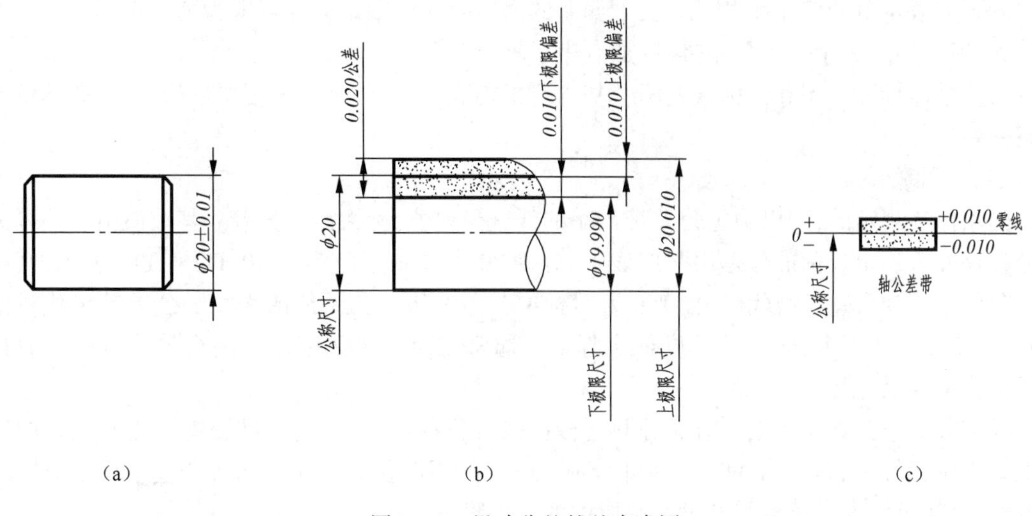

图 8-38　尺寸公差的基本术语

(1)公称尺寸

设计时由图样规范确定的理想形状要素尺寸,用以确定结构大小或位置的尺寸,如图 8-38 所示 $\phi20$。

(2)实际要素

零件加工完成后,由接近实际要素所限定的工件实际表面的组成要素部分,即实际测量得到的尺寸。

(3)极限尺寸

允许尺寸变动的两个界限值。其中较大的一个称为上极限尺寸,如图 8-38 所示

ϕ20.010;较小的一个称为下极限尺寸,如图 8-38 所示 ϕ19.990。实际尺寸在这两个尺寸之间即为合格的。

(4)尺寸偏差(简称偏差)

某一尺寸减其公称尺寸所得的代数差,称为尺寸偏差。其中上极限尺寸减其公称尺寸得到的代数差称为上极限偏差,下极限尺寸减其公称尺寸得到的代数差称为下极限偏差,上、下极限偏差同称为极限偏差。国家标准规定,孔的上、下极限偏差分别用大写字母 ES、EI 表示;轴的上、下极限偏差分别用小写字母 es、ei 表示。偏差是一代数值,图 8-38 中:

上极限偏差 es=20.010-20=+0.010(mm)

下极限偏差 ei=19.990-20=-0.010(mm)

(5)尺寸公差(简称公差)

公差是允许零件实际尺寸的变动量,用代号 T 表示。公差等于上极限尺寸减去下极限尺寸,或上极限偏差减去下极限偏差,公差一定是正值,如图 8-38 中:

$T=(20.010-19.990)=0.020(\mathrm{mm})$

或 $T=es-ei=[0.010-(-0.010)]=0.020(\mathrm{mm})$

(6)零线和公差带

为了分析公差带与公称尺寸的关系,通常将上、下极限偏差按放大比例画成简图,称为公差带图,如图 8-38(c)所示。

在公差带图中,用来表示公称尺寸的一条水平线,称为零线,零线的上方表示正的偏差值;零线的下方表示负的偏差值,表示上、下偏差的两条直线所限定的区域即为公差带。为了便于区别,一般用斜线表示孔的公差带;用加点表示轴的公差带。

公差带由标准公差和公称偏差两个基本要素构成,标准公差确定公差带的大小,基本偏差确定公差带的位置。

(7)标准公差

国家标准规定的,用以确定公差带大小的任一公差值,称为标准公差。其数值由公差等级和公称尺寸来确定。标准公差用“IT”表示,分为 20 个等级,用 IT01、IT0、IT1~IT18 表示,其中的阿拉伯数字为公差等级代号,如 IT8 表示标准公差 8 级。公差值的大小随公差等级代号由 IT01 到 IT18 依次增大,而尺寸精度依次降低。通常 IT01~IT12 多用于配合尺寸,IT13~IT18 多用于非配合尺寸。

标准公差与公称尺寸大小有关,同一公差等级,公称尺寸越大,标准公差值也越大。国家标准把小于或等于 500 mm 的基本尺寸分成 13 段,按不同公差等级列出各个基本尺寸分段的公差值,具体可以参考机械零件设计手册中的有关附表。

选用公差等级时,应考虑零件的使用要求,在满足零件使用要求的前提下,尽可能选用要求较低的公差等级,以简化零件的加工工序和降低加工成本。

(8)基本偏差

国家标准规定用于确定公差带相对零线位置的上偏差或下偏差中靠近零线的那个偏差为基本偏差。当公差带位于零线上方时,基本偏差为下极限偏差;当公差带位于零线下方时,基本偏差为上极限偏差,如图 8-39 所示。

国家标准规定了孔和轴各 28 个不同的基本偏差,分别用大、小写英文字母表示,按顺序排列。如图 8-40 所示的基本偏差系列,图中各公差带在基本偏差一端封口,表明公差带的位置,另一端由标准公差数值确定,画成开口的。

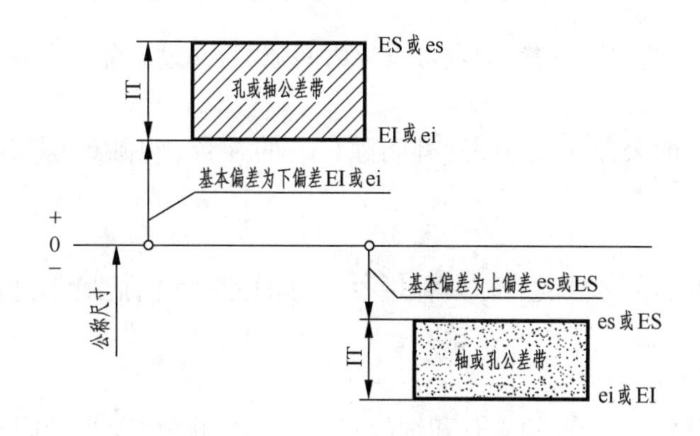

图 8-39 基本偏差

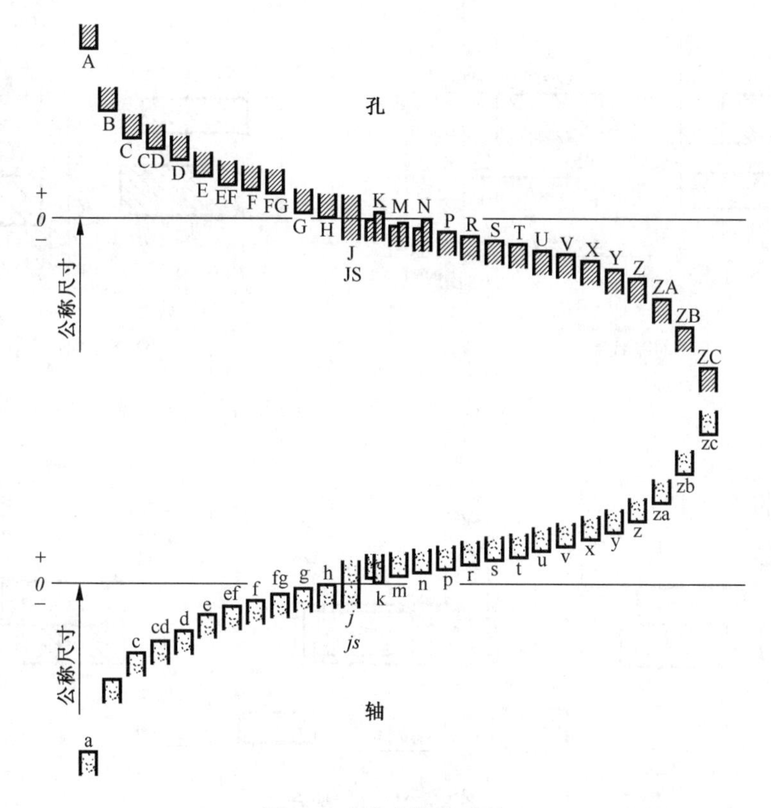

图 8-40 基本偏差系列

孔和轴的公差带代号由基本偏差代号和标准公差等级代号组成,例如:

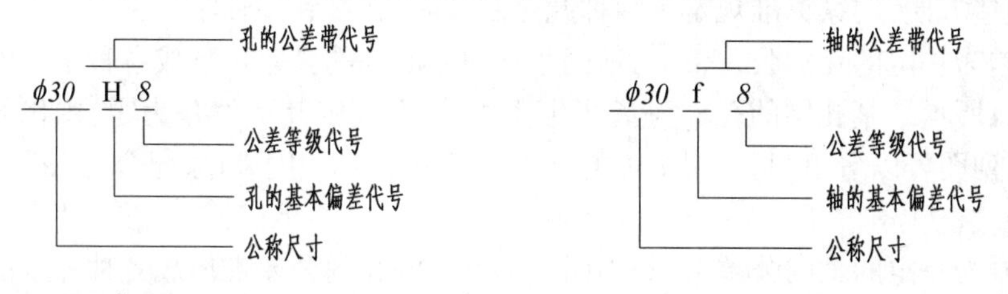

2. 配合

基本尺寸相同且相互结合的孔和轴的公差带之间的关系,称为配合。

(1)配合种类

根据孔、轴公差带的相对位置,配合可以分为间隙配合、过盈配合和过渡配合三类。

①间隙配合。

孔的公差带在轴的公差带之上,具有间隙(X)的配合(包括最小间隙为零的配合),如图 8-41(a)所示。

②过盈配合。

孔的公差带在轴的公差带之下,具有过盈(Y)的配合(包括最小过盈为零的配合),如图 8-41(b)所示。

③过渡配合。

孔和轴的公差带相互重叠,随着孔和轴的实际尺寸变化,可能得到间隙配合,也可能得到过盈配合,但间隙或过盈都很小,如图 8-42 所示。

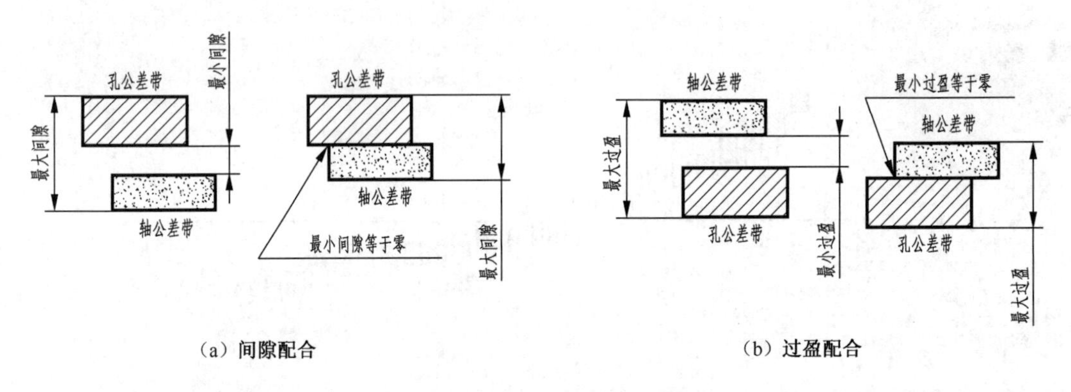

图 8-41　间隙配合和过盈配合

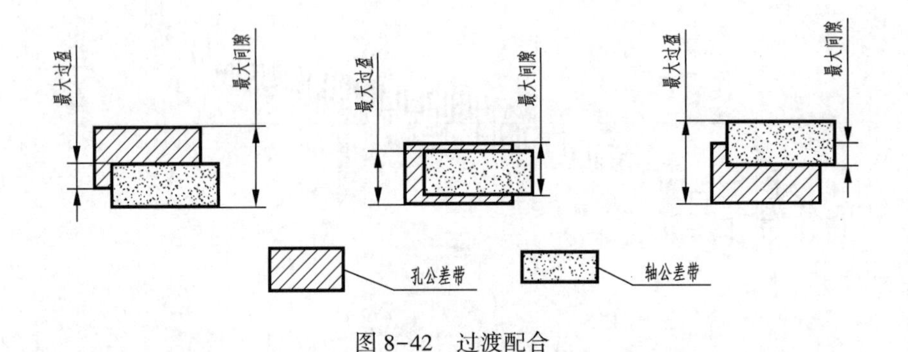

图 8-42　过渡配合

(2)配合制

为了零件加工制造方便,国家标准规定了两种配合制,即基孔制和基轴制。

基孔制:基本偏差为一定的孔的公差带,与不同基本偏差的轴的公差带形成各种配合的一种制度,如图 8-43(a)所示。基孔制的孔称为基准孔,国家标准规定其下偏差为零,用代号 H 表示。从基本偏差系列图可以看出,基孔制中轴的基本偏差从 a~h 用于间隙配合,j~zc 用于过渡配合和过盈配合。

基轴制:基本偏差为一定的轴的公差带,与不同基本尺寸的孔的公差带形成各种配合的一种制度,如图 8-43(b)所示。基轴制的轴称为基准轴,国家标准规定其上偏差为零,用代号 h 表示。从基本偏差系列图可以看出,基轴制中孔的基本偏差从 A~H 用于间隙配合,J~ZC 用于过渡配合和过盈配合。

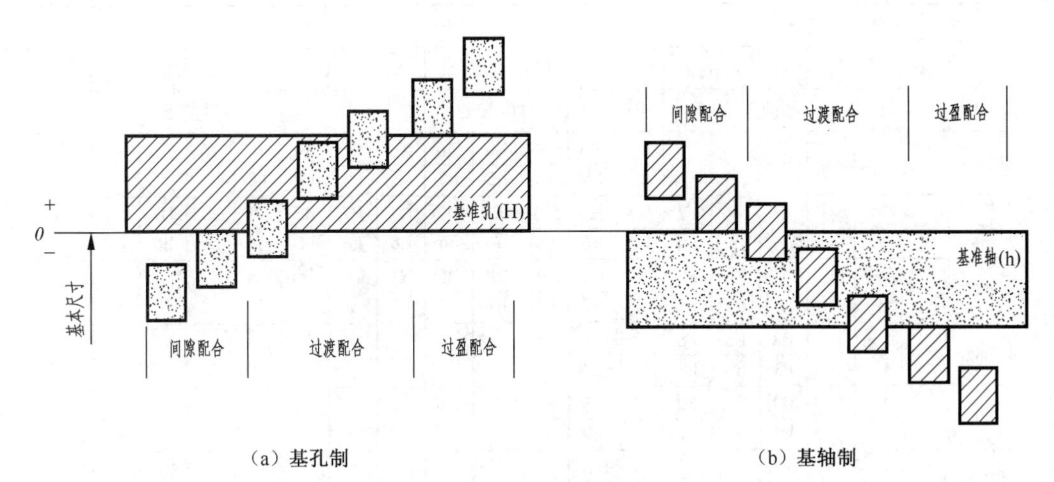

（a）基孔制　　（b）基轴制

图 8-43　基孔制和基轴制的公差带

一般情况下，从加工轴、孔的难易程度来看，若固定孔的公差带，可以减少加工刀具、量具的规格和数量，所以标准规定应优先选用基孔制。但若与标准件形成配合时，应按标准件确定配合制。例如：与滚动轴承内圈配合的轴应选用基孔制；与滚动轴承外圈配合的孔应选用基轴制。

28 个基本偏差和 20 个标准公差等级任意组合，可以组成五百多种孔、轴公差带的大小与位置。过多的公差带既不经济，也不利于生产，因此，国家标准根据我国的生产实际并参照国际公差标准的规定，在尺寸小于或等于 500 mm 的范围内制定了优先及常用配合，应尽量选用优先配合及常用配合。基孔制和基轴制的优先、常用配合见表 8-6 及表 8-7。

表 8-6　基孔制优先、常用配合

基准孔	轴																				
	a	b	c	d	a	f	g	h	js	k	m	n	p	r	s	t	u	v	x	y	z
	间隙配合								过度配合			过盈配合									
H6						$\frac{H6}{f5}$	$\frac{H6}{g5}$	$\frac{H6}{h5}$	$\frac{H6}{js5}$	$\frac{H6}{k5}$	$\frac{H6}{m5}$	$\frac{H6}{n5}$	$\frac{H6}{p5}$	$\frac{H6}{r5}$	$\frac{H6}{s5}$	$\frac{H6}{t5}$					
H7						$\frac{H7}{f6}$	$\frac{\mathbf{H7}}{\mathbf{g6}}$	$\frac{\mathbf{H7}}{\mathbf{h6}}$	$\frac{H7}{js6}$	$\frac{\mathbf{H7}}{\mathbf{k6}}$	$\frac{H7}{m6}$	$\frac{\mathbf{H7}}{\mathbf{n6}}$	$\frac{\mathbf{H7}}{\mathbf{p6}}$	$\frac{H7}{r6}$	$\frac{\mathbf{H7}}{\mathbf{s6}}$	$\frac{H7}{t6}$	$\frac{\mathbf{H7}}{\mathbf{u6}}$	$\frac{H7}{v6}$	$\frac{H7}{x6}$	$\frac{H7}{y6}$	$\frac{H7}{z6}$
H8					$\frac{H8}{e7}$	$\frac{\mathbf{H8}}{\mathbf{f7}}$	$\frac{H8}{g7}$	$\frac{\mathbf{H8}}{\mathbf{h7}}$	$\frac{H8}{js7}$	$\frac{H8}{k7}$	$\frac{H8}{m7}$	$\frac{H8}{n7}$	$\frac{H8}{p7}$	$\frac{H8}{r7}$	$\frac{H8}{s7}$	$\frac{H8}{t7}$	$\frac{H8}{u7}$				
				$\frac{H8}{d8}$	$\frac{H8}{e8}$	$\frac{H8}{f8}$		$\frac{H8}{h8}$													
H9			$\frac{H9}{c9}$	$\frac{\mathbf{H9}}{\mathbf{d9}}$	$\frac{H9}{e9}$	$\frac{H9}{f9}$		$\frac{\mathbf{H9}}{\mathbf{h9}}$													
H10			$\frac{H10}{c10}$	$\frac{H10}{d10}$				$\frac{H10}{h10}$													
H11	$\frac{H11}{a11}$	$\frac{H11}{b11}$	$\frac{\mathbf{H11}}{\mathbf{c11}}$	$\frac{H11}{d11}$				$\frac{\mathbf{H11}}{\mathbf{h11}}$													
H12		$\frac{H12}{b12}$						$\frac{\mathbf{H12}}{\mathbf{h12}}$													

注：1. $\frac{H6}{n5}$、$\frac{H7}{p6}$在基本尺寸小于或等于 3 mm 和$\frac{H8}{r7}$在小于或等于 100 mm 时，为过渡配合。

2. 表中的黑体字为优先配合。

表 8-7　基轴制优先、常用配合

基准轴	孔																				
	A	B	C	D	E	F	G	H	JS	K	M	N	P	R	S	T	U	V	X	Y	Z
	间隙配合								过度配合			过盈配合									
h5							$\frac{G6}{h5}$	$\frac{H6}{h5}$	$\frac{JS6}{h5}$	$\frac{K6}{h5}$	$\frac{M6}{h5}$	$\frac{N6}{h5}$	$\frac{P6}{h5}$	$\frac{R6}{h5}$	$\frac{S6}{h5}$	$\frac{T6}{h5}$					
h6						$\frac{F7}{h6}$	$\frac{\mathbf{G7}}{\mathbf{h6}}$	$\frac{\mathbf{H7}}{\mathbf{h6}}$	$\frac{JS7}{h6}$	$\frac{\mathbf{K7}}{\mathbf{h6}}$	$\frac{M7}{h6}$	$\frac{\mathbf{N7}}{\mathbf{h6}}$	$\frac{\mathbf{P7}}{\mathbf{h6}}$	$\frac{R7}{h6}$	$\frac{S7}{h6}$	$\frac{T7}{h6}$	$\frac{\mathbf{U7}}{\mathbf{h6}}$				
h7					$\frac{E8}{h7}$	$\frac{F8}{h7}$		$\frac{\mathbf{H8}}{\mathbf{h7}}$	$\frac{JS8}{h7}$	$\frac{K8}{h7}$	$\frac{M8}{h7}$	$\frac{N8}{h7}$									
h8				$\frac{D8}{h8}$	$\frac{E8}{h8}$	$\frac{F8}{h8}$		$\frac{H8}{h8}$													
h9				$\frac{\mathbf{D9}}{\mathbf{h9}}$	$\frac{E9}{h9}$	$\frac{F9}{h9}$		$\frac{\mathbf{H9}}{\mathbf{h9}}$													
h10				$\frac{D10}{h10}$				$\frac{H10}{h10}$													
h11	$\frac{A11}{h11}$	$\frac{B11}{h11}$	$\frac{\mathbf{c11}}{\mathbf{h11}}$	$\frac{D11}{h11}$				$\frac{\mathbf{H11}}{\mathbf{h11}}$													
h12		$\frac{B12}{h12}$						$\frac{H12}{h12}$													

注：表中的黑体字为优先配合

3. 公差与配合的标注

(1)在零件图中的标注

在零件图中标注公差有三种形式：

①只注公差代号，如图 8-44(a)所示。

②只注上、下极限偏差数值，如图 8-44(b)所示。

③混合标注，即同时注出公差带代号以及上、下极限偏差数值，这时上、下极限偏差数值需加括号，如图 8-44(c)所示。

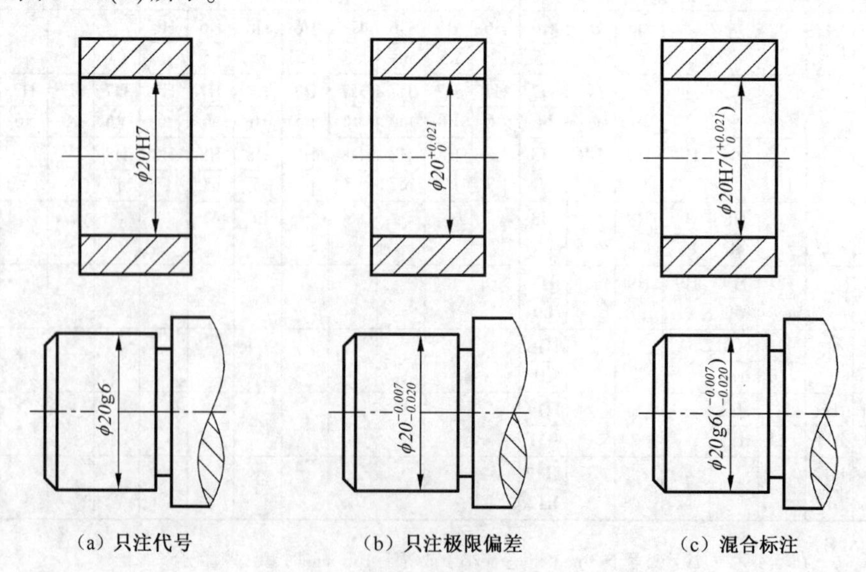

图 8-44　零件图中标注公差的形式

标注偏差数值时应注意：上极限偏差注在公称尺寸的右上方，下极限偏差注在公称尺寸的右方与公称尺寸同一底线上，偏差数值的字号比公称尺寸数值的字号小一号；上、下极限偏差值的整数位要对齐，小数点后的位数必须相同；若上极限偏差或下极限偏差值为 0，则此“0”必须与下极限偏差或上极限偏差的小数点前的个位数对齐；若上、下极限偏差值相同，而符号相反，可在公称尺寸后加注“±”号，再填写偏差数字，其高度和公称尺寸数字相同。

(2)在装配图中的标注

国家标准规定采用组合的形式标注配合的代号，即在公称尺寸右边，用分式的形式来表示，分子为孔的公差带代号，分母为轴的公差带代号，一般形式如下：

$$\text{孔和轴的基本尺寸}\frac{\text{孔的公差带代号}}{\text{轴的公差带代号}}$$

具体标注如图 8-45 所示。

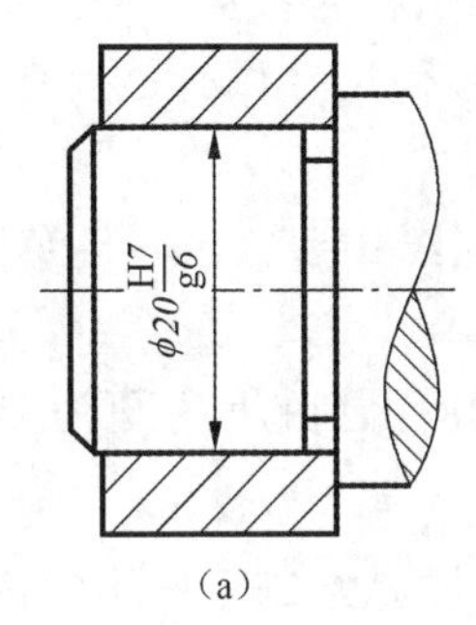

(a)

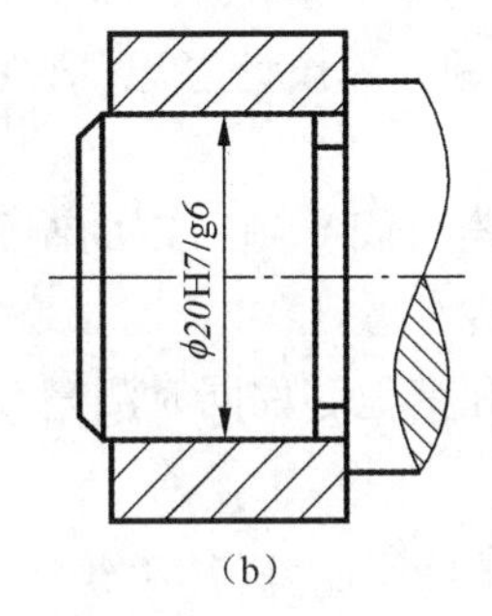

(b)

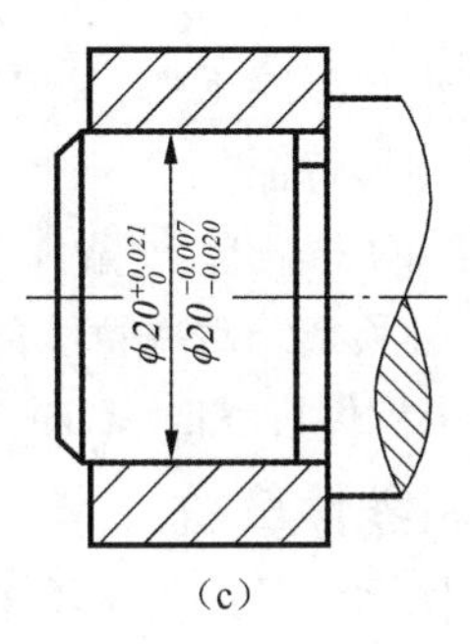

(c)

图 8-45　装配图中配合代号的标注

(3)查表举例

【例 8-1】　查表写出 $\phi30\,\frac{H8}{f7}$中孔和轴的极限偏差数值。

查附表-24 可知，$\phi30\,\frac{H8}{f7}$是基孔制的间隙配合。

由附表-24“优先配合中孔的极限偏差”，可查得 ϕ30H8 基准孔的上、下极限偏差为：$^{+33}_{0}$ μm，与公称尺寸的单位统一后，ϕ30H8 可以写成 $\phi30^{+0.033}_{0}$。

由附表-23“优先配合中轴的极限偏差”，可查得 ϕ30f7 配合轴的上、下极限偏差为：$^{-20}_{-41}$ μm，与公称尺寸的单位统一后，ϕ30f7 可以写成 $\phi30^{-0.020}_{-0.041}$。在零件图上的标注形式，可以参考图 8-45。

【例 8-2】　查表写出 $\phi30\,\frac{K7}{h6}$中孔和轴的极限偏差数值。

查表 8-7 可知，$\phi30\,\frac{K7}{h6}$是基轴制的过渡配合。

由附表-23“优先配合中轴的极限偏差”，可查得 ϕ30h6 基准轴的上、下极限偏差为：$^{0}_{-13}$ μm，与公称尺寸的单位统一后，ϕ30h6 可以写成 $\phi30^{0}_{-0.013}$。

由附表-24“优先配合中孔的极限偏差”，可查得 ϕ30K7 配合孔的上、下极限偏差为：$^{+6}_{-15}$ μm，与公称尺寸的单位统一后，ϕ30K7 可以写成 $\phi30^{+0.006}_{-0.015}$。在零件图上的标注形式，可以参考图 8-44。

8.5 零件测绘

在生产中使用的零件图,一是根据设计而绘制,二是按实际零件测绘而画出图样。零件测绘是指根据零件画出图形、测量出尺寸和制订出技术要求的过程。在机器设备的仿造、修配或技术改造中,常常在机器的现场进行零件测绘。测绘时,先画零件草图,然后根据草图绘制出零件工作图。草图是绘制零件工作图的依据,因此,草图必须具有零件图的全部内容。

1. 零件测绘的特点

(1)测绘对象是在机器设备中起特定作用并和其他零件有着特定组成关系的实际零件。测绘时,不仅要进行形体分析,还要分析它在机器中的作用、运动状态及装配关系,以确保测绘的准确性。

(2)测绘对象是实际零件,随着使用时间的延长而发生磨损,甚至损坏。测绘中既要按实际形状大小进行测绘工作,又要充分领会原设计思想,对现有零件尺寸作必要的修正,保证测绘出原有的图形特征。

(3)测绘的工作地点、条件及测绘时间受到一定的制约,测绘中要绘出零件草图,这就要求测绘人员必须熟练掌握草图的绘制方法。

(4)测量零件尺寸时,有时需要和其他零件同时测量,才能使得到的尺寸更为准确。

2. 绘制零件草图

零件草图通常是以简单绘图工具目测比例,徒手绘制。草图是绘制零件图的依据,因此,零件草图应该做到视图正确,尺寸完整合理,图面尽可能工整,线条规范清晰。在计算机绘图技术广泛应用的情况下,草图的绘制技术显得日益重要。下面以图 8-46(a)所示支座为例,说明零件草图的绘制方法和步骤。

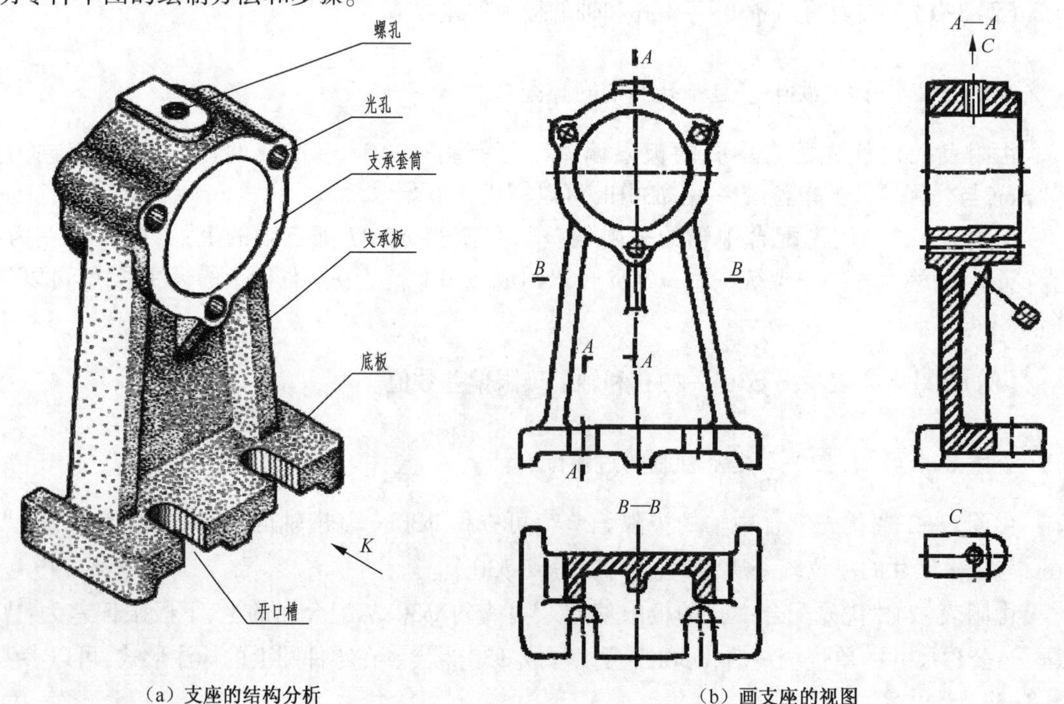

(a) 支座的结构分析　　(b) 画支座的视图

图 8-46　零件草图的结构分析和绘图步骤

(1)结构分析

首先了解零件的名称、材料,然后分析零件的结构形状特征,如图 8-46(a)所示,分清加工面与非加工面。

(2)确定表达方案

该零件为铸件,加工工序较多,加工位置不确定,因此,主要根据形体特征及工作位置原则选定主视图的投射方向[见图 8-46(a)]。再根据该支座的结构复杂程度,选用俯视图、左视图。左视图以阶梯剖方法作 *A—A* 全剖视,俯视图作 *B—B* 全剖视,并以 *C* 向局部视图表明顶部凸台的实形,如图 8-46(b)所示。总之,应通过比较,选用视图数量少、表达得完整清晰、有利于看图的表达方案。

(3)定比例、布图、画图

根据零件的大小、视图的复杂程度,选择作图比例,然后在纸上定出中心线及作图基准线,注意留出位置,以便标注尺寸和注写技术要求、标题栏等等。以目测比例画出零件的各个视图,对于零件上的制造缺陷,或使用后的磨损均不能画出,如图 8-46(b)所示。

(4)测量并标注尺寸

测量尺寸要根据零件的结构特点,合理选用量具,注意测量方法,对于键槽、退刀槽、螺纹等标准结构,应调整测量结果与标准数值一致。标注尺寸时,应先确定尺寸基准,画好尺寸界线、尺寸线和尺寸箭头,然后集中测量尺寸,逐一标注,如图 8-47 所示,图中长度方向的尺寸基准为对称面(点画线表示),高度方向的尺寸基准是底平面,宽度方向的尺寸基准是 ϕ72H8 孔的后端面。

测量尺寸中应注意:

①对已经磨损的零件尺寸,要作适当分析,最好能测量与其配合的零件尺寸,得出合适的尺寸。

②对零件上的配合尺寸,一般只需测出基本尺寸,根据使用要求选择合理的配合性质。

③对螺纹、齿轮、键槽、沉孔等标准化的结构,应根据测得的主要尺寸,查阅有关国家标准,采用标准结构尺寸。

(5)注写表面粗糙度和其他技术要求,填写标题栏,并认真审查复核。

绘制零件草图的注意事项:

①零件上的工艺结构,如倒角、圆角、退刀槽、越程槽、中心孔等均应全部画出或在标注尺寸和技术要求中加以说明。

②零件上的各种缺陷,如铸造砂眼、毛刺、气孔、加工刀痕等不要绘出。

③对零件上的重要尺寸,必须精心测量和核对;通过计算得到的尺寸,如齿轮啮合的中心距等,不得随意进行圆整;零件的尺寸公差,要根据零件的配合要求来选定,并与相关零件的尺寸协调;零件上的工艺结构尺寸应查阅有关标准来确定。

④对已损坏的零件要按原形绘出,当零件的结构不合理或不必要时,可作必要的修改。

⑤对于被测零件和测量工具均应妥善保管,避免丢失和损坏。

3. 画零件工作图

在画零件草图时,由于是徒手作图,并受现场测量环境因素的限制,图面上难免会有疏漏和不足,因此,在画零件工作图之前,必须对草图进行认真整理、仔细校核,如对表达方法是否正确、尺寸标注是否合理等内容进行逐个复查、修订,并加以补充;对表面粗糙度、尺寸公差和其他技术要求应进一步核查,必要时应重新计算选用,最后根据核查后的草图,画出零件工作图。

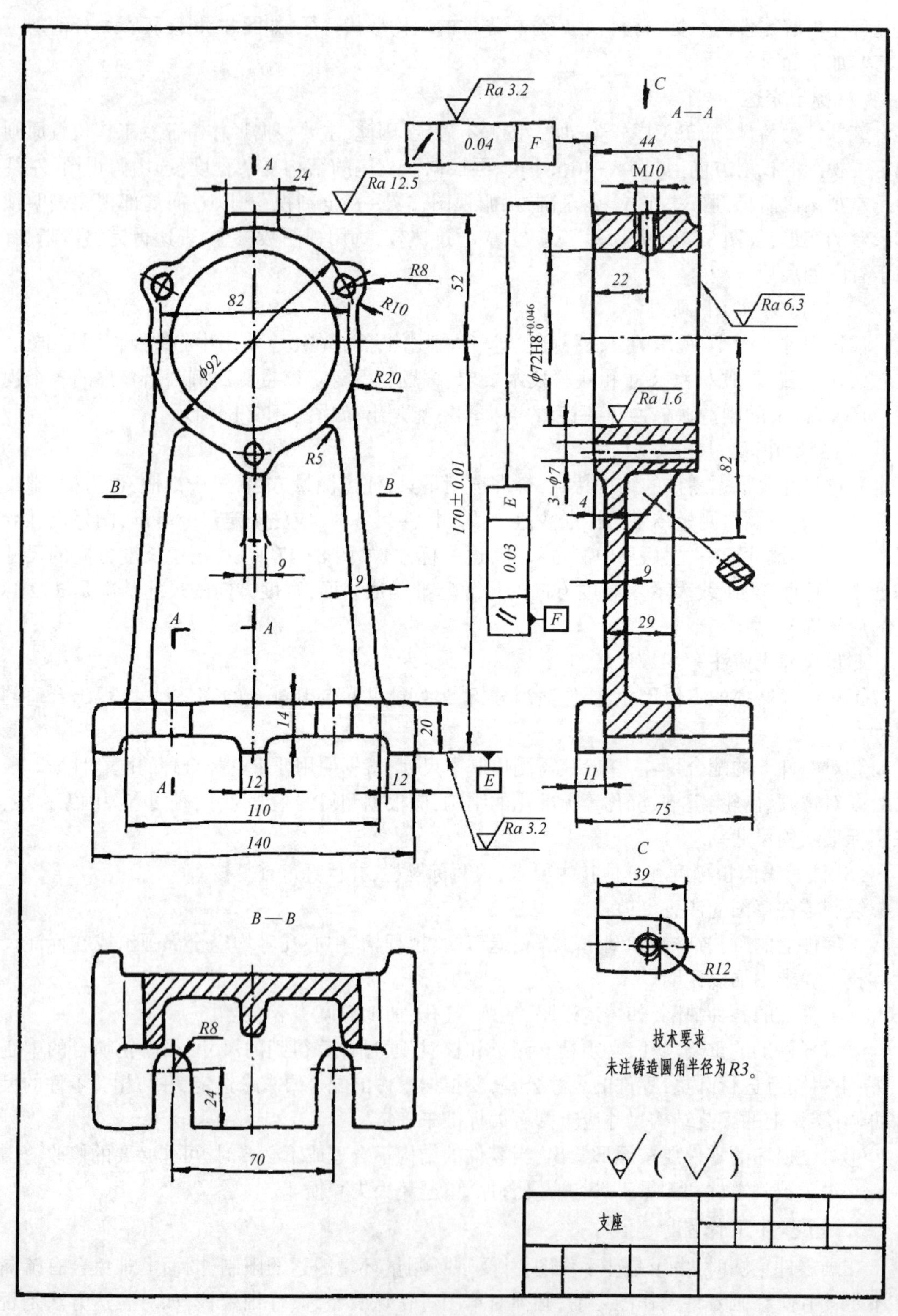

图 8-47 完成零件草图的标注尺寸及技术要求

8.6 读零件图

8.6.1 读零件图的方法与步骤

1. 概括了解

首先从标题栏了解零件的名称、材料、比例等,并浏览全图,对零件的作用和结构特点有个初步的概念。还可参考相关技术资料(如装配图),进一步了解零件的用途以及与其他零件的相邻关系。

2. 分析视图,想象形状

先找出主视图,从主视图入手,分析其他视图和主视图的对应关系、各个视图所采用的表达方法。再以形体分析法为主,结合线面分析法,进行零件结构分析,逐一看懂零件各部分的形状、结构特点,然后综合想象出零件的完整形状。

3. 分析尺寸

结合零件的结构特点以及用途,先找出尺寸的主要基准,明确重要尺寸,然后了解其他尺寸。注意运用形体分析法看懂各组成部分的定形尺寸和定位尺寸,以及总体尺寸,验证尺寸标注的完整性、合理性。

4. 了解技术要求

了解零件的表面粗糙度,分清哪些表面要切削加工,哪些不要加工,以及表面粗糙度要求的高低;分析零件的尺寸公差,了解一些重要尺寸的公差要求,以便考虑相应的加工方法;再分析其他技术要求,这些都是制订零件加工工艺的依据。

5. 综合分析

综合以上四个方面的分析,对零件有较全面、完整的了解。应该指出的是,上述步骤不应简单地割裂开来,实际读图时,往往是交叉反复地进行。

8.6.2 读零件图举例

下面以图8-48所示的轴承架零件图为例,介绍读零件图的具体方法和步骤。

1. 概括了解

由标题栏可知,该轴承架零件图作图比例1:1,材料是HT200,毛坯为铸件,经机械加工完成,是一个结构属中等复杂程度的叉架类零件。

2. 分析视图、想象形状

该零件图采用主、左两视图,另外增加一个*B*向(后视)局部视图,共3个视图表达。主视图反映了轴承架外形的主要特征,零件上端的左右两侧采用局部剖视,表达轴承孔和近处的两个M12螺纹孔;左视图采用了两个相交剖切平面的*A*—*A*全剖视的方法来表达,还在上端螺孔处作了局部剖视;*B*向局部视图用于表达零件后面凸台的实形。对照视图间投影关系,可以想象出该零件的形状,如图8-49所示。

3. 分析尺寸

(1)主要尺寸基准

该零件左右对称,长度方向选对称平面为基准,即主视图中符号“*D*”所指点画线,宽度方

向以后方的安装面 E 为基准，高度方向以轴线 F 为基准，如图 8-48 所示。

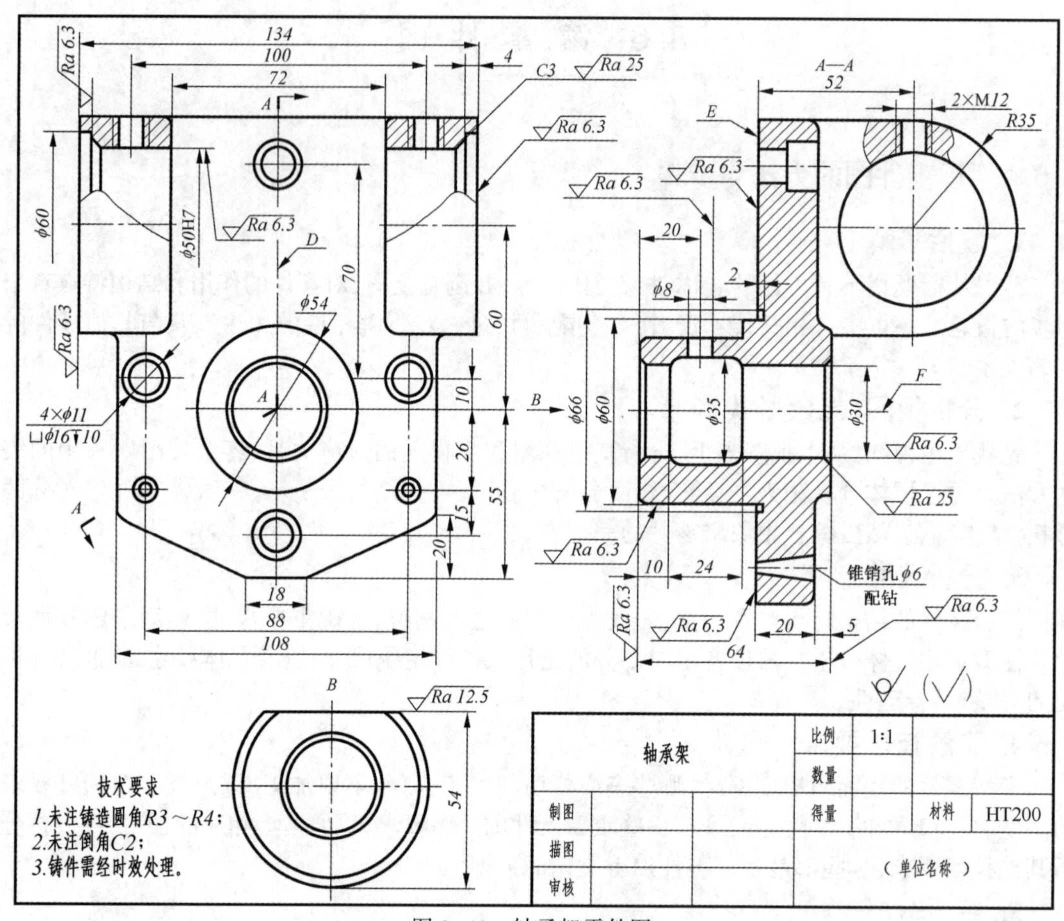

图 8-48 轴承架零件图

(2)定形尺寸

根据形体分析法，对确定零件各组成部分形状大小的尺寸进行分析，如零件左右两耳板上的轴承孔的孔径尺寸 ϕ50H7，就确定了轴承孔直径的大小以及尺寸公差。其他定形尺寸请读者自行分析。

(3)定位尺寸

以“D”为基准，在主视图上标注出 100、88 等长度方向的定位尺寸；高度方向的定位尺寸较多，在主视图中由基准“F”注出的有 60、55、10、26 等；宽度方向，在左视图中由基准“E”注出的有 52、20 等。

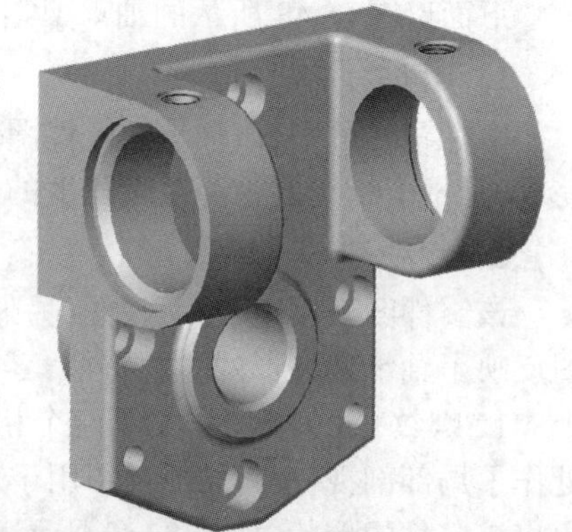

图 8-49 轴承架立体图

4. 了解技术要求

该零件毛坯是铸件，要经过时效处理，才能进行机械加工。从图 8-48 可知，该零件很多表面需经切削加工，几处接触面及圆柱孔配合面的表面粗糙度 Ra 值为 6.3 μm，较次要的加工表面 Ra 值为 12.5 μm 及 25 μm，其余仍为铸件原来的表面状态，这从图纸右下角统一标注的粗糙度符号可知。这样，我们便了解到，该零件对表面粗糙度要求并不高。

综合上述四个方面的分析，就可以得出该零件的完整概念，真正看懂这张零件图。

装 配 图

9.1 装配图的作用及内容

9.1.1 装配图的作用

用来表达机器或部件的工程图样称为装配图。它主要表达机器或部件的工作原理、装配关系、主要结构形状和技术要求。机器或部件在设计过程中，首先要通过分析计算并画出装配图，然后以装配图为依据，进行零件设计，画出零件图，按零件图制造出零件，再按装配图的要求装配出机器或部件。同时装配图也是包装运输、选购使用、安装调试和维修的重要技术文件。

9.1.2 装配图的内容

图 9-1 是一张铣刀头的装配图，从中可以看出装配图应包含以下四项基本内容：

1. 一组视图

用来表达机器或部件的工作原理、装配关系、主要零件的结构形状等。

2. 几类尺寸

在装配图标注出机器或部件的规格、性能、配合、外形和安装等方面的尺寸。

3. 技术要求

用文字或符号说明机器或部件在装配检验、安装调试、使用维修等方面应达到的技术要求。

4. 标题栏、序号及明细栏

装配图上必须对每个零件进行编号，并在明细栏中依次列出零件的序号、名称、数量、材料等。在标题栏中，应写明装配体的名称、图号、比例以及有关人员的签名等。

9.2 装配图的表达方法

本书在第 6 章中曾讨论了机件的常用表达方法（视图、剖视图、断面图等），这些表示方法不但适用于零件图，同样也适用于装配图，但装配图着重表达装配体的工作原理与装配关系，因此本章还要介绍一些装配图的规定画法和特殊画法。

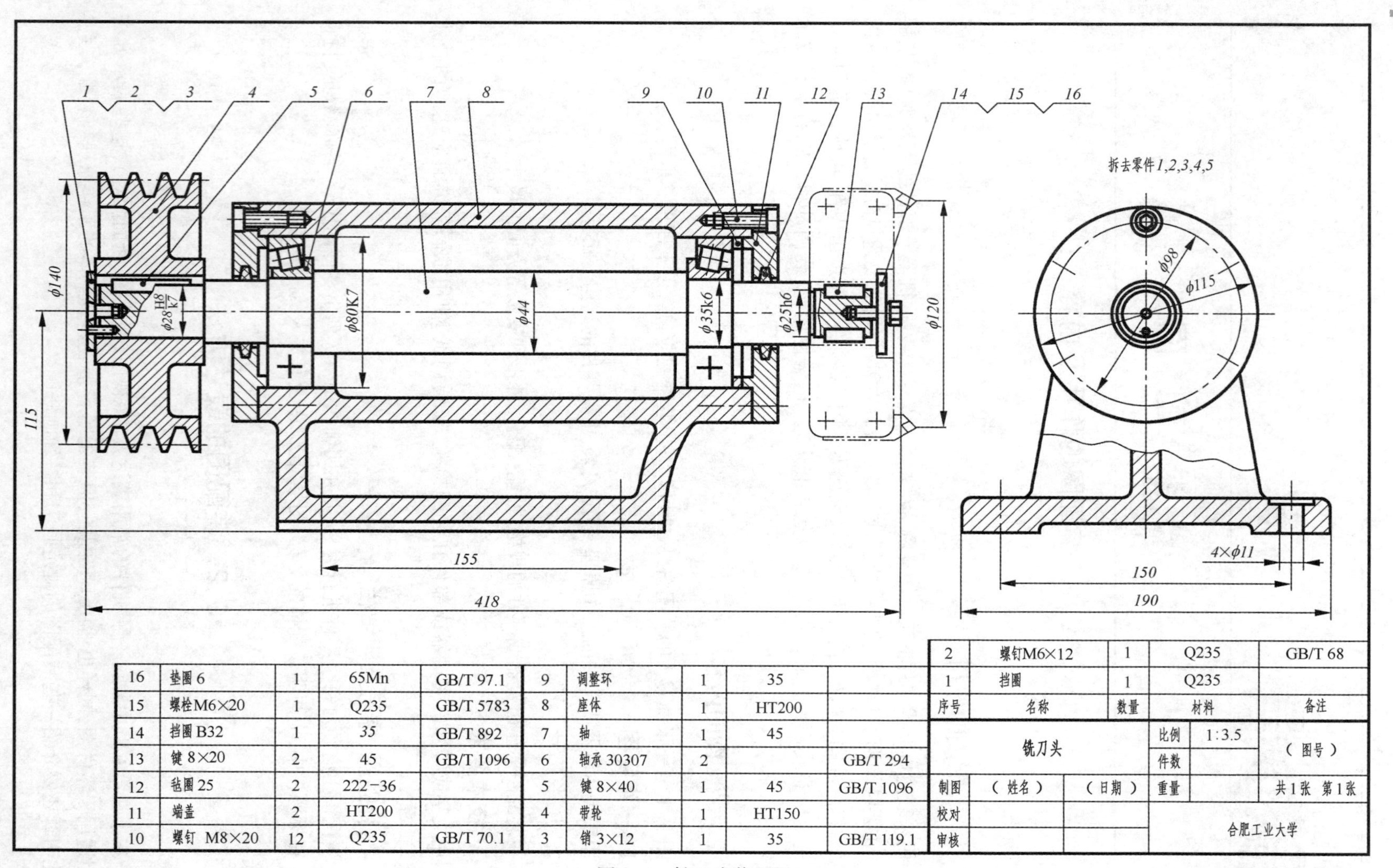

16	垫圈 6	1	65Mn	GB/T 97.1
15	螺栓M6×20	1	Q235	GB/T 5783
14	挡圈 B32	1	35	GB/T 892
13	键 8×20	2	45	GB/T 1096
12	毡圈 25	2	222−36	
11	端盖	2	HT200	
10	螺钉 M8×20	12	Q235	GB/T 70.1

9	调整环	1	35	
8	座体	1	HT200	
7	轴	1	45	
6	轴承 30307	2		GB/T 294
5	键 8×40	1	45	GB/T 1096
4	带轮	1	HT150	
3	销 3×12	1	35	GB/T 119.1

2	螺钉M6×12	1	Q235	GB/T 68
1	挡圈	1	Q235	
序号	名称	数量	材料	备注

图 9-1　铣刀头装配图

9.2.1　装配图中的规定画法

(1)两个零件的接触面只画一条共有的轮廓线。两个零件配合时,不论是间隙配合,还是过盈配合,只要基本尺寸相同,都只画一条轮廓线。但是,当两个零件的表面不接触时,或基本尺寸不相同时,不论间隙多小,都应画成两条轮廓线,如图9-1所示。

(2)相邻两个零件的剖面线方向应相反。在装配图中相邻的两个零件其剖面线方向应不同,相邻的三个零件及以上零件的剖面线应将其中两个画成方向相反,另一个零件的剖面线画成与前两个零件的剖面线间隔不同,但角度仍为45°,特殊情况除外。但同一零件,在各个视图中剖面线的方向和间隔必须完全相同。在复杂的装配图中,拆分零件时,很大程度上是根据其剖面线来分离零件的。

(3)实心零件和标准件在装配图中,当剖切平面通过这些零件的轴心线时,仍按不剖表示。如图9-1所示的轴、螺钉、键等均按不剖表示,只画它们的外形。

9.2.2　装配图中的特殊画法

1. 拆卸画法

在装配图中,当某些零件遮住了所需表达的其他部分时,可假想将这些零件拆去,然后将所需表达的其他部分画出,并注写“拆去零件××”。如图9-1所示铣刀头装配图的左视图,是拆去零件1、2、3、4、5后画出的。

2. 沿零件的结合面剖切画法

为表达装配体的某些内部结构,可在两零件的结合面处剖切后进行投射。如图9-2所示转子泵装配图中的右视图,剖切平面*A—A*是沿泵体与泵盖结合面剖切的,并将轴、螺栓和销切断。

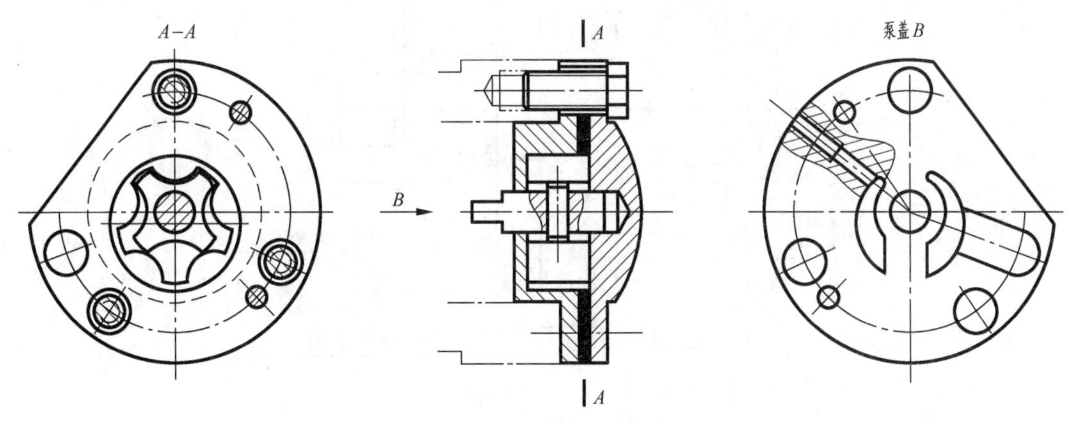

图9-2　转子泵装配图主视图

3. 假想画法

为了说明装配体的工作原理和装配关系,有时将与装配体相邻的有关零件或部件用细双点画线画出,如图9-1所示铣刀头装配图的主视图右边,将铣刀盘用细双点画线画出(该铣刀盘不是铣刀头上的零部件),图9-2所示转子泵装配图的主视图的左边,用细点画线画出转子泵在机器中的安装位置。另外,有时为了表达运动零件的不同极限位置,在装配图中也用细双点画线画出,如图9-3所示的手柄。

4. 夸大画法

在装配图中，当图形上的薄片厚度和间隙较小（≤2 mm），或锥度较小时，允许不按原比例绘制，而是采用夸大画法画出，如图 9-1、图 9-4、图 9-5 所示。

5. 简化画法

在装配图中，零件的工艺结构，如倒角、圆角、退刀槽等允许不画。对于若干相同的零件，如螺纹紧固件等，可详细地画出一处，其余用中心线表示其位置。表示滚动轴承时，允许一半用规定画法画出，另一半用通用画法画出，如图 9-1、图 9-5 所示。

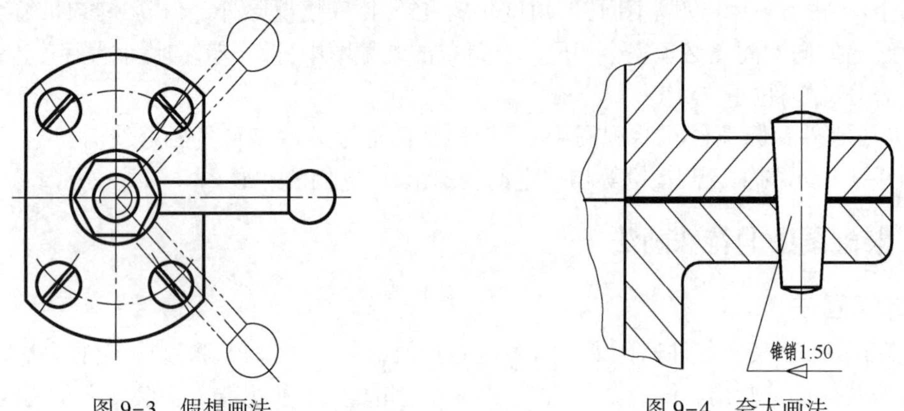

图 9-3　假想画法　　　　图 9-4　夸大画法

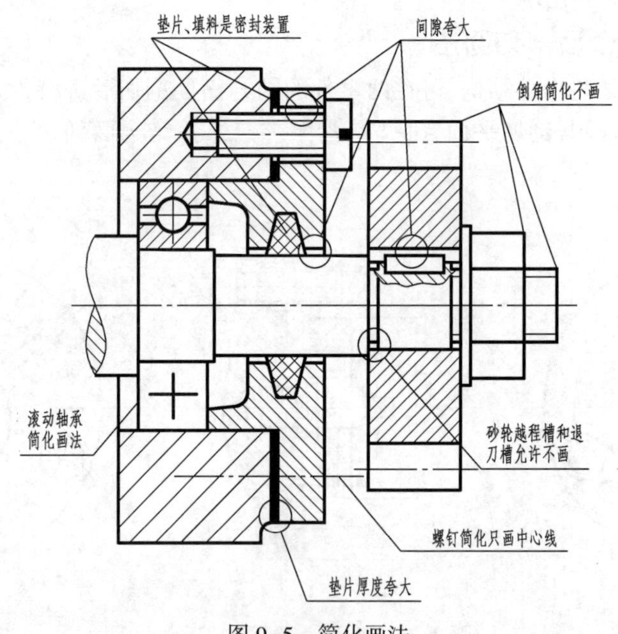

图 9-5　简化画法

6. 单独表达某个零件

在装配图中，当某个零件的结构未表达清楚，且对装配关系有影响时，可以另外用视图单独表达该零件，用箭头表示看图方向，且在该图的上方标注“零件 XX”。在拆卸画法中，被拆卸的零件常常采用这种方法重新表达清楚。如图 9-2 所示零件泵盖的 *B* 向视图。

7. 展开画法

为了表达某些重叠的装配关系，如多级传动变速箱，为了表达齿轮传动顺序和装配关系，可以假想将空间轴系按其传动顺序展开在一个平面上，画出剖视图。这种画法叫展开画法。图9-6的挂轮架装配图就是采用了展开画法。

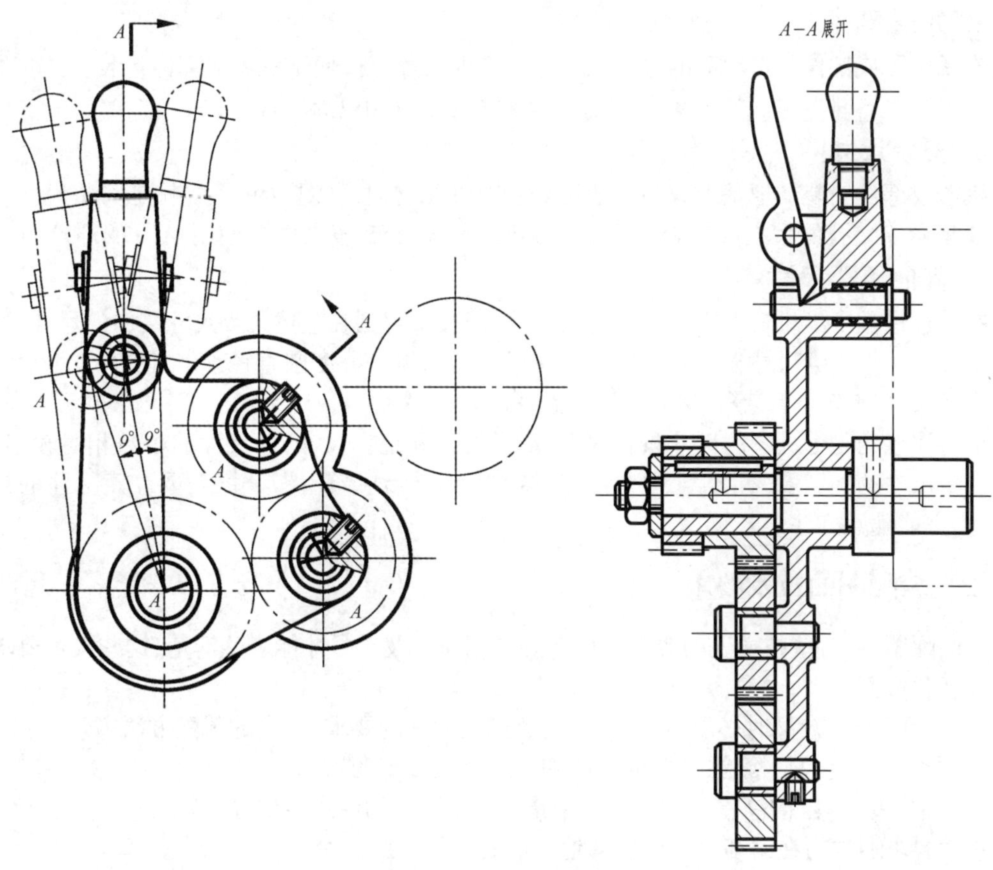

图9-6 挂轮架装配图

9.3 装配图的尺寸标注、技术要求、零件编号和明细栏

9.3.1 装配图的尺寸标注

装配图不是制造零件的直接依据。因此，装配图中不需注出零件的全部尺寸，而只需要标注一些必要的尺寸，进一步说明装配体的性能、工作原理、装配关系和安装等方面的要求就可以了。仍以图9-1为例说明这些内容。

1. 性能尺寸(规格尺寸)

说明机器或部件性能、规格及特征的尺寸，在设计时就已经确定，它是设计、了解和选用该机器或部件的依据，反映机器或部件工作能力大小。如图9-1所示铣刀头的中心高115，它反映所能加工的工件最大高度。

2. 装配尺寸

(1)配合尺寸。它表示零件间配合关系和配合性质的尺寸。如图9-1所示的ϕ28H8/k7、ϕ35k6等，不同的配合即意味着安装、拆卸的方法不同。

(2)相对位置尺寸。它表示在装配机器和拆画零件图时,需要保证的零件相对位置的尺寸。如图 9-1 所示左视图中 6 个螺钉的中心距 ϕ98。

3. 外形尺寸

表示机器或部件外形轮廓的总长、总宽、总高的尺寸。以便于机器或部件包装、运输、配套设计和安装机器时考虑。如图 9-1 所示总长 418,总宽 190,总高为(115+140/2)。

4. 安装尺寸

机器或部件安装在地基上或与其他机器或部件相连时所需要的尺寸,就是安装尺寸。如图 9-1 所示安装孔的大小尺寸 4×ϕ11 和定位尺寸 150、155,安装时要使用 M10 的螺栓。

5. 其他重要尺寸

在设计过程中经过计算确定或选定的尺寸,但又不包括在上述几类尺寸之中的尺寸,称为其他重要尺寸。这类尺寸在拆画零件图时应保证。如齿轮分度圆直径,又如图 9-1 所示轴的最大直径 ϕ44,带轮计算直径 ϕ140,铣刀盘直径 ϕ120 等。

值得注意的是零件图的尺寸只有两类,定形尺寸和定位尺寸,但尺寸的个数相对较多;而装配图中尺寸的种类多,有五类,但个数相对较少。在标注装配图尺寸时,要注意标注的是哪类尺寸,不能随意标注。

9.3.2 装配图的技术要求

在装配图中,有些技术上的要求和说明必须用文字及符号才能表达清楚,这些技术要求一般有如下几方面:

(1)装配要求:装配时必须达到的精度;装配过程中的要求;指定的装配方法等。

(2)检验要求:包括检验、试验的方法和条件及应达到的指标。

(3)使用要求:包括包装、运输、维护保养及使用操作的注意事项等。

技术要求通常写在明细栏左侧或其他空白处。

9.3.3 装配图的零件编号和明细栏

装配图上对每个零件或部件都必须编注序号,并填写明细栏,以便统计零件数量,进行生产的准备工作。同时,在看装配图时,也是根据序号查阅明细栏,以便了解零件的主要信息,这样便于读装配图、拆画零件图和进行图样管理等。

1. 零、部件编号

(1)序号应标注在各个视图的外围,并将数字填写在指引线的横线上方或圆圈内,横线或圆圈及指引线用细实线画出,也可将序号数字写在指引线附近,如图 9-7 所示。这三种形式在同一装配图中只能取其一种,一般用横线形式较多。指引线应从所指零件的可见轮廓线范围内的空白处引出,并在末端画一小黑圆点。序号数字要比装配图中的标注尺寸数字大一号或两号,如图 9-1 所示。横线的长短、圆圈直径的大小和数字的高度在同一装配图中应一致。若在所指部分内不宜画黑圆点时,可在指引线末端画出指向该部分轮廓的箭头,如图 9-8 所示。

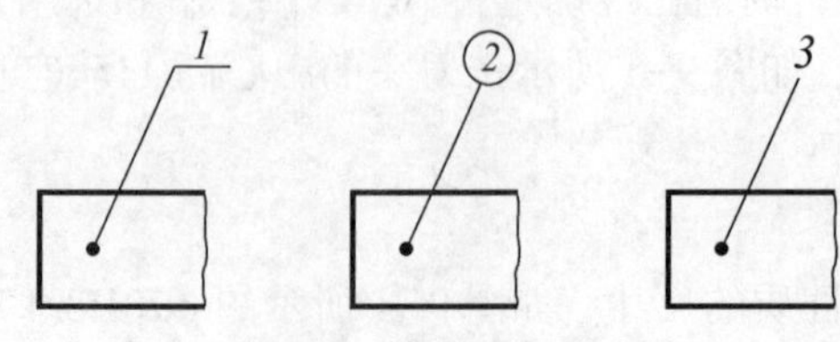

图 9-7 序号注写形式

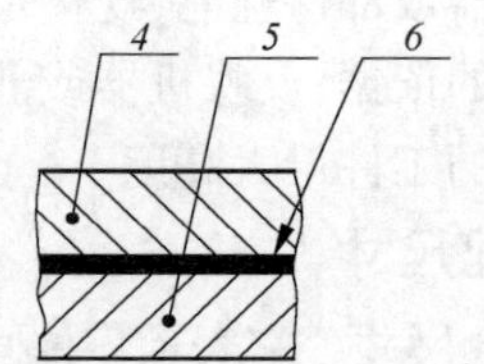

图 9-8 指引线末端画法

(2)指引线尽可能分布均匀,并且不要彼此相交,也不要过长。指引线通过有剖面线的区域时,要尽量不与剖面线平行,也不要和尺寸线、中心线及主要轮廓线平行,必要时可画成折线,但只允许折一次,如图9-9所示。同一组螺纹紧固件和装配关系清楚的零件组,允许采用公共指引线,如图9-10所示。

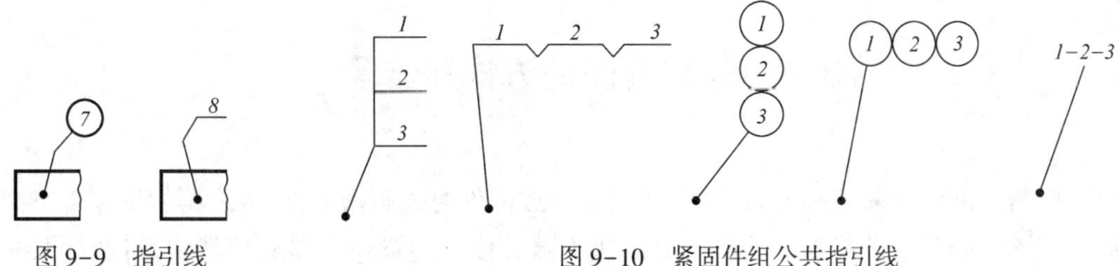

图9-9　指引线　　　　图9-10　紧固件组公共指引线

(3)每一种零件不管数量多少,在装配图上只编一个序号,对同一标准部件(如油杯、滚动轴承等),在装配图上也只编一个序号。

(4)序号要沿水平或竖直方向,按顺时针或逆时针次序在视图的外围整齐填写,如图9-1所示。

(5)为使全图美观整齐,在编注零件序号时,应先按一定位置画好横线或圆圈,然后再与零件一一对应,画出指引线。

(6)常用的序号编排方法有两种:一是顺序编号法,即将装配图中所有零件全部按顺序进行编号,该法简单明了,适用于零件较少的情况,本章的图例均采用了这种方法。二是分类编号法,即将装配图中的所有标准件按其规定标记填写在指引线的横线处,而只将常用件和非标准件按一定顺序编号。

2. 明细栏

明细栏是装配图中所有零件的一览表。画在标题栏的上方,如地方不够,也可在标题栏的左方再另列一栏,如图9-1所示。当图中剩余面积较小或零件数量太多时,明细栏还可另列单页。图9-11所示的明细栏是学校中常用的非标准明细栏,其格式和大小只能在校内统一

12	41	12	32.5	32.5
3	主动齿轮	1	45	m=3 z=14
2	螺钉M6×16	6	Q235	GB/T 70.1－2000
1	泵体	1	HT200	
序号	名称	数量	材料	备注

<table>
<tr><td colspan="3" rowspan="2">(装配体名)</td><td>比例</td><td></td><td rowspan="2">(图号)</td></tr>
<tr><td>件数</td><td></td></tr>
<tr><td>制图</td><td>(姓名)</td><td>(日期)</td><td>重量</td><td></td><td>共 张　第 张</td></tr>
<tr><td>校对</td><td></td><td></td><td colspan="3" rowspan="2">(校名、专业、班号)</td></tr>
<tr><td>审核</td><td></td><td></td></tr>
</table>

8　8　5×8=40　8　12　25　65　130

图9-11　标题栏和明细栏

使用。明细栏的左右边框线及与标题栏的分界线为粗实线,其余均为细实线(包括上边框线)。明细栏中“序号”一栏的排列应由下往上逐渐增大填写。“名称”栏中填写零件的名称,对于标准件还要填写其规格。“备注”栏填写该零件的有关说明,如:标准件的标准号、常用件的参数(如齿轮的 m 、z)、工艺说明等。

9.4 画装配图的方法和步骤

设计机器或部件时需要画出装配图,测绘机器或部件时先画出零件草图,再根据零件草图拼画成装配图。画装配图与画零件图的方法和步骤类似。一般在机器或部件中,将装配关系密切的一些零件,且大多数情况下,这些零件具有共同的轴线,称为装配干线。机器或部件是由一些主要和次要的装配干线组成。画装配图时,先了解装配体的工作原理、每种零件的数量及其在装配体中的作用和零件间的装配关系,分析机器或部件中零件形成的几条装配干线,分清各装配干线的主、次地位。并要看懂每种零件的零件图,想象出零件的形状,弄清零件的大小和技术要求。现以铣刀头为例,说明画装配图的方法和步骤。

9.4.1 了解和分析装配体

铣刀头是安装在专用机床上的一种专用部件,其作用是安装铣刀盘,对工件进行铣削加工。由图 9-1 可知,该部件共有 16 种零件组成。铣刀装在铣刀盘(图中细双点画线所示)上,铣刀盘通过键 13(双键)与轴 7 连接。动力通过带轮 4 经键 5 传递到轴 7,从而带动铣刀盘旋转,对工件进行铣削加工。

轴 7 由两副圆锥滚子轴承 6 及座体 8 支承,用端盖 11 及调整环 9 来调节轴承的松紧及轴 7 的轴向位置;两端盖用螺钉 10 与座体连接,端盖内装有毡圈 12,紧贴轴起密封防尘作用;带轮 4 的轴向位置由挡圈 1、螺钉 2 及销 3 来固定,径向由键 5 固定在轴 7 的左端;铣刀盘与轴的右端用挡圈 14、垫圈 16 及螺栓 15 固定。图 9-12 为铣刀头装配轴测图。

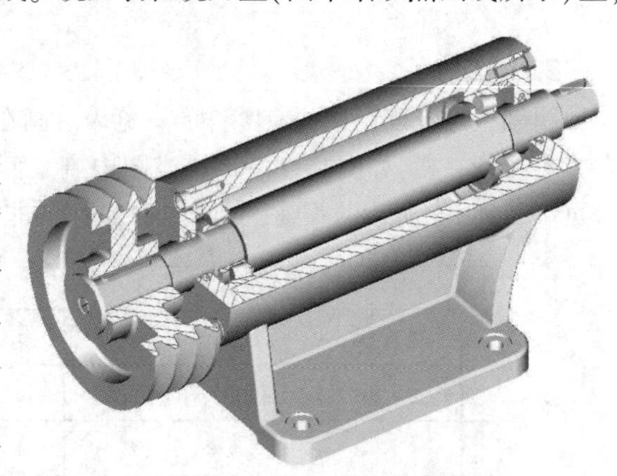

图 9-12 铣刀头装配轴测图

9.4.2 分析零件图和画装配示意图

1. 分析和看懂零件图

对装配体中的零件要逐个分析,看懂每个零件的零件图,想象出零件的形状,弄清零件在装配体中的作用、位置以及与相关零件的连接方式,对零件进行结构形状分析。

2. 画装配示意图

装配示意图是用简单的线条和符号表示装配体各零件相对位置和装配关系的图样,是画装配图的依据。简单的装配体也可以不画。图 9-13 是铣刀头装配示意图。其画法有以下特点:

(1)假想将装配体看成透明的,以便表达装配体中所有内外零件轮廓和装配关系。

(2)一般只画一个图形,选择最能表达零件间装配关系的视图。如果表达不全,也可以增加图形。

(3)表达零部件要简单。充分利用国家标准中规定的机构、零件及组件的简图符号,采用简化画法和习惯画法;只需画出零部件的大致轮廓,例如,可以用一根直线代表一根轴。

(4)相邻零件的接触面要留有空隙,以便区分零件。

(5)要对全部零件进行编号,并列表注明其有关详细内容,即画明细栏,如图9-11所示。

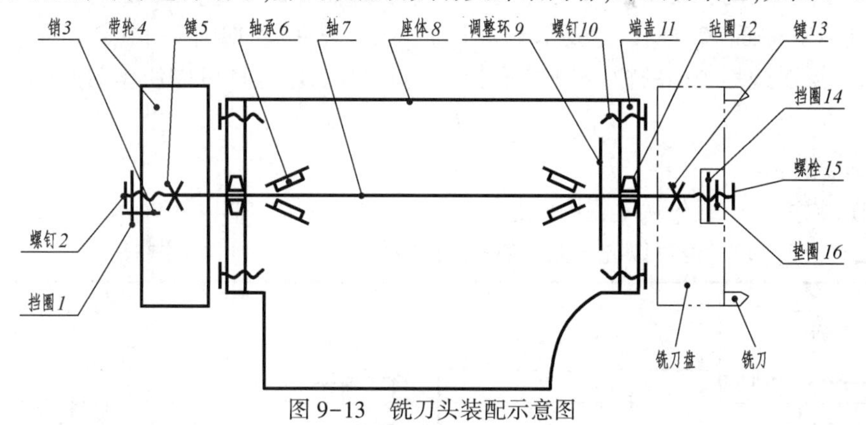

图9-13 铣刀头装配示意图

9.4.3 确定表达方案

根据装配图的作用,详细分析具体装配体的结构及工作原理,来确定其表达方案。其原则是:在能够清楚地表达出装配体的工作原理、装配关系和主要结构形状等因素的前提下,视图的数量越少越好,画图越简单越好。

1. 选择主视图

选择原则:一般按装配体的工作位置放置。如图9-1所示,铣刀头座体水平放置,符合工作位置。并使主视图能够较多地表达出机器或部件的工作原理、零件间主要的装配关系及主要零件的结构形状。图9-1所示铣刀头中的主轴为主要装配干线。为了清楚地表达这些装配关系,通过主轴中心线将装配体剖开,画出剖视图作为装配图的主视图。并在轴的两端作局部剖视,用以表达键、螺钉、销和螺栓等与轴的连接情况。

2. 确定其他视图

根据确定表达方案的原则,其他视图的数量及表达方法要结合具体装配体而定。例如铣刀头,对于主视图中尚未表达清楚的装配关系和主要零件的结构形状,需要选择适当的表达方法表示清楚。如图9-1左视图所示,为了表达座体的形状特征及其底板上安装孔的情况,除采用了拆卸画法外,又进行了局部剖。

9.4.4 画装配图

1. 选比例、定图幅

根据装配体的大小、复杂程度和表达方案,来选取画图比例,最好选1∶1的比例画图。选择图纸幅面时,除考虑到各个视图所占的幅面以外,还要考虑到标题栏、明细栏、技术要求等所占的幅面。

2. 合理布置视图，定基准

根据拟定的表达方案，确定其画图及标注尺寸的基准；再综合考虑尺寸、零件编号、标题栏和明细栏的位置，进行图纸整体布图。具体布图时，可以分两步进行：

先在草稿纸上用矩形框规划图面，即把各个部分（视图、标题栏、明细栏）各用一个最大矩形框表示，并计算出各个矩形框的尺寸大小，大致规划出它们在选定的图幅中各自的位置。

然后在正规图纸上选好基准，并且精确布置图面，这样可确保一步到位。例如对于铣刀头，确定它三个方向的主要基准：*X* 方向的主要基准为轴的最大直径左端面，*Y* 方向的基准为铣刀头的前后对称面，*Z* 方向的主要基准为主轴线或座体底面，如图 9-14（a）所示。图中画出了各主要基准线，规划了标题栏、明细栏和技术要求的位置，这样可以使作图方便、准确，少画多余图线。

3. 画底稿

在画图顺序上，一般先从主视图画起，按照投影关系同时画出其他视图对应部分，这样便于发现问题，及时修改；也可以先画某一视图的主要轮廓线，再画其他视图。

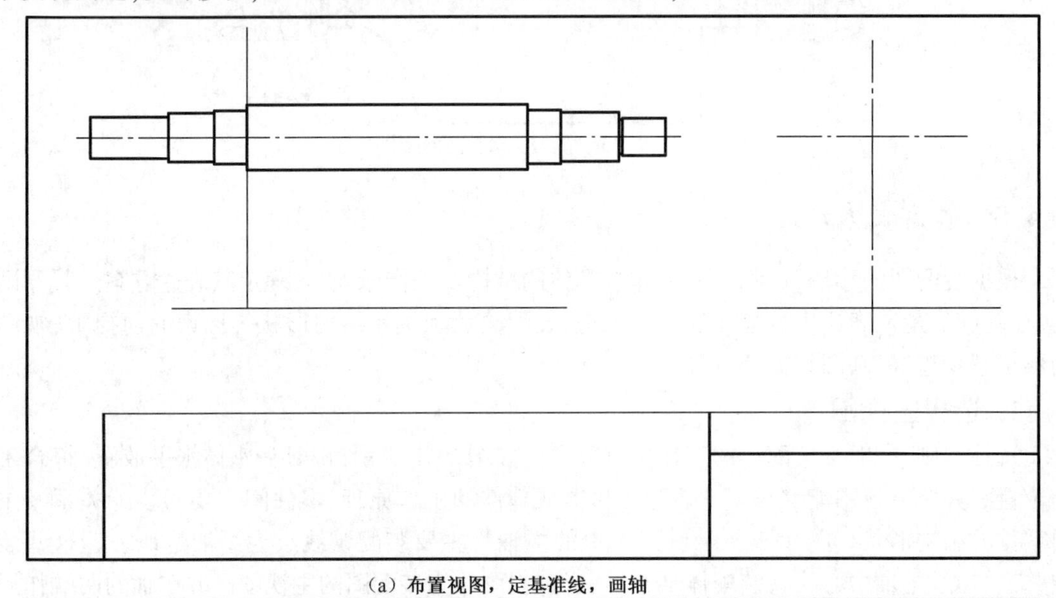

（a）布置视图，定基准线，画轴

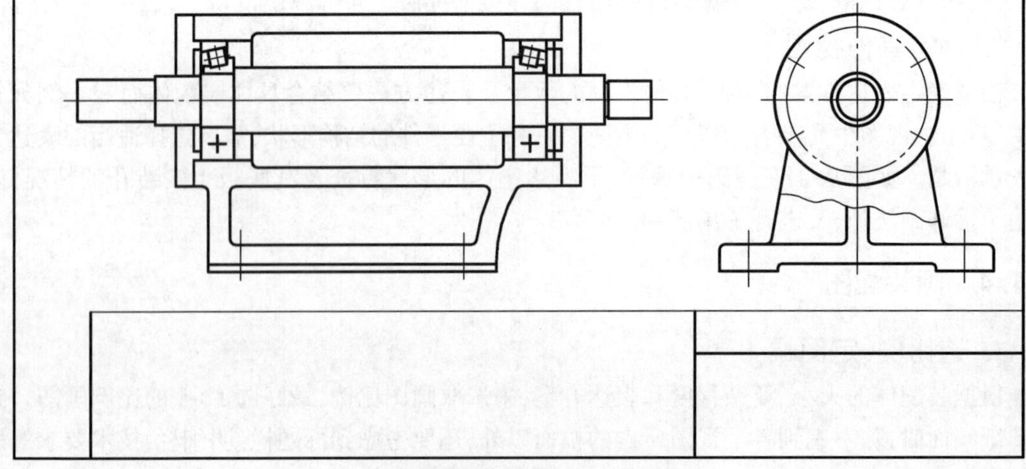

（b）画装配干线上的轴承、端盖和座体

图 9-14　铣刀头装配图画图步骤

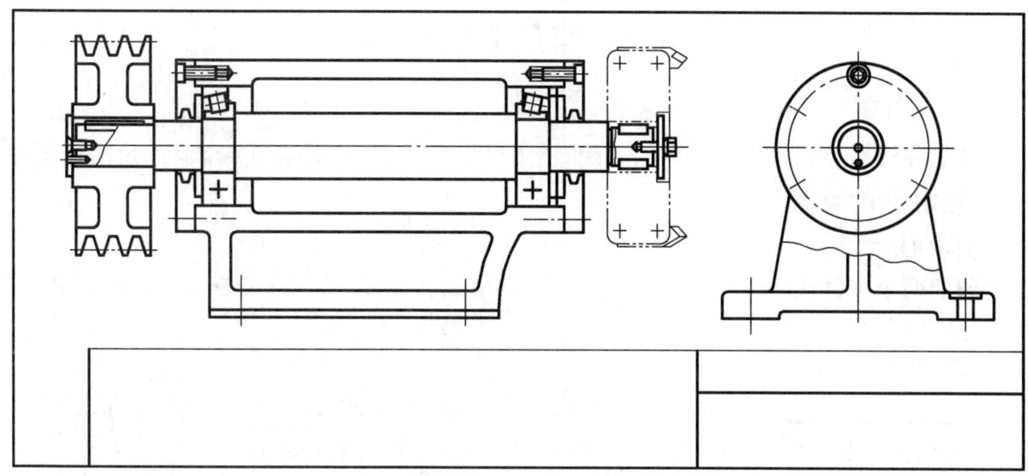

（c）完成全部零件轮廓结构图

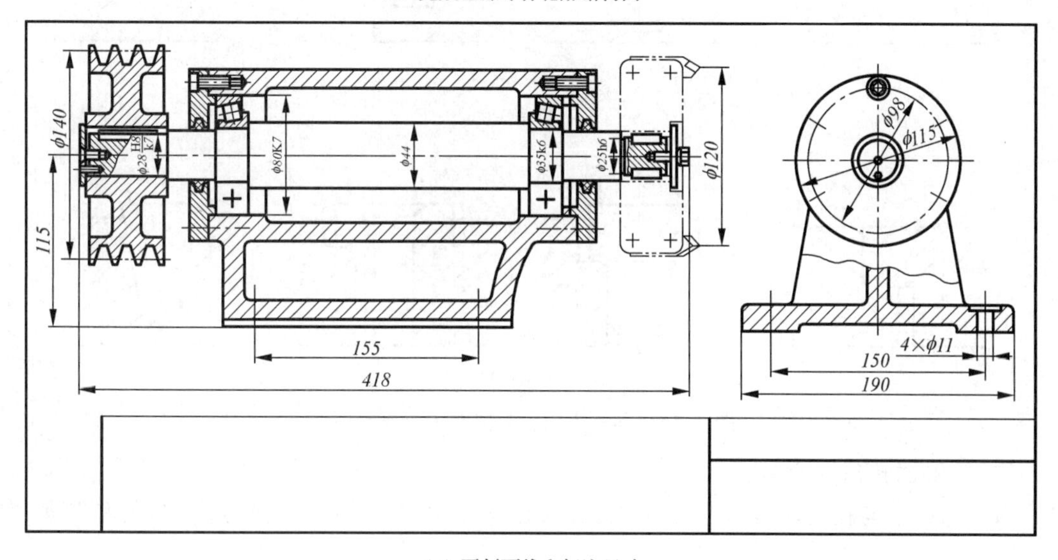

（d）画剖面线和标注尺寸

图 9-14　铣刀头装配图画图步骤(续)

在画每个视图时,为了画图方便快捷,一般是“由内向外”画。就是从最里层的主要装配干线画起,逐次向外扩展。它的优点是层次分明,并可避免多画被挡住零件的不可见轮廓线,使图形清晰。如图 9-14(b)所示,先画铣刀头主要装配干线(即主视图)上的主轴→轴承→调整环→端盖→座体等结构,下一步再画其他结构,如图 9-14(c)所示,画出全部零件轮廓结构。

4. 标注尺寸和画剖面线[见图 9-14(d)]

过程略。

5. 零件编号、填写明细栏、标题栏和技术要求

过程略。

6. 检查、加深,完成全图

图 9-1 所示为完整的铣刀头装配图。

9.5 常见装配结构

为满足装配需要,方便零、部件的装配,增强可装配性,对装配结构要求有一定的合理性。

1. 接触面的装配结构

(1)同向接触面。

相邻的两个零件在同一方向上只能有一个接触面,否则会给零件的制造和装配带来困难,如图 9-15 所示。

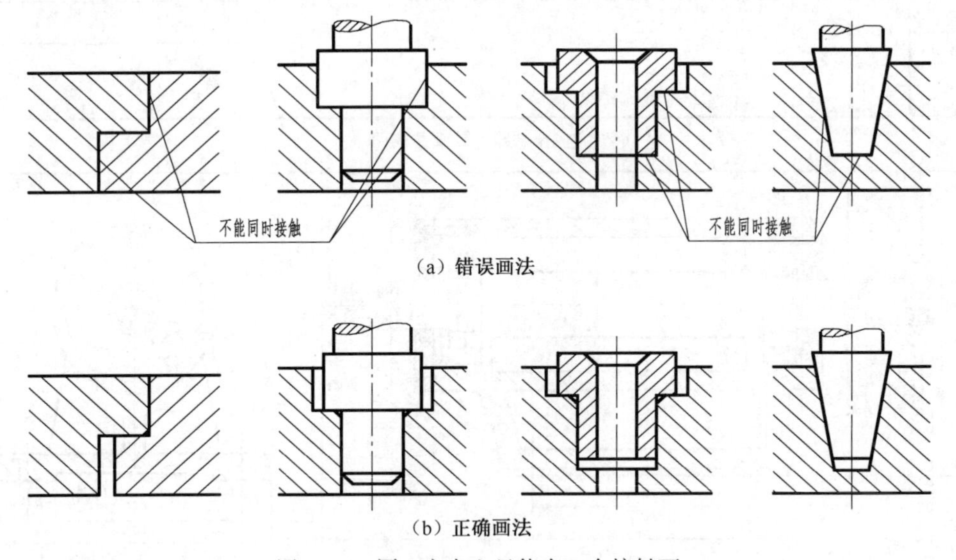

图 9-15 同一方向上只能有一个接触面

(2)接触面转角处的画法

为了保证轴与孔的端面有良好接触,在接触面的转角处加工出退刀槽、倒角和圆角,如图 9-16所示。

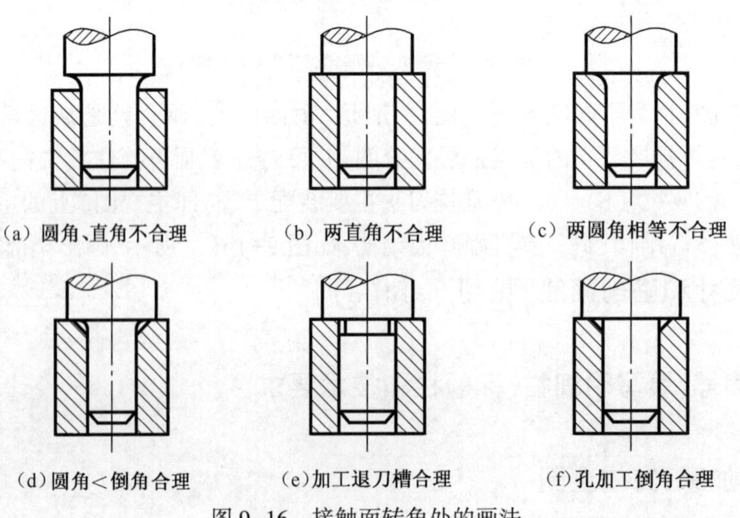

图 9-16 接触面转角处的画法

(3)尽量减少加工面积

为保证两零件接触良好、降低加工费用及节省材料，应尽量减少加工面积，图 9-17 所示箭头所指空白处均减少了加工面积。

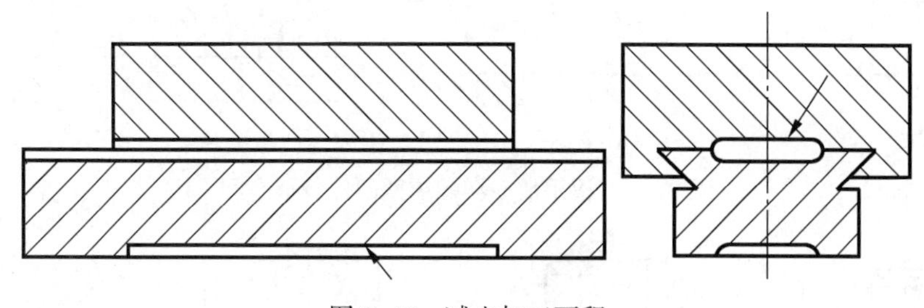

图 9-17　减少加工面积

2. 螺纹连接的装配结构

(1)沉孔和凸台

为了保证螺纹紧固件与被连接工件表面接触良好，常在被加工件上做出沉孔和凸台，如图 9-18 所示。

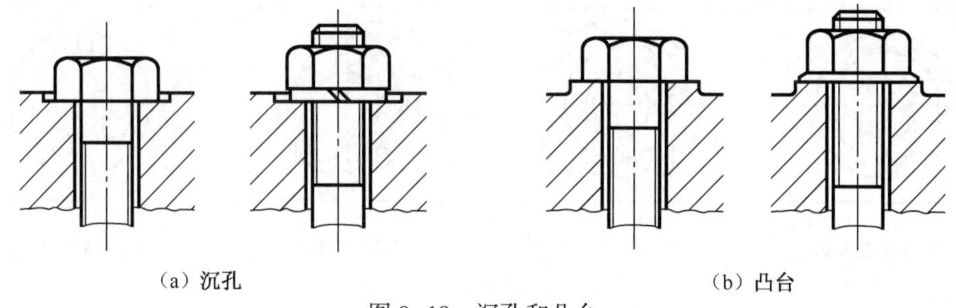

(a) 沉孔　　(b) 凸台

图 9-18　沉孔和凸台

(2)光孔直径应大于外螺纹大径

为了安装和拆卸方便，光孔直径要大于外螺纹大径，如图 9-19 所示。

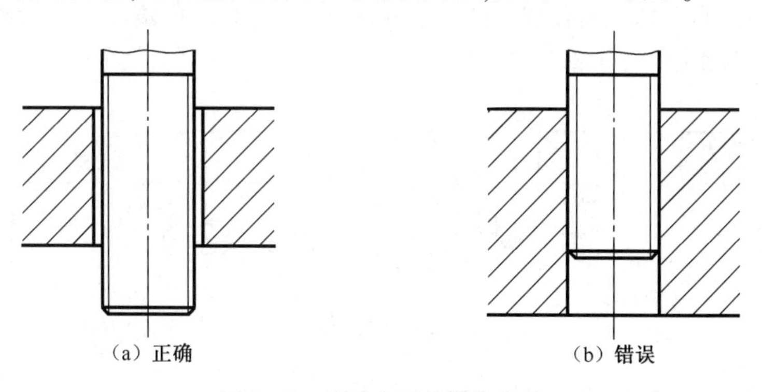

(a) 正确　　(b) 错误

图 9-19　光孔大于外螺纹大径

(3)要留出装拆空间

为了便于装拆，要留出扳手活动空间和螺纹紧固件装拆空间，如图 9-20 所示。

(4)螺纹紧固件的防松结构

机器在运转时，由于受到振动或冲击，螺纹紧固件可能发生松动现象，因此常采用一些防松措施，如弹簧垫圈、双螺母、开口销和止退垫圈等，如图 9-21 所示。

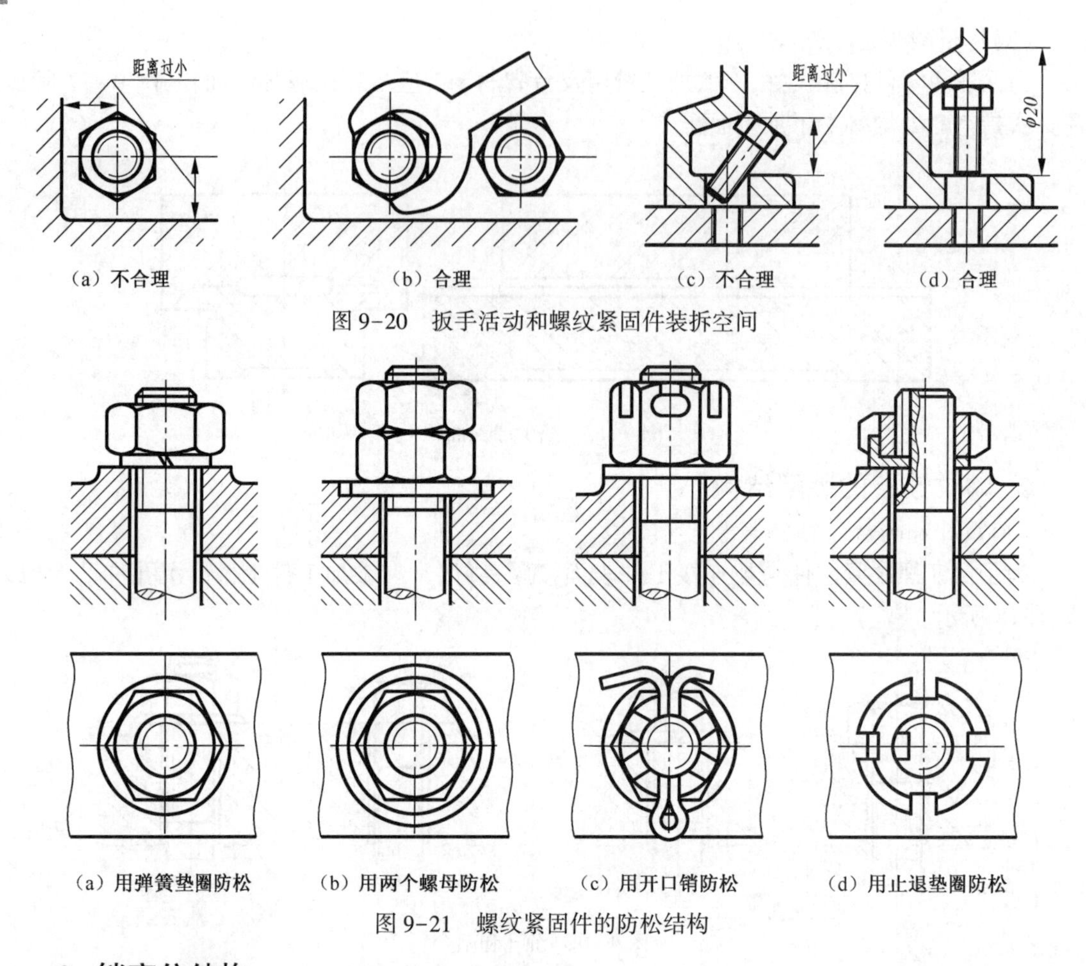

（a）不合理　（b）合理　（c）不合理　（d）合理

图 9-20　扳手活动和螺纹紧固件装拆空间

（a）用弹簧垫圈防松　（b）用两个螺母防松　（c）用开口销防松　（d）用止退垫圈防松

图 9-21　螺纹紧固件的防松结构

3. 销定位结构

为保证机器或部件在检修重装时相对位置的精度，常采用圆柱销或圆锥销定位，所以对销及销孔要求较高。为了加工销孔和拆卸销子方便，应尽量将销孔做成通孔，若只能做成盲孔，应设有逸气口及起销装置，如图 9-22 所示。

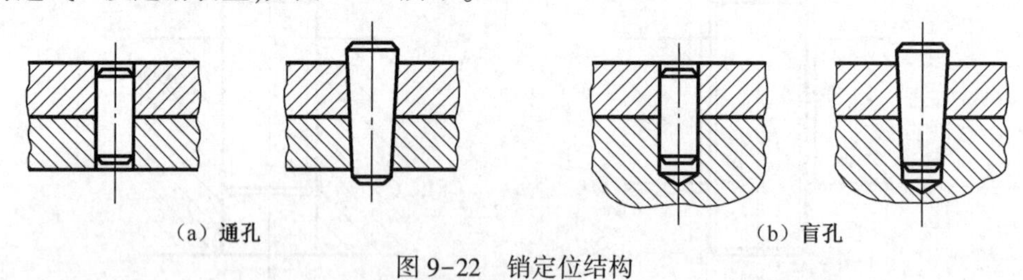

（a）通孔　（b）盲孔

图 9-22　销定位结构

9.6　读装配图和拆画零件工作图

9.6.1　读装配图

在装配和安装机器时，要看懂装配图才能进行；在设计中，要参考同类产品的装配图；在拆画零件图时，是根据装配图进行的；在使用、维修和技术交流时，也要经常看装配图，了解机器的用途、工作原理和结构特点。因此，读懂装配图是至关重要的。

1. 读装配图要了解的内容

(1)了解机器或部件的性能、用途和工作原理。

(2)搞清楚各零件的名称、数量、材料及其主要结构形状和在机器或部件中的作用。

(3)了解各零件间的装配关系及机器或部件的拆装顺序。

(4)对复杂的机器或部件还要搞清楚各系统的原理和构造，如润滑系统、密封装置和安全装置等。

2. 读装配图的方法和步骤

下面以图 9-23 滑轮架为例，说明读装配图的方法和步骤。

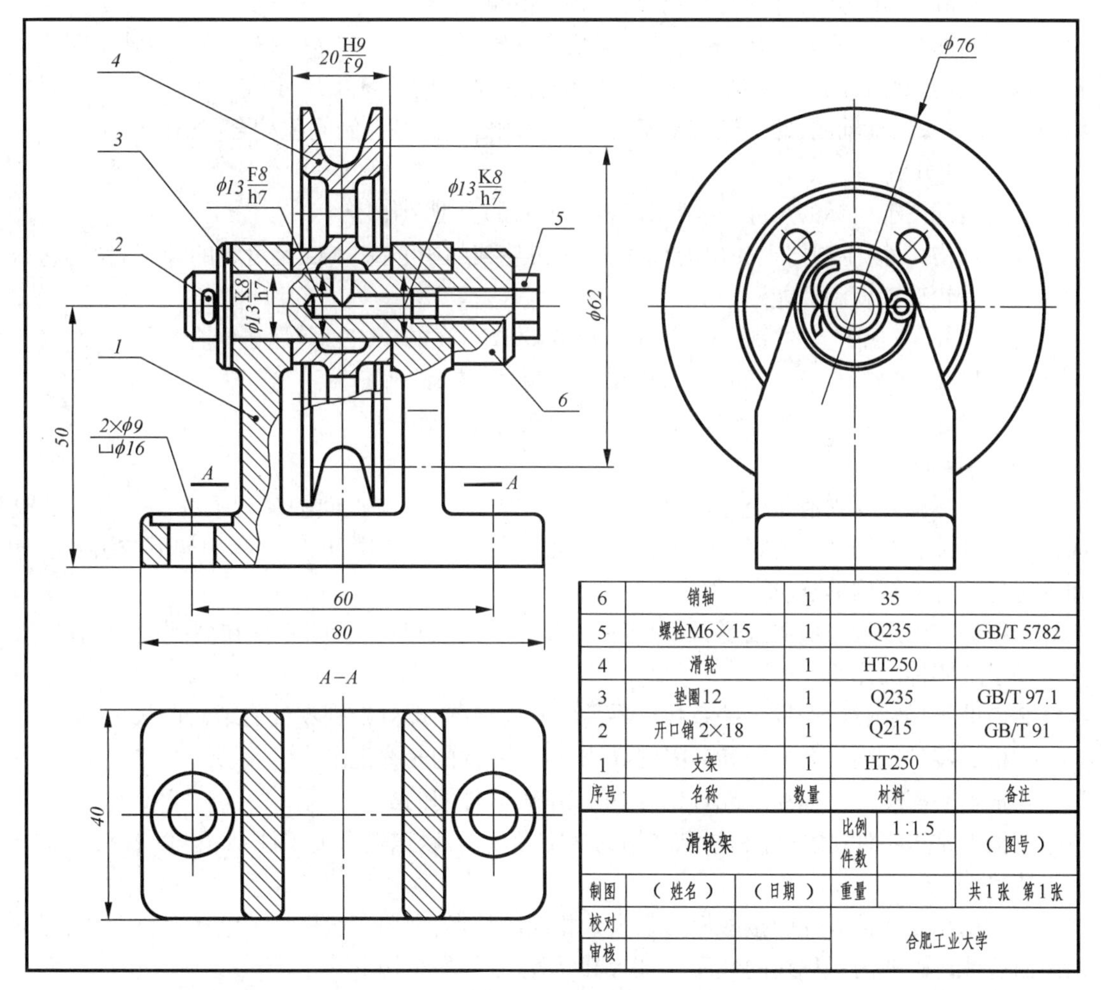

图 9-23　滑轮架

(1)概括了解

首先看标题栏和说明书，了解机器或部件的名称，根据现有知识了解其用途。再看明细栏了解其标准件、非标准件种类及其数量，按序号找出各零件的名称、位置和标准件的规格。例如看图 9-23 标题栏可知其名称为滑轮架，它是起重牵引过程中用来改变绳索力的方向的小型工具。一共由 6 种零件组成，其中标准件有 3 种，通过明细栏可按序号找出各个零件在图中的位置。

(2)视图分析

阅读装配图时,应分析全图采用了哪些表达方法,为什么采用这些方法?并找出各视图间的投影关系,进而明确各视图所表达的内容。

滑轮架采用主视图、俯视图和左视图三个基本视图。主视图采用了通过销轴 6 的轴线作局部剖视。表达了销轴 6、支架 1、开口销 2、垫圈 3、滑轮 4 和螺栓 5 的装配关系。*A—A* 剖视表达支架 1 的底部形状。左视图表达整个装配体的外形。

(3)工作原理和零件间装配关系

滑轮架由支架、滑轮和销轴三大部分组成。销轴从支架和滑轮的中心孔穿过,用垫圈和开口销将其轴向固定,使滑轮能够在支架中间旋转。为减少滑轮转动时的摩擦,在销轴中心有注油孔,可添加润滑油,并用螺栓封住端口,防止油液溢出。

零件间的装配关系有:销轴的两端与支架是基轴制过渡配合(ϕ13K8/h7),销轴中间与滑轮是基轴制间隙配合(ϕ13F8/h7),这里是因为在销轴上同一基本尺寸(ϕ13),有两种不同性质的配合,故采用基轴制,此外还有支架与滑轮两侧之间的基孔制间隙配合(20H9/f9)。

(4)尺寸分析

分析装配图上所标的尺寸,搞清图上各个尺寸的类型和作用。

性能规格尺寸:主视图上注出的尺寸 50 是滑轮架的中心高,ϕ62 是滑轮的计算直径,它的大小表明滑轮架高度和性能。

装配尺寸:主视图上的(ϕ13K8/h7),(ϕ13F8/h7)和(20H9/f9)等属于配合尺寸。

安装尺寸:主视图上注出的尺寸 60 和 2×ϕ9 是安装尺寸。

外形尺寸:尺寸 80,ϕ76,(50+76/2)是滑轮架的总体外形尺寸。

(5)零件分析

零件分析就是要弄清每个零件的结构形状和作用,以及零件间的装配关系。一台机器或部件的标准件和常用件一般容易看懂,对非标准零件常从主视图开始,并运用如下方法来区分和确定各零件的结构形状、功用和装配关系。

①根据零件序号对照明细栏,找出零件的规格、数量、材料,确定零件在装配图中的位置,并帮助了解零件的作用。

②借助直尺、圆规,按投影关系找出零件的其他视图,即可判别零件的结构形状。

③根据零件剖面线的方向和间隔的异同,区分零件的轮廓范围。

④根据装配图上所标注的配合代号,可以了解零件间的配合关系。

⑤根据常用零件、紧固件和常见结构的规定画法,可以识别有关零件,如齿轮、螺钉、轴承、密封装置等。

⑥利用相互连接零件的接触面形状大致相同的特点;利用一般零件的结构对称的特点,特别是回转体以轴线为对称线的性质,可以帮助想象零件的结构形状。

对于滑轮架中比较复杂的零件都要详细分析。如:支架 1 是一个主要零件,必须认真分析三个视图,并运用零件结构对称特点,想出支架的整体结构,从主视图中可看出支架由三块板组成,并且左右、前后对称,两块直立板之间用于安装滑轮 4,上端中间有 ϕ13K8 孔,可用于装销轴 6,从左视图中可看出两块板是上面小,下面大,从俯视图可知下面的水平板是长方形,两端各有一个安装孔,这样逐次分析即可得出支架 1 的完整结构。其余零件也可用同样方法一一分析清楚。

(6)归纳总结

对装配图进行上述分析后,还要进一步综合分析,除了结构分析外,还要对技术要求、全部尺寸和拆装顺序等进行全面的分析,最后对机器或部件形成一个完整的概念。

9.6.2　由装配图拆画零件图

1. 拆画零件图的要求

(1)画图前,必需认真阅读装配图,全面了解设计意图,弄清楚工作原理、装配关系、技术要求和每个零件的结构形状。

(2)画图时,不但要从设计方面考虑零件的作用和要求,而且还要从工艺方面考虑零件的制造和装配要求,应使所画的零件图符合设计和工艺要求。

2. 拆画零件图的步骤

(1)零件分类

根据零件编号和明细栏,了解整台机器或部件所含零件的种类数量,然后将它们进行如下分类:

①标准件:标准件大部分属于外购件,不需要画出零件图,只要将它们的序号及规定的标记代号列表即可(尽量符合新标准)。

②常用件:常用件要画零件图,其尺寸按装配图提供的或设计计算的结果来绘图(例如齿轮等)。

③非标准件:非标准件是拆画零件图的主要对象。其中有一些借用件或特殊件等,往往有现成的零件图可以借用,则不必再画零件图。

(2)分离出零件

分离零件是拆画零件图关键的一步,它是在读懂装配图的基础上,按照零件各自真实结构和形状将其从装配图中分离出来,既不能丢失部分结构,也不能额外增加部分结构。具体拆画时参考前面分析零件的方法。

分离零件的常用方法有:

①根据零件编号和明细表,查出零件的名称、数量、材料、规格等,并找出零件在装配图中的位置,进而分析其作用。

②根据装配图中各零件间剖面符号"同同异异"的特点,再借助直尺和圆规等工具,按投影关系,找出零件在各视图中的投影轮廓;此时,再利用互相连接的零件接触面的形状大致相同,及多数零件结构对称的特点;即可综合想象出零件的形状。

③根据装配图中所标注的配合代号,可以分析零件间的配合关系。

④根据标准件、常用件和常见结构的规定画法,可以帮助分离出零件。例如轴承、齿轮、通气塞、密封结构等。

(3)确定表达方案

拆画零件图时,零件的表达方案是根据零件的结构形状特点考虑的,不强求与装配图一致。在多数情况下,支架、壳体类零件主视图所选的位置可以与装配图一致。这样,绘图方便,装配机器时也便于对照。对于轴套类和轮盘类零件,一般按加工位置选取主视图。例如主轴和端盖的中心线水平放置。

(4)零件结构形状处理

①补画在装配图中被遮去的结构和线条,可以利用零件对称性、常见结构的特点加以

想象。

②在装配图上允许不画的某些标准结构(如倒角、圆角、退刀槽等),在零件图中要补画出来。

③有些在装配图中没有表达清楚的结构,如图9-24和图9-25中只有主视图,对于端部形状没有表达清楚,在拆画零件图时,就必须从设计和工艺的要求,用向视图、断面图或其他表达方法来将这些结构形状全部表示清楚。

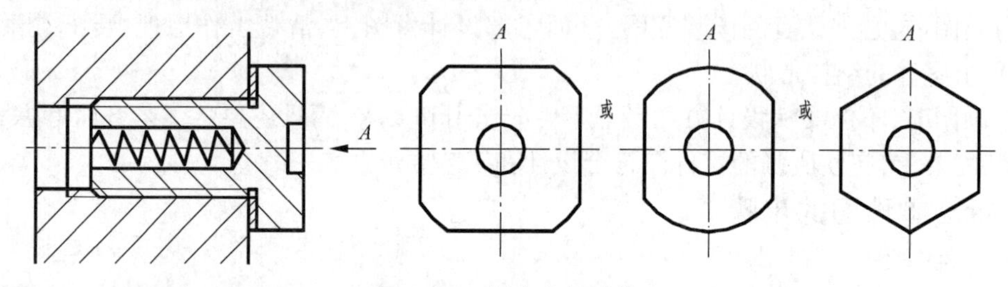

图9-24 螺塞头部形状

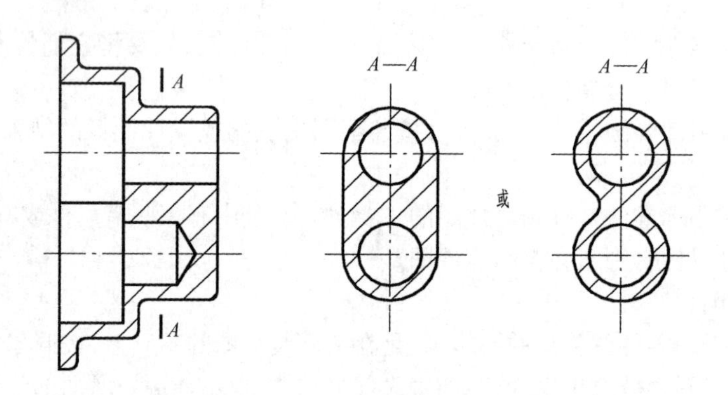

图9-25 泵体凸台断面形状

(5)零件图中的尺寸来源

①抄:装配图上已注出的尺寸,在有关零件图上对应直接标注。

②查:两个相配合零件的配合尺寸,应查出相应极限偏差数值,分别拆注在对应的零件图上。重要的相对位置尺寸也要注出极限偏差数值;与标准件相关联的尺寸,如螺孔尺寸、销孔直径等,也应查表并标注在对应的零件图上;明细栏中给定的尺寸参数,查取注在对应的零件图上;标准结构如倒角、沉孔、螺纹退刀槽等的尺寸,也应从有关表格中查取。

③算:根据装配图中给出的尺寸参数,计算出零件的有关尺寸。例如齿轮的分度圆直径和齿顶圆直径等。

④量:除了前面可得的尺寸外,零件图中的其他尺寸,都可由装配图中直接量取,把量得数值乘以对应比例的倒数,并尽量圆整符合尺寸标准系列。

以前所述零件图尺寸标注原理仍然适用,尺寸标注仍应综合考虑设计和工艺要求,使尺寸标注正确、完整、清晰且合理。特别要注意的是:同一装配体中相关联零件间的关联尺寸应标注一致,如泵体和泵盖螺栓连接孔的定位尺寸必须一致。

(6)零件图中技术要求的确定

技术要求在零件图中占重要地位,它直接影响零件的加工质量,但它涉及到许多专业知识,要靠以后继续学习和实践积累,这里只简单介绍几种确定方法。

①抄:装配图中给出的技术要求,在零件图中与装配图保持一致,如零件的材料、配合代号等。

②类比:将拆画的零件和其他类似零件类比,拟定相似的技术要求,例如表面粗糙度、热处理、形状和位置公差等。

③设计确定:根据理论分析、计算和经验确定。

(7)检查完成全图

过程略。

3. 拆画零件图举例

下面以拆画图9-26机用虎钳装配图中的钳座6为例,说明拆画零件图时应注意的几个问题。

(1)概括了解

从图9-26标题栏可知其名称为机用虎钳,它是机器制造中装在机床上,用来夹持小型工件进行加工的通用夹具。一共有11种零件,其中标准件4种,对照明细栏按序号找出其图中位置。

(2)视图分析

机用虎钳采用主视图、俯视图和左视图三个基本视图。主视图采用了通过螺杆轴线剖切的全剖视图。表达了螺杆5、方形螺母4和钳座6装配干线,同时也表达活动钳口11与方形螺母用螺钉10的连接情况。俯视图表达虎钳的外形、底座安装孔和螺钉8分布情况;其局部剖视图表达护口板9和钳座6的螺钉连接情况。左视图表达了虎钳的外形,采用*A—A*半剖视图主要表达钳座6的内部结构形状,也显示护口板的牙纹槽分布情况;又采用了*B—B*局部剖说明钳座、方形螺母、螺杆和活动钳口的连接情况。

(3)工作原理和零件间的装配关系

机用虎钳用两个螺栓固定在工作台上。工件装在活动钳口11和钳座6的两块护口板9之间。靠传动螺杆5带动方形螺母4来实现活动钳口的左右移动,从而夹紧工件。这是由于方形螺母装在活动钳口的孔中,螺杆两端支承在钳座的左右两侧孔中,靠螺杆右端轴肩限制螺杆向左移动,螺母2限制螺杆向右移动,这样,螺杆只能转动而不能轴向移动。所以,当转动螺杆时,方形螺母就作轴向移动,并带动活动钳口沿钳座的导轨面作轴向移动;护口板9上刻有牙纹槽,用以防止夹持工件时打滑;护口板为淬火零件,其作用是保护两钳口不被直接磨损,当护口板磨损后,也更换方便。

机用虎钳的装配图如图9-27所示。

(4)尺寸分析

性能规格尺寸:主视图上注出的尺寸0~62是钳口张合的区域,30是钳口的高度;左视图上的尺寸84为钳口宽度,表明机用虎钳所能装夹工件的大小和性能。

装配尺寸:主视图的ϕ12H8/f7、ϕ18H8/f7、ϕ20H9/f9和左视图上的74H8/f7等都是基孔制间隙配合,属于装配配合尺寸。

安装尺寸:尺寸114和2×ϕ11等是安装尺寸。

总体尺寸:尺寸210、140、60等是总体尺寸。

(5)零件分析和拆画零件图

对于机用虎钳中的每个零件都要详细分析。钳座是一个主要零件,下面就以它为例进行零件分析和拆画零件图。

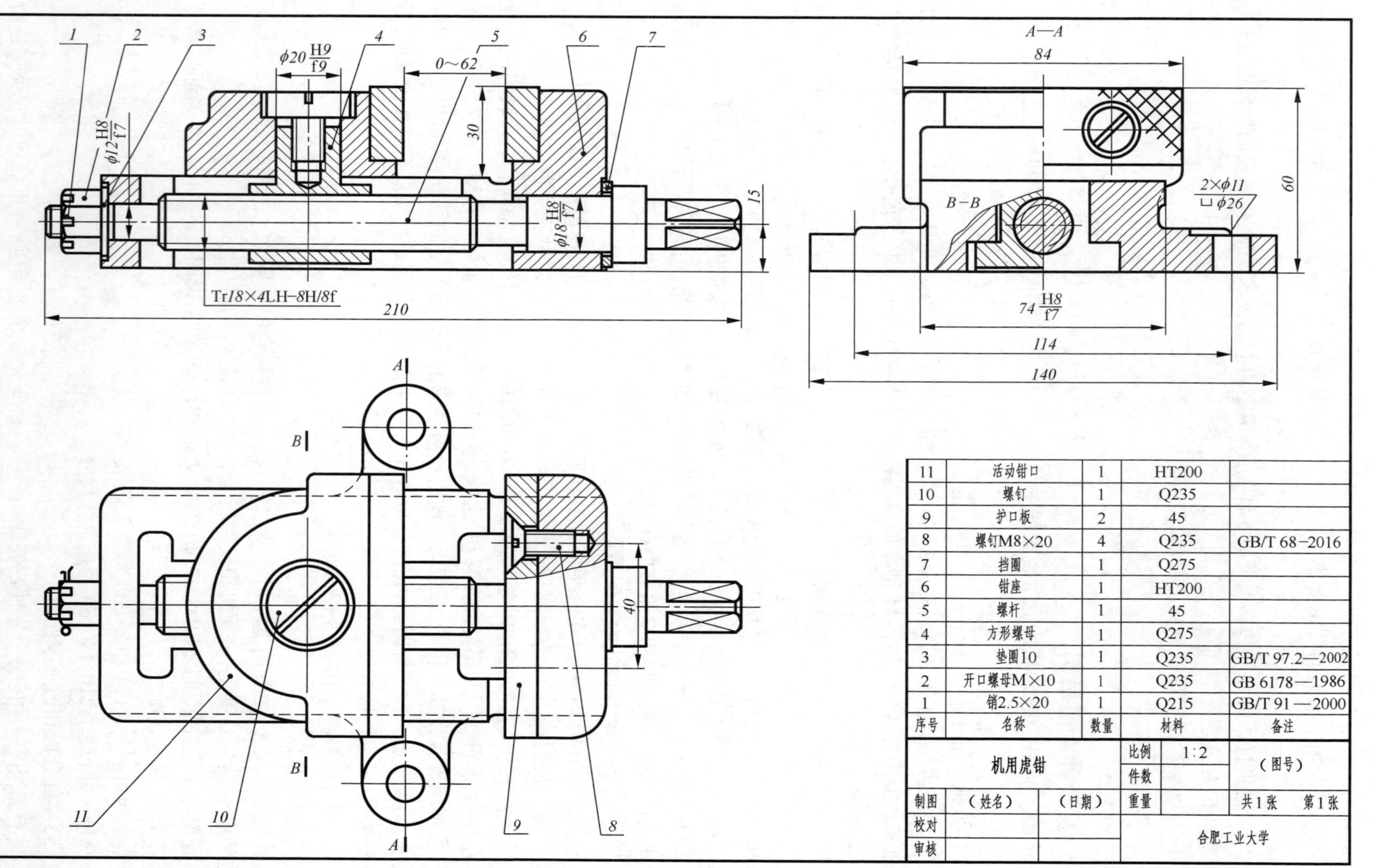

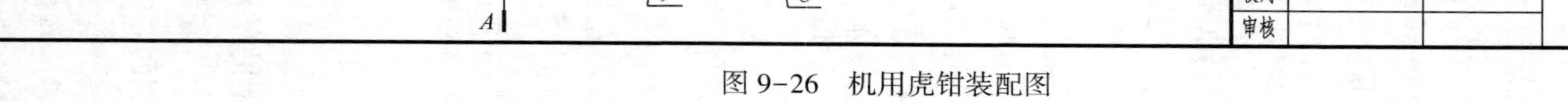

序号	名称	数量	材料	备注
11	活动钳口	1	HT200	
10	螺钉	1	Q235	
9	护口板	2	45	
8	螺钉M8×20	4	Q235	GB/T 68-2016
7	挡圈	1	Q275	
6	钳座	1	HT200	
5	螺杆	1	45	
4	方形螺母	1	Q275	
3	垫圈10	1	Q235	GB/T 97.2—2002
2	开口螺母M×10	1	Q235	GB 6178—1986
1	销2.5×20	1	Q215	GB/T 91—2000

机用虎钳		比例	1:2	（图号）	
		件数			
制图	（姓名）	（日期）	重量	共1张	第1张
校对			合肥工业大学		
审核					

图 9-26 机用虎钳装配图

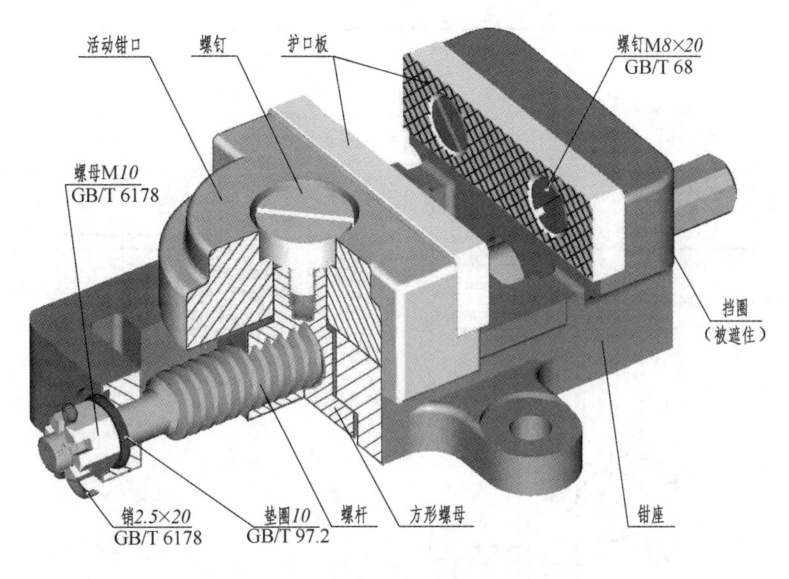

图 9-27　机用虎钳轴测图

①分离零件。利用序号 6 的指引线，找到钳座主视图中剖面线的范围、方向和间隔，可知钳座的大致形状是中空的长方形板，右端高出一块，成 L 形。根据投影关系和剖面线联系到俯视图和左视图，从图中的对称轴线可知，在钳座中部左右为“工”形凹槽，上下为倒“T”形凹槽，而从主视图可知两端各有一孔支承螺杆，另外前后各有一个安装耳，如图 9-28 所示。补画出视图中所缺的线条，如图 9-29 所示。这样逐次分析即可得出钳座的完整结构。

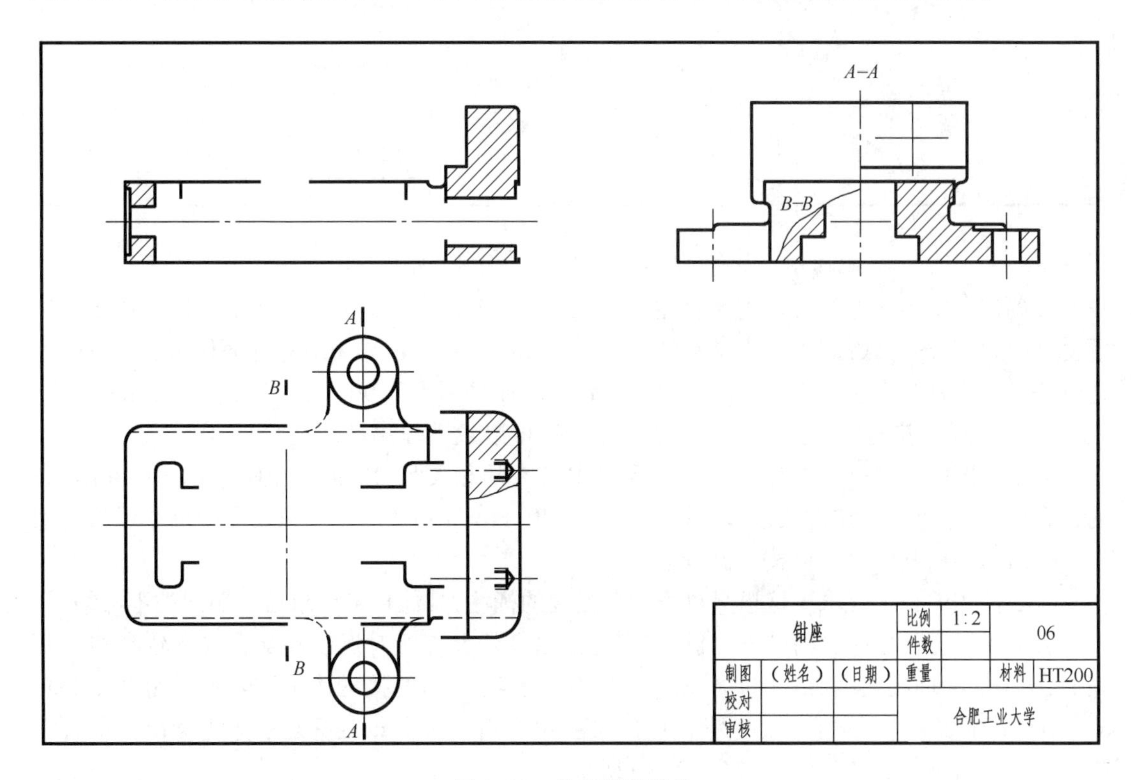

图 9-28　分离钳座零件

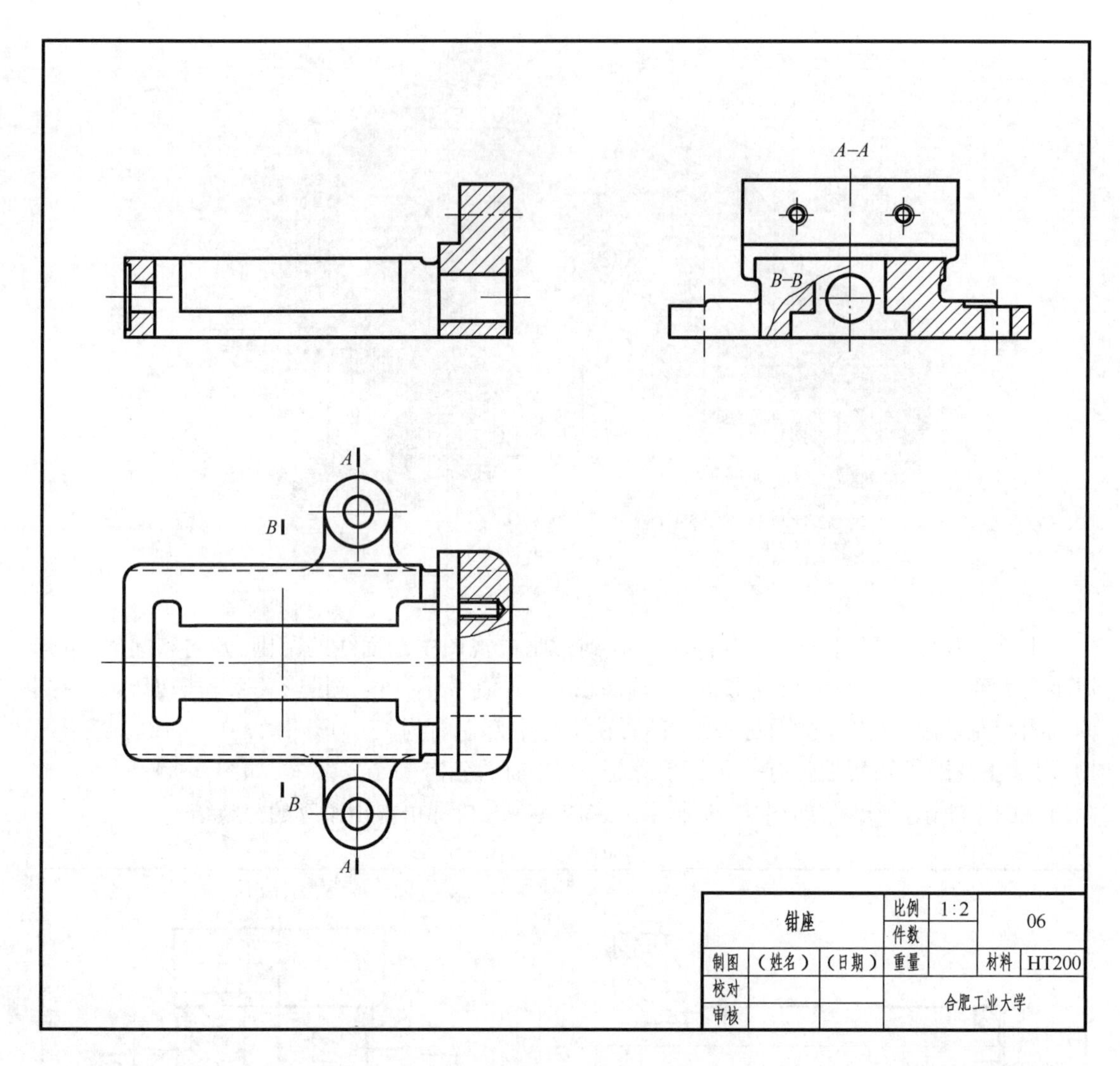

图 9-29 完成钳座零件所缺的线条

②确定零件表达方案。首先选择主图视，钳座为壳体类零件，其主图视位置应是工作位置，这就与装配图一致；因为中间是空的，又前后对称，故主图视采用沿对称面作全剖视图的表达方法。左图视为表达中空截面形状，且又对称，因而采用半剖视图；俯视图采用了对称画法，表达了“工”形内腔的形状和安装耳的形状，并将 M8 螺纹孔作局部剖视。

③零件图的尺寸标注。首先标出装配图中已有的相关尺寸，如：ϕ12H8、ϕ18H8、74H8/f7 的配合尺寸，并查表标注极限偏差，另外还有 84、40、114 等一些尺寸。螺纹孔的尺寸可从明细栏中查出为 M8，其余尺寸可按比例量取。

④零件图的技术要求。这里只讲表面粗糙度的标注，其他技术要求可参照同类零件编写。标注表面粗糙度代号应由高到低进行，首先标注出零件上有相对运动和配合要求较高的重要表面，图中的表面粗糙度 *Ra* 取 1.6 μm，其次是无相对运动的接触表面，*Ra* 一般是 3.2 μm，6.3 μm，其余表面因是铸件，故应是不加工的毛坯面，统一在图纸的标题栏附近标出。最后完成机用虎钳钳座的零件工作图，如图 9-30 所示。

其余零件也用同样方法一一分析清楚。

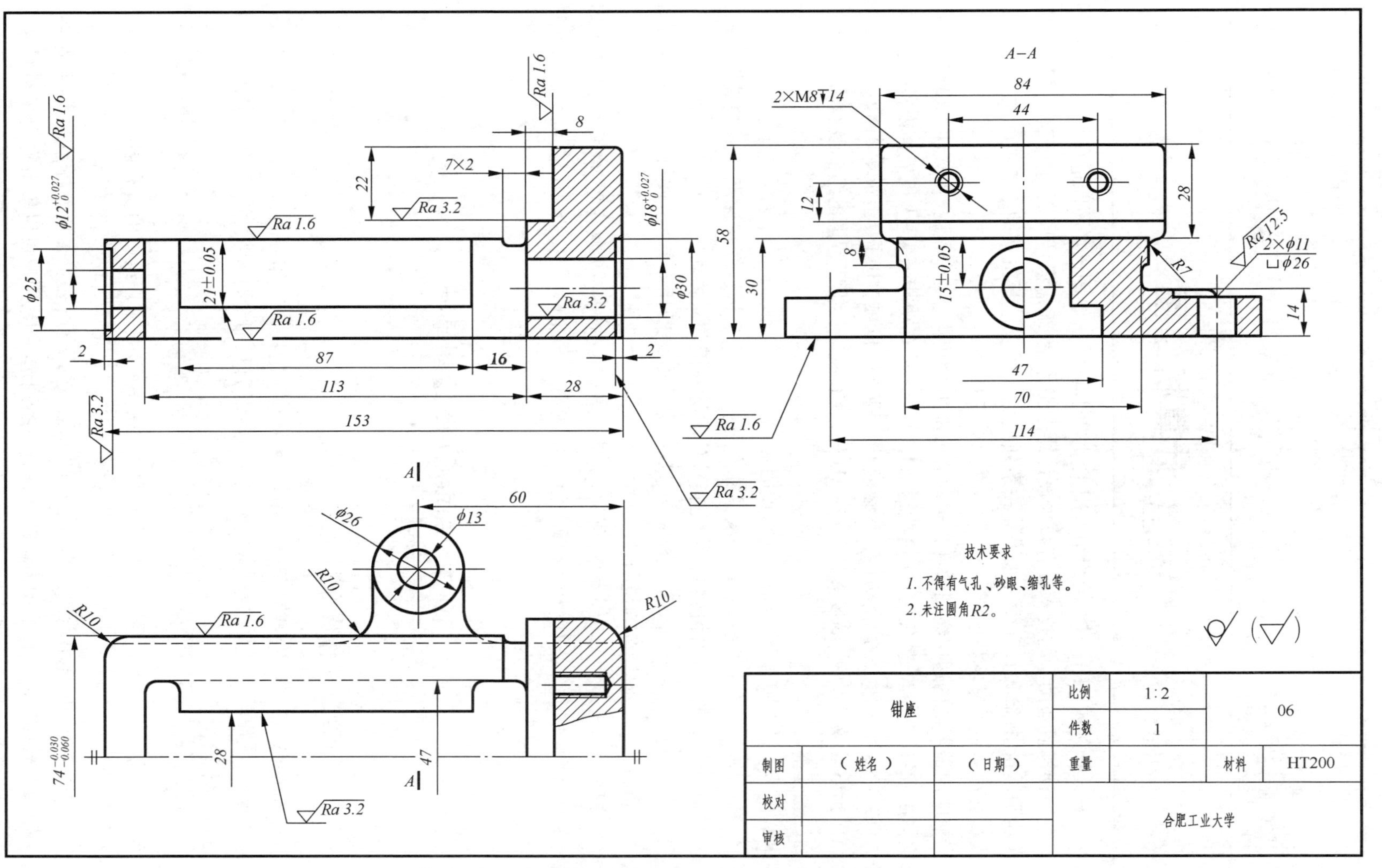

图 9-30　机用虎钳的钳座零件图

计算机绘图

在工程设计领域,工程图样的绘制占用大量的时间,手工绘图已经不能适应现代化生产的要求。使用计算机辅助绘图技术具有减少设计绘图工作量、缩短设计周期、易于建立标准图库及改善绘图质量、提高设计和管理水平等一系列优点。所以计算机辅助绘图技术也成为工程技术人员必须掌握的基本技能之一。

当前应用最广泛的通用绘图软件是美国 Autodesk 公司推出的 AutoCAD 软件,该软件 1982 年首次推出,经过不断改进、完善,实用性越来越好。它具有功能强大、人机界面友好、适应面广等优点,并具有三维造型等功能,广泛应用于航空、机械、电子、建筑等行业。本章以 AutoCAD 2015 中文版为例,简要介绍 AutoCAD 的绘图环境、二维工程图的绘制及编辑、文本和尺寸标注等基本内容。

本章在学习过程中,请注意以下几点说明:

(1)鼠标操作:"单击"是指点击一次鼠标左键;"双击"是指连续快速点击两次鼠标左键;"右击"是指点击一次鼠标右键;"拖动"是指按住鼠标左键同时移动鼠标。

(2)由命令行输入命令时,前一条命令与后一条命令之间用斜线"/"隔开;每条命令后括号"(　)"内的内容是对命令的说明。

(3)符号"→"代表进入下级菜单,例如:文件→新建→向导→高级设置;符号"↓"代表回车,例如:LINE(画线命令)/10,10↓(输入点 A 的绝对直角坐标)/30,25↓(输入点 B 的绝对直角坐标)/↓(回车命令)。

10.1 AutoCAD 绘图基础

10.1.1 AutoCAD 工作界面

启动 AutoCAD 2015 后,可选择进入 AutoCAD 2015 的用户工作界面,如图 10-1 所示(AutoCAD 经典)。工作界面主要由菜单栏、工具栏、绘图窗口、命令行和状态栏等几部分组成。下面作简要介绍。

1. 绘图窗口

绘图窗口是用户进行绘图的工作区域,如图 10-1 所示,用户绘图的所有内容都将显示在这个区域中。

在绘图窗口中同时还显示用户当前使用的坐标系的图标,表示了该坐标系的类型、原点、X 轴、Y 轴和 Z 轴的方向。在绘图窗口的下方有一系列选项卡,用户可以单击它们在模型空间和图纸空间切换来查看图形的布局视图。

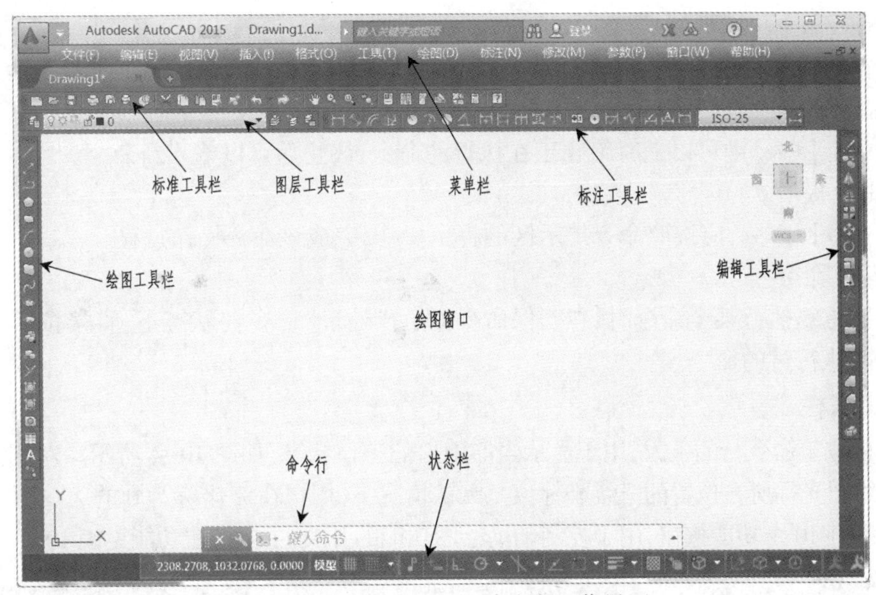

图 10-1　AutoCAD 2015 中文版工作界面

2. 工具栏

AutoCAD 的命令输入方式有命令行输入、下拉菜单、工具栏图标等多种方式，采用图标方式调用命令就是应用工具栏，工具栏是一组图标型工具的集合。AutoCAD 软件提供了近 40 种已命名的工具栏，系统启动后默认显示的工具栏有五个：

(1)标准工具栏：用于管理图形文件和进行一般的图形编辑操作；

(2)绘图工具栏：主要用于绘制各种图形；

(3)编辑工具栏：主要用于修改已绘制的图形；

(4)标注工具栏：主要用于对图形进行尺寸标注；

(5)图层工具栏：用于设置图层、颜色、线型和线型比例；

这五个工具栏如图 10-2 所示。

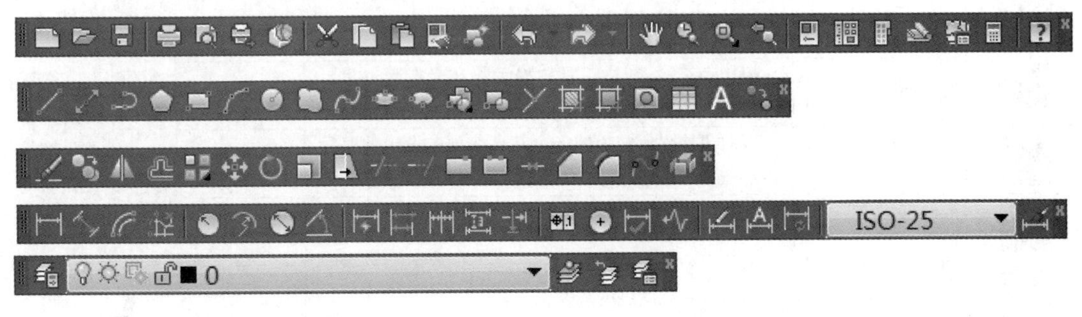

图 10-2　“标准”“绘图”“编辑”“标注”“图层”工具栏

3. 命令行

默认情况下，命令行位于绘图区的底部，用于输入系统命令或显示命令提示信息。用户在菜单栏和工具栏选择某个命令时，也会在命令行显示提示信息。命令行默认显示三行，可以通过按 F2 功能键打开或关闭文本窗口，显示执行过的所有命令，如图 10-3 所示。

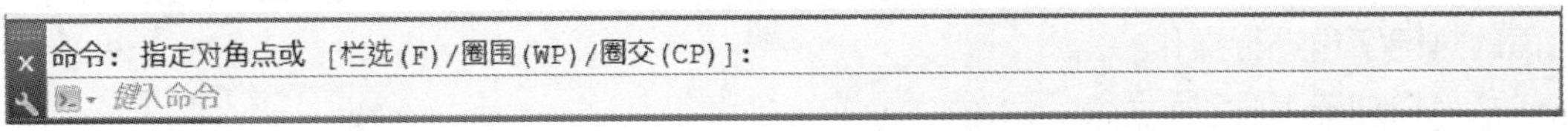

命令：指定对角点或 [栏选(F)/圈围(WP)/圈交(CP)]:
键入命令

图 10-3　命令行

(1)输入命令

系统在不执行任何命令时,命令行提示为“命令:”,此时可以输入命令,以回车结束命令输入。

(2)撤销命令

按键盘上【Esc】键可以随时终止正在执行的命令,终止后可以输入新命令。

(3)命令提示

输入命令回车后,应按照命令提示区的提示操作,完成该命令操作过程。

(4)重复命令

当需要重复执行某个命令时,在确保命令提示行处于“命令:”状态下,直接按回车键即可重复执行刚执行过的命令。

4. 状态栏

状态栏位于命令行的下方,用于显示当前用户的工作状态,如图 10-4 所示。左侧数字用于显示当前绘图光标所在位置的三维坐标值。默认情况下,用户在 Z 坐标为 0 的 XY 坐标面绘图。状态栏右侧有 10 个功能按钮,用于控制辅助绘图功能的开关,主要按钮功能见表 10-1。

2343.9320, 1061.2821, 0.0000 模型

图 10-4 状态栏

表 10-1 状态栏中常用按钮的功能

按钮图标	按钮名称	功能	开关热键	说明
	栅格显示	在绘图区域范围内显示点阵	F7	(1)在某按钮上右击,可对该按钮功能进行设置; (2)“正交”和“极轴”功能互斥,当设置其中一个为“开”时,另一个按钮自动关闭
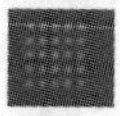	捕捉模式	锁定光标移动的方向及最小位移	F9	
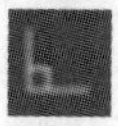	正交模式	限制光标只在水平或垂直方向上移动	F8	
	极轴追踪	角度追踪,按预先设定的角度增量来追踪点,默认值为 90°	F10	
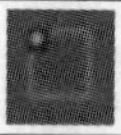	对象捕捉	使光标精确定位在已绘图形的指定几何点上	F3	
	动态输入	启用动态输入时,工具栏提示将在光标附近显示信息	F12	
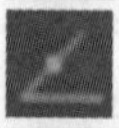	对象捕捉追踪	以对象捕捉所定位的点为基点按预先设定的路径追踪点	F11	
	UCS	允许、禁止动态 UCS	F6	
	显示/隐藏线宽	显示或隐藏图线的线宽		
	快捷特性	快捷显示或关闭图形特性		

5. 菜单栏

AutoCAD 2015 版的菜单栏由“文件”、“编辑”、“视图”、“插入”等下拉菜单组成,这些菜单几乎包含了所有的命令。每个菜单项都包含一级或多级的子菜单,用户也可以通过菜单名称后面的热键字母进行操作。

菜单栏如图 10-5 所示。

文件(F)　编辑(E)　视图(V)　插入(I)　格式(O)　工具(T)　绘图(D)　标注(N)　修改(M)　参数(P)　窗口(W)　帮助(H)

图 10-5　菜单栏

10. 1. 2　AutoCAD 绘图环境

1. 设置绘图界限

图形界限是指图形的一个不可见的边框,用户根据所绘图形的大小,使用图形界限来确保按指定比例在指定大小的纸上打印图形,所创建的图形不会超出图纸空间的大小。

如绘制 A4 图纸的图形界限,命令实现过程如下:

①选择“格式”菜单中的“图形界限”命令,或在命令行中输入“limits”;

②命令行提示“指定左下角点或[开(ON)/关(OFF)]<0. 0000,0. 0000>:”↓;

③命令行提示“指定右上角点 <420. 0000,297. 0000>:” 210,297 ↓;

④单击“缩放”工具栏中全部缩放按钮,将绘图区域全部显示在屏幕上。

2. 设置栅格和捕捉

单击状态栏的“栅格显示”按钮,打开栅格显示功能,在屏幕界限范围内会出现点阵。栅格在绘图中起度量参考作用,便于判断绘图屏幕区域的大小。

设定栅格间距:在“栅格显示”按钮上右击,选择“设置”,打开“草图设置”对话框,选择“捕捉和栅格”选项卡,在栅格间距文字框中输入间距值(默认值为 10 mm)。

单击状态栏的“捕捉”按钮,打开捕捉功能。捕捉用于控制光标移动时每次移动的最小位移。在“草图设置”对话框的“捕捉和栅格”标签中,用户分别在“捕捉 *X* 轴间距”和“捕捉 *Y* 轴间距”文字框中分别输入 *X*、*Y* 轴方向捕捉间距。

栅格和捕捉设置如图 10-6 所示。

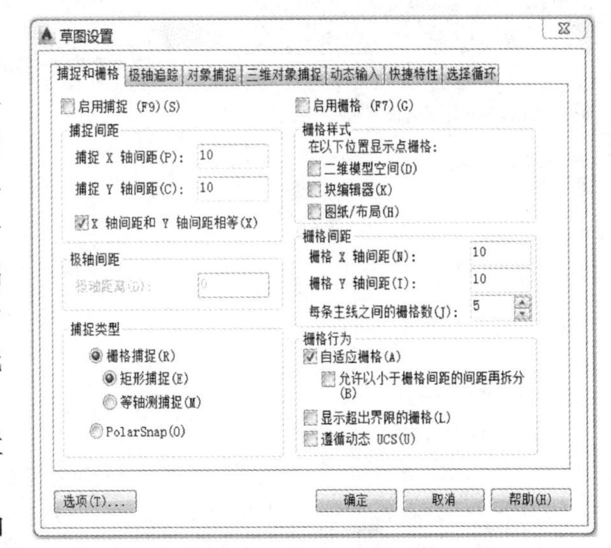

图 10-6　栅格与捕捉设置

3. 设置图层

工程图样上有多种图形元素,包括图线、文字、符号等大量的信息,通过图层来管理,使不同性质的图形元素置于不同的图层上,可以使图形的信息非常清晰有序,便于观察,也能给图形的编辑、修改和输出带来方便。AutoCAD 中规定每个图层都具有图层名、颜色、线型和线宽等基本属性。

设置图层包括:创建新图层、设置图层颜色、线型和线宽等。

(1)创建新图层、设置图层颜色和线型

单击图层工具栏的按钮,弹出“图形特性管理器”对话框,如图 10-7 所示。单击“新建图层”按钮创建新图层,在图层列表输入新的图层名(如“粗实线”),并按图 10-7 所示进行各层设置。

图 10-7 所示图标的含义:

图标：显示开关，用于控制图层的显示，单击图标后变为则图层不显示；

图标：冻结开关，单击图标后变为则图层被冻结，既不可修改也不显示；

图标：锁定开关，单击图标后变为则图层被锁定，图层不可修改，但可以显示；

图标：打印开关，单击图标使其关闭时不打印该层。

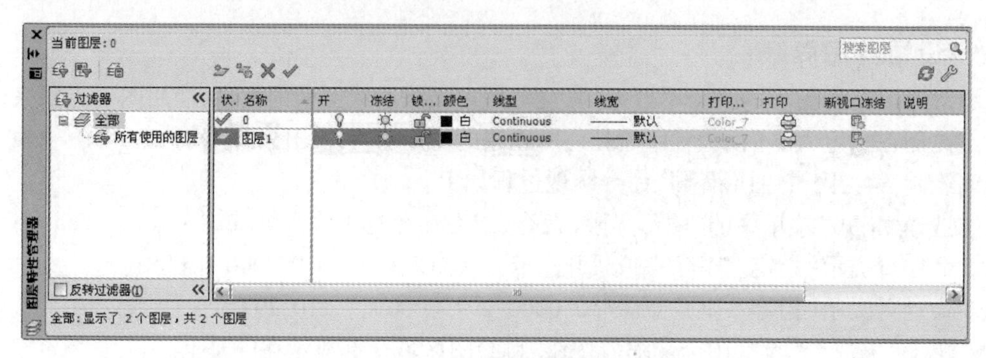

图 10-7 “图形特性管理器”对话框

单击“颜色”列中的颜色块，出现“选择颜色”对话框（见图 10-8），在其中选择一种颜色，推荐选用标准颜色。

单击“线型”列中的线型块，出现“选择线型”对话框（见图 10-9），在列表中单击某线型。若该列表中没有所需线型，可单击“加载”按钮打开下拉菜单选择“加载或重载线型”加载新的线型。所有图层设置完毕后，单击“确定”按钮确认。

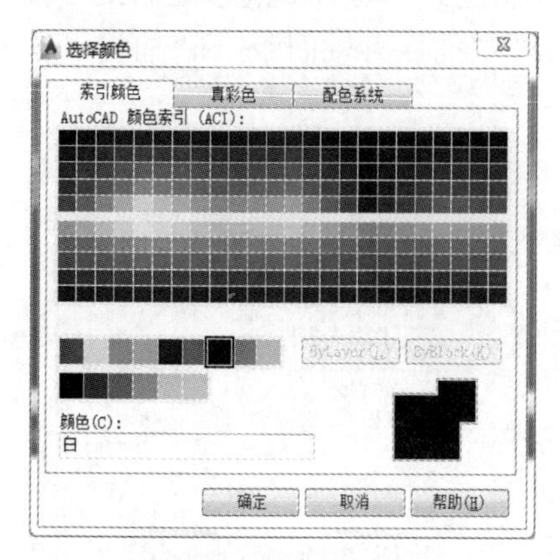

图 10-8 “选择颜色”对话框

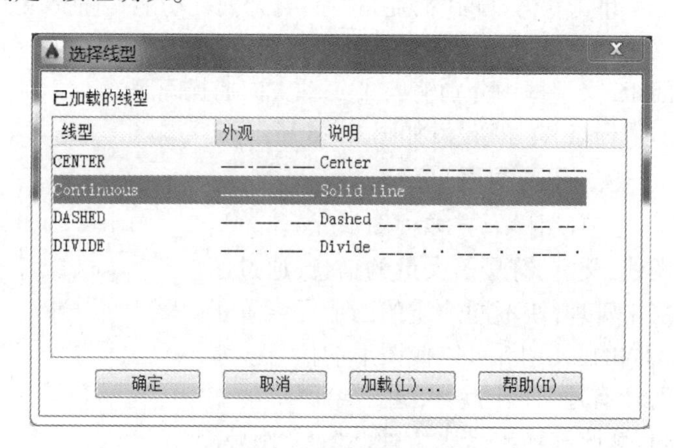

图 10-9 “选择线型”对话框

（2）设置线宽

AutoCAD 中，为了提高图形的可读性，用户可以创建粗细不同的图线。线宽的设置方法：右击状态栏中的“线宽”按钮，在打开的“线宽设置”对话框（见图 10-10）中进行设置。一般将粗实线设置为 0.5 mm，其他图线均采用系统默认线宽 0.25 mm。

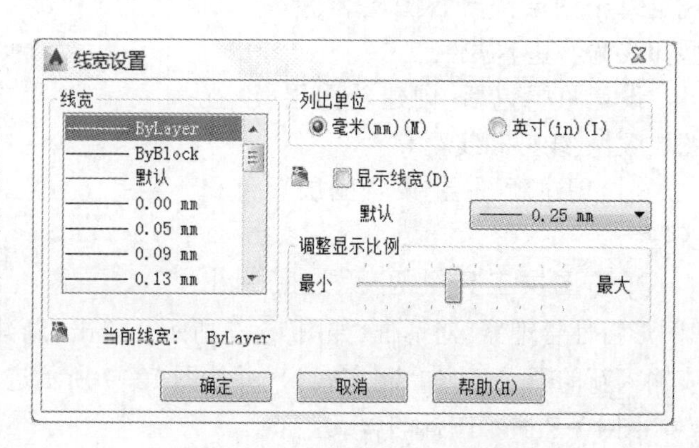

图 10-10 “线宽设置”对话框

各选项具体说明如下。

“线宽”选项组：用于设定当前的

线宽值,也可以改变图形中已有对象的线宽。

“列出单位”选项组:用于设置线宽的单位,有毫米和英寸两种。

“显示线宽”复选框:用于设置是否按照实际线宽来显示图形,用户也可以单击状态栏的“线宽”按钮来关闭或显示线宽。

“默认”下拉列表框:用于设置默认线宽值,即在关闭线宽显示后系统所显示的线宽。

“调整显示比例”选项组:可以通过调整显示比例滑块来设置线宽的显示比例大小。

4. 设置线型比例

虚线、点画线等非连续线型的疏密程度受图形界限大小的影响,用户可以通过设置线型比例改变这些线型的外观:在菜单中选择“格式”/“线型”,打开“线型管理器”对话框,单击“显示细节”按钮,弹出附加选项,在“全局比例因子”文字框中输入数值(默认为 1)。图线线型比例设置的太大或太小都会使虚线、点画线等非连续线型图线看上去是实线,因此建议当图幅较小(如 A3、A4)时,可设置线型比例为 0.3,图幅较大(如 A0)时,设置线型比例为 10~25。

10.1.3　AutoCAD 辅助绘图功能

用户在绘图时经常会用到一些特殊点,如圆心、端点、线段中点、交点等,采用鼠标拾取的方法,通常比较困难。为方便的使用 AutoCAD 绘图,可通过对辅助绘图功能的设置,满足用户的特殊需求。辅助功能的设置主要包括对象捕捉工具的设置,对象追踪的设置和极轴的设置等。

1. 对象捕捉工具

对象捕捉是能使光标准确定位于已绘图形对象的某几何特征点上的工具。利用此工具,用户可以准确的拾取图形对象上的特征点。

(1)对象捕捉工具栏

单击“对象捕捉”工具栏中相应特征点按钮,然后把光标移动到要捕捉对象的特征点附近,便可捕捉到相应的对象特征点。“对象捕捉”工具栏中各种捕捉模式的名称和功能如图 10-11和表 10-2 所示。

图 10-11　“对象捕捉”工具栏

表 10-2　对象捕捉功能简介

图标	名称	选项	功　能
	临时追踪点	TT	创建对象捕捉所使用的临时点
	捕捉自	FRO	捕捉到的点作为基点,输入相对偏移,实现另一点的定位
	端点	END	捕捉图形对象的端点
	中点	MID	捕捉图形对象的中点
	交点	INT	捕捉图形对象的交点
	重影点	APP	捕捉两条交叉直线的重影点
	延伸点	EXT	捕捉直线或圆弧延长线上的点
	圆心	CEN	捕捉(椭)圆或(椭)圆弧的圆心

续表

图标	名称	选项	功　能
	象限点	QUA	捕捉圆或椭圆的象限点
	切点	TAN	捕捉(椭)圆或(椭)圆弧的切点
	垂足	PER	捕捉到垂直于线或圆的垂足点
	平行线	PAR	捕捉到与指定线平行的线上的点
	插入点	INS	捕捉图块或文本等的插入点
	节点	NOD	捕捉用画点命令画的点
	最近点	NEA	用于捕捉距离十字光标中心最近的图形对象上的点
	无捕捉	NON	关闭对象捕捉模式
	对象捕捉设置		设置自动捕捉模式

(2)使用自动捕捉功能

用户在绘图过程中,会频繁的使用对象捕捉功能,若每次捕捉都选择对象捕捉模式,会降低绘图效率,AutoCAD 提供了自动对象捕捉模式。设定方法是,在状态栏“对象捕捉”按钮上右击,选择“设置”选项,打开图 10-12 所示的对话框,在“对象捕捉”标签中同时设定多种对象捕捉功能,运行时可以使多种对象捕捉方式同时生效,用户根据需要选择捕捉到的点。

2. 极轴追踪与对象捕捉追踪

自动追踪是指按指定角度或与其他对象的指定关系绘制对象,可分为极轴追踪和对象捕捉追踪两种。

极轴追踪是按预先设定的角度增量来追踪特征点。如果用户事先知道要追踪的方向,即可使用极轴追踪。用户可以自行设定极轴追踪角度,系统默认角度为 90°。设置方法是,单击状态栏的“极轴追踪”按钮,激活极轴追踪功能,在弹出的对话框(见图 10-13)中设置角度。在画线时,输入第一点后,只要所输入的第二点是在整数倍角度线上,移动光标,在出现角度整数倍的导航线时输入画线长度即可绘制具有指定角度的直线。

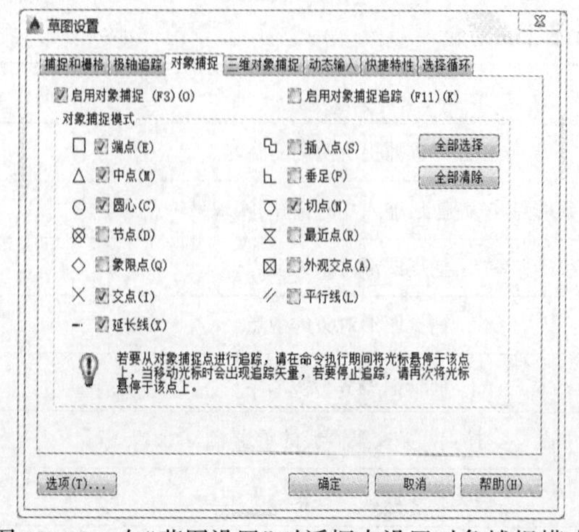

图 10-12　在“草图设置”对话框中设置对象捕捉模式

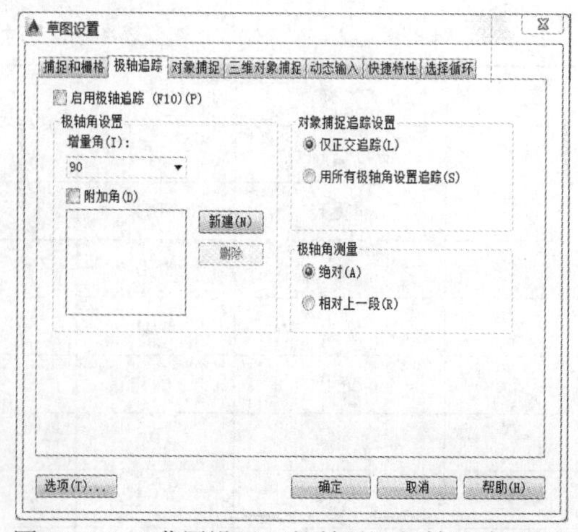

图 10-13　“草图设置”对话框的“极轴追踪”设置

各选项说明如下。

“启用对象追踪”复选框：用于启用极轴追踪功能。

“极轴角设置”选项组：用于设置极轴角的角度，可从下拉列表中选择角度值，也可以选中“附加角”复选框，单击“新建”按钮设置任意附加角。系统在进行极轴追踪时，可以同时追踪增量角和附加角，可设置多个附加角。

“对象捕捉追踪设置”选项组：用于设置对象捕捉追踪模式，有“正交追踪”和“极轴角追踪”两种模式。

对象追踪是以对象捕捉功能所定位的某几何特征点作为基点来追踪上方（或下方、左方、右方）一定距离的点。如果事先不知道具体追踪方向（角度），但却知道与其他对象的某种特定关系（如相交等），可以使用对象捕捉功能。在使用对象追踪时，首先按下状态栏的“对象捕捉”按钮，捕捉到一个几何特征点作为追踪的基点。

10.2　二维图形的绘制与编辑

AutoCAD 具有丰富的绘图命令和图形编辑命令，本节主要介绍如何绘制二维图形，以及平面图形的编辑与修改。

10.2.1　平面图形的绘制

AutoCAD 提供的常用绘图工具基本包括在“绘图”工具栏中，如图 10-14 所示。

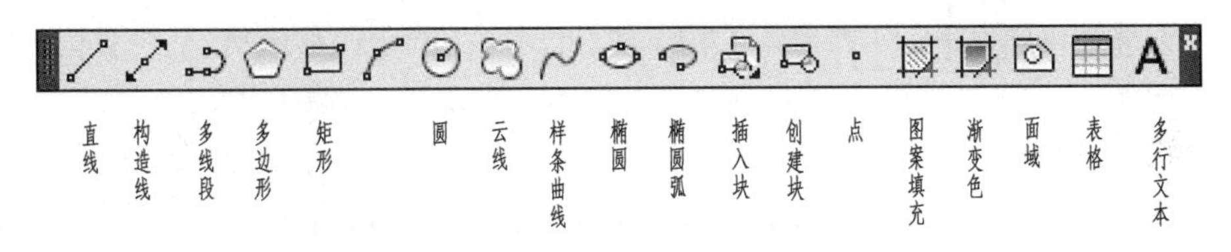

图 10-14　“绘图”工具栏

1. 绘制点

绘制点时，可以直接使用光标确定点的位置，也可以通过输入坐标值来确定点的位置，输入坐标值时有以下几种方法：绝对直角坐标、绝对极坐标、相对直角坐标和相对极坐标方式。

（1）绝对直角坐标输入形式：“X 坐标，Y 坐标”；

（2）绝对极坐标输入形式：“距离<角度”，其中，距离指该点到坐标原点的距离，角度指该点到坐标原点的连线与 X 轴正向的夹角；

（3）相对直角坐标输入形式：“@ X 坐标，Y 坐标”；

（4）相对极坐标输入形式：“@距离<角度”，其中，距离指该点到前一点的距离，角度指该点到前一点的连线与 X 轴的正向的夹角。默认情况下，逆时针方向为正，顺时针方向为负。

AutoCAD 2015 系统默认的点样式是圆点“·”式的，用户可以根据自己的需要调用菜单“格式→点样式”命令来选择自己需要的样式。

2. 绘制直线

“直线”命令是绘图中最常用的命令，用于在两点之间绘制一条直线。命令的激活可以通过点击“绘图”工具栏的直线按钮，或者在命令行输入“line”，或者选择菜单栏“绘图→直线”等三种方式。

调用“直线”命令后，命令行提示“_line 指定第一点：”，可通过光标在绘图屏幕指定一点，此时命令行继续提示“指定下一点或[放弃(U)]：”，用户用同样的方法指定下一点，按回车键结束直线命令。在指定点的时候，也可以通过坐标输入确定点的位置。

直线命令也可以绘制多段连续的直线段，默认情况下，前一条直线的终点是下一条直线的起点。

3. 绘制构造线

构造线命令用于绘制无限延长的辅助线。

调用构造线命令后，命令行提示“_xline 指定点或［水平(H)/垂直(V)/角度(A)/二等分(B)/偏移(O)］”，在屏幕上单击指定一点，此时命令行继续提示“指定通过点：”，在屏幕上指定要通过的点即可，按回车键结束命令。

可选项的说明如下：

(1)“指定点”：即第一个点为构造线概念上(构造线本身是无限延伸的)的中点；

(2)“水平”：即创建水平的构造线；

(3)“垂直”：即创建垂直的构造线；

(4)“角度”：可以选择一条参照线，再指定构造线和该线之间的角度，也可创建与 X 轴成指定角度的构造线；

(5)“二等分”：可以创建二等分指定角的构造线，此时必须指定等分角度的顶点、起点和端点；

(6)“偏移”：可创建平行于指定线的构造线，此时必须指定偏移距离、基线和构造线位于基线的哪一侧。

4. 绘制多段线

用“多段线”命令绘制由若干段线段或圆弧组合的图形。

调用多段线命令后，命令行提示“指定起点：”，指定起点后命令行会提示“指定下一个点或［圆弧(A)/半宽(H)/长度(L)/放弃(U)/宽度(W)］：”，指定一点后命令行会接着提示“指定下一个点或［圆弧(A)/半宽(H)/长度(L)/放弃(U)/宽度(W)］：”，直至到多段线的终点。多段线命令行各选项说明如下：

(1)“圆弧”：选择该选项，命令行会提示：“指定圆弧的端点或[角度(A)/圆心(CE)/闭合(CL)/方向(D)/半宽(H)/直线(L)/半径(R)/第二个点(S)/放弃(U)/宽度(W)]：”，即切换至圆弧绘制命令。

(2)“半宽”：用于设置多段线的半宽度，即多段线的宽度值等于输入值的两倍。

(3)“闭合”：用于自动封闭多段线，系统默认以多段线的起点作为闭合终点。

(4)“长度”：用于指定绘制直线段的长度。在绘制时，系统将沿着绘制上一段直线的方向接着绘制直线，如果上一个对象是圆弧，则这段直线的方向为上一段圆弧端点的切线方向。

(5)“放弃”：用于撤销上一次的操作。

(6)“宽度”：用于设置多段线的宽度。

5. 绘制矩形

用矩形命令绘制矩形，通过指定两个对角点，画出矩形。命令行选项说明如下：

（1）“倒角”：绘制带有倒角的矩形，此时必须指定两个倒角的距离。

（2）“标高”：用于指定矩形所在平面的高度，一般用于三维绘图。

（3）“圆角”：用于绘制带有圆角的矩形，此时必须指定圆角的半径。

（4）“厚度”：用于设置矩形的厚度，也用于三维绘图。

（5）“宽度”：用于设置矩形的线宽。

6. 绘制多边形

用“多边形”命令绘制正多边形。

调用命令后，命令行提示“_polygon 输入边的数目 <4>：”，输入多边形边数，默认为4，输入边数后，命令行提示“指定正多边形的中心点或［边(E)］：”，指定中心点后接着提示“输入选项［内接于圆(I)/外切于圆(C)］<I>：”，默认为内接于圆，最后指定圆的半径，完成多边形的绘制。

7. 绘制圆、圆弧

（1）圆

“圆”命令可用来绘制任意半径的圆图形。

调用命令后，命令行提示“_circle 指定圆的圆心或［三点(3P)/两点(2P)/切点、切点、半径(T)］：”，指定圆心后，接着提示“指定圆的半径或［直径(D)］：”，再指定半径，完成圆的绘制。

画圆的默认方式是确定圆心和半径，还可以选择通过圆周上的两点(2P)、三点(3P)或与其他图形相切等方式画圆。

（2）圆弧

“圆弧”命令可用来绘制圆弧，可以指定圆心、端点、起点、半径、角度和方向值等多种组合形式。

8. 绘制椭圆、椭圆弧

“椭圆”命令和椭圆弧命令可用来绘制任意形状的椭圆和椭圆弧，默认情况下绘制椭圆和椭圆弧，首先指定椭圆的一个轴的两个端点，然后输入另一个半轴的长度即可。

9. 图案填充

当采用剖视图或断面图来表达机件的内部结构时，需要绘制剖面线，剖面线的绘制即通过“图案填充”命令实现的。

采用图案填充命令通过以下三个步骤实现剖面线的绘制：

（1）激活命令，弹出图10-15所示对话框；

（2）选择要填充的图案，一般机械工程图样选择“ANSI31”，在“图案”下拉框中选取；

（3）选择要填充的区域，通过单击“添加：拾取点”按钮或“添加：选择对象”按钮返回绘图区域选取，通过单击封闭轮廓内的任意点或轮廓的边线，确定要填充的区域，然后返回对话框后单击“确定”按钮完成图案填充，如图10-16所示。

10. 图块

在绘制图形时，如果图形中有大量相同或相似的内容，或者所绘制的图形与已有的图形文件相同，可以把要重复绘制的图形创建成图块，并根据需要为图块创建属性，指定图块的名称、用途等信息，在需要的时候直接插入它们，从而提高绘图效率。

图 10-15 “图案填充”对话框

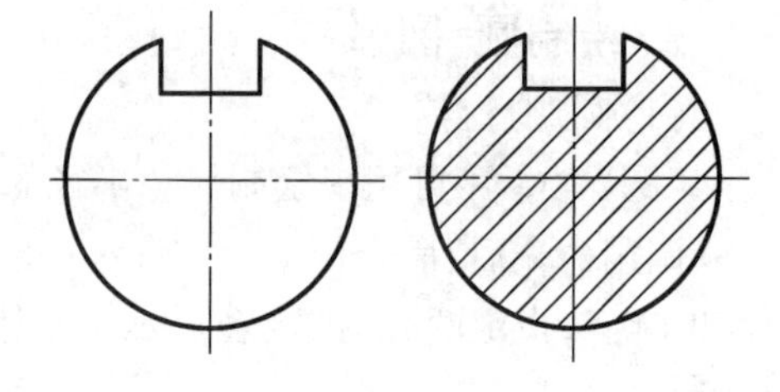

图 10-16 图案填充

(1)激活命令

图块分为两种,分别是内部块和外部块,内部块只能在当前图形文件中使用,不能在其他图形中调用,内部块的创建使用 BLOCK 命令或单击图标,弹出图 10-17 所示“块定义”对话框。

图 10-17 “块定义”对话框

外部块是将图形对象变成一个新的、独立的图形文件,与其他的图形文件没有区别,既可以在当前图形中使用,也可以作为图块插入到其他图形中。外部块的创建使用 WBLOCK 命令,弹出“写块”对话框,如图 10-18 所示。

(2)创建图块

内部块的创建:在“块定义”对话框中首先输入要创建的块的名称,然后指定图块的插入基点,默认情况下是坐标原点,也可以在“拾取点”下方的“X”、“Y”、“Z”文本框中输入点的坐标值或者直接通过“拾取点”按钮指定位置,作为基点;然后通过“拾取对象”按钮返回绘图工作区选择要创建的块对象,最后单击“确定”完成创建。

外部块的创建:在“写块”对话框中,采用同样的方法指定图块的插入基点,选择要创建的块对象,然后在“文件名和路径”中指定外部块的保存路径和文件名,最后单击“确定”完成外部块的创建。

(3)插入图块

激活“插入块”命令,弹出“插入”对话框,如图 10-19 所示。在“名称”下拉框中选择“图块”,通过“缩放比例”选项组指定块的缩放比例,通过“旋转”选项组确定块插入时旋转的角度,单击“确定”完成图块的插入。

图 10-18　“写块”对话框

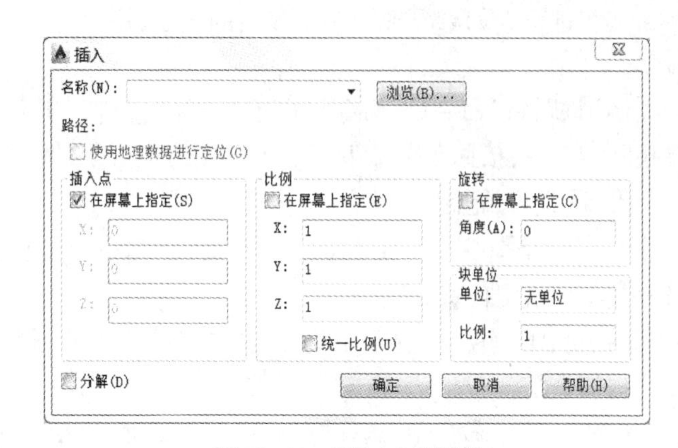

图 10-19　“插入”对话框

10.2.2　平面图形的编辑与修改

在绘图中,绘图命令只能创建一些基本的图形对象,在绘制复杂图样时,在很多情况下都要借助于图形编辑命令,AutoCAD 2015 提供的常用编辑命令基本包括在“修改”工具栏,如图 10-20所示。

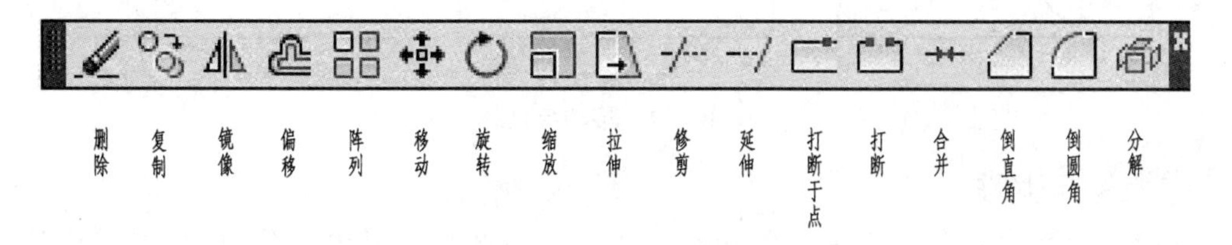

图 10-20　“修改”工具栏

1. 对象选择

用户在对图形进行编辑时需选择要编辑的对象。AutoCAD 系统用虚线亮显所选择的对象,这些对象就构成了选择集,它可以包括单个对象,也可以包括复杂的对象编组。当激活编辑命令后,系统的光标会由“+”字光标变成“□”,提示用户指定要编辑的图形对象。

常用的对象选择模式有:

(1)直接拾取

移动鼠标将拾取框“□”放在待选对象上单击。

(2)窗口方式

可通过建立矩形窗口选择对象,矩形窗口通过光标指定两对角点确定。首先通过鼠标指定矩形框左侧角点,再从左向右下方(右上方)拖动光标确定矩形框的右侧角点,只有当图形对象全部处于矩形框时才被选中。

(3)交叉窗口方式

同样也是建立矩形窗口选择对象,与窗口方式的区别是矩形框的两对角点的确定顺序不同,先指定矩形框的右侧角点,再从右向左下方(左上方)确定矩形框的左侧角点,只要图形对象有一部分在矩形框内即被选中。

当对象以虚线显示,且线条上有若干小方框时,表示对象已被选中,以回车键结束选择。

2. 删除

绘图过程中如果出现错误或多余的线条,用户可以利用“删除”命令从图形中去除这些线条。

调用“删除”命令后,命令行提示“选择对象:”,屏幕的“+”字光标变成拾取框,然后选择要删除的对象,按回车键结束。也可以先选择对象,然后单击工具栏的“删除”按钮。

3. 移动与复制

“移动”命令可用来移动图形对象,使其位置发生变化。“复制”命令可用来将选定对象复制到指定位置。

图 10-21(b)、(c)显示了将图 10-21(a)所示的圆移动和复制的结果,操作过程如下:

(1)移动

激活“移动”命令/选择圆/右击结束选择/单击确定基点 A/移动光标到 B 点,单击完成移动,如图 10-21(b)所示。

(2)复制

激活“复制”命令/选择圆/右击结束选择/单击确定基点 A/移动光标到 B 点,单击完成复制/右击结束复制。

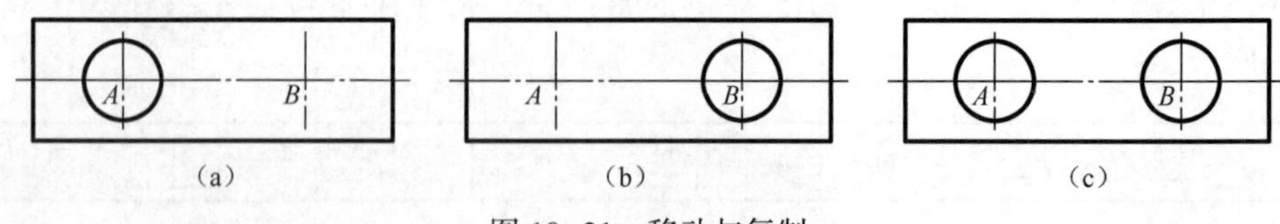

图 10-21 移动与复制

4. 镜像与偏移

“镜像”命令通过指定一条镜像线来生成已有图形对象的镜像对象。“偏移”命令用来实现平行复制对象,可生成平行线或者同心圆等类似图形。

(1)镜像

激活“镜像”命令/选择镜像对象/右击结束选择/选择镜像线第一点/选择镜像线第二点/↓,选择默认(N),不删除原对象,结果如图 10-22 所示。

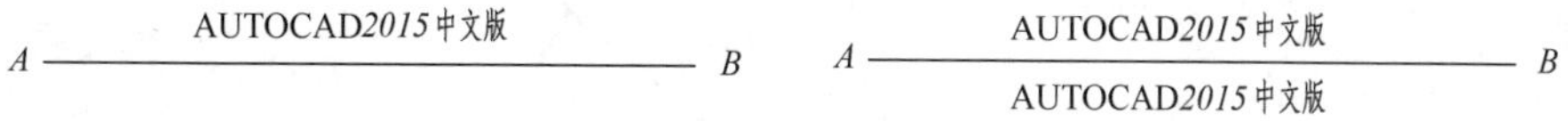

A AUTOCAD2015中文版 B

（a）原图

A AUTOCAD2015中文版 B
AUTOCAD2015中文版

（b）镜像后

图 10-22　镜像

（2）偏移

激活“偏移”命令/输入偏移距离 5 ↓/选择偏移对象/选择偏移侧，实现偏移，如图 10-23 所示。

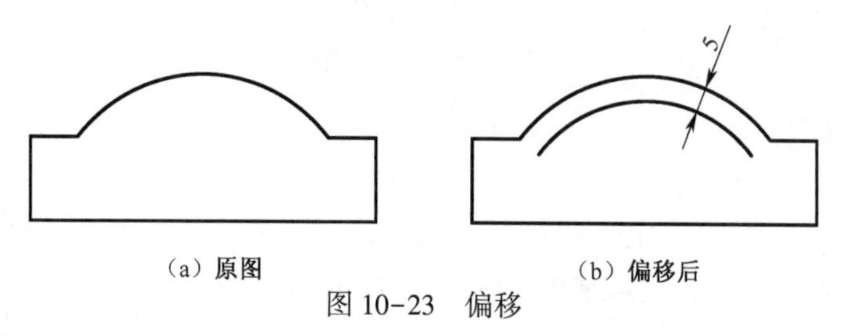

（a）原图　　（b）偏移后

图 10-23　偏移

5. 修剪与延伸

“修剪”命令可用来将选定的一个或多个对象，在指定修剪边界某一侧的部分精确地剪切掉。“延伸”命令可用来使指定对象的终点落在指定的某个对象的边界上，圆弧、椭圆弧、直线及射线等对象都可以被延伸。

（1）修剪

激活“修剪”命令/选择图中两圆作为修剪边界/选择要剪掉的部分/右击选择“确定”结束修剪，修剪后的结果如图 10-24（b）所示。

（2）延伸

激活“延伸”命令/选择要延伸到的目标直线 *AB*/右击结束选择/选择要延伸的直线与圆弧/右击选择“确定”结束延伸命令。延伸后的结果如图 10-25（b）所示。

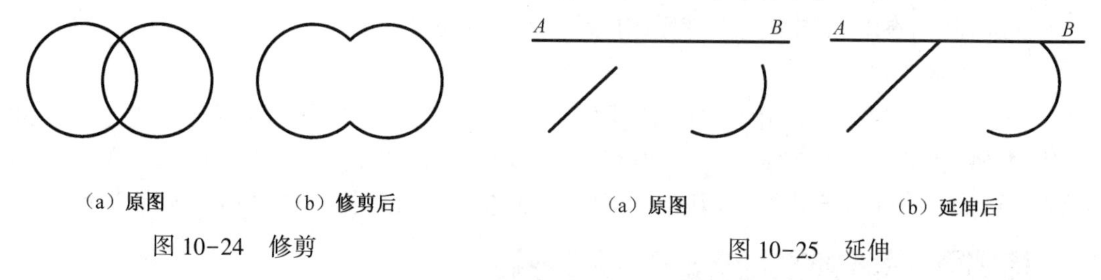

（a）原图　　（b）修剪后

图 10-24　修剪

（a）原图　　（b）延伸后

图 10-25　延伸

6. 旋转与缩放

“旋转”命令可用来将对象绕基点旋转指定的角度。缩放命令用来将对象按指定的比例相对于基点进行尺寸缩放。

（1）旋转

激活“旋转”命令/选择旋转对象/右击结束选择/指定基点/输入旋转角度（30°）/回车结束旋转。其中，输入的角度如果是正值，图形按逆时针旋转，如果是负值，图形按顺时针旋转。旋转结果如图 10-26（b）所示。

（2）缩放

激活“缩放”命令/选择缩放对象/右击结束选择/指定基点/0.7（输入缩放比例）/回车结束缩放。缩小后的图样如图 10-26（c）所示。

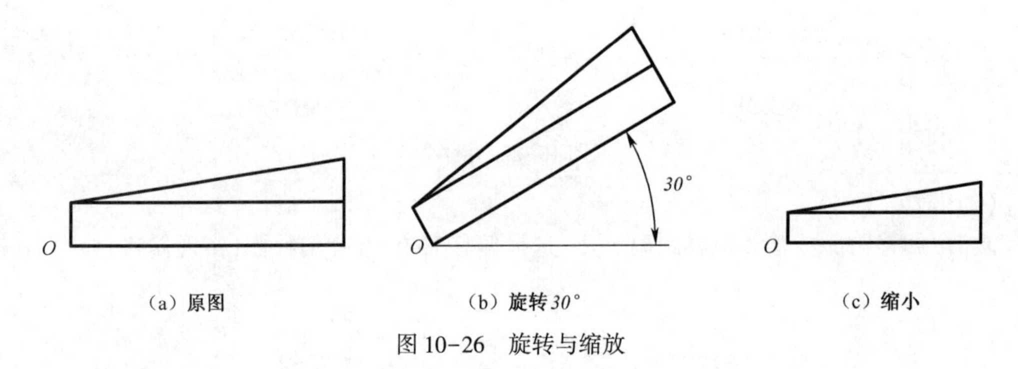

图 10-26　旋转与缩放

7. 倒角与圆角

(1)倒角

激活“倒角”命令/D(指定距离)↓/4 (第一个倒角距离)/8(第二个倒角距离)/选择第一条边 P_1/选择第二条边 P_2,倒角结果如图 10-27(b)所示。

(2)圆角

激活“圆角”命令/R(圆角半径)↓/5(半径值)/选择第一条边 P_1/选择第二条边 P_2,圆角结果如图 10-27(c)所示。

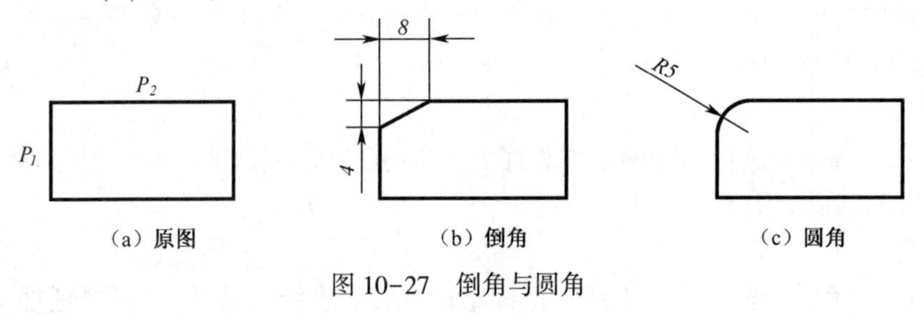

图 10-27　倒角与圆角

8. 阵列

“阵列”命令可用来按矩形或环形复制指定对象。

(1)矩形阵列

激活“阵列”命令,弹出“阵列”对话框(见图 10-28)/选择“矩形阵列”/在“行”和“列”文字框中输入“4”/在“行偏移”和“列偏移”中输入 20/在“阵列角度”中输入 30/单击“选择对象”按钮拾取阵列对象/右击结束选择/单击“确定”按钮完成图 10-29 所示矩形阵列。

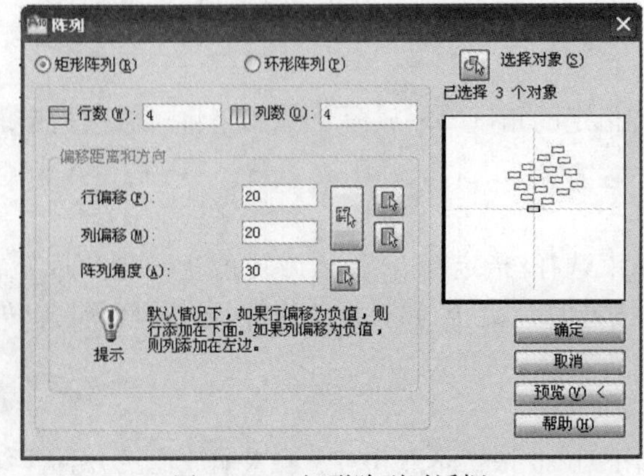

图 10-28　矩形阵列对话框

图 10-29　矩形阵列

(2)环形阵列

激活“阵列”命令,弹出“阵列”对话框(见图 10-30)/选择“环形阵列”/输入或拾取“中心点”/在“项目总数”和“填充角度”中输入“6”和“360”/单击“选择对象”按钮拾取阵列对象/右击结束选择/单击“确定”按钮完成图 10-31 所示环形阵列。

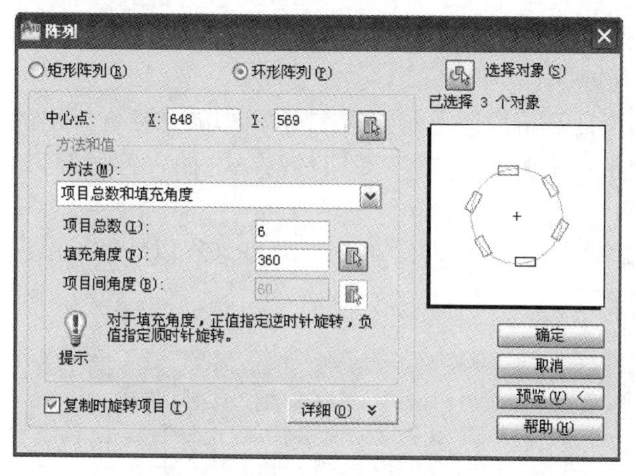

图 10-30 环形阵列对话框

图 10-31 环形阵列

10.2.3 文本与尺寸标注

1. 文本

在机械工程图样中,技术要求、装配说明等需要通过文字注释来标注图样中的一些非图形信息,因此文字对象是工程制图中不可缺少的组成部分。

(1)文字样式的创建

单击菜单“格式”/“文字样式”,弹出“文字样式”对话框,如图 10-32 所示。

在对话框中单击“新建”按钮,在弹出的对话框中为将要设置的文字样式命名,单击“确定”返回,然后分别在“字体”、“大小”和“效果”选项组设置字体格式和文字高度等,可以通过预览框浏览设置效果,设置完成后单击“应用”按钮,然后关闭对话框。

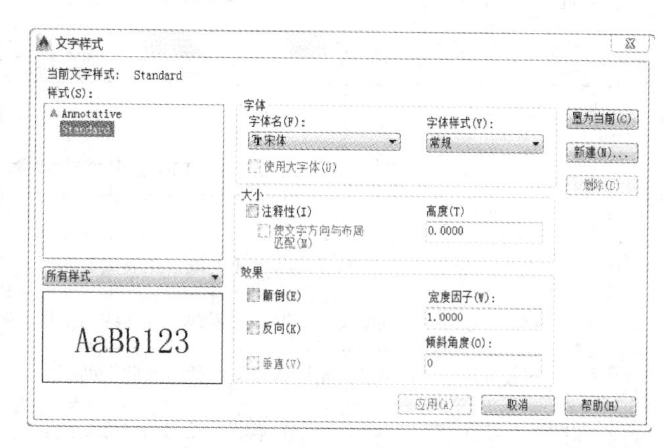

图 10-32 “文字样式”对话框

(2)创建单行文本

“单行文本”命令(DTEXT)用于创建一行文字,创建的每行文字都是独立的对象,可以进行重定位、调整格式或其他修改。

DTEXT↓(激活命令)/S↓(更换文字样式)/样式 1↓(文字样式名)/J↓(改变文本对齐方式)/MC↓(正中对齐)/单击确定基点/10↓(输入文字高度)/↓/AutoCAD 2015 工程图学↓(输入示例文本)/↓,结果如图 10-33 所示。

AutoCAD2015工程图学

图 10-33 单行文字示例

(3)创建多行文本

“多行文本”命令A用来创建段落文字，是一种更易于管理的文字对象，可以由两行以上的文字组成，整段文字都是作为一个整体处理。

激活“多行文本”命令后，用鼠标在绘图区域拾取两个角点指定书写区域，然后在弹出的多行文字格式编辑器中输入文本内容，同时可改变字体、字高、对齐方式、插入符号等，如图 10-34所示。

要编辑和修改已确定的文字，只需双击该文本，即可进行修改，之后在文本以外区域单击左键更新文本。

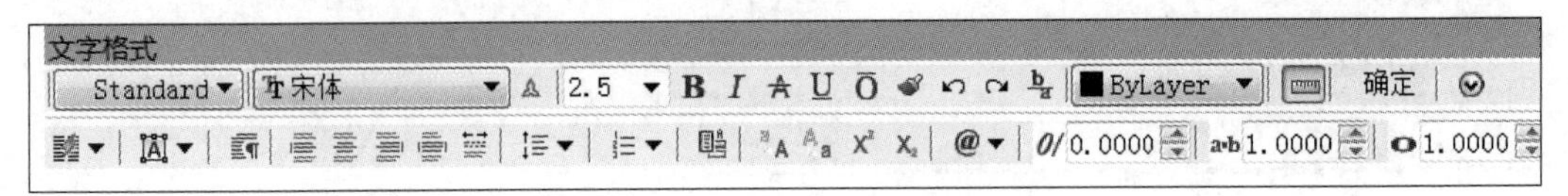

图 10-34 多行文字格式编辑器

2. 尺寸标注

在平面图形设计中，尺寸是加工、检验和装配零件的依据，是机械图样中不可缺少的内容。

(1)尺寸标注的基本类型

AutoCAD 2015 提供了图 10-35 所示的标注工具栏，通过工具栏的各命令对图形进行尺寸标注，各命令功能见表 10-3。

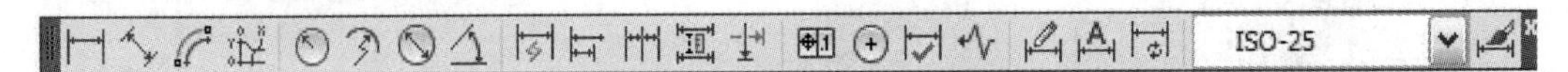

图 10-35 “尺寸标注”工具栏

表 10-3 尺寸标注工具栏命令功能简介

图标	名称	功能
	线性标注	用于标注图形对象的线性距离或长度，包括水平、垂直和旋转三种标注类型
	对齐标注	创建尺寸线与尺寸界线原点连线相平行的线性标注
	弧长标注	用于测量圆弧或多段线弧线段上的距离
	坐标标注	用于标明位置点相对于当前坐标系原点的坐标值
	半径标注	用于标注圆或圆弧的半径
	折线标注	测量选定对象的半径，并显示带有半径符号的标注文字，可从任意位置指定尺寸线的原点
	直径标注	用于标注圆或圆弧的直径
	角度标注	用于标注两条不平行直线间的角度、圆和圆弧的角度或三点之间的角度
	快速标注	通过一次选择多个对象，进行基线标注、连续标注和坐标标注
	基线标注	从上一个或选定标注的基线作连续的线性标注、角度标注或坐标标注

续表

图标	名称	功 能
	连续标注	从上一个或选定标注的第二尺寸界线作连续的线性标注、角度标注或坐标标注
	等距标注	用来调整线性标注或角度标注之间的间距
	折断标注	在标注或延伸线与其他对象交叉处折断或恢复标注和延伸线
	公差标注	创建包含在特征控制框中的形位公差
	圆心标记	创建圆和圆弧的圆心标记或中心线
	检验标注	用于指定应检查制造的部件的频率,以确保标注值和部件公差位于指定范围内
	折弯线性标注	在线性标注或对齐标注上添加或删除折弯线
	编辑标注	用来编辑标注文字或延长线
	编辑标注文字	移动或旋转标注文字,重新定位尺寸线
	标注更新	用当前标注样式更新标注对象
	标注样式	创建或修改尺寸标注样式

(2)尺寸标注样式设置

用户在标注尺寸前,首先要建立尺寸标注的样式,系统提供了默认的 standard 样式,重新设定标注样式便于控制各类尺寸标注的布局和外观,并且有利于标注的修改。

选择菜单"格式"/"尺寸样式"或单击标注工具栏按钮,弹出图 10-36 所示的"标注样式管理器"对话框,单击"新建"按钮,在弹出的"创建新标注样式"对话框的"新样式名"输入样式名"type001",单击"继续"按钮,打开"新建标注样式"对话框,如图 10-37 所示。

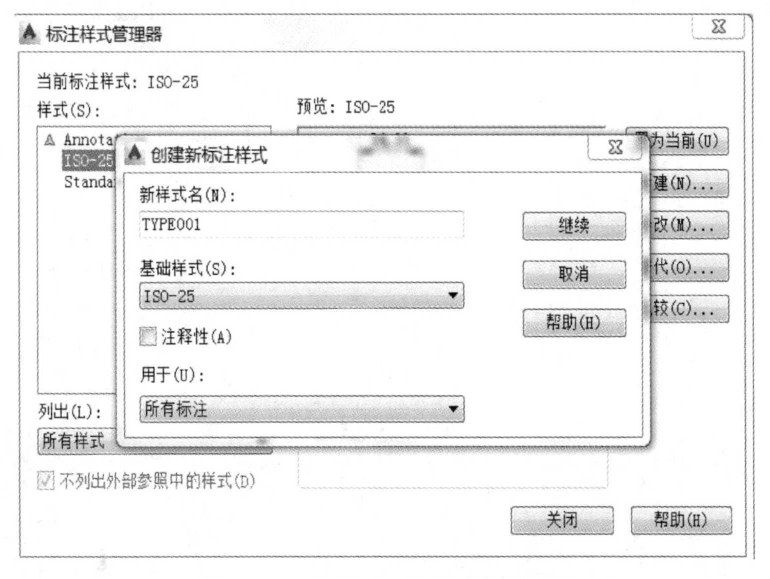

图 10-36 "标注样式管理器"对话框

在"新建标注样式"对话框中依次设置尺寸样式的"直线"、"符号和箭头"、"调整"以及"文字"等标签页的选项,设置完成后单击"确定"按钮返回"标注样式管理器"对话框,关闭

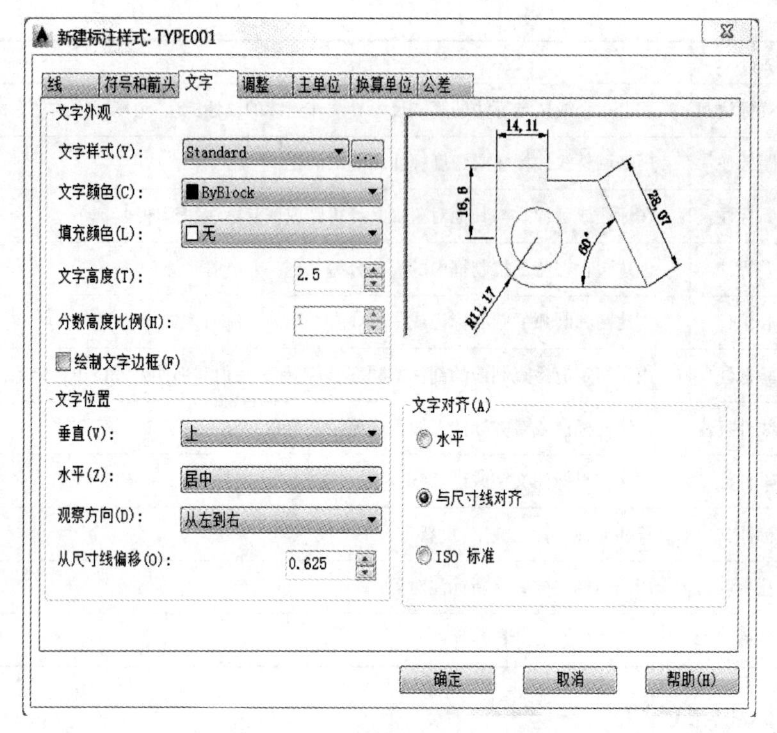

图 10-37 “新建标注样式”对话框

“标注样式管理器”结束设置,标注样式控制下拉列表中会增加名为“type001”的尺寸样式。

一、螺纹

附表-1　普通螺纹(GB/T 193—2003、GB/T 196—2003)

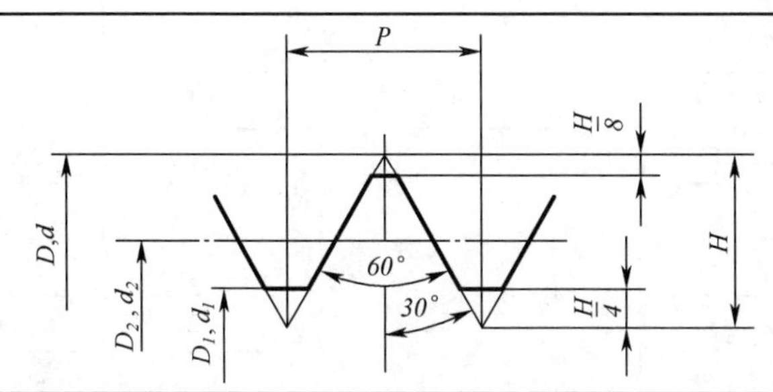

标记示例:

公称直径 20 mm,螺距 1.5 mm 的右旋细牙普通螺纹　M20×1.5

单位:mm

公称直径 D、d		螺距	小径	公称直径 D、d		螺距	小径
第一系列	第二系列	P	D_1或d_1	第一系列	第二系列	P	D_1或d_1
3		0.5*	2.459	12		1.75*	10.106
		0.35	2.621			1.5	10.376
	3.5	(0.6)*	2.850			1.25	10.647
		0.35	3.121			1	10.917
4		0.7*	3.242			(0.75)	11.188
		0.5	3.459			(0.5)	11.459
	4.5	(0.75)*	3.688		14	2*	11.835
		0.5	3.959			1.5	12.376
5		0.8*	4.134			(1.25)	12.647
		0.5	4.459			1	12.917
6		1*	4.917			(0.75)	13.188
		0.75	5.188			(0.5)	13.459
		(0.5)	5.459	16		2*	13.835
8		1.25*	6.647			1.5	14.376
		1	6.917			1	14.917
		0.75	7.188			(0.75)	15.188
		(0.5)	7.459			(0.5)	15.459
10		1.5*	8.376		18	2.5*	15.294
						2	15.835
		1.25	8.647			1.5	16.376
						1	16.917
		1	8.917			(0.75)	17.188
		0.75	9.188			(0.5)	17.459
		(0.5)	9.459				

续表

公称直径 D、d		螺距	小径	公称直径 D、d		螺距	小径
第一系列	第二系列	P	D_1或d_1	第一系列	第二系列	P	D_1或d_1
20		2.5*	17.294	36		4*	31.670
		2	17.835			3	32.752
		1.5	18.376			2	33.835
		1	18.917			1.5	34.376
		(0.75)	19.188			(1)	34.917
		(0.5)	19.459		39	4*	34.670
	22	2.5*	19.294			3	35.752
		2	19.835			2	36.835
		1.5	20.376			1.5	37.376
		1	20.917			(1)	37.917
		(0.75)	21.188	42		4.5*	37.129
		(0.5)	21.459			(4)	37.670
24		3*	20.752			3	38.752
		2	21.835			2	39.835
		1.5	22.376			1.5	40.376
		1	22.917			(1)	40.917
		(0.75)	23.188		45	4.5*	40.129
	27	3*	23.752			(4)	40.670
		2	24.835			3	41.752
		1.5	25.376			2	42.835
		1	25.917			1.5	43.376
		(0.75)	26.188			(1)	43.917
30		3.5*	26.211	48		5*	42.587
		(3)	26.752			(4)	43.670
		2	27.835			3	44.752
		1.5	28.376			2	45.835
		1	28.917			1.5	46.376
		(0.75)	29.188			(1)	46.917
	33	3.5*	29.211		52	5*	46.587
		(3)	29.752			(4)	47.670
		2	30.835			3	48.752
		1.5	31.376			2	49.835
		(1)	31.917			1.5	50.376
		(0.75)	32.188			(1)	50.917

注：1. 公称直径优先选用第一系列，其次第二系列，第三系列未列入本表中。

2. 螺距后加“*”的为粗牙螺距，其余为细牙螺距。括号内的螺距尽可能不用。

3. 中径 D_2、d_2未列入本表中。

附表-2　普通螺纹的收尾、肩距、退刀槽、倒角(GB/T 3—1997)

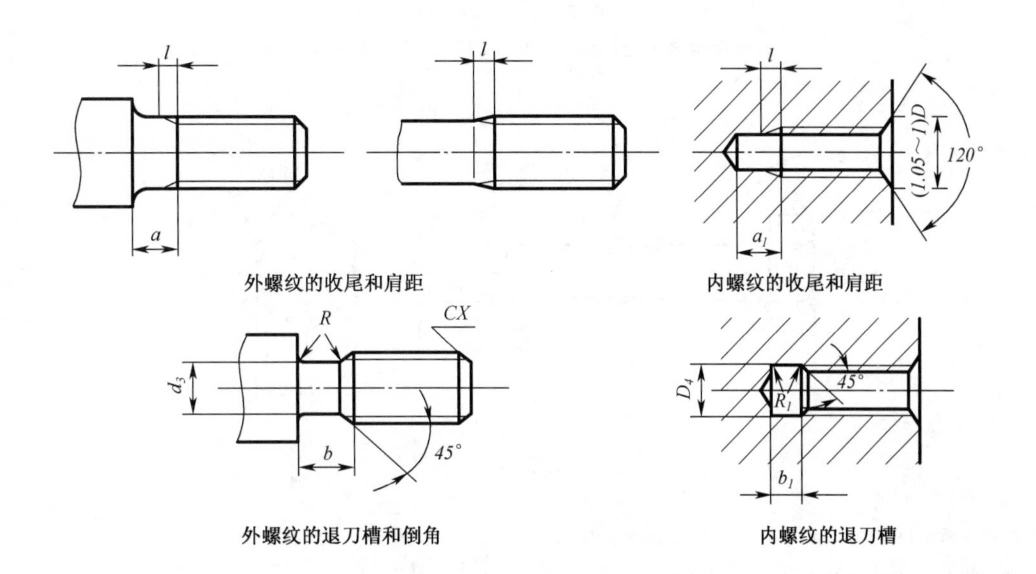

单位:mm

螺距 P	粗牙螺纹大径 D、d	外螺纹										内螺纹						
		螺纹收尾 $l\leqslant$		肩距 $a\leqslant$			退刀槽			倒角 C	螺纹收尾 $l\leqslant$		肩距 a_1		退刀槽		
		一般	短的	一般	长的	短的	$b\leqslant$	d_3	$R\approx$		一般	短的	一般	长的	b_1 一般	D_4	$R_1\approx$
0.5	3	1.25	0.7	1.5	2	1	1.5	d-0.8	0.2	0.5	2	1	3	4	2	D+0.3	0.2
0.8	5	2	1	2.4	3.2	1.6	2.4	d-1.3	0.4	0.8	3.2	1.6	4	6.4	3.2		0.4
1	6	2.5	1.25	3	4	2	3	d-1.6	0.6	1	4	2	5	8	4	D+0.5	0.5
1.25	8	3.2	1.6	4	5	2.5	3.75	d-2	0.6	1.2	5	2.5	6	10	5		0.6
2.5	18,20,22	6.3	3.2	7.5	10	5	7.5	d-3.6	1.2	2.5	10	5	12	18	10		1.2
3	24,27	7.5	3.8	9	12	6	9	d-4.4	1.6	2.5	12	6	14	22	12		1.5
3.5	30,33	9	4.5	10.5	14	7	10.5	d-5	1.6	3	14	7	16	24	14		1.8
4.5	42,45	11	5.5	13.5	18	9	13.5	d-6.4	2.5	4	18	9	21	29	18		2.2
5	48,52	12.5	6.3	15	20	10	15	d-7	2.5	4	20	10	23	32	20		2.5

注:1. 细牙普通螺纹根据螺距查表,粗牙普通螺纹根据大径查表。

2. 应优先选用“一般”长度的收尾和肩距;外螺纹“短”收尾和“短”肩距仅用于结构受限制的螺纹件上,产品等级为B或C的螺纹紧固件可采用“长”肩距;内螺纹当容屑需要较大空间时可选用“长”肩距,结构受限制时可选用“短”收尾。

二、常用标准件

附表-3 六角头螺栓-A和B级(GB/T 5782—2016)

六角头螺栓-全螺纹-A和B级(GB/T 5783—2016)

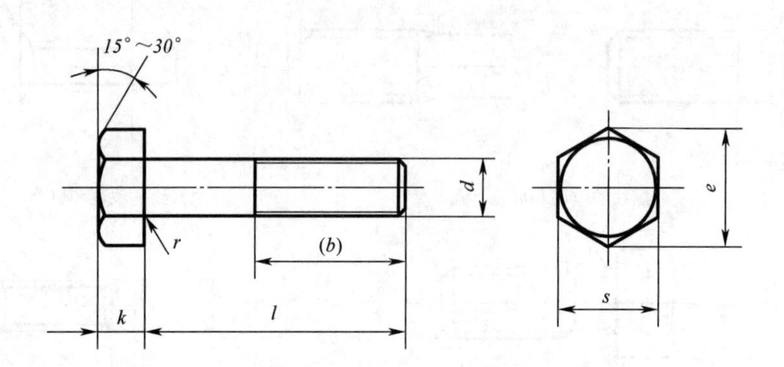

标记示例:

螺纹规格 d=M16、公称长度 l=80 mm、性能等级为10.9级、表面氧化、产品等级为A级的六角头螺栓

完整标记 GB/T 5782—2016—M16×80-10.9 — A — O 简化标记 GB/T 5782 M16×80

单位:mm

螺纹规格 d		M4	M5	M6	M8	M10	M12	M16	(M18)	M20	(M22)	M24	(M27)	M30	M36
s		7	8	10	13	16	18	24	27	30	34	36	41	46	55
k		2.8	3.5	4	5.3	6.4	7.5	10	11.5	12.5	14	15	17	18.7	22.5
$r\geqslant$		0.2	0.2	0.25	0.4	0.4	0.6	0.6	0.6	0.8	0.8	0.8	1	1	1
$e\geqslant$	A	7.66	8.79	11.05	14.38	17.77	20.03	26.75	30.14	33.53	37.72	39.98			
	B	7.50	8.63	10.89	14.20	17.59	19.85	26.17	29.56	32.95	37.29	39.55	45.2	50.85	60.79
b(参考) GB/T 5782	$l\leqslant125$	14	16	18	22	26	30	38	42	46	50	54	60	66	
	$125<l\leqslant200$	20	22	24	28	32	36	44	48	52	56	60	66	72	84
	$l>200$	33	35	37	41	45	49	57	61	65	69	73	79	85	97
l(公称) GB/T 5782		25～40	25～50	30～60	40～80	45～100	50～120	65～160	70～180	80～200	90～220	80～240	100～260	110～300	140～360
$l\leqslant$表中数值时制出全螺纹 GB/T 5783		8～40	10～50	12～60	16～80	20～100	25～120	30～150	35～180	40～150	45～200	50～150	55～200	60～200	70～200

注:1. 产品等级A级用于 $d\leqslant24$ mm 和 $l\leqslant10d$ 或 $l\leqslant150$ mm 的螺栓,B级用于 $d>24$ mm 和 $l>10d$ 或 $l>150$ mm 的螺栓。

2. 带括号的 d 为非优选的螺纹规格。

附表-4 双头螺柱

GB/T 897—1988($b_m=1d$)、GB/T 898—1988($b_m=1.25d$)
GB/T 899—1988($b_m=1.5d$)、GB/T 900—1988($b_m=2d$)

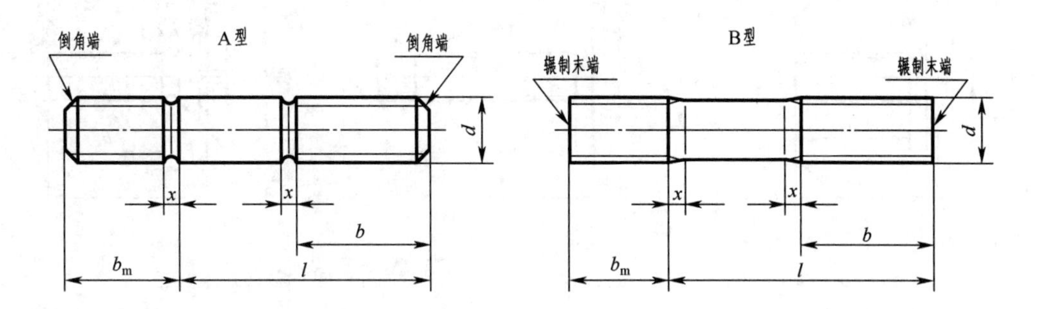

标记示例:

旋入机体一端为粗牙普通螺纹,旋入螺母一端为螺距 $P=1$ 的细牙普通螺纹,$b_m=1d$,螺纹规格 d=M10 公称长度 l=50 mm,性能等级 8.8,不经表面处理、A 型双头螺柱的简化标记 螺柱 GB/T 897 AM10-M10×1×50

单位:mm

螺纹规格 d	b_m				l/b
	GB/T 897	GB/T 898	GB/T 899	GB/T 900	
M5	5	6	8	10	$\frac{16\sim22}{10}$、$\frac{25\sim50}{16}$
M6	6	8	10	12	$\frac{20\sim22}{10}$、$\frac{25\sim30}{14}$、$\frac{32\sim75}{18}$
M8	8	10	12	16	$\frac{20\sim22}{12}$、$\frac{25\sim30}{16}$、$\frac{32\sim90}{22}$
M16	16	20	24	32	$\frac{30\sim38}{20}$、$\frac{40\sim55}{30}$、$\frac{60\sim120}{38}$、$\frac{130\sim200}{44}$
M20	20	25	30	40	$\frac{35\sim40}{25}$、$\frac{45\sim65}{35}$、$\frac{70\sim120}{46}$、$\frac{130\sim200}{52}$
M24	24	30	36	48	$\frac{45\sim50}{30}$、$\frac{55\sim75}{45}$、$\frac{80\sim120}{54}$、$\frac{130\sim200}{60}$
l 系列	16,(18),20,(22),25,(28),30,(32),35,(38),40,45,50,(55),60,(65),70,(75),80,(85)90,(95)100,110,120,130,140,150,160,170,180,190,200,210,220,230,240,250,260,270,280,290,300				

注:1. 表中螺纹规格为优选规格。l 系列中尽量不选用带括号的数值。

2. 取 $x\approx1.5P$(P 为粗牙螺距)

附表-5 开槽螺钉

开槽圆柱头螺钉(GB/T 65—2016)、开槽盘头螺钉(GB/T 67—2016)、开槽沉头螺钉(GB/T 68—2016)

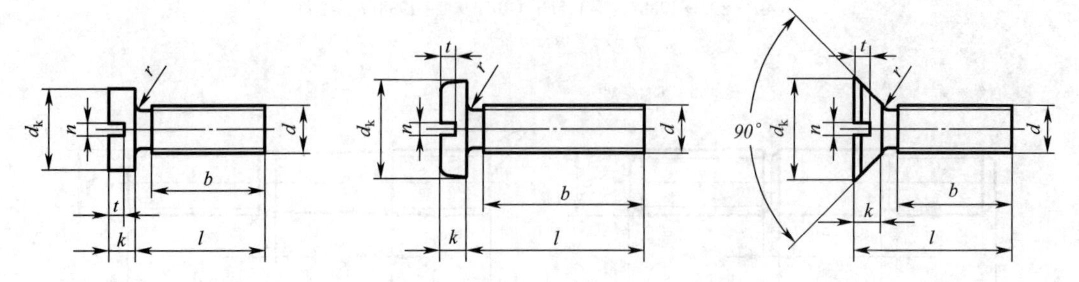

标记示例:

螺纹规格 d=M5、公称长度 l=20 mm、性能等级为 4.8 级、不经表面处理的开槽盘头螺钉的简化标记

螺钉 GB/T67 M5×20

单位:mm

螺纹规格 d		M1.6	M2	M2.5	M3	M4	M5	M6	M8	M10
GB/T 65	d_{kmax}	3	3.8	4.5	5.5	7	8.5	10	13	16
	k_{max}	1.1	1.4	1.8	2	2.6	3.3	3.9	5	6
	t_{min}	0.45	0.6	0.7	1.85	1.1	1.3	1.6	2	2.4
	r_{min}	0.1				0.2		0.25	0.4	
	公称长度 l	2~16	3~20	3~25	4~30	5~40	6~50	8~60	10~80	12~80
	l≤表中数值时制出全螺纹	2~30	3~30	3~30	4~30	5~40	6~40	8~40	10~40	12~40
GB/T 67	d_{kmax}	3.2	4	5	5.6	8	9.5	12	16	20
	k_{max}	1	1.3	1.5	1.8	2.4	3	3.6	4.8	6
	t_{min}	0.35	0.5	0.6	0.7	1	1.2	1.4	1.9	2.4
	r_{min}	0.1				0.2		0.25	0.4	
	公称长度 l	2~16	2.5~20	3~25	4~30	5~40	6~50	8~60	10~80	12~80
	l≤表中数值时制出全螺纹	2~30	2.5~30	3~30	4~30	5~40	6~40	8~40	10~40	12~40
GB/T 68	d_{kmax}	3	3.8	4.7	5.5	8.4	9.3	11.3	15.8	18.3
	k_{max}	1	1.2	1.5	1.65	2.7	2.7	3.3	4.65	5
	t_{min}	0.32	0.4	0.5	0.6	1	1.1	1.2	1.8	2
	r_{max}	0.4	0.5	0.6	0.8	1	1.3	1.5	2	2.5
	公称长度 l	2.5~16	3~20	4~25	5~30	6~40	8~50	8~60	10~80	12~80
	l≤表中数值时制出全螺纹	2.5~30	3~30	4~30	5~30	6~45	8~45	8~45	10~45	12~45
n		0.4	0.5	0.6	0.8	1.2	1.2	1.6	2	2.5
b		25				38				
l系列		2.5,3,4,5,6,8,10,12,16,20,25,30,35,40,45,50,55,60,65,70,80,90,100,110,120,130,140,150,160,180,200,220,240								

附表-6 内六角圆柱头螺钉(GB/T 70.1—2008)

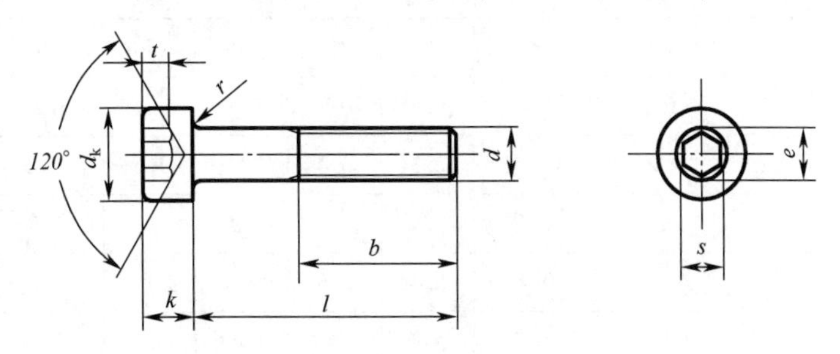

标记示例:

螺纹规格 d=M5、公称长度 l=20 mm、性能等级为 4.8 级、表面氧化的内六角圆柱头螺钉的简化标记

螺钉 GB/T70.1 M5×20

单位:mm

螺纹规格 d	M2.5	M3	M4	M5	M6	M8	M10	M12	M16
螺距 P	0.45	0.5	0.7	0.8	1	1.25	1.5	1.75	2
b(参考)	17	18	20	22	24	28	32	36	44
d_{kmax}	4.5	5.5	7	8.5	10	13	16	18	24
k_{max}	2.5	3	4	5	6	8	10	12	16
t_{min}	1.1	1.3	2	2.5	3	4	5	6	8
$s_{公称}$	2	2.5	3	4	5	6	8	10	14
e_{min}	2.3	2.87	3.44	4.58	5.72	6.86	9.15	11.43	16
r_{min}	0.1	0.1	0.2	0.2	0.25	0.4	0.4	0.6	0.6
公称长度 l	4~25	5~30	6~40	8~50	10~60	12~80	16~100	20~120	25~160
l≤表中数值时制出全螺纹	4~20	5~20	6~20	8~20	10~30	12~35	16~40	20~50	25~60
l 系列	2.5,3,4,5,6,8,10,12,16,20,25,30,35,40,45,50,55,60,65,70,80,90,100,110,120,130,140,150,160,180,200,220,240								

注:表中螺纹规格为优选规格。

附表-7 开槽紧定螺钉

开槽锥端紧定螺钉(GB/T 71—2018) 开槽平端紧定螺钉(GB/T 73—2017) 开槽长圆柱端紧定螺钉(GB/T 75—2018)

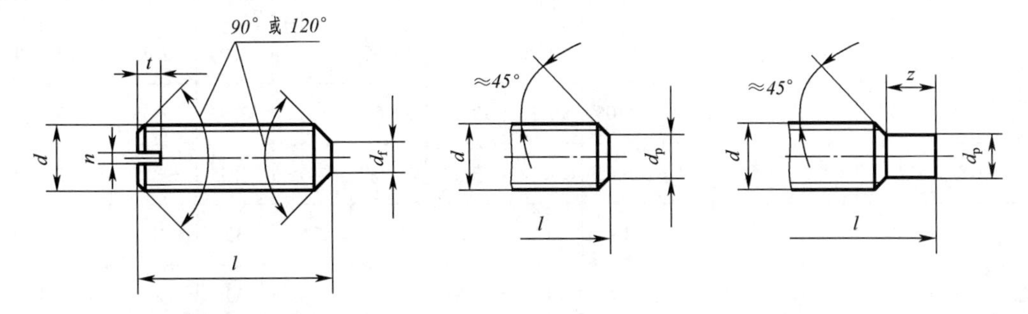

标记示例:

螺纹规格 d=M5、公称长度 l=16 mm、性能等级为 14 级、表面氧化的开槽锥端紧定螺钉的简化标记为:螺钉 GB/T71 M5×16

单位:mm

螺纹规格 d		M2	M2.5	M3	M4	M5	M6	M8	M10	M12
螺距 P		0.	0.45	0.5	0.7	0.8	1	1.25	1.5	1.75
d_{tmax}		0.2	0.25	0.3	0.4	0.5	1.5	2	2.5	3
d_{pmax}		1	1.5	2	2.5	3.5	4	5.5	7	8.5
n		0.25	0.4	0.4	0.6	0.8	1	1.2	1.6	2
t_{max}		0.84	0.95	1.05	1.42	1.63	2	2.5	3	3.6
z		1.25	1.5	1.75	2.25	2.75	3.25	4.3	5.3	6.3
公称长度 l	GB/T 71	3~10	3~12	4~16	6~20	8~25	8~30	10~40	12~50	14~60
	GB/T 73	2~10	2.5~12	3~16	4~20	5~25	6~30	8~40	10~50	12~60
	GB/T 75	3~10	4~12	5~16	6~20	8~25	8~30	10~40	12~50	14~60
l 系列		2,2.5,3,4,5,6,8,10,12,16,20,25,30,35,40,45,50,55,60								

附表-8 Ⅰ型六角螺母 C级(GB/T 41—2016)、Ⅰ型六角螺母(GB/T 6170—2015)、六角薄螺母(GB/T 6172.1—2016)

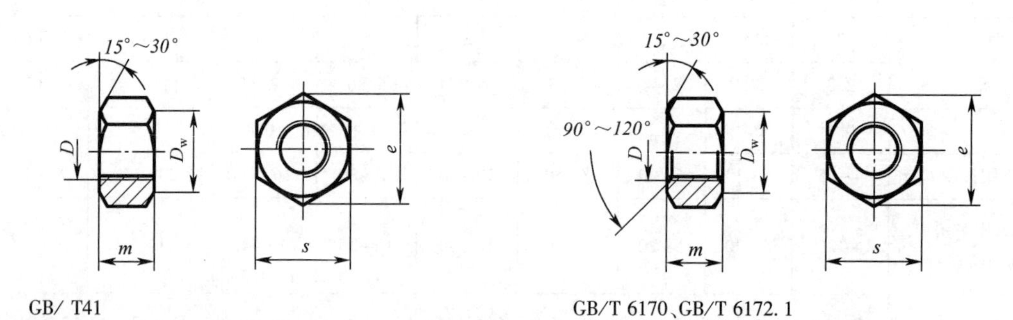

标记示例:

螺纹规格 d=M10、性能等级为5级、不经表面处理、产品等级为C级的六角螺母的简化标记为:螺母 GB/T 41 M10

单位:mm

螺纹规格 D		M3	M4	M5	M6	M8	M10	M12	M16	M20	M24	M30	M36
e_{min}	GB/T 41			8.63	10.89	14.20	17.59	19.85	26.17	32.95	39.55	50.85	60.79
	GB/T 6170	6.01	7.66	8.79	11.05	14.38	17.77	20.03	26.75	32.95	39.55	50.85	60.79
	GB/T 6172.1	6.01	7.66	8.79	11.05	14.38	17.77	20.03	26.75	32.95	39.55	50.85	60.79
s_{max}	GB/T 41			8	10	13	16	18	24	30	36	46	55
	GB/T 6170	5.5	7	8	10	13	16	18	24	30	36	46	55
	GB/T 6172.1	5.5	7	8	10	13	16	18	24	30	36	46	55

续表

螺纹规格 D		M3	M4	M5	M6	M8	M10	M12	M16	M20	M24	M30	M36
m_{max}	GB/T41			5.6	6.4	7.94	9.54	12.17	15.9	19	22.3	26.4	31.9
	GB/T 6170	2.4	3.2	4.7	5.2	6.8	8.4	10.8	14.8	18	21.5	25.6	31
	GB/T 6172.1	1.8	2.2	2.7	3.2	4	5	6	8	10	12	15	18
d_{wmin}	GB/T 41			6.7	8.7	11.5	14.5	16.5	22	27.7	33.3	42.8	51.1
	GB/T 6170	4.6	5.9	6.9	8.9	11.6	14.6	16.6	22.5	27.7	33.3	42.8	51.1
	GB/T 6172.1	4.6	5.9	6.9	8.9	11.6	14.6	16.6	22.5	27.7	33.3	42.8	51.1

注:表中螺纹规格为优选规格。

附表-9 I 型六角开槽螺母 A 和 B 级(GB/T 6178—1986)

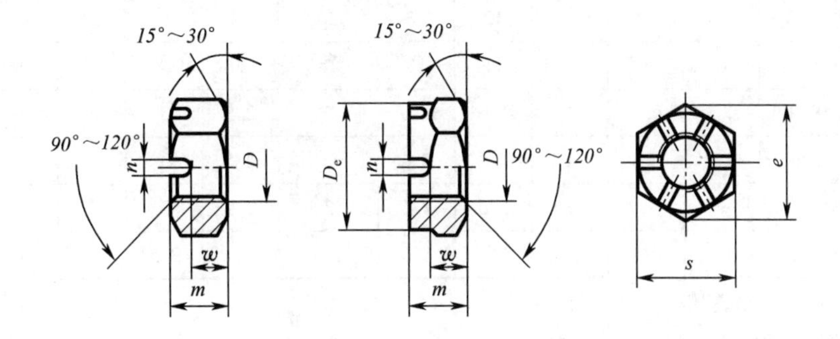

标记示例:

螺纹规格 d=M5、性能等级为 8 级、不经表面处理、A 级的 I 型六角开槽螺母的简化标记为:螺母 GB/T 6178 M5

单位:mm

螺纹规格 D	M4	M5	M6	M8	M10	M12	M16	M20	M24	M30	M36
e_{min}	7.66	8.79	10.05	14.38	17.77	20.03	26.75	32.95	39.55	50.85	60.79
s_{max}	7	8	10	13	16	18	24	30	36	46	55
m_{max}	5	6.7	7.7	9.8	12.4	15.8	20.8	24	29.5	34.6	40
w_{max}	3.2	4.7	5.2	6.8	8.4	10.8	14.8	18	21.5	25.6	31
n_{min}	1.2	1.4	2	2.5	2.8	3.5	4.5	4.5	5.5	7	7
$d_{e\ max}$								28	34	42	50
开口销	1×10	1.2×12	1.6×14	2×16	2.5×20	3.2×22	4×28	4×36	5×40	6.3×50	6.3×63

注:1. A 级用于 $D \leqslant 16$ mm 的螺母,B 级用于 $D>16$ mm 的螺母。

2. 表中螺纹规格为优选规格。

附表-10 平垫圈—A 级(GB/T 97.1—2002)、平垫圈倒角型—A 级(GB/T 97.2—2002) 小垫圈—A 级(GB/T 848—2002)、平垫圈—C 级(GB/T 95—2002)

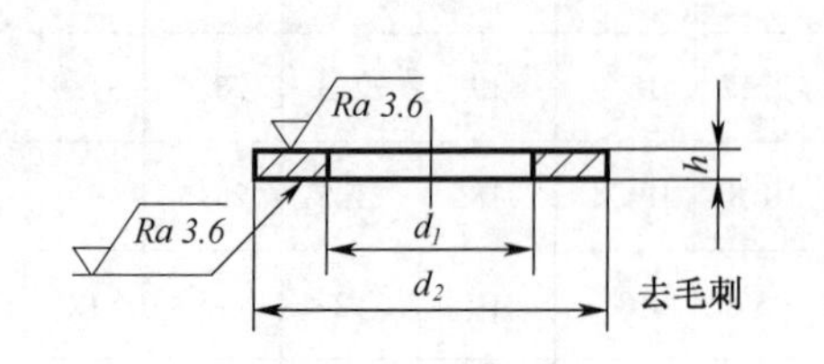

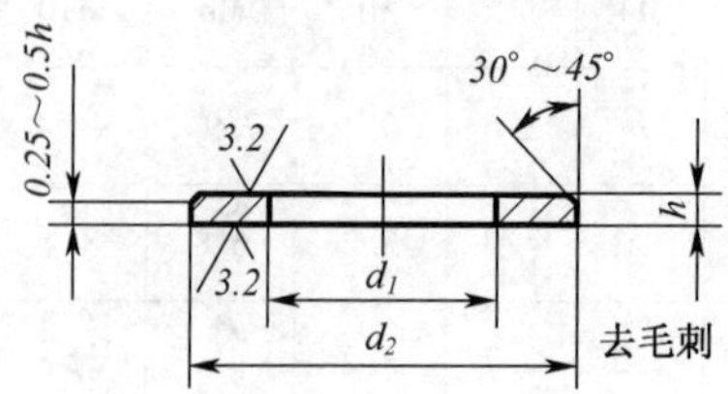

标记示例：

标准系列、规格 8 mm、性能等级为 300HV、表面氧化、产品等级为 A 级的倒角型平垫圈的简化标记为：垫圈 GB/T 97.2 8

单位：mm

公称规格(螺纹大径)		3	4	5	6	8	10	12	16	20	24	30	36
内径 d_1	GB/T 97.1 GB/T 848	3.2	4.3	5.3	6.4	8.4	10.5	13	17	21	25	31	37
	GB/T 97.2			5.3	6.4	8.4	10.5	13	17	21	25	31	37
外径 d_2	GB/T 97.1	7	9	10	12	16	20	24	30	37	44	56	66
	GB/T 97.2			10	12	16	20	24	30	37	44	56	66
	GB/T 848	6	8	9	11	15	18	20	28	34	39	50	60
h	GB/T 97.1	0.5	0.8	1	1.6	1.6	2	2.5	3	3	4	4	5
	GB/T 95	0.5	0.8	1	1.6	1.6	2	2.5	3	3	4	4	5
	GB/T 97.2			1	1.6	1.6	2	2.5	3	3	4	4	5
	GB/T 848	0.5	0.5	1	1.6	1.6	1.6	2	2.5	3	4	4	5

注：表中螺纹规格为优选规格。

附表-11 标准弹簧垫圈(GB 93—1987)、轻型弹簧垫圈(GB 859—1987)

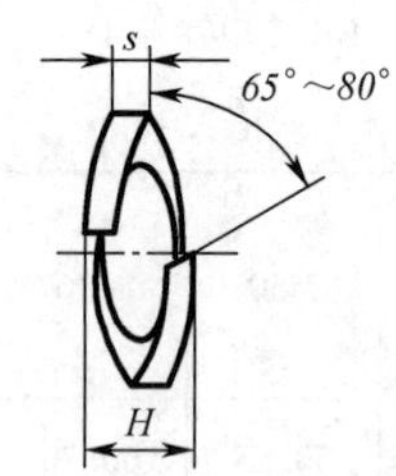

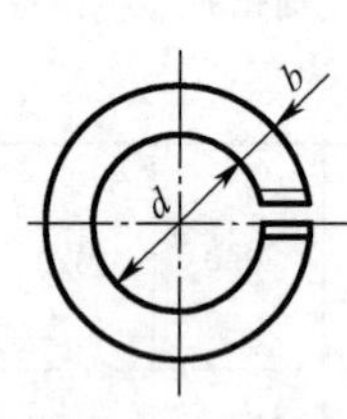

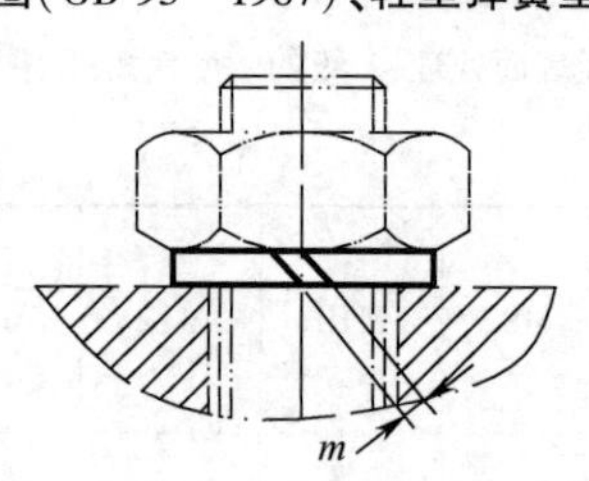

标记示例：

规格 16 mm、材料为 65Mn、表面氧化的标准型弹簧垫圈的简化标记为：

垫圈 GB/T 93 16

单位：mm

规格(螺纹大径)		3	4	5	6	8	10	12	16	20	24	30
d_{min}		3.1	4.1	5.1	6.1	8.1	10.2	12.2	16.2	20.2	24.5	30.5
H_{min}	GB/T 93	1.6	2.2	2.6	3.2	4.2	5.2	6.2	8.2	10	12	15
	GB/T 859	1.2	1.6	2.2	2.6	3.2	4	5	6.4	8	10	12
$s(b)$公称	GB/T 93	0.8	1.1	1.3	1.6	2.1	2.6	3.1	4.1	5	6	7.5
s公称	GB/T 859	0.6	0.8	1.1	1.3	1.6	2	2.5	3.2	4	5	6
b公称	GB/T 859	1	1.2	1.5	2	2.5	3	3.5	4.5	5.5	7	9
$m\leqslant$	GB/T 93	0.4	0.55	0.65	0.8	1.05	1.3	1.55	2.05	2.5	3	3.75
	GB/T 859	0.3	0.4	0.55	0.65	0.8	1	1.25	1.6	2	2.5	3

注：表中螺纹规格为优选规格。

附表-12　圆柱销(GB/T 119.1—2000)

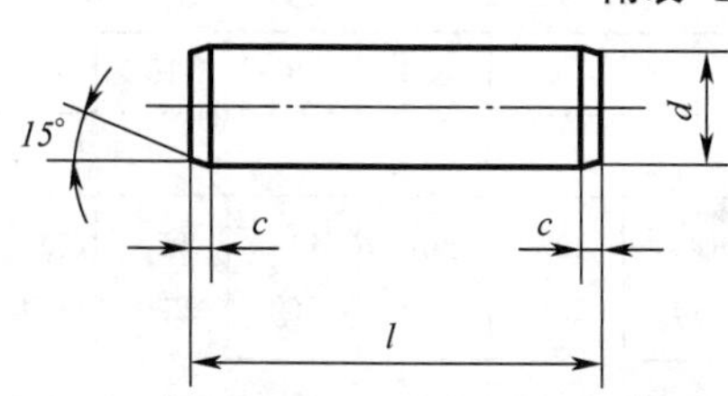

标记示例：

公称直径 d=6 mm、公差为 m6、公称长度 l=30 mm、材料为钢、不经淬火、不经表面处理的圆柱销的简化标记为：

销 GB/T119.1　6×30

单位：mm

d	1	1.2	1.5	2	2.5	3	4	5	6	8	10	12
c≈	0.20	0.25	0.30	0.35	0.40	0.50	0.63	0.80	1.2	1.6	2.0	2.5
l(商品规格范围)	4~10	4~12	4~16	6~20	6~24	8~30	8~40	10~50	12~60	14~80	18~95	22~140
l系列	2,3,4,5,6,8,10,12,14,16,18,20,22,24,26,28,30,32,35,40,45,50,55 60,65,70,75,80,85,90,95,100,110,120,140,160,180,200											

附表-13　圆锥销(GB/T 117—2000)

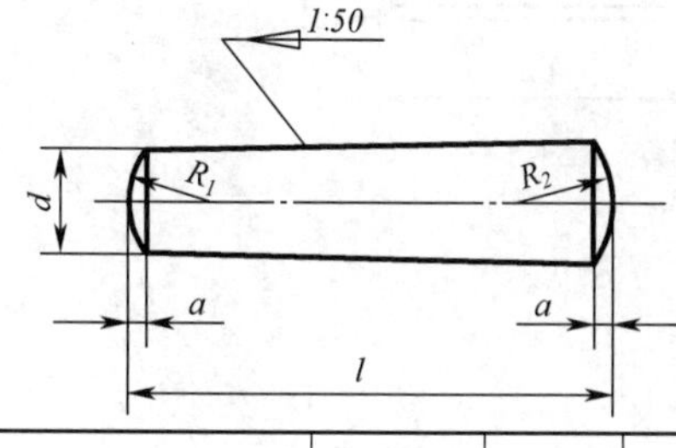

标记示例：

公称直径 d=6mm、公称长度 l=30mm、材料为 35 钢、表面氧化处理的 A 型圆锥销的简化标记为：销　GB/T117　6×30

单位：mm

d	1	1.2	1.5	2	2.5	3	4	5	6	8	10
a≈	0.12	0.16	0.2	0.25	0.3	0.4	0.5	0.63	0.8	1	1.2
l(商品规格范围)	6~16	6~20	8~24	10~35	10~35	12~45	14~55	18~60	22~90	22~120	26~160
l系列	2,3,4,5,6,8,10,12,14,16,18,20,22,24,26,28,30,32,35,40,45,50,55,60,65,70,75,80,85,90,95,100,110,120,140,160,180,200										

注：A 型(磨削)：锥面表面粗糙度 Ra=0.8 μm。

B 型(切削或冷镦)：锥面表面粗糙度 Ra=3.2 μm。

附表-14　开口销(GB/T 91—2000)

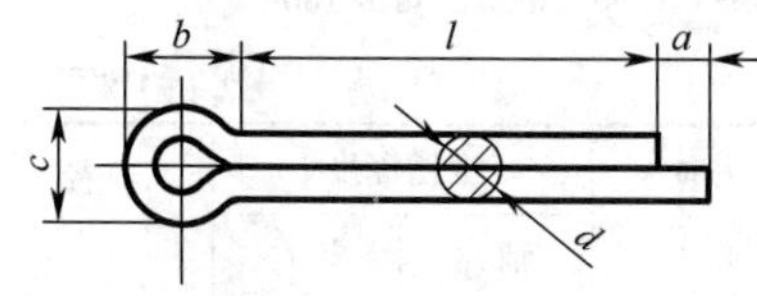

标记示例：

公称规格为 5 mm、公称长度 l=30 mm、材料为 Q215、不经表面处理的开口销的简化标记为：

销 GB/T91　5×30

单位：mm

公称规格		1	1.2	1.6	2	2.5	3.2	4	5	6.3	8	10	13
d	max	0.9	1.0	1.4	1.8	2.3	2.9	3.7	4.6	5.9	7.5	9.5	12.4
	min	0.8	0.9	1.3	1.7	2.1	2.7	3.5	4.4	5.7	7.3	9.3	12.1
c	max	1.8	2	2.8	3.6	4.6	5.8	7.4	9.2	11.8	15	19	24.8
	min	1.6	1.7	2.4	3.2	4	5.1	6.5	8	10.3	13.1	16.6	21.7
b≈		3	3	3.2	4	5	6.4	8	10	12.6	16	20	26

续表

公称规格	1	1.2	1.6	2	2.5	3.2	4	5	6.3	8	10	13
a max	1.6	2.5				3.2	4				6.3	
l(商品规格范围)	6~20	8~25	8~32	10~40	12~50	14~63	18~80	22~100	30~125	40~160	45~200	71~250
l 系列	4,5,6,8,10,12,14,16,18,20,22,25,28,32,36,40,45,50,56,63,71,80,90,100,112,125,140,160,180,200,224,250,280											

注:公称规格等于开口销孔的直径。

附表-15 普通型 平键(GB/T 1096—2003) 平键 键槽的剖面尺寸(GB/T 1095—2003)

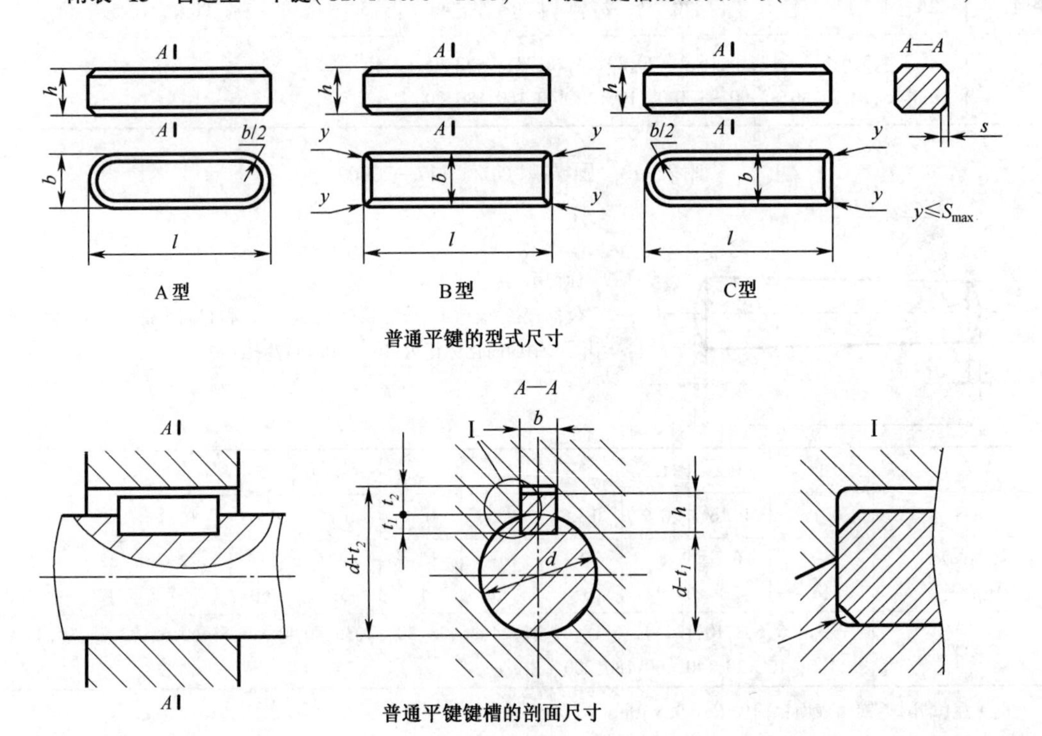

普通平键的型式尺寸

普通平键键槽的剖面尺寸

标记示例:

宽度 b=16 mm、高度 h=10 mm、长度 L=100 mm 普通 B 型平键的标记为:GB/T 1096 键 B16×10×100

单位:mm

轴径 *d*(参考)	键尺寸 *b*×*h*	键的基本尺寸			倒角或倒圆 *s*	键槽深度		半径 *r*
		宽度 *b*	高度 *h*	*L*(标准长度范围)		轴 t_1	毂 t_2	
自 6~8	2×2	2	2	6~20	0.16~0.25	1.2	1.0	0.08~0.16
>8~10	3×3	3	3	6~36		1.8	1.4	
>10~12	4×4	4	4	8~45		2.5	1.8	
>12~17	5×5	5	5	10~56	0.25~0.40	3.0	2.3	0.16~0.25
>17~22	6×6	6	6	14~70		3.5	2.8	
>22~30	8×7	8	7	18~90		4.0	3.3	

续表

轴径 d（参考）	键尺寸 $b\times h$	键的基本尺寸			倒角或倒圆 s	键槽深度		半径 r
		宽度 b	高度 h	L(标准长度范围)		轴 t_1	毂 t_2	
>30~38	10×8	10	8	22~110	0.40~0.60	5.0	3.3	0.25~0.40
>38~44	12×8	12	8	28~140		5.0	3.3	
>44~50	14×9	14	9	36~160		5.5	3.8	
>50~58	16×10	16	10	45~180		6.0	4.3	
>58~65	18×11	18	11	50~200		7.0	4.4	
>65~75	20×12	20	12	56~220	0.60~0.80	7.5	4.9	0.4~0.60
>75~85	22×14	22	14	63~250		9.0	5.4	
>85~95	25×14	25	14	70~280		9.0	5.4	
>95~110	28×16	28	16	80~320		10.0	6.4	
>110~130	32×18	32	18	90~360		11.0	7.4	
>130~150	36×20	36	20	100~400	1.00~1.20	12.0	8.4	0.70~1.00
>150~170	40×22	40	22	100~400		13.0	9.4	
>170~200	45×25	45	25	110~450		15.0	10.4	

注：GB/T 1095—2003 已将表中轴径 d 列取消，在此列出仅作为选用键尺寸的一项参考内容。

附表-16　普通型　半圆键（GB/T 1099.1—2003）半圆键　键槽的剖面尺寸（GB/T 1098—2003）

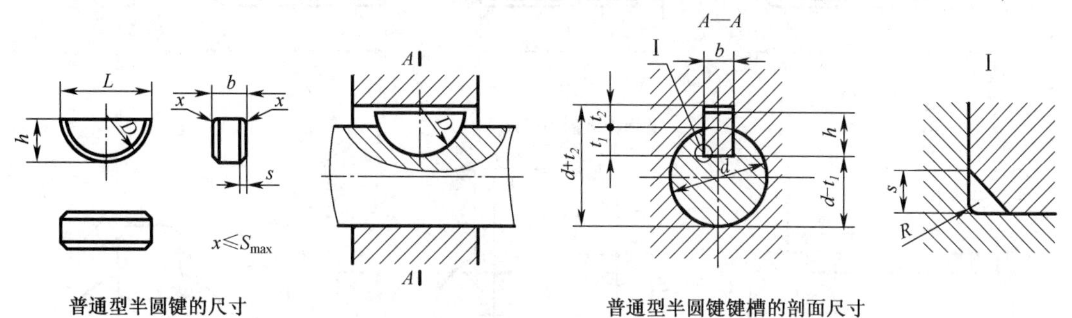

普通型半圆键的尺寸　　普通型半圆键键槽的剖面尺寸

标记示例：

宽度 b=6 mm、高度 h=10 mm、直径 D=25 mm 普通型半圆键的标记为：GB/T 1099.1　键 6×10×25

单位：mm

轴径 d		键尺寸 $b\times h\times D$	键的基本尺寸			倒角或倒圆 s	键槽深度		半径 R
键传递扭矩	键定位用		宽度 b	高度 h	直径 D		轴 t_1	毂 t_2	
自 3~4	自 3~4	1×1.4×4	1	1.4	4	0.16~0.25	1.0	0.6	0.08~0.16
>4~5	>4~6	1.5×2.6×7	1.5	2.6	7		2.0	0.8	
>5~6	>6~8	2×2.6×7	2	2.6	7		1.8	1.0	
>6~7	>8~10	2×3.7×10	2	3.7	10		2.9	1.0	
>7~8	>10~12	2.5×3.7×10	2.5	3.7	10		2.7	1.2	
>8~10	>12~15	3×5×13	3	5	13		3.8	1.4	
>10~12	>15~18	3×6.5×16	3	6.5	16		5.3	1.4	

续表

轴径 d		键尺寸	键的基本尺寸			倒角或倒圆 s	键槽深度		半径
键传递扭矩	键定位用	$b \times h \times D$	宽度 b	高度 h	直径 D		轴 t_1	毂 t_2	R
>12~14	>18~20	4×6.5×16	4	6.5	16		5.0	1.8	
>14~16	>20~22	4×7.5×19	4	7.5	19		6.0	1.8	
>16~18	>22~25	5×6.5×16	5	6.5	16		4.5	2.3	
>18~20	>25~28	5×7.5×19	5	7.5	19	0.25~0.40	5.5	2.3	0.16~0.25
>20~22	>28~32	5×9×22	5	9	22		7.0	2.3	
>22~25	>32~36	6×9×22	6	9	22		6.5	2.8	
>25~28	>36~40	6×10×25	6	10	25		7.5	2.8	
>28~32	40	8×11×28	8	11	28	0.40~0.60	8.0	3.3	0.25~0.40
>32~38		10×13×32	10	13	32		10	3.3	

注：GB/T 1098—2003已将表中轴径 d 的两列取消，在此列出仅作为选用键尺寸的一项参考内容。

附表-17　普通型　楔键（GB/T 1564—2003）楔键　键槽的剖面尺寸（GB/T 1563—2003）

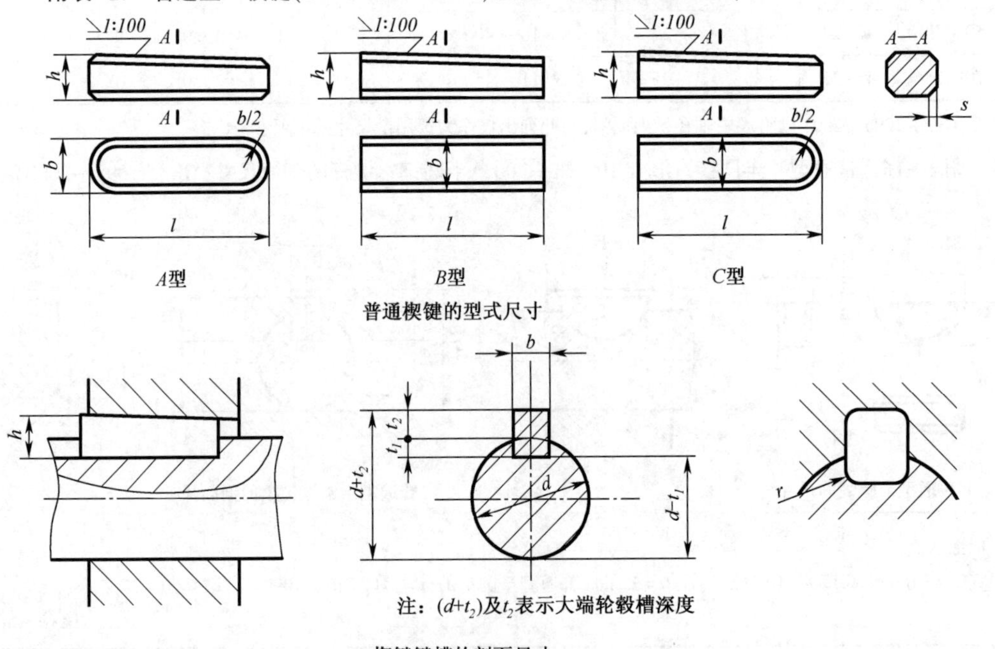

普通楔键的型式尺寸

注：$(d+t_2)$及t_2表示大端轮毂槽深度

楔键键槽的剖面尺寸

标记示例：

宽度 b=16 mm、高度 h=10 mm、长度 L=100 mm普通A型楔键的标记为：GB/T 1564　键 16×100

单位：mm

轴径 d（参考）	键尺寸 $b \times h$	键的基本尺寸			倒角或倒圆 s	键槽深度		半径
		宽度 b	高度 h	L（标准长度范围）		轴 t_1	毂 t_2	r
自6~8	2×2	2	2	6~20		1.2	1.0	
>8~10	3×3	3	3	6~36	0.16~0.25	1.8	1.4	0.08~0.16
>10~12	4×4	4	4	8~45		2.5	1.8	

续表

轴径 d（参考）	键尺寸 $b \times h$	键的基本尺寸			倒角或倒圆 s	键槽深度		半径 r
		宽度 b	高度 h	L（标准长度范围）		轴 t_1	毂 t_2	
>12~17	5×5	5	5	10~56	0.25~0.40	3.0	2.3	0.16~0.25
>17~22	6×6	6	6	14~70		3.5	2.8	
>22~30	8×7	8	7	18~90		4.0	3.3	
>30~38	10×8	10	8	22~110	0.40~0.60	5.0	3.3	0.25~0.40
>38~44	12×8	12	8	28~140		5.0	3.3	
>44~50	14×9	14	9	36~160		5.5	3.8	
>50~58	16×10	16	10	45~180		6.0	4.3	
>58~65	18×11	18	11	50~200		7.0	4.4	
>65~75	20×12	20	12	56~220	0.60~0.80	7.5	4.9	0.4~0.60
>75~85	22×14	22	14	63~250		9.0	5.4	
>85~95	25×14	25	14	70~280		9.0	5.4	
>95~110	28×16	28	16	80~320		10.0	6.4	
>110~130	32×18	32	18	90~360		11.0	7.4	
>130~150	36×20	36	20	100~400	1.00~1.20	12.0	8.4	0.70~1.00
>150~170	40×22	40	22	100~400		13.0	9.4	
>170~200	45×25	45	25	110~450		15.0	10.4	

注：GB/T 1563—2003 已将表中轴径 d 列取消，在此列出仅作为选用键尺寸的一项参考内容。

附表-18　深沟球轴承（GB/T 276—2013）

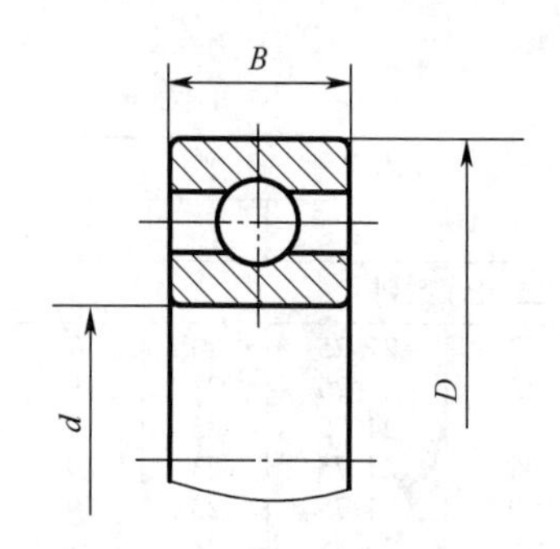

标记示例：内径 d=20mm，尺寸系列代号为 02 的深钩球轴承：

滚动轴承 6204　GB/T 276—2013

单位：mm

轴承代号	基本尺寸			轴承代号	基本尺寸		
	d	D	B		d	D	B
01 尺寸系列				03 尺寸系列			
61800	10	19	5	6300	10	35	11
61801	12	21	5	6301	12	37	12
61802	15	24	5	6302	15	42	13
61803	17	26	5	6303	17	47	14
61804	20	32	7	6304	20	52	15
61805	25	37	7	6305	25	62	17
61806	30	42	7	6306	30	72	19
61807	35	47	7	6307	35	80	21
61808	40	52	7	6308	40	90	23
61809	45	58	7	6309	45	100	25
61810	50	65	7	6310	50	110	27
61811	55	72	9	6311	55	120	29
61812	60	78	10	6312	60	130	31

续表

轴承代号	基本尺寸			轴承代号	基本尺寸		
	d	D	B		d	D	B
02尺寸系列				04尺寸系列			
6200	10	30	9	6403	17	62	17
6201	12	32	10	6404	20	72	19
6202	15	35	11	6405	25	80	21
6203	17	40	12	6406	30	90	23
6204	20	47	14	6407	35	100	25
6205	25	52	15	6408	40	110	27
6206	30	62	16	6409	45	120	29
6207	35	72	17	6410	50	130	31
6208	40	80	18	6411	55	140	33
6209	45	85	19	6412	60	150	35
6210	50	90	20	6413	65	160	37
6211	55	100	21	6414	70	180	42
6212	60	110	22	6415	75	190	45

附表-19 圆锥滚子轴承(GB/T 297—2015)

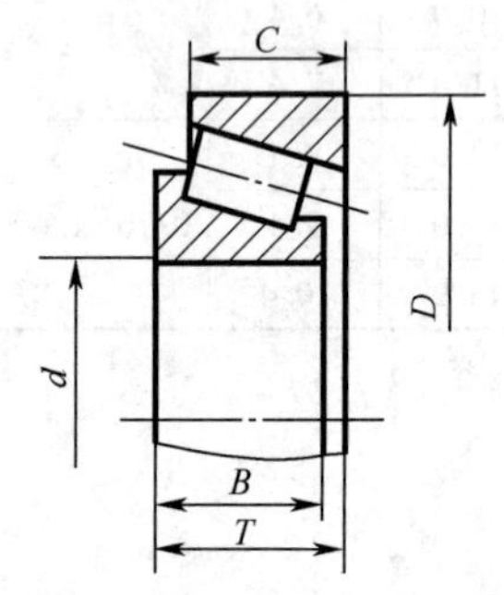

标记示例:内径 $d=20$ mm,尺寸系列代号为02的圆锥滚子轴承:

滚动轴承 30204 GB/T 297—2015

单位:mm

轴承代号	基本尺寸					轴承代号	基本尺寸				
	d	D	T	B	C		d	D	T	B	C
02尺寸系列						22尺寸系列					
30203	17	40	13.25	12	11	32206	30	62	21.25	20	17
30204	20	47	15.25	14	12	32207	35	72	24.25	23	19
30205	25	52	16.25	15	13	32208	40	80	24.75	23	19
30206	30	62	17.25	16	14	32209	45	85	24.75	23	19
30207	35	72	18.25	17	15	32210	50	90	24.75	23	19
30208	40	80	19.75	18	16	32211	55	100	26.75	25	21
30209	45	85	20.75	19	16	32212	60	110	29.75	28	24
30210	50	90	21.75	20	17	32213	65	120	32.75	31	27
30211	55	100	22.75	21	18	32214	70	125	33.25	31	27
30212	60	110	23.75	22	19	32215	75	130	33.25	31	27
30213	65	120	24.75	23	20	32216	80	140	35.25	33	28
30214	70	125	26.25	24	21	32217	85	150	38.50	36	30
30215	75	130	27.25	25	22	32218	90	160	42.50	40	34
03尺寸系列						23尺寸系列					
30303	17	47	15.25	14	12	32306	30	72	28.75	27	23
30304	20	52	16.25	15	13	32307	35	80	32.75	31	25
30305	25	62	18.25	17	15	32308	40	90	35.25	33	27
30306	30	72	20.75	19	16	32309	45	100	38.25	36	30
30307	35	80	22.75	21	18	32310	50	110	42.25	40	33
30308	40	90	25.25	23	20	32311	55	120	45.50	43	35
30309	45	100	27.25	25	22	32312	60	130	48.50	46	37
30310	50	110	29.25	27	23	32313	65	140	51	48	39
30311	55	120	31.50	29	25	32314	70	150	54	51	42
30312	60	130	33.50	31	26	32315	75	160	58	55	45
30313	65	140	36	33	28	32316	80	170	61.50	58	48
30314	70	150	38	35	30	32317	85	180	63.50	60	49
30315	75	160	40	37	31	32318	90	190	67.50	64	53

三、极限与配合

附表-20 标准公差等级(GB/T 1800.2—2020)

基本尺寸/mm		标准公差等级																	
		IT1	IT2	IT3	IT4	IT5	IT6	IT7	IT8	IT9	IT10	IT11	IT12	IT13	IT14	IT15	IT16	IT17	IT18
大于	至	μm											mm						
—	3	0.8	1.2	2	3	4	6	10	14	25	40	60	0.1	0.14	0.25	0.4	0.6	1	1.4
3	6	1	1.5	2.5	4	5	8	12	18	30	48	75	0.12	0.18	0.3	0.48	0.75	1.2	1.8
6	10	1	1.5	2.5	4	6	9	15	22	36	58	90	0.15	0.22	0.36	0.58	0.9	1.5	2.2
10	18	1.2	2	3	5	8	11	18	27	43	70	110	0.18	0.27	0.43	0.7	1.1	1.8	2.7
18	30	1.5	2.5	4	6	9	13	21	33	52	84	130	0.21	0.33	0.52	0.84	1.3	2.1	3.3
30	50	1.5	2.5	4	7	11	16	25	39	62	100	160	0.25	0.39	0.62	1	1.6	2.5	3.9
50	80	2	3	5	8	13	19	30	46	74	120	190	0.3	0.46	0.74	1.2	1.9	3	4.6
80	120	2.5	4	6	10	15	22	35	54	87	140	220	0.35	0.54	0.87	1.4	2.2	3.5	5.4
120	180	3.5	5	8	12	18	25	40	63	100	160	250	0.4	0.63	1	1.6	2.5	4	6.3
180	250	4.5	7	10	14	20	29	46	72	115	185	290	0.46	0.72	1.15	1.85	2.9	4.6	7.2
250	315	6	8	12	16	23	32	52	81	130	210	320	0.52	0.81	1.3	2.1	3.2	5.2	8.1
315	400	7	9	13	18	25	36	57	89	140	230	360	0.57	0.89	1.4	2.3	3.6	5.7	8.9
400	500	8	10	15	20	27	40	63	97	155	250	400	0.63	0.97	1.55	2.5	4	6.3	9.7
500	630	9	11	16	22	32	44	70	110	175	280	440	0.7	1.1	1.75	2.8	4.4	7	11
630	800	10	13	18	25	36	50	80	125	200	320	500	0.8	1.25	2	3.2	5	8	12.5
800	1 000	11	15	21	28	40	56	90	140	230	360	560	0.9	1.4	2.3	3.6	5.6	9	14
1 000	1 250	13	18	24	33	47	66	105	165	260	420	660	1.05	1.65	2.6	4.2	6.6	10.5	16.5
1 250	1 600	15	21	29	39	55	78	125	195	310	500	780	1.25	1.95	3.1	5	7.8	12.5	19.5
1 600	2 000	18	25	35	46	65	92	150	230	370	600	920	1.5	2.3	3.7	6	9.2	15	23
2 000	2 500	22	30	41	55	78	110	175	280	440	700	1 100	1.75	2.8	4.4	7	11	17.5	28
2 500	3 150	26	36	50	68	96	135	210	330	540	860	1 350	2.1	3.3	5.4	8.6	13.5	21	33

注:1. 基本尺寸大于 500 mm 的 IT1 至 IT15 的标准公差数值为试行的。

2. 基本尺寸小于或等于 1 mm 时,无 IT14 至 IT18。

附表-21 轴的基本偏差数值(GB/T 1800.1—2020)

基本尺寸/mm		上偏差 es												下偏差 ei				
		所有标准公差等级												IT5和IT6	IT7	IT8	IT4至IT7	≤IT3 >IT7
大于	至	a	b	c	cd	d	e	ef	f	fg	g	h	js	j			k	
—	3	-270	-140	-60	-34	-20	-14	-10	-6	-4	-2	0	偏差=± $\frac{ITn}{2}$,式中ITn是IT值数	-2	-4	-6	0	0
3	6	-270	-140	-70	-46	-30	-20	-14	-10	-6	-4	0		-2	-4		+1	0
6	10	-280	-150	-80	-56	-40	-25	-18	-13	-8	-5	0		-2	-5		+1	0
10	14	-290	-150	-95		-50	-32		-16		-6	0		-3	-6		+1	0
14	18																	
18	24	-300	-160	-110		-65	-40		-20		-7	0		-4	-8		+2	0
24	30																	
30	40	-310	-170	-120		-80	-50		-25		-9	0		-5	-10		+2	0
40	50	-320	-180	-130														
50	65	-340	-190	-140		-100	-60		-30		-10	0		-7	-12		+2	0
65	80	-360	-200	-150														
80	100	-380	-220	-170		-120	-72		-36		-12	0		-9	-15		+3	0
100	120	-410	-240	-180														
120	140	-460	-260	-200		-145	-85		-43		-14	0		-11	-18		+3	0
140	160	-520	-280	-210														
160	180	-580	-310	-230														
180	200	-660	-340	-240		-170	-100		-50		-15	0		-13	-21		+4	0
200	225	-740	-380	-260														
225	250	-820	-420	-280														
250	280	-920	-480	-300		-190	-110		-56		-17	0		-16	-26		+4	0
280	315	-1 050	-540	-330														
315	355	-1 200	-600	-360		-210	-125		-62		-18	0		-18	-28		+4	0
355	400	-1 350	-680	-400														
400	450	-1 500	-760	-440		-230	-135		-68		-20	0		-20	-32		+5	0
450	500	-1 650	-840	-480														

注:1. 基本尺寸小于或等于 1 mm 时,基本偏差 a 和 b 均不采用。

2. 公差带 js7 至 js11,若 ITn 值数是奇数,则取偏差 $=\pm\frac{IT(n-1)}{2}$。

续表

基本尺寸/mm		下偏差 ei													
		所有标准公差等级													
大于	至	m	n	p	r	s	t	u	v	x	y	z	za	zb	zc
—	3	+2	+4	+6	+10	+14		+18		+20		+26	+32	+40	+60
3	6	+4	+8	+12	+15	+19		+23		+28		+35	+42	+50	+80
6	10	+6	+10	+15	+19	+23		+28		+34		+42	+52	+67	+97
10	14	+7	+12	+18	+23	+28		+33		+40		+50	+64	+90	+130
14	18								+39	+45		+60	+77	+108	+150
18	24	+8	+15	+22	+28	+35		+41	+47	+54	+63	+73	+98	+136	+188
24	30						+41	+48	+55	+64	+75	+88	+118	+160	+218
30	40	+9	+17	+26	+34	+43	+48	+60	+68	+80	+94	+112	+148	+200	+274
40	50						+54	+70	+81	+97	+114	+136	+180	+242	+325
50	65	+11	+20	+32	+41	+53	+66	+87	+102	+122	+14	+172	+226	+300	+405
65	80				+43	+59	+75	+102	+120	+146	+174	+210	+274	+360	+480
80	100	+13	+23	+37	+51	+71	+91	+124	+146	+178	+214	+258	+335	+445	+585
100	120				+54	+79	+104	+144	+172	+210	+254	+310	+400	+525	+690
120	140	+15	+27	+43	+63	+92	+122	+170	+202	+248	+300	+365	+470	+620	+800
140	160				+65	+100	+134	+190	+228	+280	+340	+415	+535	+700	+900
160	180				+68	+108	+146	+210	+252	+310	+380	+465	+600	+780	+1 000
180	200	+17	+31	+50	+77	+122	+166	+236	+284	+350	+425	+520	+670	+880	+1 150
200	225				+80	+130	+180	+258	+310	+385	+470	+575	+740	+960	+1 250
225	250				+84	+140	+196	+284	+340	+425	+520	+640	+820	+1 050	+1 350
250	280	+20	+34	+56	+94	+158	+218	+315	+385	+475	+580	+710	+920	+1 200	+1 550
280	315				+98	+170	+240	+350	+425	+525	+650	+790	+1 000	+1 300	+1 700
315	355	+21	+37	+62	+108	+190	+268	+390	+475	+590	+730	+900	+1 150	+1 500	+1 900
355	400				+114	+208	+294	+435	+530	+660	+820	+1 000	+1 300	+1 650	+2 100
400	450	+23	+40	+68	+126	+232	+330	+490	+595	+740	+920	+1 100	+1 450	+1 850	+2 400
450	500				+132	+252	+360	+540	+660	+820	+1 000	+1 250	+1 600	+2 100	+2 600

附表-22 孔的基本偏差数值（GB/T 1800.1—2020）

基本尺寸/mm		下偏差 EI												上偏差 ES								
		所有标准公差等级												IT6	IT7	IT8	≤IT8	>IT8	≤IT8	>IT8	≤IT8	>IT8
大于	至	A	B	C	CD	D	E	EF	F	FG	G	H	JS	J			K		M		N	
—	3	+270	+140	+60	+34	+20	+14	+10	+6	+4	+2	0	偏差=±$\frac{ITn}{2}$，式中ITn是IT值数	+2	+4	+6	0	0	-2	-2	-4	-4
3	6	+270	+140	+70	+46	+30	+20	+14	+10	+6	+4	0		+5	+6	+10	-1+Δ		-4+Δ	-4	-8+Δ	0
6	10	+280	+150	+80	+56	+40	+25	+18	+13	+8	+5	0		+5	+8	+12	-1+Δ		-6+Δ	-6	-10+Δ	0
10	14	+290	+150	+95		+50	+32		+16		+6	0		+6	+10	+15	-1+Δ		-7+Δ	-7	-12+Δ	0
14	18																					
18	24	+300	+160	+110		+65	+40		+20		+7	0		+8	+12	+20	-2+Δ		-8+Δ	-8	-15+Δ	0
24	30																					
30	40	+310	+170	+120		+80	+50		+25		+9	0		+10	+14	+24	-2+Δ		-9+Δ	-9	-17+Δ	0
40	50	+320	+180	+130																		
50	65	+340	+190	+140		+100	+60		+30		+10	0		+13	+18	+28	-2+Δ		-11+Δ	-11	-20+Δ	0
65	80	+360	+200	+150																		
80	100	+380	+220	+170		+120	+72		+36		+12	0		+16	+22	+34	-3+Δ		-13+Δ	-13	-23+Δ	0
100	120	+410	+240	+180																		
120	140	+460	+260	+200		+145	+85		+43		+14	0		+18	+26	+41	-3+Δ		-15+Δ	-15	-27+Δ	0
140	160	+520	+280	+210																		
160	180	+580	+310	+230																		
180	200	+660	+310	+240		+170	+100		+50		+15	0		+22	+30	+47	-4+Δ		-17+Δ	-17	-31+Δ	0
200	225	+740	+380	+260																		
225	250	+820	+420	+280																		
250	280	+920	+480	+300		+190	+110		+56		+17	0		+25	+36	+55	-4+Δ		-20+Δ	-20	-34+Δ	0
280	315	+1 050	+540	+330																		
315	355	+1 200	+600	+360		+210	+125		+62		+18	0		+29	+39	+60	-4+Δ		-21+Δ	-21	-37+Δ	0
355	400	+1 350	+680	+400																		
400	450	+1 500	+760	+440		+230	+135		+68		+20	0		+33	+43	+66	-5+Δ		-23+Δ	-23	-40+Δ	0
450	500	+1 650	+840	+480																		

注：1. 基本尺寸小于或等于 1 mm 时，基本偏差 A 和 B 及大于 IT8 的 N 均不采用。

2. 公差带 JS7 至 JS11，若 ITn 值数是奇数，则取偏差＝±$\frac{IT(n-1)}{2}$。

3. 对小于或等于 IT8 的 K、M、N 和小于或等于 IT7 的 P 至 ZC，所需 Δ 值从表内右侧选取，例如：18～30 mm 段的 K7，Δ-8 μm，所以 ES＝-2+8＝+6（μm）；18～30 mm 段的 S6，Δ＝4 μm，所以 ES＝-35+4＝-31（μm）。

4. 特殊情况：250～315 mm 段的 M6，ES＝-9 μm（代替-11 μm）。

续表

基本尺寸/mm		上偏差 ES													Δ值					
		≤IT7	标准公差等级大于 IT7												标准公差等级					
大于	至	P 至 ZC	P	R	S	T	U	V	X	Y	Z	ZA	AB	ZC	IT3	IT4	IT5	IT6	IT7	IT8
—	3	在大于 IT7 的相应数值上增加一个 Δ 值	-6	-10	-14		-18		-20		-26	-32	-40	-40	-60	0	0	0	0	0
3	6		-12	-15	-19		-23		-28		-35	-42	-50	-80	1	1. 5	1	3	4	6
6	10		-15	-19	-23		-28		-34		-42	-52	-67	-97	1	1. 5	2	3	6	7
10	14		-18	-23	-28		-33		-40		-50	-64	-90	-130	1	2	3	3	7	9
14	18							-39	-45		-60	-77	-108	-150						
18	24		-22	-28	-35		-41	-47	-54	-63	-73	-98	-136	-188	1. 5	2	3	4	8	12
24	30					-41	-48	-55	-64	-75	-88	-118	-160	-218						
30	40		-26	-34	-43	-48	-60	-68	-80	-94	-112	-148	-200	-274	1. 5	3	4	5	9	14
40	50					-54	-70	-81	-97	-114	-136	-180	-242	-325						
50	65		-32	-41	-53	-66	-87	-102	-122	-144	-172	-226	-300	-405	2	3	5	6	11	16
65	80			-43	-59	-75	-102	-120	-146	-174	-210	-274	-360	-480						
80	100		-37	-51	-71	-91	-124	-146	-178	-214	-258	-335	-445	-585	2	4	5	7	13	19
100	120			-54	-79	-104	-144	-172	-210	-254	-310	-400	-525	-690						
120	140		-43	-63	-92	-122	-170	-202	-248	-300	-365	-470	-620	-800	3	4	6	7	15	23
140	160			-65	-100	-134	-190	-228	-280	-340	-415	-535	-700	-900						
160	180			-68	-108	-146	-210	-252	-310	-380	-465	-600	-780	-1 000						
180	200		-50	-77	-122	-166	-236	-284	-350	-425	-520	-670	-880	-1 150	3	4	6	9	17	26
200	225			-80	-130	-180	-258	-310	-385	-470	-575	-740	-960	-1 250						
225	250			-84	-140	-196	-284	-340	-425	-520	-640	-820	-1 050	-1 350						
250	280		-56	-94	-158	-218	-315	-385	-475	-580	-710	-920	-1 200	-1 550	4	4	7	9	20	29
280	315			-98	-170	-240	-350	-425	-525	-650	-790	-1 000	-1 300	-1 700						
315	355		-62	-108	-190	-268	-390	-475	-590	-730	-900	-1 150	-1 500	-1 900	4	5	7	11	21	32
355	400			-114	-208	-294	-435	-530	-660	-820	-1 000	-1 300	-1 650	-2 100						
400	450		-68	-126	-232	-330	-490	-595	-740	-920	-1 100	-1 450	-1 850	-2 400	5	5	7	13	23	34
450	500			-132	-252	-360	-540	-660	-820	-1 000	-1 250	-1 600	-2 100	-2 600						

附表-23　轴的极限偏差(GB/T 1800.2—2020)　　单位:μm

基本尺寸/mm		常用公差带												
		a	b		c			d				e		
大于	至	11	11	12	9	10	11	8	9	10	11	7	8	9
—	3	-270	-140	-140	-60	-60	-60	-20	-20	-20	-20	-14	-14	-14
		-330	-220	-240	-85	-100	-120	-34	-45	-60	-80	-24	-28	-39
3	6	-270	-140	-140	-70	-70	-70	-30	-30	-30	-30	-20	-20	-20
		-35	-215	-260	-100	118	-145	-48	-60	-78	-105	-32	-38	-50
6	10	-280	-150	-150	-80	-80	-80	-40	-40	-40	-40	-25	-25	-25
		-370	-240	-300	-116	-138	-170	-62	-76	-98	-130	-40	-47	-61
10	14	-290	-150	-150	-95	-95	-95	-50	-50	-50	-50	-32	-32	-32
14	18	-400	-260	-330	-138	-165	-205	-77	-93	-120	-160	-50	-59	-75
18	24	-300	-160	-160	-110	-110	-110	-65	-65	-65	-65	-40	-40	-40
24	30	-430	-290	-370	-162	-194	-240	-98	-117	-149	-195	-61	-73	-92
30	40	-310	-170	-170	-120	-120	-120							
		-470	-330	-420	-182	-220	-280	-80	-80	-80	-80	-50	-50	-50
40	50	-320	-180	-180	-130	-130	-130	-119	-142	-180	-240	-75	-89	-112
		-480	-340	-430	-192	-230	-290							
50	65	-340	-190	-190	-140	-140	-140							
		-530	-380	-490	-214	-260	-330	-100	-100	-100	-100	-60	-60	-60
65	80	-360	-200	-200	-150	-150	-150	-146	-174	-220	-290	-90	-106	-134
		-550	-390	-500	-224	-270	-340							
80	100	-380	-220	-220	-170	-170	-170							
		-600	-440	-570	-257	-310	-390	-120	-120	-120	-120	-72	-72	-72
100	120	-410	-240	-240	-180	-180	-180	-174	-207	-260	-340	-107	-126	-159
		-630	-460	-590	-267	-320	-400							
120	140	-460	-260	-260	-200	-200	-200							
		-710	-510	-660	-300	-360	-450							
140	160	-520	-280	-280	-210	-210	-210	-145	-145	-145	-145	-85	-85	-85
		-770	-530	-680	-310	-370	-460	-208	-245	-305	-395	-125	-148	-185
160	180	-580	-310	-310	-230	-230	-230							
		-830	-560	-710	-330	-390	-480							
180	200	-660	-340	-340	-240	-240	-240							
		-950	-630	-800	-355	-425	-530							
200	225	-740	-380	-380	-260	-260	-260	-170	-170	-170	-170	-100	-100	-100
		-1 030	-670	-840	-375	-445	-550	-242	-285	-355	-460	-146	-172	-215
225	250	-820	-420	-420	-280	-280	-280							
		-1 110	-710	-880	-395	-465	-570							
250	280	-920	-480	-480	-300	-300	-300							
		-1 240	-800	-1 000	-430	-510	-620	-190	-190	-190	-190	-110	-110	-110
280	315	-1 050	-540	-540	-330	-330	-330	-271	-320	-400	-510	-162	-191	-240
		-1 370	-860	-1 060	-460	-540	-650							
315	355	-1 200	-600	-600	-360	-360	-360							
		-1 560	-960	-1 170	-500	-590	-720	-210	-210	-210	-210	-125	-125	-125
355	400	-1 350	-680	-680	-400	-400	-400	-299	-350	-440	-570	-182	-214	-265
		-1 710	-1 040	-1 250	-540	-630	-760							

注:基本尺寸<1 mm 时,各级的 a 和 b 均不采用。

续表

基本尺寸/mm		常用公差带															
		f					g			h							
大于	至	5	6	7	8	9	5	6	7	5	6	7	8	9	10	11	12
—	3	-6 -10	-6 -12	-6 -16	-6 -20	-6 -31	-2 -6	-2 -8	-2 -12	0 -4	0 -6	0 -10	0 -14	0 -25	0 -40	0 -60	0 -100
3	6	-10 -15	-10 -18	-10 -28	-10 -22	-10 -40	-4 -9	-4 -12	-4 -16	0 -5	0 -8	0 -12	0 -18	0 -30	0 -48	0 -75	0 -120
6	10	-13 -19	-13 -22	-13 -28	-13 -35	-13 -49	-5 -11	-5 -14	-5 -20	0 -6	0 -9	0 -15	0 -22	0 -36	0 -58	0 -90	0 -150
10 14	14 18	-16 -24	-16 -27	-16 -34	-16 -43	-16 -59	-6 -14	-6 -17	-6 -24	0 -8	0 -11	0 -18	0 -27	0 -43	0 -70	0 -110	0 -180
18 24	24 30	-20 -29	-20 -33	-20 -41	-20 -53	-20 -72	-7 -16	-7 -20	-7 -28	0 -9	0 -13	0 -21	0 -33	0 -52	0 -84	0 -130	0 -210
30 40	40 50	-25 -36	-25 -41	-25 -50	-25 -64	-25 -87	-9 -20	-9 -25	-9 -34	0 -11	0 -16	0 -25	0 -39	0 -62	0 -100	0 -160	0 -250
50 65	65 80	-30 -43	-30 -49	-30 -60	-30 -76	-30 -104	-10 -23	-10 -29	-10 -40	0 -13	0 -19	0 -30	0 -46	0 -74	0 -120	0 -190	0 -300
80 100 120	100 120 140	-36 -51	-36 -58	-36 -71	-36 -90	-36 -123	-12 -27	-12 -34	-12 -47	0 -15	0 -22	0 -35	0 -54	0 -87	0 -140	0 -220	0 -350
140 160 180	160 180 200	-43 -61	-43 -68	-43 -83	-43 -106	-43 -143	-14 -32	-14 -39	-14 -54	0 -18	0 -25	0 -40	0 -63	0 -100	0 -160	0 -250	0 -400
200 225	225 250	-50 -70	-50 -79	-50 -96	-50 -122	-50 -165	-15 -35	-15 -44	-15 -61	0 -20	0 -29	0 -46	0 -72	0 -115	0 -185	0 -290	0 -460
250 280	280 315	-56 -79	-56 -88	-56 -108	-56 -137	-56 -185	-17 -40	-17 -49	-17 -69	0 -23	0 -32	0 -52	0 -81	0 -130	0 -210	0 -320	0 -520
315 355	355 400	-62 -87	-62 -98	-62 -119	-62 -151	-62 -202	-18 -43	-18 -54	-18 -75	0 -25	0 -36	0 -57	0 -89	0 -140	0 -230	0 -360	0 -570

续表

基本尺寸/mm		常用公差带														
		js			k			m			n			p		
大于	至	5	6	7	5	6	7	5	6	7	5	6	7	5	6	7
—	3	±2	±3	±5	+4 +0	+6 +0	+10 +0	+6 +2	+8 +2	+12 +2	+8 +4	+10 +4	+14 +4	+10 +6	+12 +6	+16 +6
3	6	±2. 5	±4	±6	+6 +1	+9 +1	+13 +1	+9 +4	+12 +4	+16 +4	+13 +8	+16 +8	+20 +8	+17 +12	+20 +12	+24 +12
6	10	±3	±4. 5	±7	+7 +1	+10 +1	+16 +1	+12 +6	+15 +6	+21 +6	+16 +10	+19 +10	+25 +10	+21 +15	+24 +15	+30 +15
10	14	±4	±5. 5	±9	+9 +1	+12 +1	+19 +1	+15 +7	+18 +7	+25 +7	+20 +12	+23 +12	+30 +12	+26 +18	+29 +18	+36 +18
14	18															
18	24	±4. 5	±6. 5	±10	+11 +2	+15 +2	+23 +2	+17 +8	+21 +8	+29 +8	+24 +15	+28 +15	+36 +15	+31 +22	+35 +22	+43 +22
24	30															
30	40	±5. 5	±8	±12	+13 +2	+18 +2	+27 +2	+20 +9	+25 +9	+34 +9	+28 +17	+33 +17	+42 +17	+37 +26	+42 +26	+51 +26
40	50															
50	65	±6. 5	±9. 5	±15	+15 +2	+21 +2	+32 +2	+24 +11	+30 +11	+41 +11	+33 +20	+39 +20	+50 +20	+45 +32	+51 +32	+62 +32
65	80															
80	100	±7. 5	±11	±17	+18 +3	+25 +3	+38 +3	+28 +13	+35 +13	+48 +13	+38 +23	+45 +23	+58 +23	+52 +37	+59 +37	+72 +37
100	120															
120	140	±9	±12. 5	±20	+21 +3	+28 +3	+43 +3	+33 +15	+40 +15	+55 +15	+45 +27	+52 +27	+67 +27	+61 +43	+68 +43	+83 +43
140	160															
160	180															
180	200	±10	±14. 5	±23	+24 +4	+33 +4	+50 +4	+37 +17	+46 +17	+63 +17	+51 +31	+60 +31	+77 +31	+70 +50	+79 +50	+96 +50
200	225															
225	250															
250	280	±11. 5	±16	±26	+27 +4	+36 +4	+56 +4	+43 +20	+52 +20	+72 +20	+57 +34	+66 +34	+86 +34	+79 +56	+88 +56	+108 +56
280	315															
315	355	±12. 5	±18	±28	+29 +4	+40 +4	+61 +4	+46 +21	+57 +21	+78 +21	+62 +37	+73 +37	+94 +37	+87 +62	+98 +62	+119 +62
355	400															

续表

基本尺寸/mm		常用公差带														
		r			s			t			u		v	x	y	z
大于	至	5	6	7	5	6	7	5	6	7	6	7	6	6	6	6
—	3	+14 +10	+16 +10	+20 +10	+18 +14	+20 +14	+24 +14	—	—	—	+24 +18	+28 +18	—	+26 +20	—	+32 +26
3	6	+20 +15	+23 +15	+27 +15	+24 +19	+27 +19	+31 +19	—	—	—	+31 +23	+35 +23	—	+36 +28	—	+43 +35
6	10	+25 +19	+28 +19	+34 +19	+29 +23	+32 +23	+38 +23	—	—	—	+37 +28	+43 +28	—	+43 +34	—	+51 +42
10	14	+31 +23	+34 +23	+41 +23	+36 +28	+39 +28	+46 +28	—	—	—	+44 +33	+51 +33	—	+51 +40	—	+61 +50
14	18							—	—	—			+50 +39	+56 +45	—	+71 +60
18	24	+37 +28	+41 +28	+49 +28	+44 +35	+48 +35	+56 +35	—	—	—	+54 +41	+62 +41	+60 +47	+67 +54	+76 +63	+86 +73
24	30							+50 +41	+54 +41	+62 +41	+61 +48	+69 +48	+68 +55	+77 +64	+88 +75	+101 +88
30	40	+45 +34	+50 +34	+59 +34	+54 +43	+59 +43	+68 +43	+59 +48	+64 +48	+73 +48	+76 +60	+85 +60	+84 +68	+96 +80	+110 +94	+128 +112
40	50							+65 +54	+70 +54	+79 +54	+86 +70	+95 +70	+97 +81	+113 +97	+130 +114	+152 +136
50	65	+54 +41	+60 +41	+72 +41	+66 +53	+72 +53	+83 +53	+79 +66	+85 +66	+96 +66	+106 +87	+117 +87	+121 +102	+141 +122	+163 +144	+191 +172
65	80	+56 +43	+62 +43	+73 +43	+7 +59	+78 +59	+89 +59	+88 +75	+94 +75	+105 +75	+121 +102	+132 +102	+139 +120	+165 +146	+193 +174	+229 +210
80	100	+66 +51	+73 +51	+86 +51	+86 +71	+93 +71	+106 +71	+106 +91	+113 +91	+126 +91	+146 +124	+159 +124	+168 +146	+200 +178	+236 +214	+280 +258
100	120	+69 +54	+76 +54	+89 +54	+94 +79	+101 +79	+114 +79	+119 +104	+126 +104	+139 +104	+166 +144	+179 +144	+194 +172	+232 +210	+276 +254	+332 +310
120	140	+81 +63	+88 +63	+103 +63	+110 +92	+117 +92	+132 +92	+140 +122	+147 +122	+162 +122	+195 +170	+210 +170	+227 +202	+273 +248	+325 +300	+390 +365
140	160	+83 +65	+90 +65	+105 +65	+118 +100	+125 +100	+140 +100	+152 +134	+159 +134	+174 +134	+215 +190	+230 +190	+253 +228	+305 +280	+365 +340	+440 +415
160	180	+86 +68	+93 +68	+108 +68	+126 +108	133 +108	+148 +108	+164 +146	+171 +146	+186 +146	+235 +210	+250 +210	+277 +252	+335 +310	+405 +380	+490 +465
180	200	+97 +77	+106 +77	+123 +77	+142 +122	+151 +122	+168 +122	+186 +166	+195 +166	+212 +166	+265 +236	+282 +236	+313 +284	+379 +350	+454 +425	+549 +520
200	225	+100 +80	+109 +80	+126 +80	+150 +130	+159 +130	+176 +130	+200 +180	+209 +180	+226 +180	+287 +258	+304 +258	+339 +310	+414 +385	+499 +470	+604 +575
225	250	+104 +84	+113 +84	+130 +84	+160 +140	+169 +140	+186 +140	+216 +196	+225 +196	+242 +196	+313 +284	+330 +284	+369 +340	+454 +425	+549 +520	+669 +640
250	280	+117 +94	+126 +94	+146 +94	+181 +158	+190 +158	+210 +158	+241 +218	+250 +218	+270 +218	+347 +315	+367 +315	+417 +385	+507 +475	+612 +580	+742 +710
280	315	+121 +98	+130 +98	+150 +98	+193 +170	+202 +170	+222 +170	+263 +240	+272 +240	+292 +240	+382 +350	+402 +350	+457 +425	+557 +525	+682 +650	+822 +790
315	355	+133 +108	+144 +108	+165 +108	+215 +190	+226 +190	+247 +190	+293 +268	+304 +268	+325 +268	+426 +390	+447 +390	+511 +475	+626 +590	+766 +730	+936 +900
355	400	+139 +114	+150 +114	+171 +114	+233 +208	+244 +208	+265 +208	+319 +294	+330 +294	+351 +294	+471 +435	+492 +435	+566 +530	+696 +660	+856 +820	+1 036 +1 000

附表-24 孔的极限偏(GB/T 1800.2—2020)

基本尺寸/mm		常用公差带													
		A	B		C	D				E		F			
大于	至	11	11	12	11	8	9	10	11	8	9	6	7	8	9
—	3	+330 +270	+200 +140	+240 +140	+120 +60	+34 +20	+45 +20	+60 +20	+80 +20	+28 +14	+39 +14	+12 +6	+16 +6	+20 +6	+31 +6
3	6	+345 +270	+215 +140	+260 +140	+145 +70	+48 +30	+60 +30	+78 +30	+105 +30	+38 +20	+50 +20	+18 +10	+22 +10	+28 +10	+40 +10
6	10	+370 +280	+240 +150	+300 +150	+170 +80	+62 +40	+76 +40	+98 +40	+130 +40	+47 +25	+61 +25	+22 +13	+28 +13	+35 +13	+49 +13
10	14	+400 +290	+260 +150	+330 +150	+205 +95	+77 +50	+93 +50	+120 +50	+160 +50	+59 +32	+75 +32	+27 +16	+34 +16	+43 +16	+59 +16
14	18														
18	24	+430 +300	+290 +160	+370 +160	+240 +110	+98 +65	+117 +65	+149 +65	+195 +65	+73 +40	+92 +40	+33 +20	+41 +20	+53 +20	+72 +20
24	30														
30	40	+470 +310	+330 +170	+420 +170	+280 +120	+119 +80	+142 +80	+180 +80	+240 +80	+89 +50	+112 +50	+41 +25	+50 +25	+64 +25	+87 +25
40	50	+480 +320	+340 +180	+430 +180	+290 +130										
50	65	+530 +340	+380 +190	+490 +190	+330 +140	+146 +100	+170 +100	+220 +100	+290 +100	+106 +60	+134 +60	+49 +30	+60 +30	+76 +30	+104 +30
65	80	+550 +360	+390 +200	+500 +200	+340 +150										
80	100	+600 +380	+440 +220	+570 +220	+390 +170	+174 +120	+207 +120	+260 +120	+340 +120	+126 +72	+159 +72	+58 +36	+71 +36	+90 +36	+123 +36
100	120	+630 +410	+460 +240	+590 +240	+400 +180										
120	140	+710 +460	+510 +260	+660 +260	+450 +200	+208 +145	+245 +145	+305 +145	+395 +145	+148 +85	+185 +85	+68 +43	+83 +43	+106 +43	+143 +43
140	160	+770 +520	+530 +280	+680 +280	+460 +210										
160	180	+830 +580	+560 +310	+710 +310	+480 +230										
180	200	+950 +660	+630 +340	+800 +340	+530 +240	+242 +170	+285 +170	+355 +170	+460 +170	+172 +100	+215 +100	+79 +50	+96 +50	+122 +50	+165 +50
200	225	+1 030 +740	+670 +380	+840 +380	+550 +260										
225	250	+1 110 +820	+710 +420	+880 +420	+570 +280										
250	280	+1 240 +920	+800 +480	+1 000 +480	+620 +300	+271 +190	+320 +190	+400 +190	+510 +190	+191 +110	+240 +110	+88 +56	+108 +56	+137 +56	+186 +56
280	315	+1 370 +1 050	+860 +540	+1 060 +540	+650 +330										
315	355	+1 560 +1 200	+960 +600	+1 170 +600	+720 +360	+299 +210	+350 +210	+440 +210	+570 +210	+214 +125	+265 +125	+98 +62	+119 +62	+151 +62	+202 +62
355	400	+1 710 +1 350	+1 040 +680	+1 250 +680	+760 +400										

注:基本尺寸<1 mm 时,各级的 A 和 B 均不采用

续表

基本尺寸/mm		常用公差带																	
		G		H							Js			K			M		
大于	至	6	7	6	7	8	9	10	11	12	6	7	8	6	7	8	6	7	8
—	3	+8 +2	+12 +2	+6 0	+10 0	+14 0	+25 0	+40 0	+60 0	+100 0	±3	±5	±7	+0 -6	+0 -10	+0 -14	-2 -8	2 -12	-2 -16
3	6	+12 +4	-16 -4	+8 0	+12 0	+18 0	+30 0	+48 0	+75 0	+120 0	±4	±6	±9	+2 -6	+3 -9	+5 -13	-1 -9	0 -12	+2 -16
6	10	+14 +5	+20 +5	+9 0	+15 0	+22 0	+36 0	+58 0	+90 0	+150 0	±4.5	±7	±11	+2 -7	+5 -10	+6 -16	-3 -12	0 -15	+1 -21
10 14	14 18	+17 +6	+24 +6	+11 0	+18 0	+27 0	+43 0	+70 0	+110 0	+180 0	±5.5	±9	±13	+2 -9	+6 -12	+8 -19	-4 -15	0 -18	+2 -25
18 24	24 30	+20 +7	+28 +7	+13 0	+21 0	+33 0	+52 0	+84 0	+130 0	+210 0	±6.5	±10	±16	+2 -11	+6 -15	+10 -23	-4 -17	0 -21	+4 -29
30 40	40 50	+25 +9	+34 +9	+16 0	+25 0	+39 0	+62 0	+100 0	+160 0	+250 0	±8	±12	±19	+3 -13	+7 -18	+12 -27	-4 -20	0 -25	+5 -34
50 65	65 80	+29 +10	+40 +10	+19 0	+30 0	+46 0	+74 0	+120 0	+190 0	+300 0	±9.5	±15	±23	+4 -15	+9 -21	+14 -32	-5 -24	0 -30	+5 -41
80 100	100 120	+34 +12	+47 +12	+22 0	+35 0	+54 0	+87 0	+140 0	+220 0	350 0	±11	±17	±27	+4 -18	+10 -25	+16 -38	-6 -28	0 -35	+6 -48
120 140 160	140 160 180	+39 +14	+54 +14	+25 0	+40 0	+63 0	+100 0	+160 0	+250 0	+400 0	±12.5	±20	±31	+4 -21	+12 -28	+20 -43	-8 -33	0 -40	+8 -55
180 200 225	200 225 250	+44 +15	+61 +15	+29 0	+46 0	+72 0	+115 0	+185 0	+290 0	+460 0	±14.5	±23	±36	+5 -24	+13 -33	+22 -50	-8 -37	0 -46	+9 -63
250 280	280 315	+49 +17	+69 +17	+32 0	+52 0	+81 0	+130 0	+210 0	+320 0	+520 0	±16	±26	±40	+5 -27	+16 -36	+25 -56	-9 -41	0 -52	+9 -72
315 355	355 400	+54 +18	+75 +18	+36 0	+57 0	+89 0	+140 0	+230 0	+360 0	+570 0	±18	±28	±44	+7 -29	+17 -40	+28 -61	-10 -46	0 -57	+11 -78

续表

基本尺寸/mm		常用公差带											
		N			P		R		S		T		U
大于	至	6	7	8	6	7	6	7	6	7	6	7	7
—	3	-4 -10	-4 -14	-4 -18	-6 -12	-6 -16	-10 -16	-10 -20	-14 -20	-14 -24	—	—	-18 -28
3	6	-5 -13	-4 -16	-2 -20	-9 -17	-8 -20	-12 -20	-11 -23	-16 -24	-15 -27	—	—	-19 -31
6	10	-7 -16	-4 -19	-3 -25	-12 -21	-9 -24	-16 -25	-13 -28	-20 -29	-17 -32	—	—	-22 -37
10 14	14 18	-9 -20	-5 -23	-3 -30	-15 -26	-11 -29	-20 -31	-16 -34	-25 -36	-21 -39	—	—	-26 -44
18	24	-11 -24	-7 -28	-3 -36	-18 -31	-14 -35	-24 -37	-20 -41	-31 -44	-27 -48	—	—	-33 -54
24	30										-37 -50	-33 -54	-40 -61
30	40	-12 -28	-8 -33	-3 -42	-21 -37	-17 -42	-29 -45	-25 -50	-38 -54	-34 -59	-43 -59	-39 -64	-51 -76
40	50										-49 -65	-45 -70	-61 -86
50	65	-14 -33	-9 -39	-4 -50	-26 -45	-21 -51	-35 -54	-30 -60	-47 -66	-42 -72	-60 -79	-55 -85	-76 -106
65	80						-37 -56	-32 -62	-53 -72	-48 -78	-69 -88	-64 -94	-91 -121
80	100	-16 -38	-10 -45	-4 -58	-30 -52	-24 -59	-44 -66	-38 -73	-64 -86	-58 -93	-84 -106	-78 -113	-111 -146
100	120						-47 -69	-41 -76	-72 -94	-66 -101	-97 -119	-91 -126	-131 -166
120	140	-20 -45	-12 -52	-4 -67	-36 -61	-28 -68	-56 -81	-48 -88	-85 -110	-77 -117	-115 -140	-107 -147	-155 -195
140	160						-58 -83	-50 -90	-93 -118	-85 -125	-127 -152	-119 -159	-175 -215
160	180						-61 -86	-53 -93	-101 -126	-93 -133	-139 -164	-131 -171	-195 -235
180	200	-22 -51	-14 -60	-5 -77	-41 -70	-33 -79	-68 -97	-60 -106	-113 -142	-105 -151	-157 -186	-149 -195	-219 -265
200	225						-71 -100	-63 -109	-121 -150	-113 -159	-171 -200	-163 -209	-241 -287
225	250						-75 -104	-67 -113	-131 -160	-123 -169	-187 -216	-179 -225	-267 -313
250	280	-25 -57	-14 -66	-5 -86	-47 -79	-36 -88	-85 -117	-74 -126	-149 -181	-138 -190	-209 -241	-198 -250	-295 -347
280	315						-89 -121	-78 -130	-161 -193	-150 -202	-231 -263	-220 -272	-330 -382
315	355	-26 -62	-16 -73	-5 -94	-51 -87	-41 -98	-97 -133	-87 -144	-179 -215	-169 -226	-257 -293	-247 -304	-369 -426
355	400						-103 -139	-93 -150	-197 -233	-187 -244	-283 -319	-273 -330	-414 -471

参 考 文 献

[1] 同济大学、上海交通大学等院校《机械制图》编写组.机械制图[M].4 版.北京:高等教育出版社,1997.

[2] 王永智,林启迪.画法几何及工程制图[M].北京:机械工业出版社,2003.

[3] 杨晓东,潘陆桃.简明工程图学[M].北京:机械工业出版社,2003.

[4] 陈忠建,杨永跃.画法几何学[M].北京:机械工业出版社.2003.

[5] 大连理工大学工程画教研室.机械制图[M].4 版.北京:高等教育出版社,1993.

[6] 裘文言,张祖继,瞿元赏.机械制图[M].北京:高等教育出版社,2003.

[7] 清华大学工程图学及计算机辅助设计教研室.机械制图[M].3 版.北京:高等教育出版社,1990.

[8] 梁德本,叶玉驹.机械制图手册[M].3 版.北京:机械工业出版社,2002.

[9] 王槐德.机械制图新旧标准代换教程[M].北京:中国标准出版社,2003.

[10] 邢邦圣.机械工程制图[M].南京:东南大学出版社.2003.

[11] 姚涵珍,陆文秀,周苓芝,等.机械制图(非机类)[M].天津:天津大学出版社,2003